토양-기계 시스템공학

토양-기계 시스템공학

초판 1쇄 발행 2020년 4월 25일

지은이 김경욱
펴낸이 오세정
편집 정성숙
디자인 최선아
인쇄 네오프린텍(주)

펴낸곳 서울대학교출판문화원
주소 08826 서울 관악구 관악로 1
도서주문 02-889-4424, 02-880-7995
홈페이지 www.snupress.com
페이스북 @snupress1947
인스타그램 @snupress
출판등록 제15-3호

ISBN 978-89-521-2040-3 93550

토양-기계 시스템공학

SOIL-MACHINE SYSTEMS ENGINEERING

김경욱 지음

서울대학교출판문화원

머리말

토양-기계 시스템공학은 토양과 기계의 접촉 부분에서 일어나는 상호작용의 현상을 다루는 전문분야로서, 주로 자연상태의 토양에서 주행하는 군용차량, 건설기계, 농업기계 등 노외차량(off road vehicles)과 경운, 정지, 굴착작업 등에서와같이 토양을 절삭, 파쇄, 이동하는 기계와 작업기를 대상으로 한다. 차량의 견인력, 운동저항, 침하, 슬립, 견인속도는 차량의 구동장치와 토양 사이의 상호작용에 의하여 결정되며, 토양의 절삭, 파쇄, 이동에 필요한 에너지는 작업기와 토양 사이의 상호작용에 의하여 결정된다. 즉 토양-기계 시스템공학은 주어진 토양조건에서 차량의 에너지 손실을 최소화하고, 최대의 주행 및 작업 성능을 얻기 위한 차량의 구동장치와 작업기 설계에 필요한 기초이론과 공학적 원리를 다루는 분야라고 할 수 있다.

토양과 기계의 상호작용은 대단히 복잡하여 그 현상을 해석적으로 구명하기는 어려우며, 대부분 실험연구를 통하여 이를 구명하고 있다. 특히 2차 세계대전 후 각종 군용차량의 야지기동성 예측이라는 군사적 목적에 따라 연구가 수행되었으며, 이러한 연구결과에 의하여 개발된 경험식은 토양-기계 시스템공학의 발전에 크게 기여하였다. 쟁기, 로터베이터, 블레이드 등에 의한 토양절삭도 일찍부터 농업기계와 건설기계 분야에서 관심의 대상이었으나 아직 토양-작업기 상호작용의 현상을 해석적으로 구명할 수 있는 일반식은 개발되지 못하였다. 그러나 토양-기계 시스템공학의 이론과 기술은 전통적인 노외차량의 구동장치뿐 아니라 최근에는 달, 화성 등 위성에서 사용할 위성차량과 주행로봇의 구동장치를 개발하는 데에도 널리 응용되고 있다.

토양-기계 시스템공학은 테라미케닉스(terramechanics), 토양주행(land locomotion), 노외차량공학(off road vehicle engineering)으로도 널리 알려져 있으며, 우리나라에서는 1985년부터 서울대학교 농공학과 대학원 과정의 교과목으로 토양-기계 시스템이 개설됨에 따라 처음 소개되었다. 이 분야의 연구는 주로 농업기계, 건설기계, 군용차량 분야에서 수행되고 있으나 아직 연구 기반과 인력은 취약한 실정이다.

이 책은 필자가 지난 30년간 서울대학교 바이오시스템공학전공에서 강의한 토양-기계 시스템 교과목의 강의 자료를 기본으로 하여 이를 보완하고 연습문제를 추가하여 완성한 것이다. 국내에는 전문가와 연구자가 부족하고 우리말로 된 전문서적이 없는 현실을 우려하여 대학의 상급 학년 또는 대학원 과정의 교재와 산업계 연구원의 입문서로서 집필을 시작하였으나 부족한 점이 많을 것으로 생각된다.

여러 가지 부족한 점에도 불구하고 이 책의 출판을 승인해 주신 서울대학교 출판위원회와 서울대학교출판문화원에 감사드리고, 원고를 수정하는 동안 부족한 부분과 오류를 지적해 주신 강원대학교 남주석 교수와 서울대학교 박영준 교수께 고마움을 전한다. 아울러 이 책이 출판되기까지 수차례에 걸친 교정 작업에서 좋은 책이 되도록 여러모로 애써 주신 서울대학교출판문화원 관계자 여러분께도 감사드린다.

2020년 3월 1일
광교 연구실에서
김경욱

차례

제1장

토양의 물리적 성질

일반적으로 토양은 기후변화에 의한 빛, 열, 물, 공기 등의 변화와 식물 및 동물과의 상호작용에 따라 변화된 지구의 표층으로 정의할 수 있다. 그러나 토양은 학문분야에 따라서 다르게 정의되고 있으며, 모든 분야에 공통으로 적용할 수 있는 정의는 없다. 농학자는 토양을 식물이 생장할 수 있는 지구의 표층으로 정의한다. 그러나 이러한 정의는 지반 공학자와 토목 공학자에게는 적합하지 않다. 또한 공학자라고 하더라도 그 전문분야에 따라 토양을 다르게 정의할 수 있으며, 토양 관련 학문분야에서도 공통으로 적용할 수 있는 토양의 정의는 없다. 지형-차량공학에서는 토양을 특정 범위의 고체, 액체, 기체 입자가 자연적 또는 인공적으로 결합된 3상 결합체로 정의한다.

토양은 다양한 크기의 고체, 액체, 기체 상태의 입자들이 자연상태에서 결합된 이질적 복합체이므로 다수의 특징과 성질을 가지고 있다. 또한 이러한 특징과 성질은 토양의 환경조건, 시간 등에 따라서 변하며, 같은 종류의 토양 내에서도 변화가 일어난다. 따라서 토양과 관련된 연구에서는 일반적인 토양의 종류와 함께 현장상태(in situ)의 토양 성질이 절대적으로 요구된다. 토양의 성질을 나타내는 데 사용되는 변수는 분야에 따라 다르며, 사용 목적에 따라서도 다양하게 개발되어 있다.

토양은 크게 물리적 성질과 공학적 성질로 구분할 수 있으며, 물리적 성질은 공학적 성질과 구별하여 토양이 변형되거나 이동하지 않는 상태에서 나타나는 성질을 말한다. 공학적 성질은 토양이 파괴되거나 움직이는 상태에서 나타나는 성질을 말한다. 여기서는 토양-기계 시스템공학의 관점에서 토양의 물리적 성질을 다시 영구적 성질과 일시적 성질로 구분하였다.

1. 영구적 성질

토양의 영구적 성질은 외력의 작용이나 일시적인 환경변화에 의하여 크게 변하지 않는 토양의 성질이다. 토양의 구조적 특징, 예를 들면 토입자의 크기와 모양, 토양의 유기물 조성, 토양의 비중, 토양의 함수율 한계 등은 영구적 성질에 해당된다. 이러한 영구적 성질은 토양을 분류하는 데 기초가 된다.

1) 토입자 분석

토양은 다양한 크기의 토입자로 구성되어 있다. 토입자 분석은 토양을 구성하는 이러한 토입자의 크기별 분포를 결정하는 것으로서 토양을 분류하는 데 필요한 과정이다. 토입자의 크기별 분포는 또한 토양의 공학적 성질에 영향을 미치는 것으로 알려져 있다.

토입자의 크기는 토입자의 유효직경으로 정의한다. 토입자는 그 크기에 따라 점토, 실트, 모래, 자갈로 분류하며, 분류기준은 분류방식에 따라 다르나 점토(clay)는 크기가 0.002 mm 이하, 실트(silt)는 0.002~0.06 mm, 모래(sand)는 0.06~2.0 mm, 자갈(gravel)은 2.0 mm 이상인 것으로 분류하는 것이 보통이다. 토입자의 분류방식에는 미농무성법, 미국재료시험학회법, 국제토양과학회법 등이 있으며, 미농무성법에서는 모래를 다시 입자의 크기에 따라

0.05~0.10 mm이면 아주 가는 모래(very fine sand)
0.10~0.25 mm이면 가는 모래(fine sand)
0.25~0.5 mm이면 중간 모래(medium sand)
0.5~1.0 mm이면 거친 모래(coarse sand)
1.0~2.0 mm이면 아주 거친 모래(very coarse sand)

로 분류하며, 입자의 크기가 2 mm 이상인 경우에도

2~75 mm이면 자갈(gravelly)

표 1-1 토입자의 분류방식에 따른 토입자의 크기

<table>
<tr><th>토입자 크기</th><th colspan="8">0.002 0.02 0.05 0.06 0.074 1 2 185 mm</th></tr>
<tr><td>USDA</td><td>점토</td><td colspan="2">실트</td><td colspan="3">모래</td><td colspan="2">자갈</td></tr>
<tr><td>ASTM</td><td>점토</td><td colspan="4">실트</td><td>모래</td><td colspan="2">자갈</td></tr>
<tr><td>MIT</td><td>점토</td><td colspan="3">실트</td><td colspan="2">모래</td><td>자갈</td><td>돌</td></tr>
<tr><td>ISSS</td><td>점토</td><td>실트</td><td colspan="4">모래</td><td colspan="2">자갈</td></tr>
<tr><td>BIS</td><td>점토</td><td colspan="3">실트</td><td colspan="2">모래</td><td colspan="2">자갈</td></tr>
<tr><td>ASSHO</td><td>점토</td><td colspan="4">실트</td><td>모래</td><td colspan="2">자갈</td></tr>
</table>

USDA: United State Department of Agriculture
ASTM: American Society for Testing Material
MIT: Massachusetts Institute of Technology
ISSS: International Society of Soil Science
BIS: British Industrial Standard
AASHO: American Association of State Highway Officials

72~250 mm이면 알돌(cobble)

250 mm 이상이면 돌(stony)

로 구분하고 있다. 표 1-1은 토입자의 분류방식에 따른 토입자의 크기를 나타낸 것이다.

토입자의 크기는 표준체로써 측정하며, 토입자가 통과한 표준체의 크기로서 나타낸다. 이 방법은 눈이 제일 작은 체 위로 눈이 큰 체를 차례로 겹쳐 만든 분석체를 이용하여 눈이 제일 큰 첫 번째 체에 200~500 g의 토양을 넣고 진동을 가하여 토양이 작은 눈의 체를 차례로 통과하도록 하는 방법이다. 체분석은 진동을 가함으로써 마찰력 또는 표면장력 등으로 약하게 결합된 토입자를 미리 분리시키며, 이온결합 등으로 강력하게 결합된 토입자만 대상으로 분석한다. 현재 사용되고 있는 표준체에는 테일러 표준체, 미국 표준체, 영국 표준체, 미터계 표준체가 있으며, 번호가 같은 체라고 하더라도 표준체의 종류에 따라 그 크기가 다르다. 표 1-2는 현재 사용되고 있는 각 표준체의 크기를 나타낸 것이다.

체분석은 다음과 같은 순서로 실시한다(ASTM D422).

1) 토양 샘플의 무게를 측정하여 기록한다.

2) 사용할 표준체의 체와 바닥 팬의 무게를 측정하여 기록한다.

3) 체의 눈에 이물질이 붙어 있지 않도록 체를 청결하게 닦은 후 그림 1-1에서와같이

표 1-2 표준체의 크기

테일러 표준 (Tyler Standard)		미국 표준 (US Standard)		영국 표준 (British Standard)		미터계 표준 (Metric Standard)	
체 번호	지름, mm	체 번호	지름, mm	체 번호	지름, mm	체 번호	지름, mm
4	4.699	4	4.76	5	3.36	5000	5.00
6	3.327	6	3.36	8	2.06	3000	3.00
10	1.651	10	2.00	12	1.41	2000	2.00
20	0.833	20	0.84	18	0.85	1500	1.50
48	0.295	40	0.42	25	0.60	1000	1.00
60	0.246	60	0.25	36	0.42	500	0.50
100	0.147	100	0.149	60	0.25	300	0.30
200	0.074	200	0.074	100	0.15	150	0.15
				200	0.076	75	0.075

가장 아래쪽에 바닥팬을 설치하고 그 위로 눈이 작은 것부터 큰 순서대로 체를 쌓아 올린다. 테일러 표준체의 경우에는 가장 아래쪽 체가 200번 체이고 가장 위쪽 체가 4번 체가 된다.

4) 가장 위쪽 체에 토양 샘플을 넣고 덮개를 닫는다.
5) 쌓은 체를 가진기 위에 설치하고 10분간 체를 가진한다. 가진하면 체의 눈보다 작은 토입자는 아래쪽 체로 떨어지고 체에는 체의 눈보다 큰 토입자만 남는다.
6) 가진기에서 체를 분리하여 체와 바닥팬에 남은 토입자와 함께 각 체의 무게와 바닥팬의 무게를 측정하여 기록한다.
7) 토입자를 포함한 체와 바닥팬의 무게에서 체와 바닥팬의 무게를 빼서 각 체와 바닥팬에 떨어진 토입자의 무게를 결정한다.
8) 각 체에 떨어진 토입자의 무게 백분율을 구한다.
9) 100%에서 차례로 각 체에 떨어진 토입자의 무게 백분율을 빼서 눈의 크기에 따라 토입자가 통과한 누적무게 백분율을 구한다. 이를 통과 백분율이라고 한다.
10) 토입자의 크기와 통과한 누적무게 백분율의 관계를 반대수지(semi-log paper)에 나타낸다.

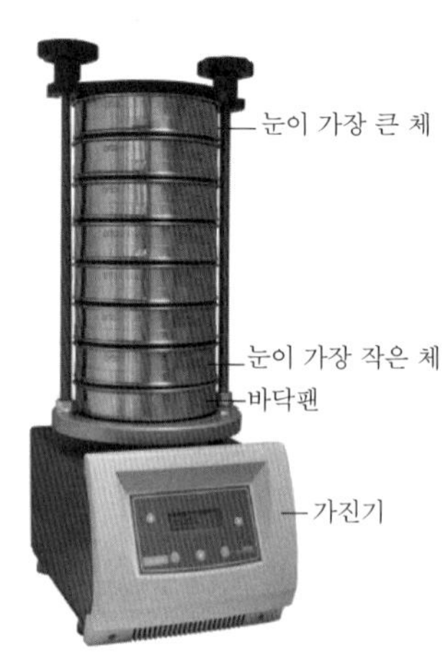

그림 1-1 토양 분석체(https://images.search.yahoo.com)

토입자의 크기가 작아지면 토입자가 체를 통과할 때 정전기가 발생하여 토입자가 체에 달라붙는 현상이 발생한다. 이런 경우에는 체분석이 불가능하다. 보통 입경이 0.075 mm 이하인 토입자의 경우에는 침전과 스토크스 법칙(Stoke's law)을 적용한 하이드로미터(hydrometer)법으로써 토입자의 크기를 분석한다.

그림 1-2
하이드로미터
(https://images.search.yahoo.com)

체분석에서 바닥팬에 떨어진 50~60 g의 토입자를 물 1,000 cc와 잘 혼합하여 현탁액을 만든 다음 침전 실린더에 넣고 그림 1-2와 같은 하이드로미터를 이용하여 현탁액의 밀도를 일정한 시간 간격으로 측정한다. 어떤 시각에 침전 실린더의 수면에서 일정한 깊이의 현탁액에 남아 있는 가장 큰 입자의 크기는 스토크스 법칙을 이용하여 계산할 수 있다. 보통 100 mm 깊이에서 현탁액의 밀도를 측정한다.

어떤 시각 t_0에서 침진 실린더의 수면으로부터 깊이가 h인 지점에서 측정한 현탁액의 밀도를 ρ_o라고 하고, t 시간이 지난 후 같은 깊이에서 측정한 현탁액의 밀도를 ρ_t라고 하면, 시각 t에서 h 지점의 현탁액에 포함된 토입자의 최대 크기 D는 스토크스 식을 이용하여 구할 수 있다.

스토크스 식은 직경이 D인 구가 어떤 유체 내에서 t 시간 동안에 h 거리를 침전하였을 때 구의 종말속도를 구하기 위한 식으로서 다음과 같이 표현된다.

$$v = \frac{h}{t} = 10^3(\rho_s - \rho_l)\frac{g}{18(\eta \times 10^{-3})}(\frac{D}{10^3})^2 \quad (1\text{-}1)$$

$$= \frac{(\rho_s - \rho_l)gD^2}{18\eta}$$

여기서, ρ_s = 입자의 밀도, g/cm^3

ρ_l = 유체의 밀도, g/cm^3

g = 중력가속도, m/s^2

D = 입자의 등가지름, mm

η = 유체의 점도, Pa.s

h = t초 동안에 입자가 침전한 거리, mm

v = 종말속도, mm/s

입자의 밀도를 2.65 g/cm^3, 20°C에서 유체의 점도를 0.001 Pa.s, 유체의 밀도를 물의 밀도와 같다고 하면 식 (1-1)은 다음과 같이 표현된다.

$$D = 3.33 \times 10^{-2} \sqrt{\frac{h}{t}}, \text{ mm} \tag{1-2}$$

스토크스 식을 토입자에 적용하는 경우 입자의 크기는 토입자의 직경과 같은 직경인 구의 크기를 의미한다. 토입자의 밀도 2.65 g/cm^{3}는 토양의 주요 무기물인 석영(quartz)과 장석(feldspar)의 평균 밀도이다.

t 시각 이후 수면에서 깊이 h 아래로 침전되는 토입자의 크기는 D보다 작으며, 시간이 지남에 따라 침전되는 토입자의 크기는 점점 더 작아진다. 따라서 현탁액의 밀도도 시간이 지남에 따라 초기 밀도보다 작아진다. 크기가 D인 토입자는 t 시각 이후 깊이 h 아래로 침전하기 때문에 h를 통과하지 못한 D보다 작은 토입자의 중량 %는 물의 밀도를 ρ_w라고 하면 다음과 같이 나타낼 수 있다.

$$\frac{(\rho_t - \rho_w)}{(\rho_0 - \rho_w)} \tag{1-3}$$

하이드로미터법은 장시간의 측정이 요구되며, 토입자가 완전한 구형이 아니기 때문에 많은 오차가 발생하는 단점이 있다. 또한 하이드로미터로써 현탁액의 밀도를 결정할 때는 현탁액의 온도와 하이드로미터의 메니스커스에 대한 보정계수를 고려하여 결정하여야 한다. 밀도 측정을 위한 시간 간격은 최초 측정 후 40초, 2분, 5분, 8분, 15분, 30분, 60분, 1,440분 등으로 설정할 수 있으나 ASTM D422 등의 표준시험방법에 따라 설정한다.

예제 초기 밀도가 1.0312 g/cm^{3}인 물과 토양의 현탁액을 1,000 cc 용기에 넣고 50분 후에 수면에서 깊이가 100 mm인 곳에서 측정한 밀도가 1.0078 g/cm^{3}이었을 때, 이 현탁액에 남아 있는 토입자의 최대 크기와 이보다 작은 토입자의 중량 %를 구하여라.

풀이 토입자의 최대 크기는 $D = 3.33 \times 10^{-2} \sqrt{\frac{h}{t}} = 3.33 \times 10^{-2} \sqrt{\frac{100}{50 \times 60}} = 0.006 \text{ mm}$

$D = 0.006$ mm보다 작은 토입자의 중량 %는 $\frac{\rho_t - \rho_w}{\rho_o - \rho_w} = \frac{1.0078 - 1}{1.0312 - 1} = 0.25$, 즉 25%이다.

---

2) 입도분포곡선

입도분포곡선은 토입자의 크기를 수평축으로, 토입자의 통과 백분율을 수직축으로 하여 체 분석의 결과를 반대수지(semi-log paper)에 나타낸 것이다. 그림 1-3은 각종 토양의 입도분포곡선을 나타낸 것이다. 입도분포곡선은 토양의 종류, 상태 등을 구명하는 데 사용된다. 토양상태에 따른 입도분포곡선의 특징은 다음과 같다. 토입자의 크기가 일정하면 일정할수록 입도분포곡선의 기울기는 더 커진다. 즉 토입자 크기의 범위가 점점 좁아진다. 완전한 파우더의 경우 입도분포곡선은 수직선이 된다. 이러한 토양은 저등급(poorly graded)으로 분류된다. 토입자의 크기가 다양한 경우, 즉 크기의 범위가 넓은 경우에는 입도분포곡선의 기울기가 완만하다. 이러한 토양은 우수 등급(well graded)으로 분류된다. 토입자의 분포가 일정한 경우에는 토입자의 평균 크기와 관계없이 입도분포곡선의 모양은 같다. 모양이 같은 두 입도분포곡선 사이의 수평거리는 두 토양의 평균 토입자의 크기 비를 대수로써 나타낸 것과 같다.

입도분포곡선에서 통과 백분율이 60%인 토입자의 직경을 D_{60}, 10%인 토입자의 직경을 D_{10}이라고 하면, 그 비는

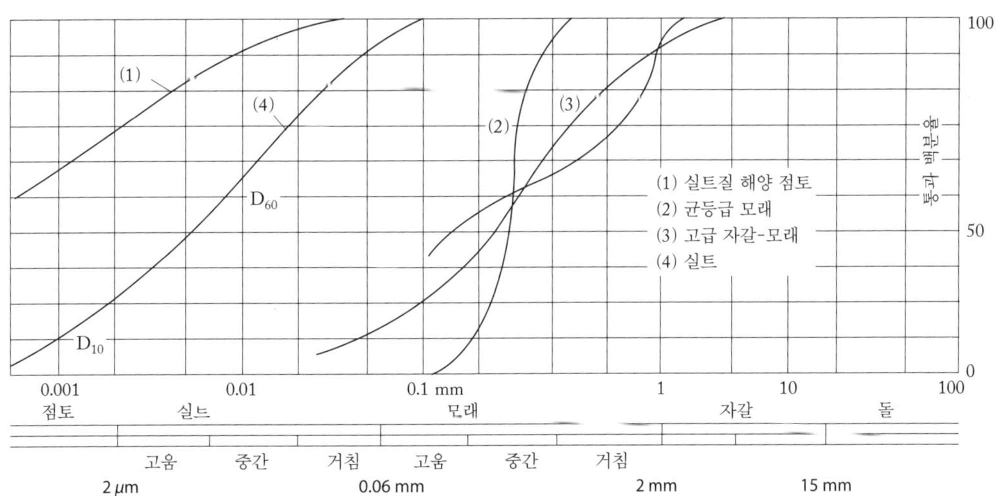

그림 1-3 각종 토양의 입도분포곡선

$$H_c = \frac{D_{60}}{D_{10}} \tag{1-4}$$

가 된다. 이를 헤이전(Hazen)의 토입자 균등계수(uniformity coefficient)라고 한다. 균등계수가 2 이하이면 토입자의 분포가 균등하지 못한 상태를 나타내고, 5 이상이면 균등한 상태를 나타낸다. 자갈은 균등계수가 4 이상이고, 모래는 6 이상이다. D_{10}을 일반적으로 토입자의 유효직경이라고 한다. D_{60}과 D_{10}은 토입자의 곡률계수(coefficient of curvature)를 구할 때도 사용된다. 즉 토입자의 곡률계수 C_c는

$$C_c = \frac{D_{30}^2}{D_{10} \times D_{60}} \tag{1-5}$$

로 표현된다. 우수 등급 토양의 곡률계수는 1~3 범위이다.

토양의 입도분포는 토양을 분류하는 기준으로 사용된다. 그러나 체분석 과정에서 토양의 구조가 변하게 되므로 현장의 토양상태를 정확하게 나타낼 수는 없다. 따라서 입도분포곡선은 근사적이며 세립토보다는 조립토에서 정확도가 더 높다.

예제 225 g의 토양을 체분석하였을 때 각 체에 남은 토양의 중량은 다음 표에서와 같다. 바닥 팬에 남은 토입자를 분석하기 위하여 하이드로미터법을 사용하였다. 팬에 남아 있는 토양 45 g을 물 1,000 cc와 혼합하였다. 혼합 후 현탁액의 초기 밀도는 1.039 g/cc이었으며, 60분 후 깊이 100 mm 되는 지점에서 측정한 밀도는 1.009 g/cc이었다.

체의 그물 크기, mm	4.76	3.36	2.00	0.84	0.25	0.15	0.074	팬
남은 중량, g	0	10	20	25	35	40	50	45

1) 토양의 입도분포곡선을 그려라.

2) 토양의 유효직경과 균등계수를 구하여라.

풀이 1) 각 체에 남은 토입자의 중량 %와 통과 %를 구하면 다음 표에서와 같다.

체의 크기, mm	체에 남은 중량, g	남은 중량, %	통과 %
4.76	0.00	0.00	100.00
3.36	10.00	4.44	95.56
2.00	20.00	8.89	86.67
0.84	25.00	11.11	75.56
0.25	35.00	15.56	60.00
0.15	40.00	17.78	42.22
0.074	50.00	22.22	20.00
팬	45.00	20.00	0.00
계	225.00	100.00	

현탁액에서 토입자의 최대 크기를 구하면

$$D - 3.33\times10^{-2}\sqrt{\frac{h}{t}} = 3.33\times10^{-2}\sqrt{\frac{100}{3,600}} = 0.0055 \text{ mm}$$

이다. D보다 작은 토입자의 중량 %는 $\dfrac{\rho_t - \rho_w}{\rho_o - \rho_w} = \dfrac{1.009-1}{1.039-1} = 0.231$이므로, 0.0055 mm 보다 작은 토입자의 통과 %는 20 × 0.231 = 4.62%이다. 이를 이용하여 입도분포곡선을 그리면 다음과 같다.

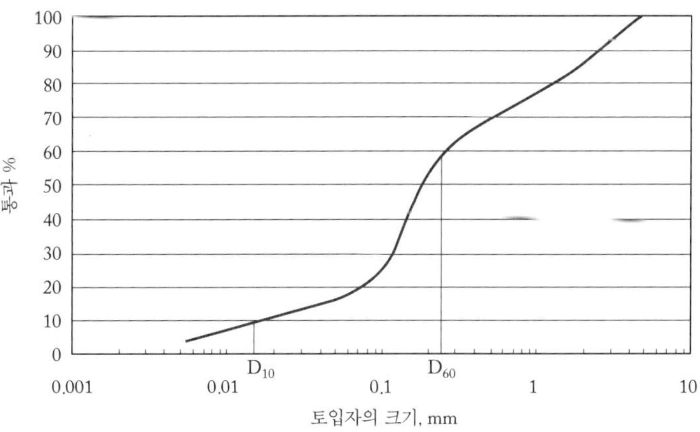

2) 입도분포곡선에서 각각 D_{10}과 D_{60}을 구하면

$$D_{10} = 0.015 \text{ mm},\ D_{60} = 0.25 \text{ mm}$$

이다. 따라서 유효직경은 0.015 mm이고 균등계수는

$$H_c = \frac{D_{60}}{D_{10}} = \frac{0.25}{0.015} = 16.67$$

이다.

---

3) 애트버그한계

건조한 토양은 고체상태이다. 고체상태의 토양에 물을 가하면 토양은 수분을 흡수하여 반고체상태가 되며, 다시 더 많은 수분을 가하면 토양은 액체상태로 변한다. 이와 같이 토양이 함수비에 따라 고체상태에서 액체상태로 변할 때 각 상태의 변환점에서 건량을 기준으로 한 토양의 함수비를 애트버그한계(Atterberg limit)라고 한다. 애트버그한계에는 그림 1-4에서와같이 액성한계 W_L, 소성한계 W_P, 수축한계 W_S가 있다.

(1) 액성한계

액성한계(liquid limit)는 소성상태에서 액체상태로 변하는 변환점의 함수비이다. 액성한계에서 토양의 전단강도는 2~4 kPa 범위에 있으며 현장의 강도는 이보다 더 클 수 있다.

(2) 소성한계

소성한계(plastic limit)는 소성상태에서 반고체상태로 변하는 변환점의 함수비이다. 대부분의 노외차량이 주행할 수 있는 토양상태는 소성한계 이하의 토양이다. 일반적으로 사양토에서는 고체상태에서 소성상태에 이르기까지 토양의 함수비가 증가하면 증가할수록 차량의 추진력은 증가되며, 소성한계를 지나면 추진력이 갑자기 감소하는 현상을 나타낸다. 점토에서는 액성한계에 이를 때까지 차량의 추진력은 함수비에 따라 규칙적으로 증가하며, 액성한계를 지나면 추진력은 급격히 감소한다.

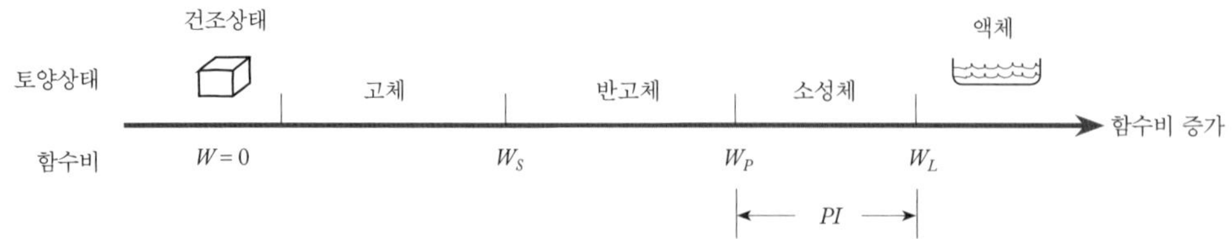

그림 1-4 애트버그한계

(3) 수축한계

토양의 체적은 수분함량이 감소함에 따라 감소한다. 그러나 어떤 한계 함수비에 도달하면 수분이 감소하더라도 체적 감소는 정지된다. 이 한계 함수비를 수축한계(shrink limit)라고 한다. 일반적으로 수축한계에 이를 때까지 토양의 함수비와 체적 감소는 비례한다. 토양의 수축한계는 그림 1-5에서와같이 토양의 함수비와 체적 감소의 관계를 나타낸 직선과 함수비가 0일 때의 체적을 나타낸 직선이 교차하는 점 *D*의 함수비로서 결정된다.

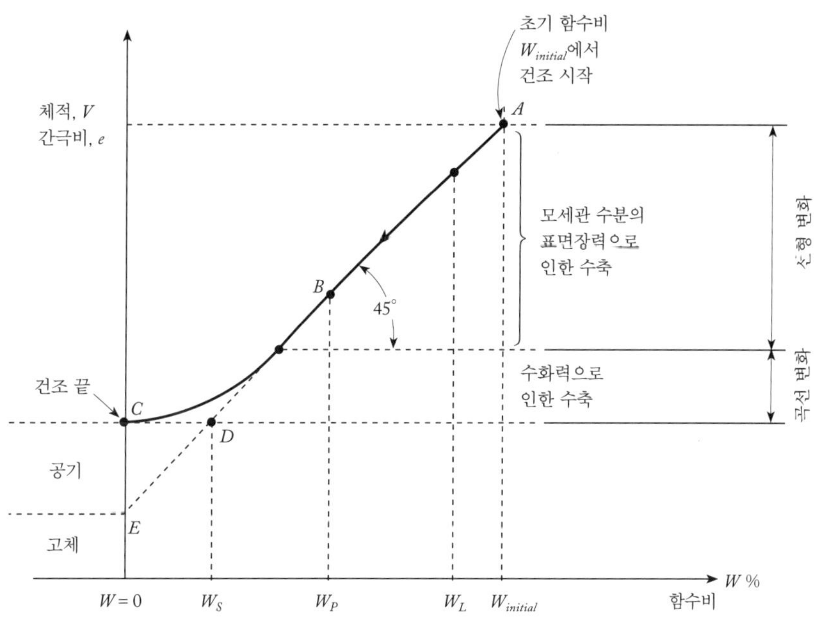

그림 1-5 토양의 함수비와 체적 감소

(4) 소성지수

액성한계와 소성한계의 차이를 소성지수(plastic index)라고 한다. 즉 소성지수 *PI*는

$$PI = W_L - W_P \tag{1-6}$$

여기서, W_L = 액성한계

W_P = 소성한계

이다. 소성지수가 큰 토양일수록 습기가 많은 기후에서는 표면이 미끄러지기 쉬운 상태가

된다. 반대로 소성지수가 낮을수록 건조한 기후에서는 토양이 갈라지고 부스러지기 쉬운 상태로 변한다. 표 1-3은 각종 토양의 애트버그한계를 나타낸 것이다.

표 1-3 주요 토양의 애트버그한계

토양 종류	소성도	액성한계 W_L	소성한계 W_P	소성지수 PI	소성지수의 한계치
모래	비소성	20	20	0	0
실트	저소성	25	20	5	< 7
실트점토	중소성	40	25	15	7~17
점토	고소성	70	40	30	> 17

(5) 점착한계

철차륜, 쟁기, 로터리 등에는 토양이 달라붙는 경우가 자주 발생한다. 이와 같이 토양이 금속재에 달라붙기 시작하는 함수비를 점착한계(sticky limit)라고 한다.

(6) 컨시스턴시지수

토양의 액성지수(liquidity index) 또는 컨시스턴시지수(consistency index)는 토양이 외부로부터 하중과 같은 각종 형태의 자극을 받았을 때 토양상태가 변하지 않고 그 상태를 유지하려고 하는 특성을 말한다. 커시스턴시지수 LI는 다음과 같이 정의된다.

$$LI = \frac{W_L - W}{PI} \tag{1-7}$$

여기서, W= 현장상태에서 토양의 함수비

토양의 함수비가 소성지수보다 작고 액성지수가 1보다 크면 토양상태는 외부의 영향을 받지 않는다. 그러나 함수비가 액성한계보다 크고 액성지수가 0보다 작을 때는 외부의 영향을 크게 받으며, 외부에서 자극이 계속되면 토양은 곤죽과 같은 상태로 변한다.

(7) 포화한계

토양이 수분을 더 이상 흡수할 수 없는 상태가 되었을 때의 토양 함수비를 포화한계

(saturation limit)라고 한다.

(8) 활동지수

토양의 활동지수(activity index)는 소성지수를 크기가 0.002 mm 이하인 점토의 중량 백분율로 나눈 값이다. 즉 활동지수 A는 다음과 같이 정의된다.

$$A = \frac{PI}{\text{크기가 } 2\ \mu\text{m 이하인 점토의 중량 백분율}} \tag{1-8}$$

일반적으로 소성지수는 점토 함량에 비례하여 증가한다. 활동지수가 높은 토양에서는 차량이 주행하기 어려운 경우가 많다.

2. 일시적 성질

토양의 가변성을 나타낼 수 있는 성질, 특히 외부 환경과 하중의 작용조건에 따라서 토양의 가변성을 나타낼 수 있는 성질을 토양의 일시적 성질 또는 일시적 특성(transient characteristics)이라고 한다. 그러나 일시적 특성으로써 직접적으로 토양의 가변성을 나타낼 수는 없으며, 일시적 특성의 변화에 따라 가변성의 정도를 간접적으로 나타낼 수 있다. 외부 작용에 대한 토양의 반응은 그 작용이 일어나기 직전의 토양상태에 따라서 다르다. 따라서 외부 작용에 대한 토양의 반응을 예측하기 위해서는 환경과 하중 조건에 따라 변하는 토양의 일시적 특성을 현장에서 파악하여야 한다.

자연상태의 토양은 고체, 액체, 기체의 3상이 결합된 상태이다. 고체는 유기질 또는 비유기질의 고형물질이고, 액체는 수분 또는 얼음, 기체는 공기 또는 가스를 말한다. 토양의 일시적 특성을 나타내기 위하여 자연상태의 토양을 그림 1-6에서와같이 고체, 액체, 기체 세 부분으로 분리하고 각각의 체적과 무게를 기호로써 표시하였다.

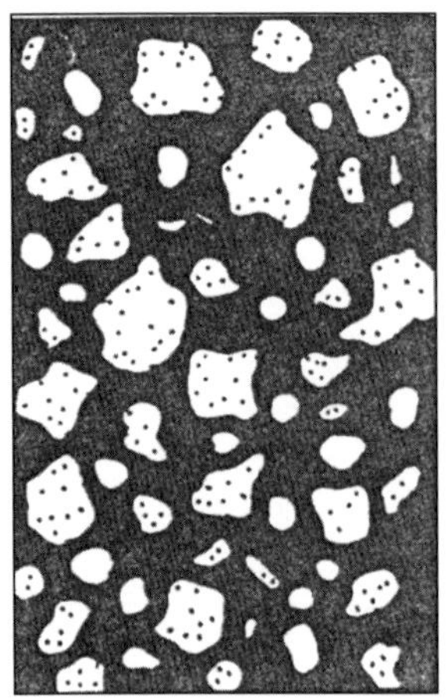

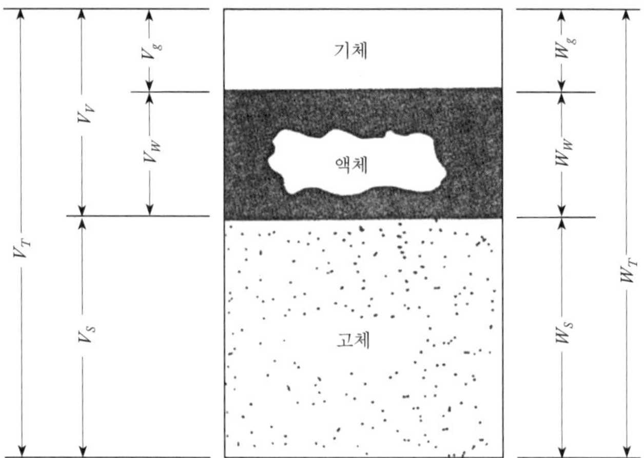

그림 1-6 토양의 3상

1) 간극비와 간극률

간극비(void ratio) e는 토양을 구성하는 고체 부분의 체적에 대한 간극의 체적비로 정의된다. 즉

$$e = \frac{V_V}{V_S} \tag{1-9}$$

이다. 간극률(porosity) n은 전 체적에 대한 간극의 체적비로 정의된다.

$$n = \frac{V_V}{V_T} \tag{1-10}$$

간극비와 간극률 사이에는 다음과 같은 관계식이 성립한다.

$$n = \frac{e}{1+e} \tag{1-11}$$

간극비와 간극률은 토양에 작용하는 압력에 따라 변하는 일시적 특성이다.

2) 함수비

토양의 함수비 또는 함수율(water content) W는 고체 부분의 중량 W_S에 대한 액체 부분의 중량 W_W의 비로 정의된다.

$$W = \frac{W_W}{W_S} \times 100 \tag{1-12}$$

함수비는 토양상태에 가장 큰 영향을 미치는 일시적 특성이다.

3) 포화도

토양의 간극은 전부 물로만 채워져 있지 않고 약간의 공기가 들어 있는 경우가 많다. 토양의 포화도(degree of saturation)는 전체의 간극 체적에 대하여 물로 채워진 간극 체적의 비를 백분율로서 나타낸 것이다.

$$S = \frac{V_W}{V_V} \times 100 \tag{1-13}$$

간극이 모두 물로 채워지면, 즉 포화도가 100%가 되면 토양의 전체 체적도 증가하므로 토양의 포화도는 100% 이상이 될 수 없다. 자연상태의 토양도 포화도가 100%인 경우는 극히 드물다.

4) 단위중량

(1) 고체의 단위중량

고체의 단위중량(solid unit weight)은 고체의 단위 체적당 중량으로서 다음과 같이 정의된다.

$$\gamma_s = \frac{W_S}{V_S} \tag{1-14}$$

또한 물의 단위중량은 토양에 포함된 수분의 단위 체적당 중량으로서 다음과 같이 정의된다.

$$\gamma_w = \frac{W_W}{V_W} \tag{1-15}$$

물의 단위중량에 대한 고체의 단위중량의 비를 고체의 비중이라고 한다. 즉 고체의 비중은 다음과 같이 정의된다.

$$G_s = \frac{\gamma_s}{\gamma_w} \tag{1-16}$$

(2) 전단위중량

토양의 전단위중량(total unit weight)은 다음과 같이 정의된다.

$$\gamma_t = \frac{W_T}{V_T} \tag{1-17}$$

$$\gamma_t = \frac{1+W}{1+e}\gamma_s \tag{1-18}$$

여기서, γ_s = 고체의 단위중량 $(\frac{W_S}{V_S})$

(3) 건단위중량

토양의 건단위중량(dry unit weight)은 다음과 같이 정의된다.

$$\gamma_d = \frac{W_S}{V_T} \tag{1-19}$$

또는 $\gamma_d = \frac{\gamma_s}{1+e}$ (1-20)

토양의 전단위중량과 건단위중량 사이에는 다음과 같은 관계식이 성립한다.

$$\gamma_d = \frac{\gamma_t}{1+W} \tag{1-21}$$

(4) 포화단위중량

포화도가 $S = 100\%$일 때 토양의 전단위중량을 토양의 포화단위중량(saturated unit weight)이라고 한다. 즉 포화단위중량은 다음과 같이 표현된다.

$$\gamma_{sat} = (\frac{G_s + e}{1 + e})\gamma_w \quad (1\text{-}22)$$

(5) 상대밀도

토양의 상대밀도(relative density)는 다음 식으로 구한다.

$$D_r = \frac{e_{\max} - e}{e_{\max} - e_{\min}} \quad (1\text{-}23)$$

여기서, D_r = 토양의 상대밀도

$e_{\max}$ = 가장 느슨한 상태의 토양 간극비

$e_{\min}$ = 최대로 다진 상태의 토양 간극비

e = 자연상태의 토양 간극비

토양의 원추관입저항 또는 강도는 토양의 상대밀도와 밀접한 관계가 있다. 그러나 이러한 관계는 절대적인 개념보다는 상대적인 개념으로 사용된다. 일반적으로 상대밀도에 따른 토양상태는 표 1-4에서와 같다.

표 1-4 상대밀도와 토양상태

상대밀도, %	토양상태	상대밀도, %	토양상태
0~15	아주 느슨한	65~85	조밀한
15~35	느슨한	85~100	아주 조밀한
35~65	중간		

(6) 투수성

토양의 투수성(infiltration)은 토양이 간극을 통하여 물과 공기를 투과시키는 성질을 말한다. 토양의 투수성은 토양의 배수 특성과 직접적인 관계가 있으며, 노외차량의 주행 특성에도 큰 영향을 미친다. 토양의 투수성을 나타낼 때는 다르시 법칙(Darcy's law)을 적용한 투수계수를 사용한다. 다시 법칙은 침투성 재료의 내부를 흐르는 유체의 압력수두와 속도와의 관계를 나타낸 것으로서 다음과 같이 표현된다.

표 1-5 자연상태의 토양에 대한 간극률, 간극비 및 단위중량

토양상태	간극률 n, %	간극비 e	함수비 W, %	건단위중량 γ_d, g/cm³	포화단위중량 γ_{sat}, g/cm³
Uniform sand loose	46	0.85	32	1.43	1.89
Uniform sand dense	34	0.51	19	1.75	2.09
Mixed grained sand loose	40	0.67	25	1.59	1.99
Mixed grained sand dense	30	0.43	16	1.86	2.16
Glacial till, very mixed grained	20	0.25	9	2.12	2.32
Soft glacial clay	55	1.2	45	-	1.77
Stiff glacial clay	37	0.6	22	-	2.07
Soft slightly organic clay	66	1.9	70	-	1.58
Soft very organic clay	75	3.0	110	-	1.43

$$v = ki \tag{1-24}$$

여기서, v = 가상적인 유체의 속도

i = 동수경사(hydraulic gradient)

k = 투수계수

다시 법칙은 층류를 가정한 것으로서 토입자가 자갈보다 작은 경우에는 이 가정을 적용할 수 있다. 그러나 토양은 입자가 균일하지 않고, 토양 내에서 유체 속도의 변화가 크므로 투수계수는 평균적인 개념으로 사용된다.

표 1-5는 토양상태에 따라 자연 토양의 간극률, 간극비, 함수비, 단위중량을 나타낸 것이다.

예제 샘플 토양의 체적은 0.0125 m³이다. 함수비가 21%일 때 총중량은 0.25 kN이고, 고체 성분의 비중은 2.65이다.

1) 고체 성분의 중량을 구하여라.

2) 고체의 단위중량을 구하여라.

3) 포화도를 구하여라.

4) 간극비를 구하여라.

5) 간극률을 구하여라.

풀이 $V_T = 0.0125\ \text{m}^3$, $\dfrac{W_W}{W_S} = 0.21$, $W_T = 0.25\ \text{kN}$, $G_s = 2.65$이므로

$$\gamma_t = \frac{W_T}{V_T} = \frac{0.25}{0.0125} = 20\ \text{kN/m}^3,\ \gamma_d = \frac{\gamma_t}{1+W} = \frac{20}{1+0.21} = 16.53\ \text{kN/m}^3$$

1) $W_S = \gamma_d V_T = 16.53 \times 0.0125 = 0.2066\ \text{kN}$

2) $\gamma_s = \gamma_w G_s = 9.81 \times 2.65 = 25.99\ \text{kN/m}^3$

3) $V_S = \dfrac{W_s}{\gamma_s} = \dfrac{0.2066}{25.99} = 0.00795\ \text{m}^3$, $V_V = V_T - V_S = 0.0125 - 0.00795 = 0.00455\ \text{m}^3$

$$W_W = W_T - W_S = 0.25 - 0.2066 = 0.0434\ \text{kN}$$

$$V_W = \frac{W_W}{\gamma_w} = \frac{0.0434}{9.81} = 0.004423\ \text{m}^3$$

$$S = \frac{V_W}{V_V} \times 100 = \frac{0.004423}{0.00455} \times 100 = 97.21\%$$

4) $e = \dfrac{V_V}{V_S} = \dfrac{0.00455}{0.00795} = 0.572$

5) $n = \dfrac{e}{1+e} = \dfrac{0.572}{1+0.572} = 0.364$

---

3. 토양 분류

토양의 성질은 대단히 복잡하고 또 주위의 환경과 시간에 따라서 변하는 특징이 있다. 그러나 이러한 토양의 성질과 특징을 유사한 형태로 구별하여 분류하면 일정한 그룹으로 나눌 수 있다. 토양을 그 성질에 따라 유사한 형태로 분류하여 그룹별로 나누는 것을 토양 분류라고 한다. 토양 분류는 현장의 경험을 체계화한 것이므로 어떤 지역의 토양에 대한 일반적인 특성을 나타내는 데는 대단히 유용하다. 그러나 토양 분류에 기초하여 공학적인 문제를

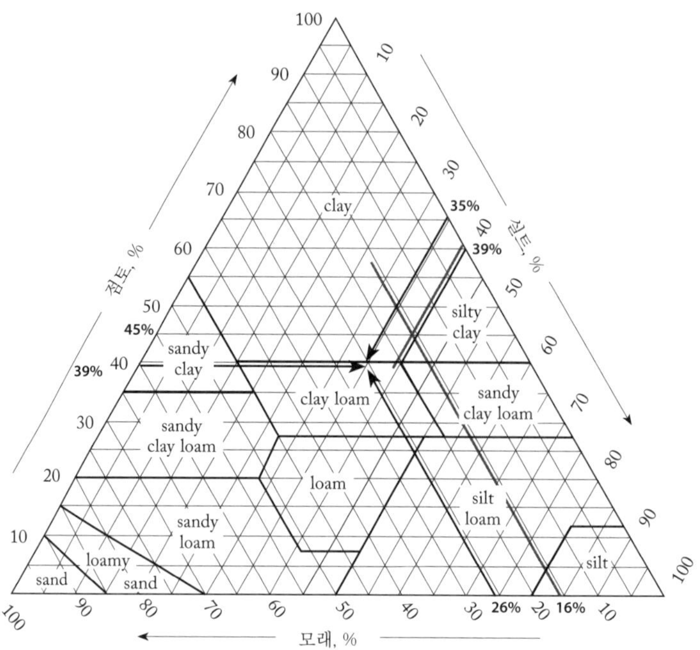

그림 1-7 미농무성법의 토성삼각형

풀 때는 신중하여야 한다. 경험적으로 알고 있는 토양의 특성과 실제 토양의 거동 사이에는 큰 차이가 있을 수 있기 때문이다.

토양 분류의 일반적인 형태는 토성(soil texture)에 따라 분류하는 방법으로서 대표적인 분류방법에는 미농무성법(USDA classification), 미도로공사법(Public Road Administration classification), 국제토양과학회법(International Society of Soil Science classification), 통일토양분류법(Unified soil classification) 등이 있다.

미농무성법은 토양을 모래(sand), 실트(slit), 점토(clay)의 구성비에 따라 그림 1-7에서와 같이 12개의 토성(soil texture)으로 분류하는 방법이다. 토성은 토입자의 크기별 분포이며 토입자의 상대적인 분포로서 정의된다. 양토(loam)는 모래, 실트, 점토의 양이 서로 비슷한 토양으로서 각 성분의 중간 특성을 나타낸다. 사양토(sandy loam)는 양토보다 거친 토양이며, 양사토(loamy sand)는 모래보다 고운 토양이다. 토성이 토양의 특성에 미치는 영향은 주로 토양의 표면적이 다르기 때문이다. 점양토(clay loam)와 같이 토입자의 크기가 작은 토양은 표면적이 크고, 사양토(sandy loam)와 같이 토입자의 크기가 큰 토양은 표면적이 작다. 토양은 표면적이 클수록 외부 영향에 대한 반응이 크며 수분을 흡수하는 능력도 증가한다. 즉 표면적이 큰 점토 성분이 많을수록 토양이 수분을 유지하는 능력도 증가하며 총간극도 증가한다. 그러나 점토 성분이 많으면 간극의 크기가 감소하여 공기와 물의 이동을 제한한다.

그림 1-7의 토성삼각형(texture triangle)을 이용하여 토양의 토성을 결정할 때는 체분석과 하이드로미터법을 이용하여 토양을 구성하는 모래, 실트, 점토의 구성비를 먼저 결정하여야 한다. 구성비가 결정되면 점토 %는 삼각형 밑변과 평행선을, 실트 %는 삼각형의 왼쪽 빗변과 평행선을, 모래 %는 삼각형의 오른쪽 빗변과 평행선을 그어 세 평행선이 만나는 점을 구하고, 토성은 이 점이 속한 영역의 토성으로 결정한다. 토양의 구성비가 모래 26%, 실트 35%, 점토 39%이면 이 토양의 토성은 그림 1-7에서와같이 점양토(clay loam)가 된다. 토양에 자갈 성분이 포함되어 있으면 자갈의 성분을 제외한 구성비로써 토성을 결정한다. 예를 들면 토양의 구성비가 자갈 13%, 모래 14%, 실트 34%, 점토 39%이면 자갈을 제외한 모래, 실트, 점토의 구성비는 각각

$$\frac{14}{14+34+39} \times 100 = 16.1\%$$

$$\frac{34}{14+34+39} \times 100 = 39.1\%$$

$$\frac{39}{14+34+39} \times 100 = 44.8\%$$

가 된다. 따라서 이때의 토성은 점토가 된다. 그러나 자갈 성분이 많으면 토성 앞에 자갈성이라는 표현을 붙인다. 즉 자갈의 구성비가 15% 미만일 때는 필요가 없으며 15~50%이면 자갈성(gravelly)이라는 표현을, 50% 이상이면 심한 자갈성(very gravelly)이라는 표현을 함께 붙인다. 예를 들면 자갈이 20%, 모래가 64%, 실트가 12%, 점토가 4%이면 자갈을 제외한 모래, 실트, 점토의 구성비는 각각 80%, 15%, 5%가 된다. 그림 1-7에서 이 토양의 토성을 구하면 양사토(loamy sand)이다. 그러나 자갈의 성분이 15% 이상이므로 양사토 앞에 자갈성이라는 표현을 붙여 자갈성 양사토(gravelly loamy sand)라고 부른다.

미농무성법과 유사한 토성 분류방식에는 미도로공사법이 있다. 미도로공사법은 그림 1-8에서와같이 토양을 모래, 실트, 점토의 구성비에 따라 10개의 토성으로 분류한 것이다. 토성삼각형의 사용방법은 미농무성법의 토성삼각형에서와 같다. 토양의 모래, 실트, 점토의 구성비가 각각 40%, 35%, 25%이면 미도로공사법에 의한 토성은 그림 1-8에서와같이 점

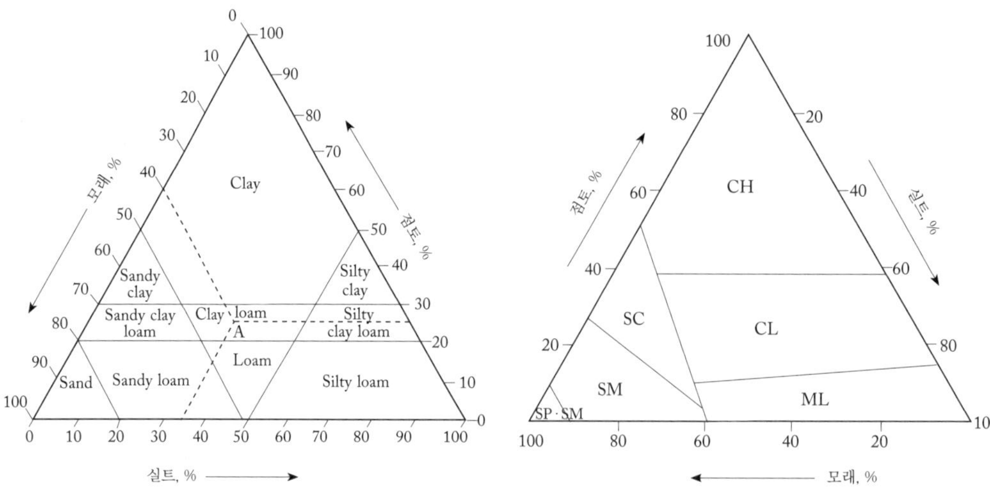

그림 1-8 미도로공사법의 토성삼각형

그림 1-9 통일토양분류법의 토성삼각형

양토(clay loam)로 분류되나, 미농무성법에서는 양토(loam)로 분류된다.

지반공학 분야에서 가장 널리 사용하고 있는 토양분류법에는 통일토양분류법(USCS, unified soil classification system)이 있다. 통일토양분류법은 토양을 자갈(G, gravel), 모래(S, sand), 실트(M, silt), 점토(C, clay) 유기물(O, organic)의 구성비와 등급(grade) 및 소성지수(liquid index)에 따라 15개의 토성으로 세분한 것이다. 등급은 200번 체를 통과한 토양의 중량비가 50% 미만이면 조립토(coarse grained), 50% 이상이면 세립토(fine grained)로 구분하고, 소성지수는 50% 미만이면 저소성(low plasticity), 50% 이상이면 고소성(high plasticity)으로 구분한다.

조립토는 다시 자갈의 구성비가 크면 자갈, 모래의 구성비가 크면 모래 또는 4번 체의 통과 중량비가 50% 미만일 때는 자갈, 50% 이상일 때는 모래로 구분한다. 자갈과 모래는 다시 200번 체의 통과 중량비가 5% 미만이면 토입자의 균등계수에 따라 4 이상은 우수등급 자갈(GW), 우수등급 모래(SW), 4 미만은 저등급 자갈(GP), 저등급 모래(SP)로 구분한다. 200번 체의 통과 중량비가 12% 이상이면 소성지수에 따라 소성지수가 4% 미만은 실트성 사갈(GM), 실트성 모래(SM), 7% 이상이면 점토성 자갈(GC), 점토성 모래(SC)로 구분한다. 200번 체의 통과 중량비가 5~12%일 때는 토입자의 균등계수와 소성지수를 함께 고려하여 결정한다. 세립토, 즉 실트, 점토, 유기물은 다시 소성지수와 유기물 함량에 따라 소성지수가 50% 미만이면 저소성 실트(ML), 저소성 점토(CL), 저소성 유기물(OL), 50% 이상이면 고소성 실트(MH), 고소성 점토(CH), 고소성 유기물(OH)로 구분한다. 유기물 함량이 특히 높은 토양은 피트(PT, peat)로 분류한다.

표 1-6 통일토양분류 시스템(Virginia Department of Transportation)

UNIFIED SOIL CLASSIFICATION AND SYMBOL CHART		
COARSE-GRAINED SOILS (more than 50% of material is larger than No. 200 sieve size.)		
GRAVELS More than 50% of coarse fraction larger than No. 4 sieve size	Clean Gravels (Less than 5% fines)	
	GW	Well-graded gravels, gravel-sand mixtures, little or no fines
	GP	Poorly-graded gravels, gravel-sand mixtures, little or no fines
	Gravels with fines (More than 12% fines)	
	GM	Silty gravels, gravel-sand-silt mixtures
	GC	Clayey gravels, gravel-sand-clay mixtures
SANDS 50% or more of coarse fraction smaller than No. 4 sieve size	Clean Sands (Less than 5% fines)	
	SW	Well-graded sands, gravelly sands, little or no fines
	SP	Poorly graded sands, gravelly sands, little or no fines
	Sands with fines (More than 12% fines)	
	SM	Silty sands, sand-silt mixtures
	SC	Clayey sands, sand-clay mixtures
FINE-GRAINED SOILS (50% or more of material is smaller than No. 200 sieve size.)		
SILTS AND CLAYS Liquid limit less than 50%	ML	Inorganic silts and very fine sands, rock flour, silty of clayey fine sands or clayey silts with slight plasticity
	CL	Inorganic clays of low to medium plasticity, gravelly clays, sandy clays, silty clays, lean clays
	OL	Organic silts and organic silty clays of low plasticity
SILTS AND CLAYS Liquid limit 50% or greater	MH	Inorganic silts, micaceous or diatomaceous fine sandy or silty soils, elastic silts
	CH	Inorganic clays of high plasticity, fat clays
	OH	Organic clays of medium to high plasticity, organic silts
HIGHLY ORGANIC SOILS	PT	Peat and other highly organic soils

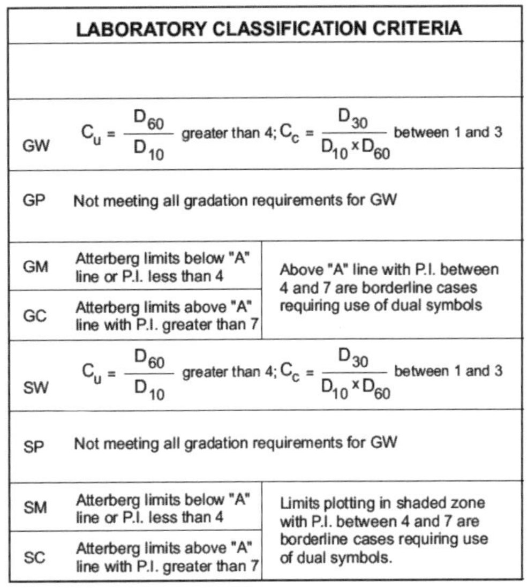

LABORATORY CLASSIFICATION CRITERIA		
GW	$C_u = \frac{D_{60}}{D_{10}}$ greater than 4; $C_c = \frac{D_{30}}{D_{10} \times D_{60}}$ between 1 and 3	
GP	Not meeting all gradation requirements for GW	
GM	Atterberg limits below "A" line or P.I. less than 4	Above "A" line with P.I. between 4 and 7 are borderline cases requiring use of dual symbols
GC	Atterberg limits above "A" line with P.I. greater than 7	
SW	$C_u = \frac{D_{60}}{D_{10}}$ greater than 4; $C_c = \frac{D_{30}}{D_{10} \times D_{60}}$ between 1 and 3	
SP	Not meeting all gradation requirements for GW	
SM	Atterberg limits below "A" line or P.I. less than 4	Limits plotting in shaded zone with P.I. between 4 and 7 are borderline cases requiring use of dual symbols.
SC	Atterberg limits above "A" line with P.I. greater than 7	

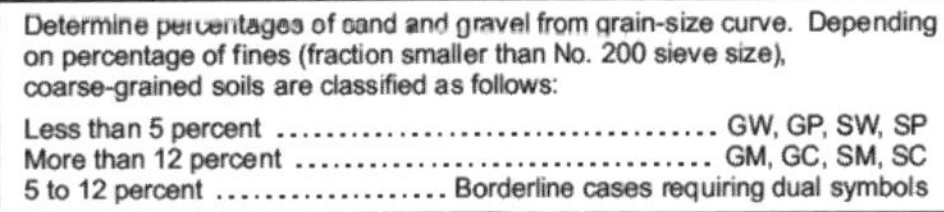

Determine percentages of sand and gravel from grain-size curve. Depending on percentage of fines (fraction smaller than No. 200 sieve size), coarse-grained soils are classified as follows:

Less than 5 percent .... GW, GP, SW, SP
More than 12 percent .... GM, GC, SM, SC
5 to 12 percent .... Borderline cases requiring dual symbols

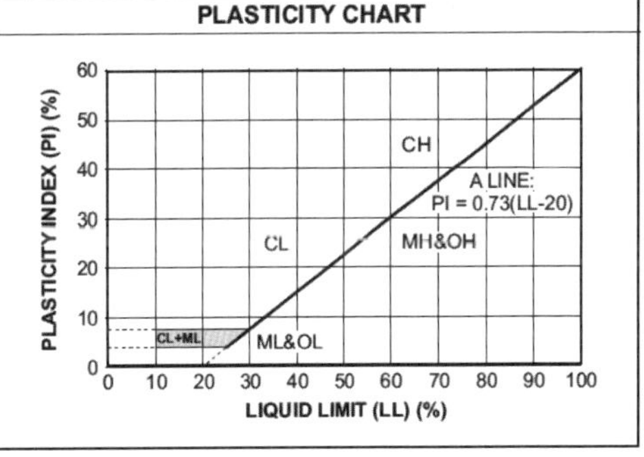

토양의 입도분포곡선에서 4번 체의 통과 중량비가 93%, 200번 체의 통과 중량비가 20%, 자갈이 7%, 모래가 73%이고 소성지수가 15%인 토양이 있을 때, 통일토양분류법에 의하면 이 토양의 토성은 다음과 같이 결정할 수 있다. 먼저 200번 체의 통과 중량비가 50% 미만이고 모래의 구성비가 크기 때문에 모래로 구분한다. 또한 200번 체의 통과 중량비가 12% 이상이므로 소성지수를 고려하여야 한다. 따라서 소성지수가 7% 이상이므로 이 토양의 토성은 점토성 모래(SC, clayey sand)가 된다. 표 1-6은 통일토양분류법에 의한 토성의 특징과 결정방법을 나타낸 것이고, 그림 1-9는 통일토양분류법에 의한 토성삼각형을 나타낸 것이다.

4. 함수율과 토성의 현장 확인

일반적으로 토양의 함수율은 오븐건조법으로써 결정한다. 따라서 현장에서 토양의 함수율을 간단히 측정하기는 쉽지 않다. 다만 수직하중에 의한 토양침하의 정도로써 간단히 추정할 수 있다. 그러나 같은 함수율에서도 수직하중에 의한 토양의 침하는 토성에 따라 다르다. 일반적으로 같은 수직하중일 때 토양침하는 점토 성분이 많을수록 크고, 모래 성분이 많을수록 작다. 그림 1-10은 같은 수직하중에서 함수율에 따라 사양토(sandy loam)의 침하 정도를 나타낸 것으로서 현장 토양의 함수율을 추정하는 데 응용할 수 있다.

22%

20%

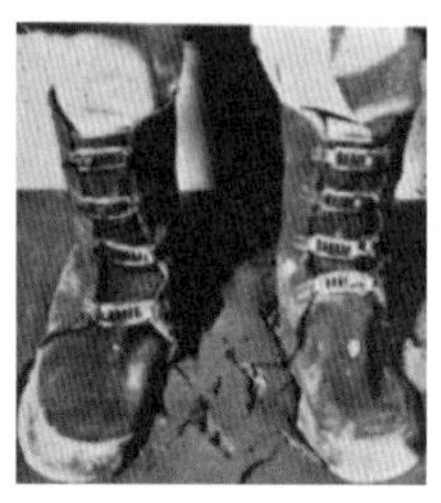

19%

그림 1-10 사양토의 함수율 차이(Bekker, 1960)

현장에서 미농무성법에 의한 토성을 추정할 때는 다음과 같은 방법으로 간단히 추정할 수 있다.

1) 그림 1-11(a)에서와같이 2스푼 정도의 토양 샘플을 채취한다.
2) 손바닥에서 한 줌의 토양을 완전히 적신다.
3) 집게손가락으로 토양을 문지른다.
4) 그림 1-11(b)에 따라 토성을 결정한다.

(a) 토양 샘플 채취

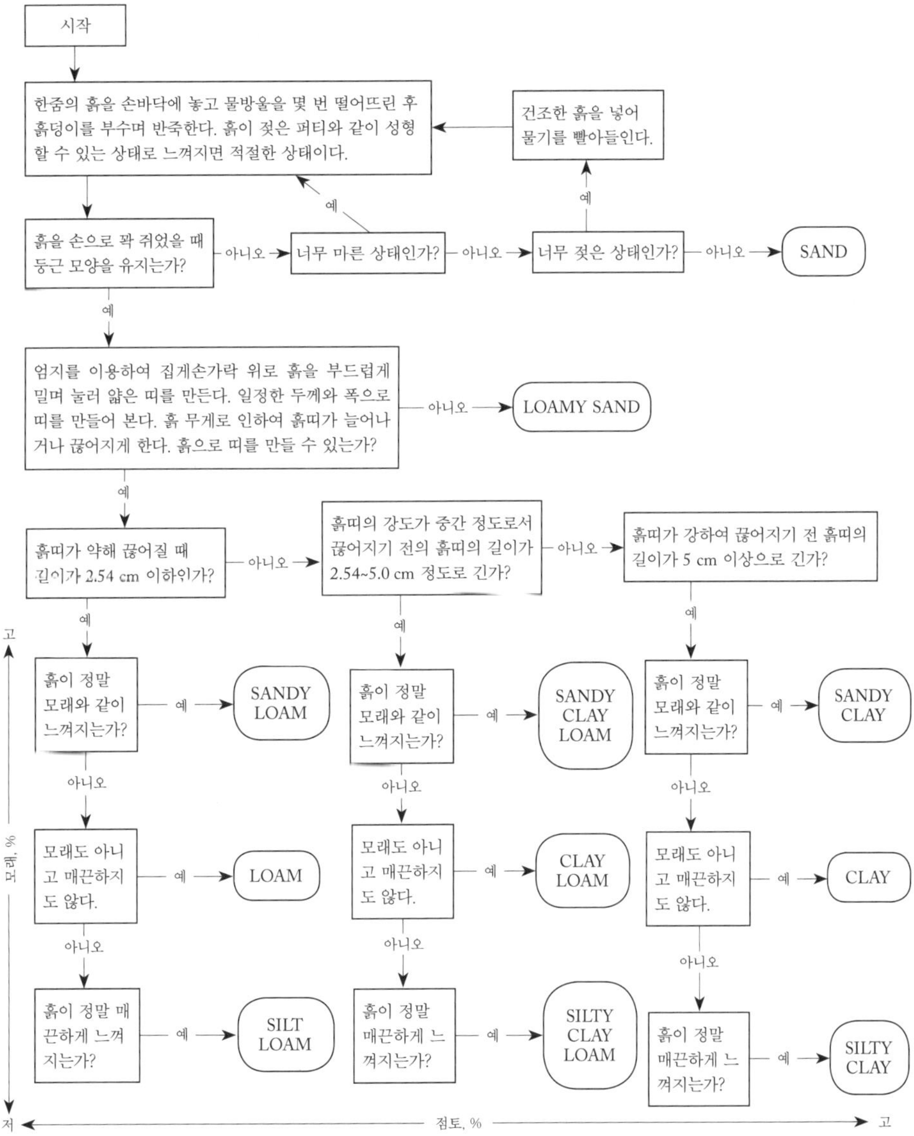

시작

한줌의 흙을 손바닥에 놓고 물방울을 몇 번 떨어뜨린 후 흙덩이를 부수며 반죽한다. 흙이 젖은 퍼티와 같이 성형할 수 있는 상태로 느껴지면 적절한 상태이다.

건조한 흙을 넣어 물기를 빨아들인다.

흙을 손으로 꽉 쥐었을 때 둥근 모양을 유지는가? — 아니오 → 너무 마른 상태인가? (예 → 처음 단계로) — 아니오 → 너무 젖은 상태인가? (예 → 건조한 흙을 넣어 물기를 빨아들인다.) — 아니오 → SAND

예 ↓

엄지를 이용하여 집게손가락 위로 흙을 부드럽게 밀며 눌러 얇은 띠를 만든다. 일정한 두께와 폭으로 띠를 만들어 본다. 흙 무게로 인하여 흙띠가 늘어나거나 끊어지게 한다. 흙으로 띠를 만들 수 있는가? — 아니오 → LOAMY SAND

예 ↓

흙띠가 약해 끊어질 때 길이가 2.54 cm 이하인가? — 아니오 → 흙띠의 강도가 중간 정도로서 끊어지기 전의 흙띠의 길이가 2.54~5.0 cm 정도로 긴가? — 아니오 → 흙띠가 강하여 끊어지기 전 흙띠의 길이가 5 cm 이상으로 긴가?

	흙띠 2.54 cm 이하 (예)	흙띠 2.54~5.0 cm (예)	흙띠 5 cm 이상 (예)
흙이 정말 모래와 같이 느껴지는가? — 예 →	SANDY LOAM	SANDY CLAY LOAM	SANDY CLAY
아니오 ↓ 모래도 아니고 매끈하지도 않다. — 예 →	LOAM	CLAY LOAM	CLAY
아니오 ↓ 흙이 정말 매끈하게 느껴지는가? — 예 →	SILT LOAM	SILTY CLAY LOAM	SILTY CLAY

모래, % (고 ↑ / 저 ↓)

저 ← 점토, % → 고

(b) 토성 결정

그림 1-11 간이 현장 토성 결정방법(TreePeople)

연습문제

1. 다음은 530 g의 토양 샘플을 체분석한 결과와 바닥팬에 떨어진 토양 중 60 g을 취하여 만든 1,000 cc 현탁액의 밀도를 100 mm 높이에서 경과시간에 따라 측정한 것이다. 바닥팬에 떨어진 토양의 함수율은 20%였다.

체 번호 (US Standard)	눈의 크기, mm	체에 남은 토양의 무게, g
4	4.76	50.4
10	2.00	36.5
20	0.84	40.3
40	0.425	39.8
60	0.25	50.8
140	0.106	80.8
200	0.074	20.5
바닥팬		210.9
계		530.0

경과시간, min	현탁액의 밀도, g/L
0	55.0
1	42.8
2	37.8
4	35.8
8	32.8
16	27.8
34	23.8
136	17.2
412	12.9
1,440	10.9

❶ 토양의 입도분포곡선을 그려라.

❷ 토양의 균등계수를 구하여라.

❸ 토입자의 곡률계수를 구하여라.

❹ 미농무성법에 따른 토성을 결정하여라.

2. 어떤 토양 샘플의 입도분포곡선은 다음 그림에서와 같다.

❶ USDA 분류법에 따라 모래의 중량비를 구하여라.

❷ 토양의 균등계수를 구하여라.

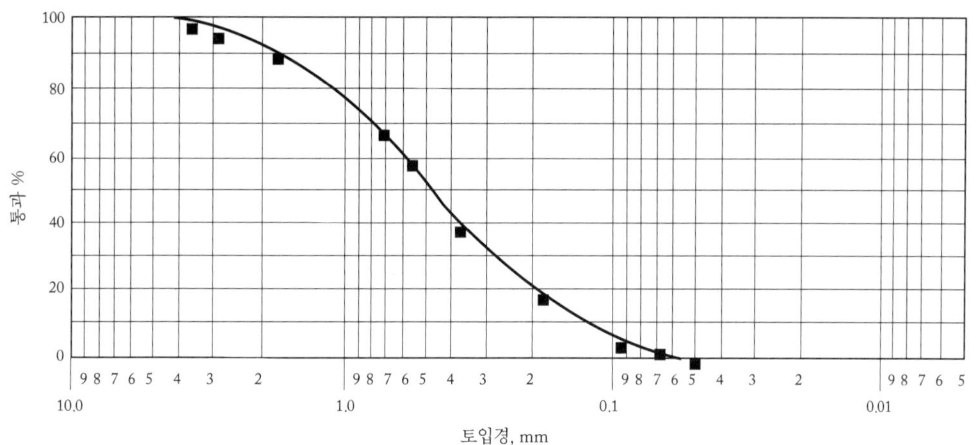

3. 어떤 세립토의 액성한계와 소성한계는 각각 70%, 38%이고, 자연상태에서 함수율은 28%였다. 소성지수와 액성지수를 구하여라.

4. 액성한계와 소성한계가 각각 67%, 32%인 점토가 있다. 하이드로미터법으로 이 토양의 샘플을 분석한 결과 크기가 0.002 mm보다 작은 도입지가 40%였다. 이 점토의 활동지수를 구하여라.

5. 중량이 18.18 kg이고 체적이 0.009 m^3인 토양을 오븐건조하였을 때 중량이 16.13 kg으로 감소하였다. 고체 성분의 비중은 2.70이었다. 이 토양의 간극비, 간극률, 건단위중량, 전단위중량, 함수율, 포화도, 포화단위중량을 구하여라.

6. 토양 샘플 110 cm^3의 포화도가 100%일 때 중량은 212 g이었다. 샘플을 오븐건조한 후 중량은 162 g이 되었다. 전단위중량, 건단위중량, 함수율, 간극률, 고체의 비중을 구하여라.

7. 어떤 모래의 건중량과 전체적은 각각 3.62 kg, 0.00195 m^3이고, 고체의 비중은 2.7이었다. 또한 가장 느슨한 상태의 간극비는 0.95이고, 가장 밀집한 상태의 간극비는 0.35였다. 이 모래의 상대밀도를 구하여라.

8. 완전포화상태의 토양을 용기에 담았을 때 총무게는 113.27 g이고, 이를 완전히 건조하였을 때의 총무게는 100.6 g이었다. 용기의 무게는 49.31 g이고, 토양 샘플의 비중은 2.80이었다. 토양에 포함된 공기의 양은 무시한다. 이 토양의 함수비와 공극비를 구하여라.

9. 어떤 토양의 간극률은 1.02이고, 고체 부분의 비중은 2.70, 함수비는 30%이다. 이 토양의 포화도, 총밀도, 고체 부분의 밀도를 구하여라.

10. 어떤 토양의 입도분석 결과는 점토가 25%, 실트가 45%, 모래가 30%였다. 미농무성법에 따라 이 토양의 토성을 결정하여라.

참고문헌

Bekker, M. G. 1960. Off-the road locomotion. The University of Michigan Press. Ann Arbor, Michigan.

Karafiath, L. L. and E. A. Nowatzki. 1978. Soil mechanics for off-road vehicle engineering. Trans Tech Publications. Clausthal, Germany.

Upadhyaya, S. K., W. J. Chancellor, D. V. Perumpral, R. L. Schafer, W. G. Gill, and G. E. VandenBerg. 1994. Advances in soil dynamics Vol. 1. American Society of Agricultural Engineers. St. Joseph, Michigan.

USDA. Soil classification system. https://www.nrcs.usda.gov/wps/portal/nrcs/detail/soils/edu/?cid=nrcs142p2_054311

Virginia Department of Transportation. Unified soil classification system. http://gozips.uakron.edu/~mcbelch/documents/UnifiedSoilClassification.pdf

https://images.search.yahoo.com

https://www.treepeople.org/sites/default/files/pdf/resources/How-to%20Determine%20Soil%20Type.pdf

제2장

토양의 공학적 성질

토양의 공학적 성질(engineering property)은 토괴(土塊)의 운동상태에서 나타난다. 정지상태의 토괴가 외력에 의하여 이동할 때 토괴에 작용하는 마찰력은 토양의 공학적 성질에 해당한다. 연약 토양을 압축하면 토양의 강도는 증가하며, 이때 토양 강도는 압축에 의하여 토양 입자가 이동함으로써 나타나는 토양의 공학적 성질이라고 할 수 있다. 토양이 이동할 때 토양에는 반드시 변형 또는 변위를 유발하는 힘이 작용한다. 이와 같이 운동상태에서 나타나는 토양의 성질을 토양의 공학적 성질 또는 동적 성질(dynamic properties)이라고 한다.

토양의 구성 성분과 물리적인 구조를 공학적 성질로 볼 수는 없으나 공학적 성질은 토양의 구성 성분과 물리적인 구조에 따라 크게 변한다. 토양에 작용하는 외력과 외력에 의한 토양의 이동 또는 변형 사이의 관계를 나타내기 위해서는 각종 토양 변수가 포함된 수학적 표현이 필요하며 이 수학적 표현에 포함된 토양 변수는 공학적 성질의 척도가 된다.

토양이 이동할 때 토양의 동적 반응을 구명하기는 대단히 어려우나 토양의 공학적 성질은 반드시 토양이 이동하는 상태에서 측정하여야 한다. 그러나 측정 기구 자체가 토양의 반응에 영향을 미칠 수 있으며 또한 측정 장비가 토양의 이동과는 상이한 거동을 할 수도 있다. 이러한 어려움에도 불구하고 토양의 동적 특성을 구명하고 이러한 동적 특성을 이용하여 외력에 대한 토양의 반응을 수학적으로 표현하기 위한 많은 노력과 연구가 수행되고 있다.

1. 토양의 응력과 변형률

공학에서 응력과 변형의 개념은 재료의 동질성과 미립자의 연속성(continuum)에 기초한다. 그러나 자연상태의 토양은 반액체 상태에서부터 고체상태에 이르기까지 광범위한 영역에 존재하며 고체, 액체, 기체의 3상으로 구성된 이질적인 입자 구조를 가지고 있으므로 엄밀한 의미에서 응력과 변형의 관계는 존재하지 않는다.

그러나 초미시적 관점에서 보면 재료의 미립자 구성도 입자 구성으로 볼 수 있다. 그러므로 공학 재료가 가지는 미립자의 연속성은 상대적인 것이며, 거시적 관점에서 미립자에 작용하는 응력의 변화가 작을 때는 미립자도 하나의 입자로 가정할 수 있다. 토양의 경우 토입자의 표면이 상대적으로 다른 간극 입자에 비하여 크다고 하면 토양도 이론적으로 하나의 공학 재료로 가정할 수 있다. 이러한 이론적 가정하에 탄성이론과 소성이론을 적용하여 토양의 응력과 변형의 관계를 구명하려 하였으나 만족할 만한 결과는 얻지 못하였다.

토양에 외력이 작용하면 토양의 내부에는 응력이 발생하고 외력은 경계면에서 반력과 평형상태를 이룬다. 내부응력이 작으면 미소 변형이 일어나고 응력이 제거되면 변형은 원래 상태로 돌아간다. 그러나 응력이 증가하면 토양은 소성변형을 일으킨다. 토양의 소성변형은 토양의 성질과 환경조건에 따라서 응력이 재분포하여 새로운 평형상태를 유지하거나 토입자의 이동으로 하중을 감소시키는 현상을 일으킨다.

토양의 변형은 이러한 내부응력의 변화뿐만 아니라 외력이 작용하는 시간에도 큰 영향을 받는다. 시간의 영향은 토양이 변형하는 과정에서도 직접 관찰할 수 있다. 그러나 탄성이론과 소성이론은 토양 변형의 시간 종속성을 고려할 수 없다는 단점이 있다.

토양은 반무한대의 연속체이기 때문에 토양에 외력이 작용하면 힘은 일정한 면적에 작용하지 않고 일정한 경계면의 작은 영역에 작용한다. 단위 면적에 작용하는 힘, 즉 응력은 반무한대의 3차원 토양에서는 무의미하다. 왜냐하면 힘이 작용하는 방향과 면적을 한정할 수 없기 때문이다. 따라서 토양에 작용하는 힘을 나타내기 위해서는 토양의 내부 또는 표면상의 각 점에 작용하는 힘을 나타낼 수 있는 방법이 필요하다.

금속재료에서 정의하는 응력과 변형률의 개념을 동일한 개념으로 토양에 적용할 수는 없으나 위에서와 같은 가정하에서 극히 제한된 초기의 변형 영역에서만 탄성이론에 의한 응력과 변형의 관계를 수립할 수 있다. 한 가상 평면이 토양의 내부를 통과할 때 이 평면의 한 쪽 면에 있는 토양은 다른 쪽 면에 있는 토양에 힘을 가하게 된다. 이 평면 내의 한 점 O

를 포함한 임의의 미소 면적 ΔA에 작용하는 힘 벡터를 $\vec{F}$라고 하면 O점에서 응력 벡터 $\vec{\sigma}$는 다음과 같이 정의된다.

$$\vec{\sigma} = \lim_{\Delta A \to 0} \frac{\vec{F}}{\Delta A} \tag{2-1}$$

응력 벡터 $\vec{\sigma}$는 평면에 수직한 성분과 접선 성분으로 분해할 수 있다. O점을 지나는 다른 평면에서는 다른 응력 벡터가 존재한다. 또한 무한히 많은 평면이 O점을 지날 수 있으며, 각 평면에서는 각기 다른 응력 벡터가 존재하기 때문에 한 섬 O에서의 응력상태를 나타내기 위해서는 간단하고 통일된 방법이 요구된다. 가장 일반적인 방법은 서로 수직인 3 평면상에 응력 벡터를 나타내는 방법이다. 이 방법으로 응력 벡터를 표시하면 그림 2-1에서와같이 9개의 응력 성분이 존재한다. 여기서 X, Y, Z는 O점을 지나는 각 평면에 수직한 방향을 나타낸다. 그림 2-1의 정육면체를 O점으로 수축하면 각 면에 표시된 수직응력과 접선응력은 O점의 응력상내가 된다. 토양에 작용하는 힘을 정확히 나타내기 위해서는 토양 내부 및 경계선의 각 점에서 이 9개의 응력 성분을 정확히 표시하여야 한다.

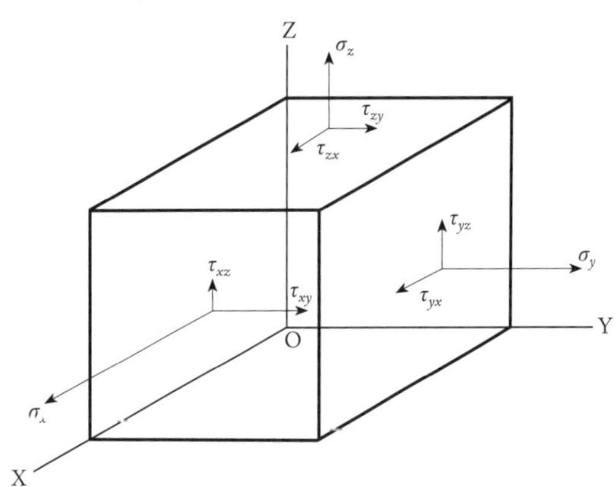

그림 2-1 한 점에 작용하는 응력상태

그림 2-1의 응력상태를 텐서로 표시하면

$$\begin{matrix} \sigma_x & \tau_{xy} & \tau_{xz} \\ \tau_{yx} & \sigma_y & \tau_{yz} \\ \tau_{zx} & \tau_{zy} & \sigma_z \end{matrix} \tag{2-2}$$

와 같다. σ_i로 표시된 응력은 i 방향의 수직응력이고 τ_{ij}로 표시된 응력은 i 평면에서 j 방향으로 작용하는 전단응력을 나타낸다. 대칭과 힘의 평형조건에 의하여 전단응력 사이에는 다음과 같은 관계가 성립된다.

$$\tau_{xy} = \tau_{yx}$$
$$\tau_{xz} = \tau_{zx} \tag{2-3}$$
$$\tau_{yz} = \tau_{zy}$$

따라서 한 점에서 독립된 응력 성분은 6개가 된다.

토양의 변형률도 응력에서와같이 한 점의 미소 변형을 가정함으로써 정의할 수 있다. 즉 한 점의 변형률 상태를 텐서로 나타내면

$$\begin{matrix} \varepsilon_x & \gamma_{xy} & \gamma_{xz} \\ \gamma_{yx} & \varepsilon_y & \gamma_{yz} \\ \gamma_{zx} & \gamma_{zy} & \varepsilon_z \end{matrix} \tag{2-4}$$

가 된다. 탄성체에서 변형률과 응력의 관계는 다음과 같이 정의된다.

$$\varepsilon = \frac{\sigma}{E} \tag{2-5}$$

$$\gamma = \frac{\tau}{G} \tag{2-6}$$

여기서, ε = 수직응력에 의한 변형률

σ = 수직응력

E = 탄성계수

γ = 전단변형률

τ = 전단응력

G = 강성계수

이 관계를 적용하여 변형률 텐서의 각 성분을 응력 텐서의 성분으로 나타내면 다음과 같이 표현된다.

$$\varepsilon_x = \frac{\sigma_x}{E} - \nu\left(\frac{\sigma_y}{E} + \frac{\sigma_z}{E}\right)$$
$$\varepsilon_y = \frac{\sigma_y}{E} - \nu\left(\frac{\sigma_x}{E} + \frac{\sigma_z}{E}\right)$$

$$\varepsilon_z = \frac{\sigma_z}{E} - \nu(\frac{\sigma_x}{E} + \frac{\sigma_y}{E})$$

$$\gamma_{xy} = \frac{\tau_{xy}}{G}$$

$$\gamma_{xz} = \frac{\tau_{xz}}{G} \qquad (2\text{-}7)$$

$$\gamma_{yz} = \frac{\tau_{yz}}{G}$$

여기서 ν는 토양의 포아슨비이고, 식 (2-3)에 의하여 $\gamma_{xy} = \gamma_{yx}$, $\gamma_{xz} = \gamma_{zx}$, $\gamma_{yz} = \gamma_{zy}$가 된다. 식 (2-7)은 모든 탄성체에 적용되는 식이다. 토양의 탄성계수 E와 포아슨비 ν가 어떤 하중 상태에서 일정한 값을 가질 수 있는 범위는 극히 제한적이기 때문에 탄성이론이 적용될 수 있는 토양상태의 범위도 극히 제한적이다. 따라서 식 (2-7)을 적용할 때는 토양조건에 유의하여야 한다. 또한 토양에서는 탄성체에서 일반적으로 인정되고 있는 등방성(isotropic)과 시간 불변성을 적용할 수 없기 때문에 탄성이론에 의한 토양의 응력과 변형 해석은 그 유효성이 극히 제한적일 수밖에 없다.

일반적으로 토양의 탄성계수는 간극비, 무기물 조성, 응력이력, 하중의 작용속도 등의 영향을 받는다. 토양은 응력과 변형률의 관계가 비선형이기 때문에 하나의 탄성계수만 사용할 수 없으며, 다수의 탄성계수를 사용하여야 한다. 토양의 탄성계수는 일반적으로 원점 부근의 응력-변형률선도에 대한 접선의 기울기인 초기계수(initial modulus), 응력-변형률선도의 원점과 특정 응력점을 이은 직선의 기울기인 할선계수(secant modulus), 특정 응력점에서 응력 변형률선도에 대한 접선의 기울기인 접선계수(tangent modulus)를 이용하여 3개의 계수로써 구성할 수 있다. 점착성 토양의 탄성계수는 응력이력, 배수, 외부 환경 등의 영향을 받기 때문에 구하기가 더욱 어렵다. 토양에 적용할 수 있는 절대적인 포아슨비도 없다. 하중이 작용하는 초기 상태에서 토양의 포아슨비는 0.1~0.3 정도이나 토양이 파괴되면 증가한다. 건조한 모래의 경우 포아슨비는 0.25 정도이고, 토목 분야에서 적용하고 있는 점토의 포아슨비는 0.4 정도이다. 하중에 의한 토양 변위가 작고 탄성계수와 포아슨비가 적절할 때는 탄성이론을 적용한 식 (2-7)로써 토양의 거동을 어느 정도 추정할 수 있다.

2. 토양의 응력분포

입자로 구성된 물체의 응력은 각 입자의 접촉점을 통하여 전달된다. 입자가 일정한 순서로 정렬되지 않고 무작위로 배열되어 있으면 입자의 접촉점도 일정한 방향으로 정렬되지 않고 여러 방향으로 분산된다. 따라서 이러한 물체의 응력은 한 직선상에 분포하지 못하고 분산된 접촉점을 통하여 여러 방향으로 분산된다. 입자로 구성된 물체에서 이러한 응력분포 현상을 아칭(arching)이라고 한다. 토양은 입자가 무작위로 배열된 물체라고 할 수 있으며, 따라서 토양의 응력분포도 아칭현상으로 설명할 수 있다. 또한 토양반력의 경계층(boundary)은 반무한대(semi-infinite)에 이른다. 반력의 방향과 작용 면적을 한정할 수 없는 이러한 반무한대의 3차원인 토양 내부에서는 응력, 즉 단위 면적당 반력의 개념이 무의미하므로 외력의 경계층 또는 경계층 내부의 각 점에서 토양반력을 나타내어야 한다.

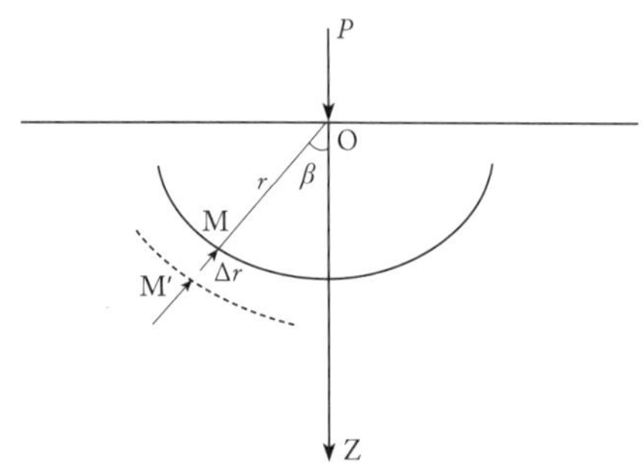

그림 2-2 집중하중에 의한 토양의 내부응력

토양 표면의 한 점 O에서 수직 집중하중 P가 작용하면, 그림 2-2에서와같이 토양 내부의 모든 점에서는 반경방향의 반력이 일어나며 이 반력의 크기는 외력 P와 외력의 작용점 O와 반력의 작용점 M 사이의 거리에 따라서 변한다.

점 M에서 외력 P에 의한 반경방향의 응력을 σ_r이라 하고, 이 응력 σ_r에 의한 반경방향의 토양 변형을 δ_r이라고 하면 δ_r은 반경 r에 반비례하고 $\cos\beta$에 비례한다. 즉 식 (2-8)에서와같이 표현된다.

$$\delta_r = a\frac{\cos\beta}{r} \tag{2-8}$$

여기서, a = 비례상수

r = OM의 길이

β = O점을 지나는 연직선과 OM이 이루는 각

또한 반경방향으로 $r+\Delta r$ 떨어진 점 M′에서 토양 변형 δ_r'은 다음과 같이 표현된다.

$$\delta_r' = a\frac{\cos\beta}{r+\Delta r} \tag{2-9}$$

따라서 점 M에서 반경방향의 토양 변형률 ε_r은

$$\varepsilon_r = \lim_{\Delta r \to 0} \frac{\delta_r - \delta_r'}{\Delta r} = \frac{a \cos \beta}{r^2} \tag{2-10}$$

가 된다. 토양의 탄성계수를 E_s라고 하면 반경방향 응력 σ_r은

$$\sigma_r = E_s \frac{a \cos \beta}{r^2} \tag{2-11}$$

가 된다. 변형률과 응력은 구면좌표계의 Z축에 대하여 대칭이므로 힘의 평형조건으로부터 외력 P는 다음과 같이 주어진다.

$$P = \int_0^{\frac{\pi}{2}} \sigma_r \cos \beta dA \tag{2-12}$$

여기서, $dA = 2\pi(r\sin\beta)rd\beta$

식 (2-11)을 식 (2-12)에 대입하면

$$P = \int_0^{\frac{\pi}{2}} E_s \frac{a \cos \beta}{r^2} \cos \beta(2\pi r \sin \beta r d\beta) = E_s \frac{2\pi a}{3} \tag{2-13}$$

가 된다. 식 (2-13)에서 $E_s a$를 구하면

$$E_s a = \frac{3P}{2\pi} \tag{2-14}$$

가 된다. 식 (2-14)를 식 (2-11)에 대입하여 반경방향 응력 σ_r을 구하면 다음과 같이 표현된다.

$$\sigma_r = \frac{3P \cos \beta}{2\pi r^2} \tag{2-15}$$

응력 σ_r은 반경방향에 직각인 토양의 가상면에 작용하는 주응력으로서 집중하중 P에 의한 점 M의 응력상태를 나타낸다. 즉 점 M에 작용하는 응력은 반경방향 응력 σ_r뿐이다. 반경

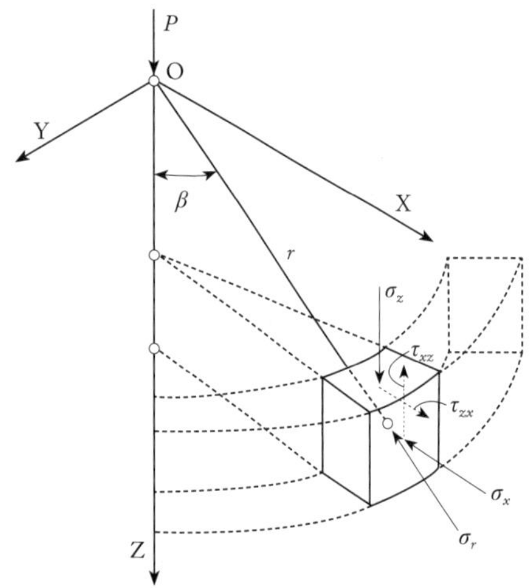

그림 2-3 응력의 방향전환

방향 응력 σ_r을 몰원을 이용하여 그림 2-3에서와 같이 X-Z 좌표계의 응력 σ_x, σ_z, τ_{xz}로 변환하면 다음과 같은 관계가 성립한다.

$$\sigma_x = \frac{\sigma_r}{2} - \frac{\sigma_r}{2}\cos 2\beta = \sigma_r \sin^2 \beta \quad (2\text{-}16)$$

$$\sigma_z = \frac{\sigma_r}{2} + \frac{\sigma_r}{2}\cos 2\beta = \sigma_r \cos^2 \beta \quad (2\text{-}17)$$

$$\tau_{xz} = \frac{\sigma_r}{2}\sin 2\beta = \sigma_r \sin\beta\cos\beta \quad (2\text{-}18)$$

식 (2-15)를 식 (2-16), (2-17), (2-18)에 대입하면 수직응력 σ_x, σ_z와 전단응력 τ_{xz}는 각각 다음과 같이 표현된다.

$$\sigma_z = \frac{3P}{2\pi r^2}\cos^3 \beta \quad (2\text{-}19)$$

$$\tau_{xz} = \frac{3P}{2\pi r^2}\cos^2 \beta \sin\beta \quad (2\text{-}20)$$

$$\sigma_x = \frac{3P}{2\pi r^2}\cos\beta \sin^2 \beta \quad (2\text{-}21)$$

$z = r\cos\beta$로부터 r을 구하여 식 (2-15), (2-19), (2-20), (2-21)에 대입하면 반경방향 응력 σ_r, 수직응력 σ_z, 전단응력 τ_{xz}, x 방향의 응력 σ_x는 토양깊이 z의 함수로서 각각 다음과 같이 표현된다.

$$\sigma_r = \frac{3P}{2\pi z^2}\cos^3 \beta \quad (2\text{-}22)$$

$$\sigma_z = \frac{3P}{2\pi z^2}\cos^5 \beta \quad (2\text{-}23)$$

$$\tau_{xz} = \frac{3P}{2\pi z^2}\cos^4 \beta \sin\beta \quad (2\text{-}24)$$

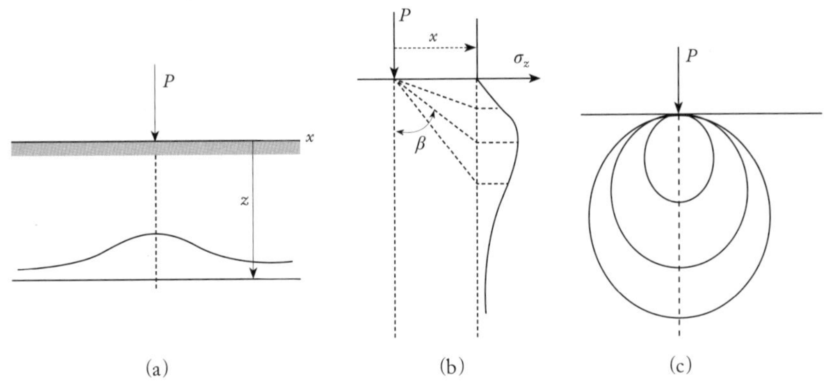

그림 2-4 집중하중에 의한 토양의 응력분포

$$\sigma_x = \frac{3P}{2\pi z^2}\cos^3\beta\sin^2\beta \qquad (2\text{-}25)$$

집중하중 P에 의한 토양 내부의 응력분포는 위의 식을 이용하여 고찰할 수 있다. 일정한 토양깊이에서 집중하중 P에 의한 토양 내부의 수직응력 분포상태는 그림 2-4(a)와 같으며 최대 수직응력은 하중이 작용하는 방향과 같은 방향으로 작용한다. 그림 2-4(b)는 하중의 작용점으로부터 일정한 수평 거리에서 토양깊이에 따른 수직응력의 분포곡선이며 이론적으로 $\beta = 39^\circ 10'$일 때 최대 수직응력이 발생한다. 토양 내에서 동일한 수직응력의 분포상태, 즉 등수직응력 분포곡선은 그림 2-4(c)와 같이 타원형으로 나타나며, 이 타원형의 등수직응력 분포곡선을 압력구(pressure bulb)라고 한다.

지금까지 토양을 완전한 탄성체로 가정하여 반무한대의 한 점에 집중하중이 작용할 때 토양의 응력방정식을 유도하고 토양 내의 응력분포 상태를 이론적으로 고찰하였다. 그러나 토양은 완전한 탄성체가 아니므로 이론적인 응력방정식을 실제의 토양에 적용하기 위해서는 보정계수가 필요하다.

프렐리히(Fröhlich)는 이 보정계수로서 응력집중계수(concentration factor) ν를 제시하고 응력방정식을 다음과 같이 표현하였다.

$$\sigma_r = \frac{\nu P}{2\pi r^2}\cos^{\nu-2}\beta \qquad (2\text{-}26)$$

$$\sigma_z = \frac{\nu P}{2\pi r^2}\cos^{\nu}\beta \tag{2-27}$$

$$\sigma_x = \frac{\nu P}{2\pi r^2}\cos^{\nu-2}\beta\sin^2\beta \tag{2-28}$$

$$\tau_{xz} = \frac{\nu P}{2\pi r^2}\cos^{\nu-1}\beta\sin\beta \tag{2-29}$$

또는

$$\sigma_r = \frac{\nu P}{2\pi z^2}\cos^{\nu}\beta \tag{2-30}$$

$$\sigma_z = \frac{\nu P}{2\pi z^2}\cos^{\nu+2}\beta \tag{2-31}$$

$$\tau_{xz} = \frac{\nu P}{2\pi z^2}\cos^{\nu+1}\beta\sin\beta \tag{2-32}$$

$$\sigma_x = \frac{\nu P}{2\pi z^2}\cos^{\nu}\beta\sin^2\beta \tag{2-33}$$

응력집중계수 ν의 값은 토양의 종류와 함수율에 따라 변하며, 일반적으로 양토(loam)는 3, 경사질토(hard sand)는 4, 중사질토(medium sand)는 5, 연사질토(soft sand)는 6 정도이다. 그러나 ν는 물리적 의미를 가진 토양변수는 아니며 단지 ν의 값이 증가함에 따라 외력의 작용축에 응력집중이 증가하여 응력분포곡선에 변화를 가져오는 변수이다. 특히 $\nu = 3$일 때의 응력방정식을 부시네스크(Boussinesq) 방정식이라고 한다.

3. 토양의 강도

토양의 강도는 특정 조건에서 토양이 파괴되지 않고 외력에 견딜 수 있는 능력을 말한다. 다시 말하면 변형에 저항하는 토양의 능력이라고 할 수 있다. 그러나 토양의 강도는 토양의 물리적 성질, 운동상태, 하중조건 등에 따라서 변할 뿐만 아니라 기상조건과 시간에 따라서도 변한다. 따라서 어떤 성질보다 토양강도는 변화의 폭이 크다.

토양의 강도를 나타내는 방법에는 응력과 변형률의 관계를 이용하는 방법이 있다. 각종 토양조건에서 응력과 변형률의 관계를 구하고, 이 관계에 포함된 변수의 값을 이용하여 정량적으로 토양의 강도를 나타낸다. 토양의 강도를 나타내는 또 다른 방법에는 항복조건에서 토양상태를 나타내는 변수를 이용하는 방법이 있다. 정확한 응력과 변형률의 관계 및 항복조건의 변수를 결정함으로써 토양의 강도를 보다 논리적이고 합리적으로 나타낼 수 있다.

토양강도는 그 변화의 범위가 크고 정확하게 나타낼 수 없기 때문에 강도와 관련된 토양실험은 반드시 동일한 토양조건에서 수행하여야 한다. 서로 다른 토양조건에서 실시한 실험의 결과는 비교할 수가 없다. 토양의 형태가 동일한 경우에도 강도가 다르기 때문에 서로 다른 지역에서 수행한 실험결과를 비교할 수는 없다. 또한 동일한 토양조건에서도 실험기간이 길면 시간에 따라서 강도가 변하기 때문에 초기 실험과 최종 실험의 결과를 직접 비교하기는 어렵다. 최근에는 토양강도의 변화를 배제하기 위하여 인공토양을 사용하는 경우도 있다.

1) 인장강도

토양의 인장강도는 토양을 인장할 때 토양이 견딜 수 있는 능력이라고 할 수 있다. 인장강도는 인장파괴가 일어날 때 파괴면에 작용하는 인장응력으로써 나타낼 수 있다. 인장파괴를 유발하는 인장응력은 파괴면에 작용하는 다른 응력과는 관계가 없으나 직접적으로 토양조건의 영향을 받는나. 따라서 토양의 인장강도는 토양조건과 직접적인 관계가 있다.

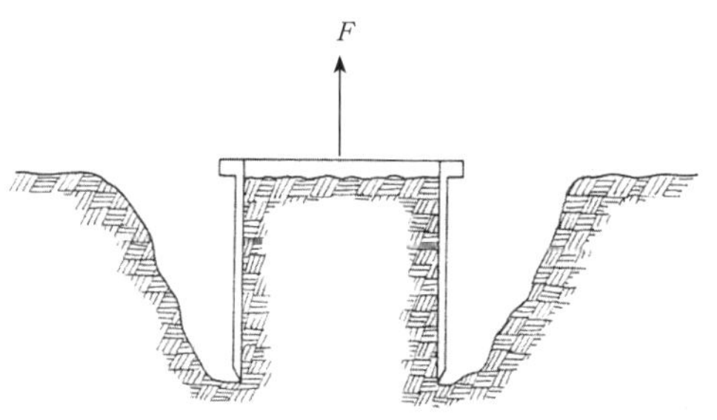

그림 2-5
토양의 인장강도를 결정하기 위한 현장 시험방법

현장에서 토양의 인장강도를 결정하는 방법에는 그림 2-5에서와같이 주위를 절개한 토양 기둥에 인장력을 가하여 기둥이 절단될 때 인장력 F를 측정하여 결정하는 방법이 있다. 기둥 단면의 지름을 D라고 하면 토양의 인장강도는 다음과 같이 표현된다.

$$S_t = \frac{4F}{\pi D^2} \qquad (2\text{-}34)$$

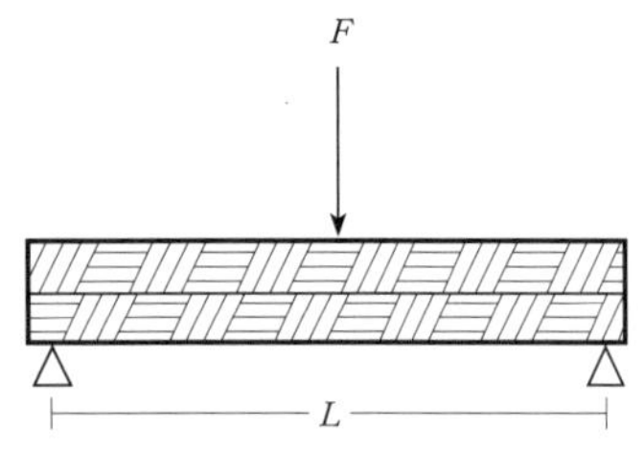

그림 2-6 토양의 인장강도 시험법

실험실에서 토양의 인장강도를 결정할 때는 토양으로 사각형 단면의 작은 블록을 만들고 그림 2-6의 단순지지보에서와같이 집중하중을 가하여 블록이 파괴될 때 인장응력을 구하는 방법이 있다. 블록이 파괴될 때 집중하중을 F라고 하면, 토양의 인장강도는 다음과 같이 표현된다.

$$S_t = \frac{3FL}{2bh^2} \tag{2-35}$$

여기서, S_t = 인장강도, Pa

b = 블록 단면의 폭, m

h = 블록 단면의 높이, m

L = 지지점 사이의 거리, m

F = 집중하중, N

이 방법은 토양이 탄성체이고, 인장강도와 압축강도가 같다고 가정하였을 때 적용할 수 있다. 그러나 이러한 가정을 토양에 적용하기는 어렵기 때문에 식 (2-35)의 S_t를 인장강도와 구별하여 파열강도(modulus of rupture)라고 한다.

경운 작업기 또는 차량의 주행장치가 토양에 직접 인장력을 가하는 경우는 드물다. 따라서 토양의 인장강도가 직접 사용되는 경우도 드물다. 그러나 일반 금속재료에 적용되는 인장강도의 개념은 토양에서도 같다. 다만 인장력이 작용하는 면적을 정확히 나타낼 수 없다는 데 문제가 있다. 토양에서는 간극률 때문에 힘이 작용하는 면적을 정확히 나타낼 수는 없으나 3상이 포함된 전체 면적을 사용하는 경우가 많다.

일반적으로 토양은 인장력을 지지할 수 없는 것으로 생각하고 있으나 실제 건조한 점토의 인장강도는 0.7~2.0 MPa 정도이다. 함수비가 증가하면 점토의 인장강도는 급격히 약화된다.

2) 전단강도

토양의 전단강도는 토양을 전단할 때 토양이 견딜 수 있는 능력으로서 토양의 점착 성분(cohesion)과 마찰 성분에 의하여 결정된다. 쿨롱(Coulomb)은 토양이 전단파괴될 때 전단응력을 다음과 같이 표현하였다.

$$\tau = c + \sigma \tan\phi \qquad (2\text{-}36)$$

여기서, τ = 토양의 전단응력, Pa

c = 점성, Pa

σ = 전단면 작용하는 수직응력, Pa

ϕ = 토양의 내부마찰각, 도

몰(Mohr)은 전단파괴가 일어나는 순간 전단면에 작용하는 전단응력과 수직응력 사이에는 함수관계가 있다고 하였다. 만약 전단파괴를 유발하는 다수의 응력상태를 그림 2-7에서와 같이 몰의 원으로써 나타내면 몰의 원에 접하는 접선은 전단파괴의 경계선이 된다. 즉 어떤 점의 응력상태를 몰의 원으로써 나타내었을 때 이 몰원이 접선과 접하면 그 응력상태에서 전단파괴가 일어난다는 것이다. 이러한 몰의 파괴이론에서 몰의 원에 접하는 접선은 식 (2-36)과 같다. 식 (2-36)에서 c와 ϕ는 실제 물리적인 토양의 성질을 나타내는 것은 아니며, 몰-쿨롱 파괴식의 변수에 지나지 않는다. 이들의 존재는 파괴식을 통해서만 논리적으로 설명할 수 있으며, 토양 자체의 물리적인 성질로써는 설명할 수 없다. 또한 식 (2-36)의 전단응력은 이론적으로 한 점의 응력을 나타낸 것이며, 어떤 면의 응력상태를 나타낸 것은 아니다. 몰원의 접선을 모든 조건에서 전단파괴의 여부를 결정하기 위한 기준으로 사용할 수는 없으나 이 이론은 실험으로 관찰한 토양의 거동을 가장 정확하게 나타내었기 때문에 식 (2-36)은 하나의 법칙으로 인정되고 있다.

토양의 전단강도는 전단파괴가 일어날 때의 전단응력으로써 나타낼 수 있다. 일반적으로 토양은 점착 성분과 마찰 성분의 전단강도를 모두 가지고 있다. 그러나 한 가지 성분만을 보유한 특별한 경우도 있다. 예를 들면 건조한 모래의 경우에는 점착 성분이 거의 나타나지 않기 때문에 순수한 마찰 성분에 의한 전단강도만 나타난다. 반면에 순수한 점토의 경우에는 마찰 성

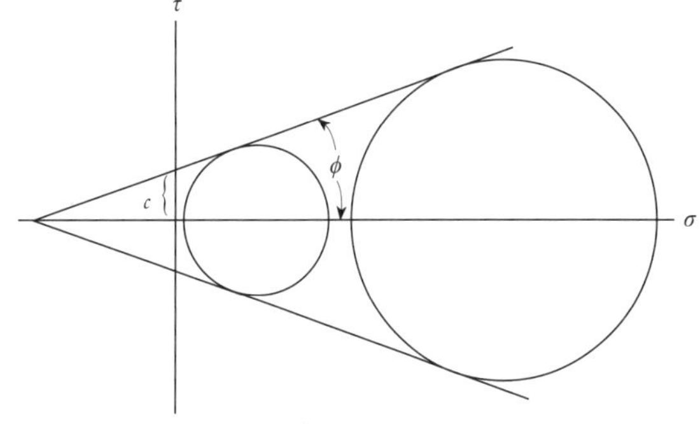

그림 2-7 몰–쿨롱의 전단파괴 경계선

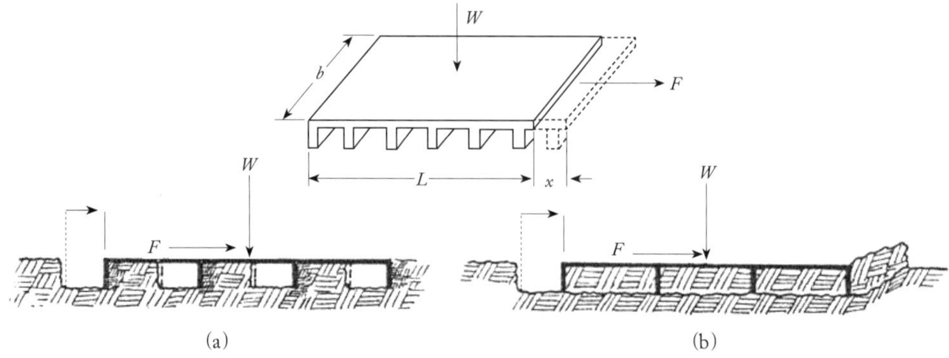

그림 2-8 직접전단시험장치

분이 거의 나타나지 않으며 전단강도도 수직하중에 관계없이 항상 일정한 크기를 나타낸다. 토양의 내부마찰각은 보통 18~55° 정도의 범위이고, 점성은 연약한 토양의 경우에는 0, 단단한 토양의 경우에는 300 kPa 정도로서 그 범위가 넓다.

토양의 전단강도를 결정하기 위해서는 식 (2-36)의 점성 c와 내부마찰각 ϕ를 결정하여야 한다. 점성과 내부마찰각을 결정하기 위한 가장 일반적인 방법은 직접전단시험법이다. 직접전단시험법은 전단면의 크기를 임의로 조정하여 전단응력을 결정할 수 있으며 현장 적용이 용이하다는 장점이 있다. 그림 2-8은 직접전단시험에 의하여 토양이 파괴되는 형태를 나타낸 것이다. 그림 2-8(a)는 전단장치의 변위와 토양의 변형이 일치하지 않는 경우로서 전단면의 전단응력이 균일하지 않거나 변형이 일정하지 않는 경우에 해당한다. 즉 전단장치의 이동이 전단파괴면에서 토양의 이동과 일치하지 않는 경우이다. 이러한 경우에는 식 (2-36)을 적용할 수 없다. 그림 2-8(b)는 전단장치의 변위와 토양의 변형이 일치하는 경우로서 수직하중 W을 변화시키며 전단력 F와 전단력 F에 의한 토양의 변위를 측정한다. 수직하중과 전단력을 전단장치의 전단면으로 나누면 각각 전단면에 작용하는 수직응력과 전단응력이 된다. 또 이때 토양의 이동은 전단변위로써 표시한다. 일정한 수직응력에서 전단응력과 전단변위의 관계는 그림 2-9에서와 같다. 그림 2-9에서 곡선 A는 일반적으로 단단히 결합된 건조 토양 또는 단단한 사질토의 특징을 나타낸 것으로서 초기에는 큰 피크를 나타내지만 일단 파괴가 일어나면 점성에 의한 결합력이 떨어지고 전단응력이 감소하여 마찰성분이 나타난다. B는 점성이 작은 느슨한 상태의 토양에서 나타나는 형태이다. 곡선 C는 일반적인 토양의 전단응력과 전단변위의 관계를 나타낸 것으로서 A 토양과 B 토양의 중간에 해당하는 형태이다. 전단파괴가 일어나는 순간, 전단응력은 곡선 A, C에서와같이 최댓값에 이르거나 곡선 B에서와같이 일정한 수준에 도달한다. 같은 토양에서 수직하중을 변화시키며 다수의 전단시험을 실시하고 각 전단시험에서 구한 전단파괴가 일어날 때의 전단응력을 수직응력의 함수로서 표현하면 그림 2-10에서와 같다. 그림 2-10(a)는 직접전단시험에서 측정한 수직하중에 따른 전단변위와 전단력의 관계를 나타낸 것이며, 그림 2-10(b)는 측정한 수직하중과 전단력의 관계를 나타낸 것이다. 일반적으로 이 측성치는 직선상에 놓인다. 토양의 내부마찰각은 이 직선의 기울기가 되며 점성은 수직하중이 0일 때 전단력을 전단면의 면적으로 나눈 값이 된다. 일반적으로 점성과 내부마찰각은 토양다짐이 증가할수록 증가하며 함수율이 증가할수록 감소한다. 포화상태에서 토양의 점성은 토성과 관계없이 10~20 kPa 정도이다. 표 2-1과 표 2-2는 각각 토양상태와 토성에 따른 점성과 내부마찰각의 범위를 나타낸 것이다.

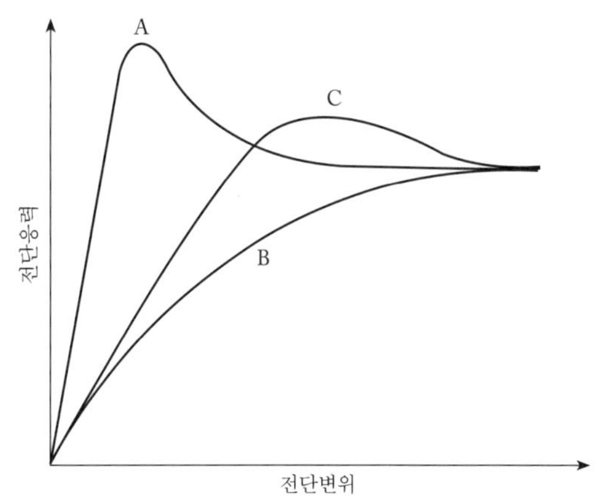

그림 2-9 전단변위와 전단응력

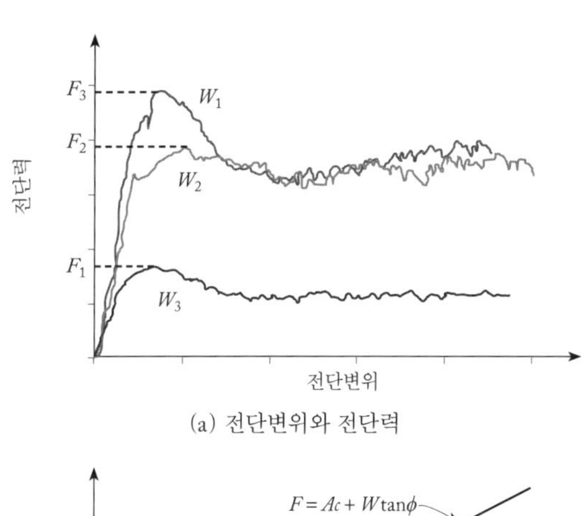

(a) 전단변위와 전단력

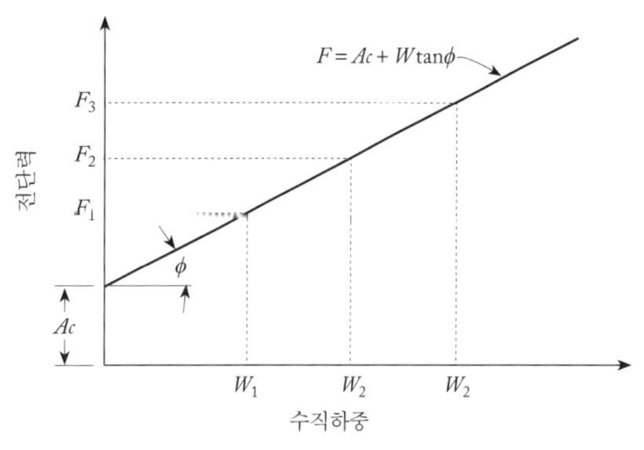

(b) 수직하중과 전단력

그림 2-10 점성과 내부마찰각의 결정

현장에서 널리 사용하고 있는 직접전단시험장치에는 전단링과 베인전단시험장치가 있다. 전단링은 그림 2-11에서와같이 안지름과 바깥지름이 각각 r_i, r_o인 원통을 토양에 삽입하여 원통의 윗면과 토양 표면을 접촉시킨 후 일정한 수직하중을 가하고 원통을 회전시켜 전단파괴가 일어나도록 한 장치이다. 원통의 외부는 흙을 제거하여 원통의 밑면에 있는 토양만 전단되도록

표 2-1 자연상태에서 토양의 전단강도와 내부마찰각

토양상태	전단강도, kPa	토양상태	내부마찰각, °
부드러운(soft)	24.5 이하	모래와 자갈의 혼합(sand and gravel mixture)	33~36
중간 정도 굳은(medium stiff)	24.5~49.0	고급 모래(well graded sand)	32~35
굳은(stiff)	49.0~98.0	가는 모래에서 중간 모래(fine to medium sand)	29~32
아주 굳은(very stiff)	98.0~196.0	실트성 모래(silty sand)	27~32
단단한(hard)	196.0 이상	실트(silt)	26~30

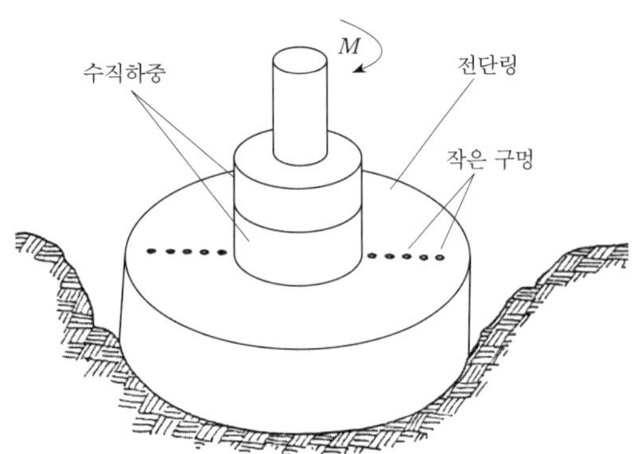

그림 2-11 전단링

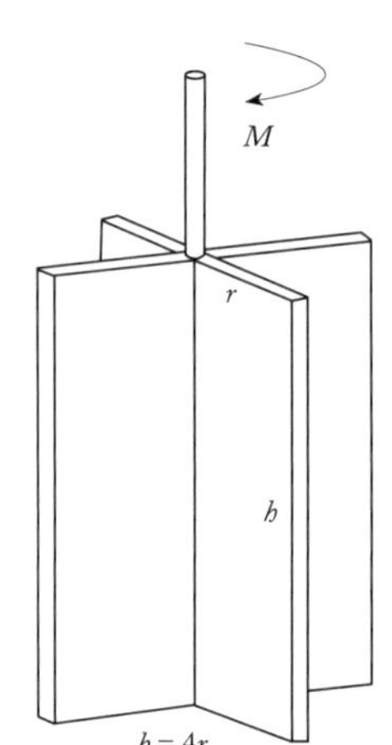

그림 2-12
베인전단시험장치

한다. 원통의 윗면에는 작은 구멍을 내어 링 속의 흙이 링과 일체로 회전하는지를 관찰한다. 원통에 토크 M을 작용시켰을 때 토양이 전단되기 시작하였다고 하면 전단면에 작용하는 평균 전단응력, 즉 전단강도 S_s는

$$\int_{r_i}^{r_o} (2\pi r)\, r\tau dr = M$$

$$S_s = \frac{3M}{2\pi(r_o^3 - r_i^3)} \tag{2-37}$$

이 된다.

베인전단시험장치는 그림 2-12에서와같이 가는 원형축에 4개의 베인을 90° 간격으로 부착한 장치이다. 베인을 토양에 삽입한 후 중앙의 축을 회전시켜 베인이 토양의 연직면을 전단하도록 한 것이다. 깊이가 깊은 토양의 전단강도를 측정할 수 있다는 장점은 있으나 수

표 2-2 점성과 내부마찰각의 범위(http://www.geotechdata.info)

토성	c, kPa
Dry clay	100
Clay compacted	90
Clay loam compacted	80
Loam compacted	70 60
Silt loam compacted	50
Silt compacted	40
Silty sand compacted	30
Saturated soils	20 10
Sand loose	0

점성

토성	ϕ^{o}
Sand dense	
Sand medium	40
Sand loose	35 30
Silty sand	
Silt loam	25
Loam	20
Clay loam	15
Clay	10 5 0

내부마찰각

직하중을 변화시킬 수 없다는 단점이 있다. 베인의 높이 대 폭의 비는 4:1로 하는 것이 보통이며 폭은 2.5 cm로 한 것이 많다. 베인전단시험장치에 의하여 토양이 전단될 때 토크를 M이라 하면 토양의 전단강도 S_s는 다음과 같이 표현된다.

$$2\int_0^r S_s(2\pi r)rdr + S_s(2\pi r)hr = M$$

$$S_s(\frac{4}{3}\pi r^3 + 2\pi r^2 h) = M$$

$$S_s = \frac{3M}{\pi r^2(4r + 6h)} \qquad (2\text{-}38)$$

여기서, M = 전단파괴가 일어날 때의 작용 토크

r = 베인의 폭

h = 베인의 높이

그러나 토양은 이방성이기 때문에 연직방향과 수평방향의 전단강도는 같지 않다. 베인전단시험장치에 의하여 결정된 전단강도는 연직방향의 전단강도이다. 연직방향의 전단강도 S_{sv}에 대한 수평방향의 전단강도 S_{sh}의 비, 즉 S_{sh}/S_{sv}는 소성지수와 역비례 관계가 있는 것으로 알려져 있다.

전단강도는 전단속도의 영향을 받는다. 연직방향의 전단강도와 전단속도의 관계는 베인축의 회전속도를 $1.75 \times 10^{-3} \sim 1.62 \times 10^{-1}$ rad/s에서 $8.73 \times 10^{-4} \sim 8.73 \times 10^{-3}$ rad/s의 범위로 하여 실험한 결과에 의하면 다음과 같이 표현된다(Muro, 1993).

$$S_{sv} = a\log\omega + b \qquad (2\text{-}39)$$

여기서, S_{sv} = 연직방향 전단강도

a = 점토에 따라 결정되는 증가계수

b = 토양의 깊이에 따라 결정되는 상수

ω = 베인의 전단속도

토양의 전단강도를 측정하는 데 사용되는 또 다른 전단시험장치에는 베바미터(Bevameter)가 있다. 베바미터는 그림 2-13에서와같이 높이가 일정한 중공 원통의 내부에 다수의 반경방향 베인(vane)을 부착한 것으로서 원통에 수직하중을 가하여 이를 토양에 관입시킨 후 원통을 회전시킬 수 있도록 만든 장치이다. 베인전단시험장치에서는 수직하중을 가할 수 없는 단점이 있으나 베바미터에서는 수직하중을 가할 수 있다는 장점이 있다. 베바미터를 이용하면 원통에 일정한 수직하중을 가한 상태에서 원통에 토크를 가하여 수직하중과 토양의 침하량, 토양의 전단저항과 전단변위의 관계를 측정할 수 있으며, 또한 전단변위와 슬립침하의 관계를 구명할 수 있다. 이때 사용되는 베인의 피치와 높이는 타이어의 러그 또는 궤도의 그라우즈 형상을 고려하여 결정할 수 있다. 그림 2-13에서와같이 외경과 내경이 각각 $2r_o$, $2r_i$이고 6개의 베인을 부착한 베바미터를 이용하여, 수직하중 P가 일정할 때 측정한 토크 M과 원통의 전단변위 j의 관계는 점토의 경우 식 (2-40)으로써 표현할 수 있다.

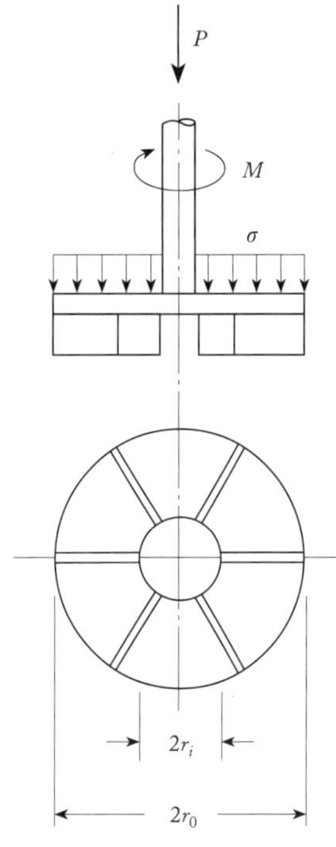

그림 2-13 베바미터

$$M = M_{\max}(1 - e^{-kj}) \tag{2-40}$$

여기서, $j = \dfrac{r_i + r_o}{2}\alpha$

$M_{\max}$ = 최대 토크

k = 토크 곡선의 형상계수

α = 원통의 회전각, 라디안

또한 전단강도와 작용 토크의 관계는 식 (2-37)로부터

$$M = \frac{2}{3}\pi S_s(r_o^3 - r_i^3)$$

으로 나타낼 수 있다. 토양을 전단하는 데 필요한 최대 토크를 $M_{\max}$라고 하면 이때의 전단강도, 즉 최대 전단강도 S_{smax}는

$$S_{smax} = \frac{3M_{\max}}{2\pi(r_o^3 - r_i^3)} \tag{2-41}$$

으로 표현되며, 식 (2-40)로부터 임의의 회전각 α에서 전단강도 S_s는

$$S_s = S_{smax}(1 - e^{-k\frac{r_i + r_o}{2}\alpha}) \tag{2-42}$$

와 같이 표현된다.

3축압축시험장치를 이용하여 토양의 전단강도를 결정할 수도 있다. 3축압축시험장치는 그림 2-14에서와같이 직경과 길이가 각각 36 mm, 76 mm인 원통형 토양 샘플을 얇은 고무막으로 밀봉한 후 수직압력을 가할 수 있도록 상단과 하단에 압축판과 배수관을 설치하고, 이를 물 또는 글리세린(glycerine)을 채운 플라스틱 원통 속에 수직으로 고정하여 유체의 압력으로써 토양 샘플의 측면과 상하 전면에 동일한 크기의 압력을 가할 수 있도록 만든 장치이다. 따라서 토양 샘플에 작용하는 수평압력은 유체의 압력과 같고, 수직압력은 유체의 압력에 수직하중으로 인한 압력을 더한 것과 같다. 3축압축시험에서 토양이 파괴될 때 토양 샘플에 작용하는 수직압력과 수평압력을 각각 최대 주응력, 최소 주응력이라 하며, 최대 주응력과 최소 주응력의 차이를 편차응력(deviator stress)이라고 한다.

3축압축시험은 직접전단시험보다 복잡하지만 자연상태에서 토양이 받는 하중을 비교적 정확하게 나타낼 수 있으며, 직접전단시험에서와같이 강제로 토양을 파괴하지 않는다는 장점이 있다. 토양 샘플의 표면에 가하는 압력은 실제 토양이 받는 수평압력과 같은 크기로 하며 수직압력은 수평압력이 작용하는 깊이에서 토양에 작용하는 최대 수직압력과 같은 수준으로 한다. 3축압축시험은 일반적으로 비다짐-비배수(unconsolidated-undrained, U-U), 다짐-비배수(consolidated-undrained, C-U), 다짐-배수(consolidated-drained, C-D) 세 조건에서 수행한다.

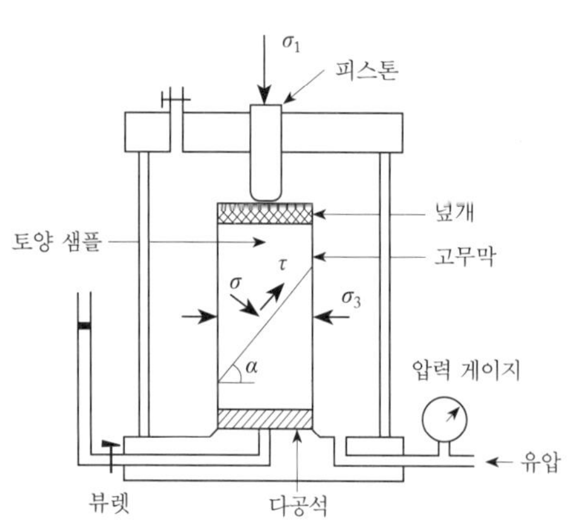

그림 2-14 3축압축시험장치

비다짐-비배수 조건은 상단과 하단의 배수관을 막아 전단과정에서 토양 샘플이 다져지거나 배수되지 않도록 한 조건이다.

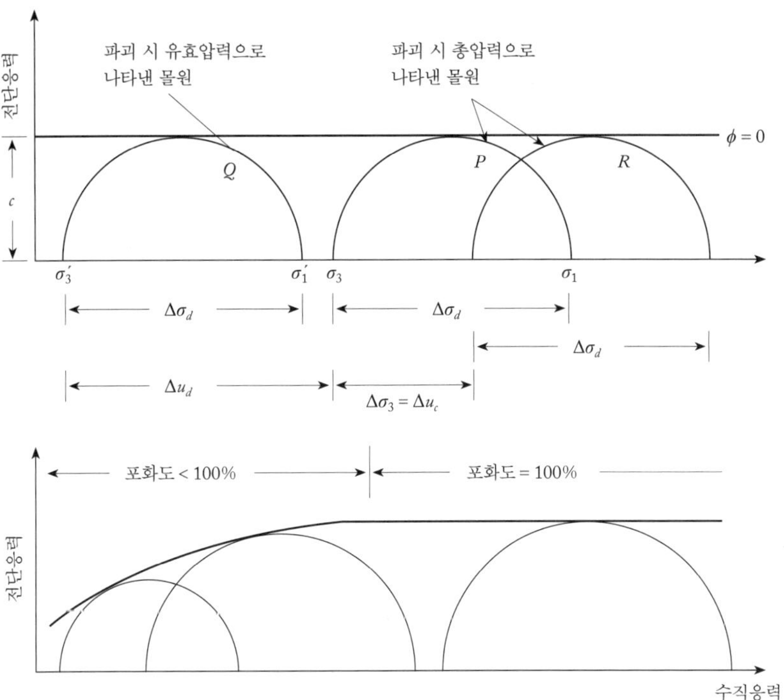

그림 2-15 비다짐-비배수 조건에서 3축압축시험의 결과

이 시험은 주로 점토를 대상으로 하며 포화점토의 경우에는 그림 2-15에서와같이 전단파괴선이 수평선으로 나타난다. 즉 유체의 압력을 이용하여 토양 샘플에 수평압력 σ_3를 가하면 배수가 되지 않기 때문에 토양의 간극수압은 u_c로 증가하고 토입자 사이에는 유효압력 σ_3'이 작용한다. 즉

$$\sigma_3 = \sigma_3' + u_c$$

가 된다. 이 유효압력과 간극수압은 토양 샘플의 측면뿐만 아니라 토양 샘플의 모든 표면에 동일한 크기로 작용한다. 이 상태에서 수직방향으로 수직압력, 즉 편차압력 $\Delta\sigma_d$를 가하여 토양 샘플이 파괴되었다고 하면 파괴상태에서 몰의 원은 그림 2-15에서 P와 같고, 수직방향과 수평방향의 총압력 σ_1과 σ_3는 각각 다음과 같이 나타낼 수 있다.

$$\sigma_1 = \sigma_3' + u_c + \Delta\sigma_d' + \Delta u_d' = \sigma_1' + u_c + \Delta u_d'$$
$$\sigma_3 = \sigma_3' + u_c + \Delta u_d'$$

여기서, $\Delta\sigma_d'$ = 수직 편차압력 $\Delta\sigma_d$에 의한 수직방향 토입자의 압력증가

$\Delta u_d'$ = 수직 편차압력 $\Delta\sigma_d$에 의한 간극수압의 증가

또한 수직방향과 수평방향의 유효압력 σ_1'과 σ_3'은 각각 다음과 같고, 유효압력에 의한 파괴상태의 몰원은 Q와 같다. 따라서 파괴 시 두 몰원의 지름은 같다.

$$\sigma_1' = \sigma_1 - (u_c + \Delta u_d') = \sigma_1 - \Delta u_d$$

$$\sigma_3' = \sigma_3 - (u_c + \Delta u_d') = \sigma_3 - \Delta u_d$$

초기 간극수압이 0인 또 다른 토양 샘플 R을 취하여 수평압력이 σ_3가 될 때까지 다지면 간극수압은 u_c가 되고, 비배수상태에서 수평압력을 임의로 $\Delta\sigma_3$만큼 증가시키면 간극수압도 따라서 Δu만큼 증가한다. 간극수압과 수평압력의 증가비가 $\dfrac{\Delta u}{\Delta\sigma_3} \geq 0.95$이면 토양 샘플은 포화상태로 간주할 수 있으며, 포화상태에서 수평압력은 $\sigma_3 + \Delta\sigma_3 - \Delta u \cong \sigma_3$가 된다. 이는 수직 편차압력 $\Delta\sigma_d$가 작용하기 이전의 토양상태와 같다. 즉 비다짐-비배수 조건에서 포화상태의 토양은 수평압력의 크기에 관계없이 수평압력의 증가가 간극수압의 증가와 같은 수준에 이르면 파괴된다고 할 수 있다. 따라서 포화상태에서 파괴선은 $\phi = 0$가 되며 c는 토양이 파괴될 때의 전단응력과 같다. 그러나 점토가 포화되는 데는 오랜 시간이 걸리며, 압축시험에서 포화상태의 토양 샘플을 만들기도 쉽지 않기 때문에 파괴선도 수평선이 되는 경우는 드물다. 다짐-비배수 조건은 가장 일반적인 3축압축시험 조건이며, 토양 샘플을 유체압력으로써 가압하여 다진 후 배수관을 막아 더 이상의 배수가 일어나지 않도록 한 조건이다. 다짐-비배수 조건에서 토양 샘플에 작용하는 수평압력은 유체의 압력과 같다. 이제 토양 샘플에 수직압력을 가하면 토양 샘플 내부에 잔존하는 수분 때문에 간극수압은 발생하나 비다짐-비배수 조건에서와같이 크지는 않다. 즉 $u_c \approx 0$이다. 수직압력이 증가하여 $\sigma_3 + \Delta\sigma_d$가 되었을 때 토양 샘플이 파괴되었다고 하면 수평방향과 수직방향의 총압력 σ_1, σ_3와 유효압력 σ_1', σ_3'은 각각 다음과 같이 표현된다.

$$\sigma_1 = \sigma_3 + \Delta\sigma_d$$

$$\sigma_3 = \sigma_3$$

$$\sigma_1' = \sigma_1 - \Delta u_d$$

$$\sigma_3' = \sigma_3 - \Delta u_d$$

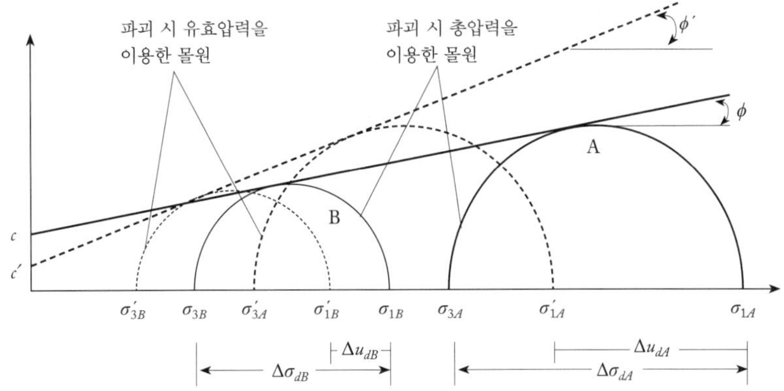

그림 2-16 다짐–비배수 조건에서 3축압축시험의 결과

따라서 $\sigma_1 - \sigma_3 = \sigma_1' - \sigma_3'$가 된다.

2개의 동일한 토양 샘플을 취하여 다짐의 정도를 다르게 하면 샘플이 파괴되는 수직압력 $\Delta\sigma_d$도 다른 값이 된다. 이제 토양 샘플 A와 B를 가각 수평압력 σ_{3A}와 σ_{3B}로 다진 상태에서 비배수 조건으로 수직압력이 각각 $\sigma_{1A} = \sigma_{3A} + \Delta\sigma_{dA}$, $\sigma_{1B} = \sigma_{3B} + \Delta\sigma_{dB}$로 증가되었을 때 파괴되었다고 하면 두 토양 샘플의 총압력 및 유효압력을 기준으로 한 몰원은 그림 2-16에서와 같다. 토양의 파괴선은 각각의 압력을 기준으로 한 몰원에 접하는 접선으로 결정되며, c와 ϕ는 각각 직선의 절편과 기울기가 된다.

다짐-배수 조건은 토양 샘플을 완전히 배수하여 다진 후에도 상단과 하단의 배수관을 열어 시험 중에도 배수가 일어나도록 한 조건이다. 이 조건에서는 토양 샘플의 내부에 수분이 없기 때문에 간극수압은 나타나지 않으며 총압력과 유효압력은 같은 상태가 된다. 다짐-배수 조건에서 시험한 3축압축시험의 결과는 그림 2-17에서와같이 다짐-비배수 조건의 시험결과와 유사하나 같은 수직압력일 때 전단강도가 더 크다. 실제 토양의 전단강도는

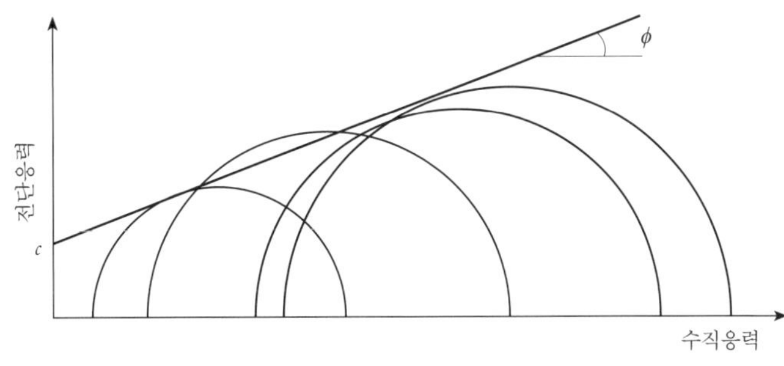

그림 2-17 다짐–배수 조건에서 3축압축시험의 결과

토양 내부의 유효응력의 크기에 따라 결정된다. 수직압력은 유효응력과 간극수압의 합이므로, 다짐과 배수가 클수록 같은 수직압력에 대하여 토양 내부의 간극수압은 감소되고 유효응력이 증가되기 때문에 실제 전단강도도 증가된다.

예제 다음은 직접전단시험의 결과이다. 전단면적이 200 cm^2일 때 이 토양의 점성과 내부마찰각을 결정하여라.

시험번호	수직하중, N	전단파괴 시 최대 전단력, N
1	150	160
2	250	199
3	350	260
4	550	365

풀이 토양이 파괴될 때 수직응력과 전단응력을 구하면

시험번호	수직하중, N	수직응력 σ, kPa	파괴 시 전단응력 τ, kPa
1	150	7.5	8.0
2	250	12.5	9.95
3	350	17.5	13.0
4	550	27.5	18.25

이고, 이들의 선형 관계는 다음 그림에서와같이

$$\tau = 0.52\sigma + 3.81$$

이므로 내부마찰각은 $\phi = \tan^{-1}(0.52) = 27.5$도이고 점성은 $c = 3.81$ kPa이다.

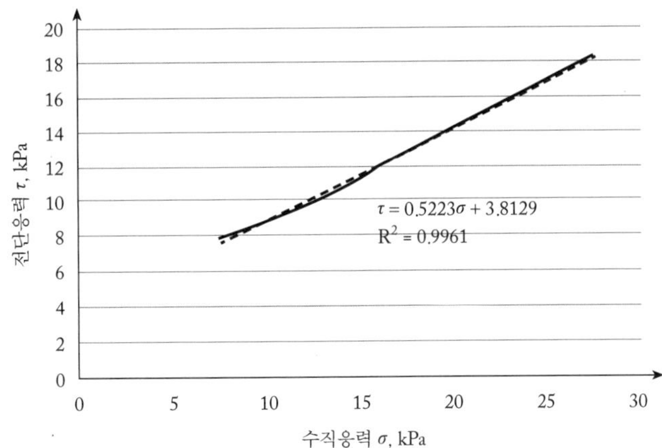

예제 점성이 $c = 0$인 토양에 대한 다짐-비배수 조건의 3축압축시험에서 토양 샘플이 파괴되었을 때 유체의 압력은 8.3 kPa, 편차압력은 6.3 kPa, 편차압력에 의한 간극수압은 4.7 kPa이었다. 총압력과 유효압력을 기준으로 한 몰원을 그리고, 각 기준에 의한 내부마찰각을 구하여라.

풀이 총압력을 기준으로 한 주응력은

$$\sigma_1 = 8.3 + 6.3 = 14.6 \text{ kPa}, \sigma_3 = 8.3 \text{ kPa}$$

이고 유효압력을 기준으로 한 주응력

$$\sigma_1' = 14.6 - 4.7 = 9.9 \text{ kPa}, \sigma_3' = 8.3 - 4.7 = 3.6 \text{ kPa}$$

이다. 각 기준에 의한 내부마찰각은

$$\phi = \sin^{-1}(\frac{\sigma_1 - \sigma_3}{\sigma_1 + \sigma_3}) = \sin^{-1}(\frac{14.6 - 8.3}{14.6 + 8.3}) = 16°$$

$$\phi' = \sin^{-1}(\frac{\sigma_1' - \sigma_3'}{\sigma_1' + \sigma_3'}) = \sin^{-1}(\frac{9.9 - 3.6}{9.9 + 3.6}) = 27.8°$$

이고 몰원은 다음 그림에서와 같다.

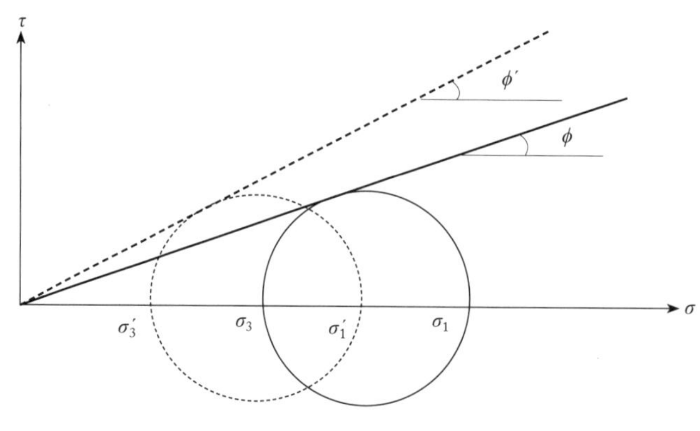

3) 압축강도

토양의 압축은 일반적으로 체적수축이 수반되기 때문에 토양의 압축파괴는 체적변화가 시작될 때의 응력상태로서 정의한다. 그러나 실제 자연상태의 토양에서 토양의 전단파괴와 압축파괴는 독립적으로 일어나지 않으며 서로 결합된 거동으로 알려져 있다. 압축강도는 토양을 압축할 때 토양이 견딜 수 있는 능력으로서 그림 2-18과 같은 1축압축시험장치를 이용하여 압축파괴가 일어날 때 토양의 압축응력으로써 결정한다. 표 2-3은 토양의 인장강도와 압축강도의 실험치를 비교한 것이다. 일반적으로 토양의 압축강도는 인장강도의 1.6~2.5배에 이른다.

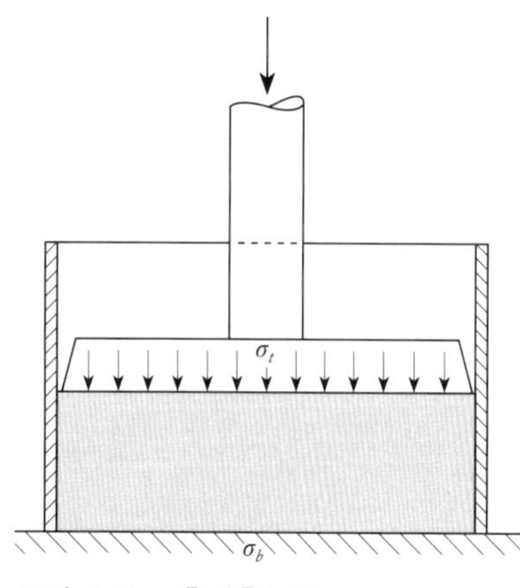

그림 2-18 1축압축시험

토양의 압축응력과 체적변화의 관계를 나타내기 위하여 압축응력을 나타내는 데는 주로 주응력이 사용되며 체적변화를 나타내는 데는 간극률, 간극비, 건단위중량, 비중 등이 사용된다. 체적변화를 나타내는 변수는 압축상태 또는 토양의 다짐상태를 나타내

표 2-3 토양의 인장강도와 압축강도의 비교

토양의 종류	인장강도, kPa	압축강도, kPa	인장강도/압축강도
세실(Cecil) 점토	359	593	0.6
헤거스타운(Hagerstown) 점토	931	2,360	0.4

는 변수로도 사용할 수 있다. 주응력과 체적변화의 관계를 실험적으로 구명하기 위한 1축압축시험은 그림 2-18에서와같이 원통을 토양으로 채운 뒤 표면을 피스톤으로 누르면서 토양을 압축시킨다. 이때 원통의 벽면은 토양과 큰 마찰이 일어나지 않도록 윤활하여야 하며, 토양의 높이를 낮게 하여 원통의 지름에 대한 토양 높이의 비가 크지 않도록 하여야 한다. 원통의 벽면과 토양 사이에 마찰이 크면 피스톤에 작용하는 압력이 실제보다 증가한다. 피스톤의 압축하중에 의하여 토양 표면에 작용하는 압축응력은 토양 표면에 전단력이 존재하지 않기 때문에 주응력이 된다. 또한 원통의 바닥에 작용하는 압축응력도 주응력이다. 그러나 바닥의 압축응력은 표면의 압축응력과 크기가 같지 않다. 표면의 압축응력에 대한 바닥의 압축응력의 비는 식 (2-43)에서와같이 표현된다.

$$\frac{\sigma_b}{\sigma_t} = \frac{\dfrac{D}{h} - 2K \tan \delta}{\dfrac{D}{h} + 2K \tan \delta} \tag{2-43}$$

여기서, σ_t = 토양 표면의 압축응력

σ_b = 토양 바닥의 압축응력

D = 원통의 지름

h = 토양의 높이

δ = 원통의 벽면과 토양 사이의 마찰각

$K = 0.5$

K는 원통의 벽면과 토양 사이에 마찰이 없는 이상적인 1축압축시험에서 표면에 수직한 압축응력에 대한 벽면에 수직한 압축응력의 비로서 일반적으로 0.5를 취한다. 원통의 벽면과 토양 사이의 마찰로 인하여 압축응력의 비가 변하므로 벽면의 마찰을 최소화하여야 한다. 토양 표면의 압축응력은 피스톤 밑면에 작용하는 압력으로서 결정하며 바닥의 압축응력은 식 (2-43)을 이용하여 결정할 수 있다. 이때 주응력은 표면과 바닥의 압축응력을 평균하여 구한다.

1축압축시험에서 일정한 속도로써 토양에 압축하중을 가하면 주응력과 토양의 변형률, 즉 토양 샘플의 높이 h에 대한 침하량의 비는 증가한다. 압축강도는 변형률-주응력선도에 대한 접선의 기울기가 0일 때의 주응력이라고 할 수 있다. 이 값은 토양상태와 토성에 따라 다르나 보통 변형률이 15%일 때의 주응력에 해당한다(Muro, 1993).

4. 마찰

그림 2-19에서와같이 2개의 토괴가 서로 이동할 때 상호 접촉면에는 마찰이 발생하며 마찰력이 작용한다. 이 마찰력은 토괴의 마찰계수와 전단면에 작용하는 수직응력에 따라서 변하며 마찰계수는 쿨롱(Coulomb)의 마찰법칙에 의하여 다음 식으로 정의된다.

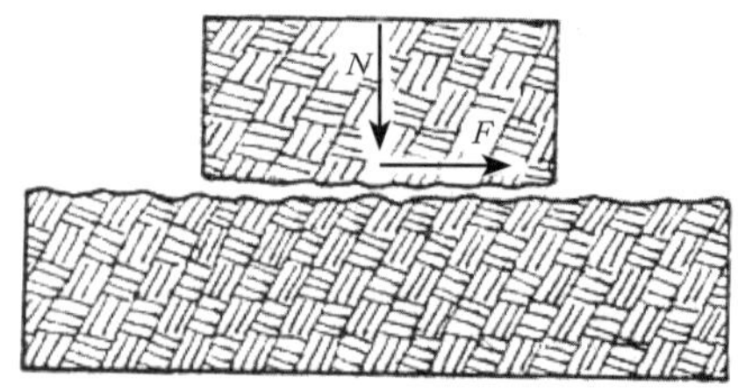

그림 2-19 두 토괴 사이의 수직력과 마찰력

$$\mu = \frac{F}{N} = \tan\delta \tag{2-44}$$

여기서, F = 전단면에 작용하는 마찰력

N = 전단면에 작용하는 수직력

μ = 마찰계수

δ = 토양의 마찰각

토괴의 단위 접촉면적당 마찰력과 수직력은 전단응력과 수직응력과 유사하므로 토괴의 접촉면적을 A라고 하면 $N = \sigma A$, $F = \tau A$가 되므로 식 (2-44)는 다음과 같이 표현할 수 있다.

$$\tau = \sigma \tan\delta \tag{2-45}$$

여기서, τ = 전단응력

σ = 수직응력

이 식은 토괴와 토괴 사이의 점착 성분이 0인 경우의 전단응력을 나타낸다. 즉 점착 성분이 0인 경우 토양의 전단응력은 전단면에 작용하는 수직응력에 비례한다. 그러나 식 (2-36)의 내부마찰각과 식 (2-44)의 마찰각은 서로 다르다. 식 (2-36)의 내부마찰각은 토양이 파괴되는 순간 토입자 사이의 마찰각이며, 식 (2-44)의 마찰각은 강체로 가정한 토괴와 토괴 사이의 외부 마찰각을 나타낸 것이다.

일반적으로 마찰의 물리적인 원인은 대단히 복잡하여 아직도 충분히 구명되지 않았다. 특히 토양에는 쿨롱의 마찰법칙을 완전히 적용할 수 없으며 수직하중과 전단속도가 일정한

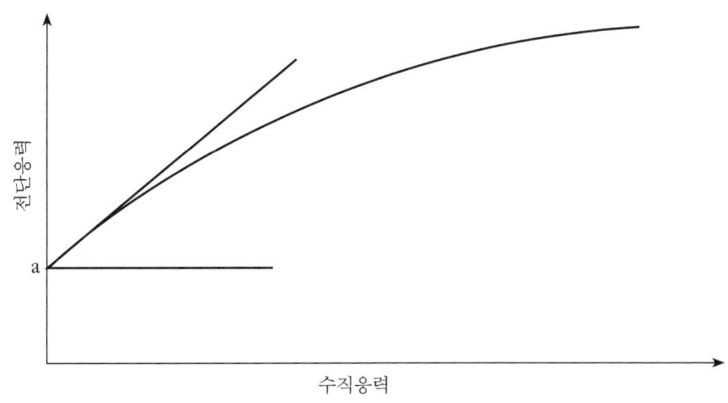

그림 2-20 마찰면의 수직응력과 전단응력

한계를 넘지 않는 범위에서만 근사적으로 적용할 수 있을 뿐이다. 그림 2-20은 토양의 전단면에 작용하는 수직응력과 전단응력과의 관계를 나타낸 것이다. 그림 2-20에서 보는 바와 같이 수직응력이 증가함에 따라 초기의 전단응력은 급격히 증가하나 점차 그 증가율은 감소한다. 결과적으로 토양의 마찰계수는 수직하중에 따라 그 크기가 변하며 수직응력이 증가함에 따라 일정한 크기에 접근함을 알 수 있다. 그림 2-20에서 a점, 즉 수직응력이 0일 때의 전단응력은 토양의 점착 성분에 의하여 결정된다. 토양과 토양 사이의 마찰각은 접촉면적이 일정한 토괴를 같은 성질의 토양 표면에서 끌어당길 때 필요한 힘 F와 토괴에 작용하는 수직하중 N을 측정하여 식 (2-44)로부터 구할 수 있다.

5. 점착력

재질이 서로 다른 두 물체의 접촉면에 작용하는 인력은 두 물체를 분리하는 데 필요한 힘과 같다. 재질이 서로 다른 두 강체 사이에 작용하는 인력을 점착력(adhesion)이라고 한다. 토양과 금속, 목재 등 다른 물체 사이에 작용하는 점착력은 토양과 물체 사이에 존재하는 얇은 수막에 의하여 발생하며, 수막은 토양의 간극에 존재하는 수분의 수분장력과 표면장력으로써 설명할 수 있다. 표면장력에 의한 점착력은 모세관을 따라 상승하는 물기둥의 높이로써 결정한다. 그림 2-21에서와같이 모세관을 따라 상승한 물기둥에는 아래로 작용하는 물기둥 자체의 중량과 물기둥을 모세관 벽에 부착시키는 표면장력이 작용한다. 물기둥의 높이는 이 중량과 표면장력이 평형을 이루는 점에서 결정된다. 모세관의 반지름을 r, 물기둥의

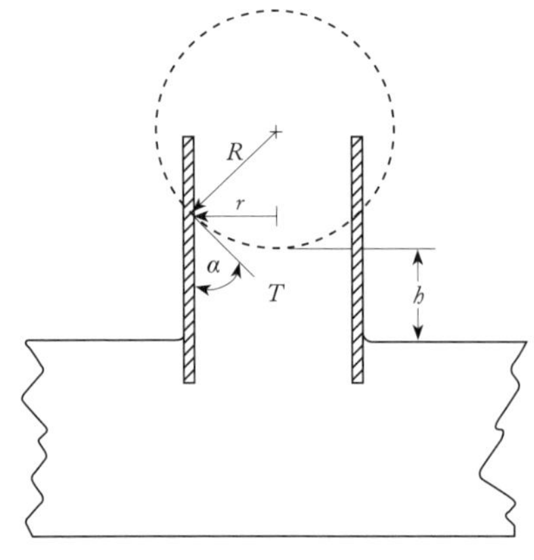

그림 2-21 표면장력에 의한 모세관 물기둥의 상승(Gill and VandenBerg, 1967)

높이를 h라고 하면 물기둥의 중량 W는

$$W = \pi r^2 h \rho g$$

가 되며 표면장력은 모세관 벽과 물기둥 표면의 접촉선에서 물기둥 곡면의 접선방향으로 작용한다. 접촉선의 단위 길이당 표면장력을 T라고 하면 표면장력이 지지할 수 있는 수직하중은 $2\pi r T\cos\alpha$가 된다. 여기서 α는 모세관 벽과 물기둥 표면의 곡면접선이 이루는 각이다. 따라서

$$2\pi r T\cos\alpha = \pi r^2 h \rho g$$

가 된다. 이 식에서 표면장력을 구하면 다음과 같이 표현된다.

$$T = \frac{h\rho g r}{2\cos\alpha} \tag{2-46}$$

여기서, h = 물기둥의 상승 높이

T = 단위 길이당 표면장력

g = 중력가속도

ρ = 물의 밀도

r = 모세관의 반지름

α = 모세관 벽과 물기둥 표면의 곡면접선이 이루는 각

모세관에 형성된 물기둥의 표면 형상은 근사적인 구면으로 나타나며 구면의 반경 R은 모세관의 반경 r과 접촉각 α에 의하여 결정된다. 즉

$$\cos\alpha = \frac{r}{R} \tag{2-47}$$

이다. 식 (2-47)을 식 (2-46)에 대입하면

$$T = \frac{hg\rho R}{2}$$

가 된다. 여기서 R은 표면장력을 지지할 수 있는 구면의 최대 반경 또는 간극의 크기를 나타낸다.

물과 유리 모세관의 경우에는 $R = r$가 되며,

$$T = \frac{hg\rho r}{2} \tag{2-48}$$

가 된다. 물의 표면장력은 온도에 따라서 변하며 온도가 증가하면 표면장력은 감소한다. 보통 상온에서 물의 표면장력은 0.064 N/m 정도이다. 물의 표면장력은 토양 모세관의 경우에도 큰 오차 없이 적용할 수 있다. 물의 표면장력을 0.064 N/m라고 하면 표면장력에 의하여 상승할 수 있는 물기둥의 높이는 다음과 같이 구할 수 있다.

$$h = \frac{4T}{d\rho g} = \frac{2.61 \times 10^{-5}}{d} \tag{2-49}$$

여기서, h = 모세관의 물기둥 높이, m

$\rho = 1{,}000\ \text{kg/m}^3$, 물의 밀도

$g = 9.8\ \text{m/s}^2$, 중력가속도

$d = 2r$, 모세관의 지름, m

토양이 건조해지면 큰 간극의 대부분은 공기로 채워지며 미세한 간극은 수분으로 채워진다. 이때 고체 입자의 크기는 수분 입자보다 훨씬 커지고, 수분 내부의 부압 또는 수분장력(moisture tension)은 다음과 같이 표현된다.

$$P = \frac{T(3r_w - 2r_s)}{r_w^2} \tag{2-50}$$

여기서, P = 수분장력, N/cm

T = 표면장력, N/cm

r_s = 고체 입자의 반경, cm

r_w = 수분 입자의 반경, cm

두 물체 사이의 점착력은 물체의 흡습능력, 즉 물체의 표면에 수분이 부착되는 정도에 따라 결정된다. 흡습능력이 큰 물체는 그 표면에 얇은 수막이 형성되며, 흡습능력이 낮은 물체는 그 표면에 큰 물방울이 형성된다. 이러한 흡습능력은 물체의 표면 거칠기에 영향을 받는 것으로 알려져 있다. 표면의 미세한 홈으로는 모세관에서와같이 수분이 상승한다. 따라서 표면에 미세한 홈이 많으면 많을수록 흡습능력이 증가하며 수막이 확대된다. 점착력에 직접적인 영향을 미치는 표면장력과 수분장력도 물체의 흡습능력에 따라 결정되며, 일반적으로 표면장력과 수분장력이 증가하면 점착력은 선형적으로 증가하는 것으로 알려지고 있다. 점착력에 영향을 미치는 다른 요인에는 접촉면의 온도와 유체의 점도가 있다. 접촉면의 온도가 상승하면 표면장력이 약화되어 점착력은 감소한다. 쟁기, 플라우 등 경운작업기와 토양의 마찰에 의하여 발생하는 마찰열은 경운날과 토양 사이의 점착력을 약화시킨다. 유체의 점도는 유체의 이동속도에 영향을 미치기 때문에 점도가 높으면 흡습능력이 떨어지고 점착력도 감소한다.

점착력은 토양의 마찰계수에 큰 영향을 미친다. 점착력이 마찰계수에 미치는 영향만을 독립적으로 분리하기는 어려우나 일반적으로 마찰면에 작용하는 수직응력을 증가시킨다. 점착력에 의한 수직응력의 증가를 고려하여 헤인스(Haines, 1925)는 토양과 금속 사이의 미끄럼마찰계수를 다음과 같이 정의하였다.

$$\mu' = \frac{F}{N} = \tan\delta \tag{2-51}$$

여기서, μ' = 미끄럼마찰계수

F = 마찰력

N = 미끄럼 면에 작용하는 수직력

δ = 토양과 금속 사이의 마찰각

헤인스는 각종 토양에서 함수비에 따라 토양과 금속 슬라이드 사이의 마찰력을 측정하여 점착력이 미끄럼마찰계수에 미치는 영향을 조사하였다. 함수비의 범위가 0~13%일 때는 그림 2-22에서와같이 마찰력은 점착력의 영향을 받지 않는다. 그러나 함수비가 증가하면 금속 슬라이드와 토양 사이에는 수막이 형성되고 점착력이 증가한다. 점착력의 증가는 슬

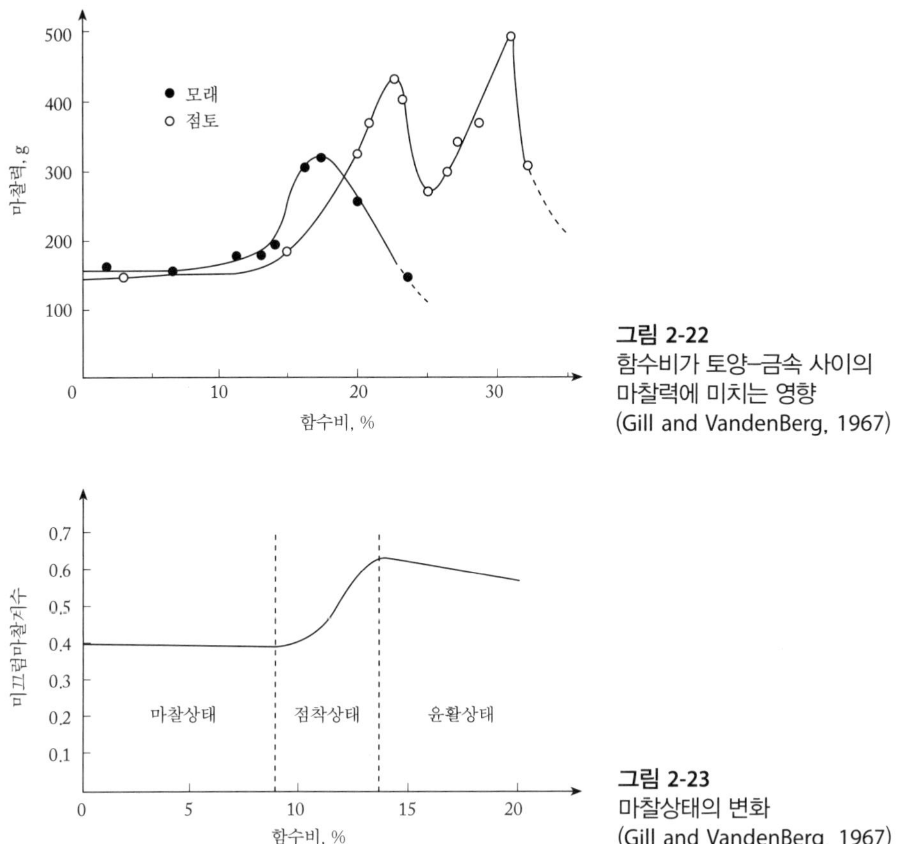

그림 2-22
함수비가 토양–금속 사이의 마찰력에 미치는 영향
(Gill and VandenBerg, 1967)

그림 2-23
마찰상태의 변화
(Gill and VandenBerg, 1967)

라이드의 중량을 증가시키는 것과 같은 효과를 가져온다. 따라서 함수비에 따라 마찰력이 증가한 것은 마찰계수의 변화보다는 점착력에 의하여 슬라이드의 무게가 증가하였기 때문이다. 그러나 점착력에 의하여 증가되는 무게를 구하기가 어렵기 때문에 식 (2-51)은 이를 마찰계수의 변화로 본 것이다.

니콜스(Nichols, 1931)는 마찰상태의 변화를 함수비에 따라 그림 2-23에서와같이 마찰상태, 점착상태, 윤활상태로 구분하였다. 마찰상태는 토양이 건조한 상태에서 나타난다. 토양의 수분이 증가하면 점착력이 발생하여 점착상태가 되며 점착상태는 토양 표면이 자유수면(free water surface)이 될 때까지 계속된다. 점착상태에서 함수비가 증가하면 점착력도 증가하고 마찰계수도 증가한다. 함수비가 더욱 증가하면 토양 표면은 자유수면 상태에 이르게 되며 마찰계수는 다시 감소하여 윤활상태가 된다. 그러나 윤활상태의 마찰계수는 일반적으로 마찰상태에서 보다 더 크다.

토양과 금속 사이에 작용하는 점착력을 결정하기 위해서는 토양과 금속 사이의 마찰응력, 마찰면의 토양이동, 마찰면에 작용하는 수직하중이 필요하다. 페인과 파운틴(Payne and Fountaine, 1954)은 이들의 관계를 다음과 같이 표현하였다.

$$S' = C_a + \sigma \tan\delta \tag{2-52}$$

여기서, S' = 마찰응력

C_a = 점착계수

σ = 마찰면의 수직응력

δ = 토양과 금속 사이의 마찰각

금속 표면에서 마찰력은 토괴를 금속 표면과 평행한 방향으로 끌어당기는 데 필요한 힘과 같다. 이 마찰력은 토괴에 작용하는 수직하중, 즉 마찰면과 수직한 방향으로 작용하는 하중에 따라서 변한다. 수직하중에 따라 마찰면적당 수직하중, 즉 마찰면의 수직응력과 마찰면적당 마찰력, 즉 마찰응력의 관계를 그림으로 나타내면 직선 또는 직선에 가까운 곡선이 된다. 점착계수는 수직하중이 0일 때의 마찰응력이다. 즉 수직응력-마찰응력선도에서 수직응력이 0일 때의 마찰응력이 된다. 또한 토양과 금속 사이의 마찰각은 수직응력-마찰응력선도의 기울기가 된다.

식 (2-52)를 식 (2-53)에서와같이 변환하면 점착력이 있을 때 마찰면에 작용하는 수직응력은 토양에 작용하는 수직하중에 의한 수직응력과 점착력에 의한 수직응력의 합으로 나타낼 수 있다.

$$S' = \left(\frac{C_a}{\tan\delta} + \sigma\right) \tan\delta \tag{2-53}$$

즉 점착력은 마찰력을 증가시키는 요인이 되며 이때 점착력에 의한 수직응력 σ_a는 다음과 같이 표현된다.

$$\sigma_a = \frac{C_a}{\tan\delta} \tag{2-54}$$

표 2-4는 각종 토양의 마찰계수를 나타낸 것이다.

표 2-4 토양의 마찰계수

토양	외부마찰계수	내부마찰계수	토양-금속 마찰계수
사토, 사양토	0.60~0.75	0.80~0.50	0.45~0.50
양토	0.75~0.85	0.55~0.40	0.50~0.60
점토(중점토 포함)	0.85~0.95	0.42~0.25	0.60~0.70

연습문제

1. 어떤 토양에 대한 직접전단시험의 결과는 다음 표에서와 같다. 토양의 점성과 내부마찰각을 결정하여라.

시험번호	수직압력, kPa	전단응력, kPa
1	150	135
2	300	270
3	800	720
4	1,200	1,080

2. 다짐-비배수 조건으로 실시한 3축압축시험의 결과는 다음 표에서와 같다. 총압력과 유효압력을 기준으로 한 토양의 전단파괴선, 점성, 내부마찰각을 결정하여라.

토양 샘플	수평압력, kPa	편차압력, kPa	간극수압, kPa
1	150	87	77
2	450	261	232
3	800	454	412

3. 비다짐-비배수 조건으로 실시한 3축압축시험에서 포화 점토는 수평압력과 수직압력이 각각 80 kPa, 130 kPa일 때 파괴되었다. 파괴 시의 간극수압과 점토의 점성을 구하여라.

4. 모세관의 지름이 0.05 mm일 때 표면장력에 의하여 상승할 수 있는 물기둥의 높이를 구하여라.

5. 어떤 실트의 유효직경은 0.02 mm이고, 간극의 크기는 유효직경의 1/5이다. 간극으로 상승하는 물기둥의 높이를 구하여라.

6. 압축시험에서 토양 샘플의 파괴면은 다음 그림에서와같이 나타났다.

❶ 토양 샘플의 내부마찰각을 구하여라.

❷ 토양 샘플의 점성을 구하여라.

❸ 전단파괴면의 전단응력을 구하여라.

❹ 전단파괴면의 수직응력을 구하여라.

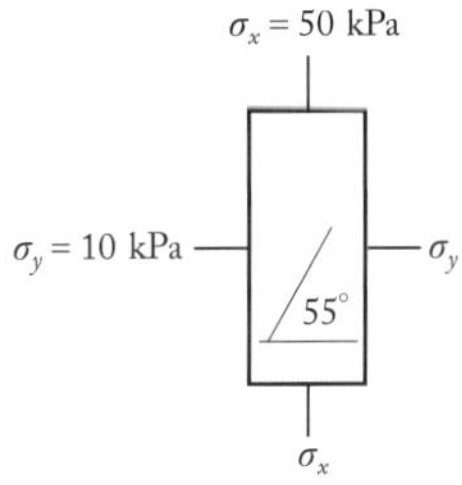

7. 표면이 100 × 100 mm인 전단시험장치를 이용하여 단위중량이 17.5 kN/m^{3}인 토양을 대상으로 직접전단시험을 실시하였을 때 수직하중에 따른 전단력의 결과는 다음 표에서와 같다.

수직하중, N	200	600	1,000
최대 전단력, N	105	265	425

❶ 토양의 내부마찰각을 구하여라.

❷ 토양의 점성을 구하여라.

❸ 지면에서 깊이가 100 cm인 지점에서 토양의 전단파괴가 일어났을 때 전단파괴면에 작용하는 수직응력과 전단응력을 구하여라.

참고문헌

류관희, 김경욱, 김기대, 김성태, 박금주, 박승제, 박준걸, 서상룡, 신범수, 연광석, 이규승, 이기명. 2004. 『트랙터공학』. 문운당.

Haines, W. B. 1925. Studies in the physical properties of soils. I. Mechanical properties concerned in cultivation. Journal of Agricultural Sciences 15: 178-200.

Karafiath, L. L. and E. A. Nowatzki. 1978. Soil mechanics for off-road vehicle engineering. Trans Tech Publications. Clausthal, Germany.

Gill, W. R. and G. E. VandenBerg. 1967. Soil dynamics in tillage and traction. Agricultural Handbook No. 316. Agricultural Research Service USDA. US Government Printing Office. Washington, D.C.

Muro, T. (室達郎). 1993. テラメカニツクス-走行力學. 技報堂出版. 東京.

Nichols, M. L. 1931. Dynamics properties of soil. II. Soil and metal friction. Agricultural Engineering 12: 321-324.

Payne, P. C. J. and E. R. Fountaine. 1954. The mechanism of scouring for cultivation implements. National Institute of Agricultural Engineering. Tech. Memo. 116, P11. Silsoe, UK.

Upadhyaya, S. K., W. J. Chancellor, D. V. Perumpral, R. L. Schafer, W. G. Gill, and G. E. VandenBerg. 1994. Advances in soil dynamics Vol. 1. American Society of Agricultural Engineers. St. Joseph, Michigan.

http://www.geotechdata.info

제3장

토양의 파괴

토양은 외력에 의하여 발생한 토양 내부의 응력을 지지할 수 없을 때 파괴된다. 또한 토양이 파괴될 때는 내부응력에 의한 변형을 수반하며 급격한 응력감소가 일어난다. 토양이 외부의 하중을 지지할 수 없는 상태, 즉 토양이 파괴될 때의 응력상태를 예측하기 위해서는 토양에 작용하는 외부하중과 이로 인한 내부응력 사이의 관계를 구명하여야 한다.

1. 몰-쿨롱의 파괴이론

토양의 파괴이론을 이해하기 위해서는 먼저 토양 내부의 수직응력과 전단응력의 관계를 이해하여야 한다. 편의상 평면응력에 국한하여 수직응력과 전단응력의 관계를 구명한다. 수직방향 주응력 σ_1과 수평방향 주응력 σ_3가 작용하는 토양의 응력상태는 그림 3-1(a)에서와 같다. 주응력이 작용하는 평면을 주응력 평면이라고 하며, 주응력 평면에는 전단응력이 작용하지 않는다. σ_1이 σ_3보다 크고 압축응력을 양수로 가정하면 그림 3-1(a)의 응력상태는 그림 3-1(b)에서와같이 몰원(Mohr's circle)으로써 나타낼 수 있다. 응력상태를 3차원으로 표시하면 σ_1과 σ_3의 중간 크기인 주응력 σ_2가 $\sigma_1 - \sigma_3$ 평면에 직각인 방향으로 작용한다. 그러나 σ_2는 토양파괴에 큰 영향을 미치지 않는 것으로 알려져 있다.

그림 3-1(a)에서 σ_1축, 즉 주응력축과 단면의 수직선이 α각을 이루는 임의의 단면에 작용하는 수직응력과 전단응력은 각각 다음과 같이 표현된다.

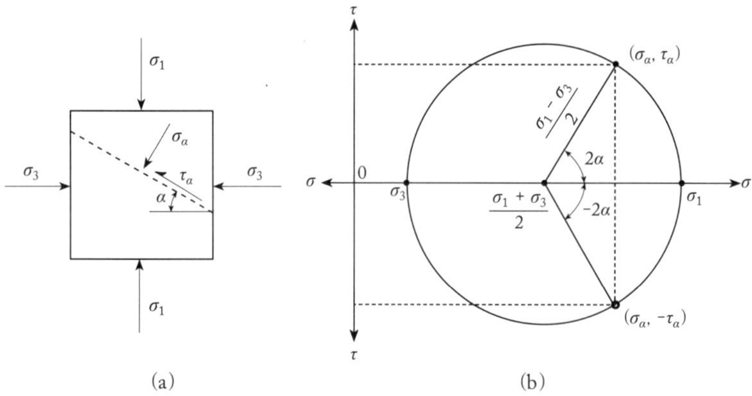

그림 3-1 토양의 응력상태

$$\sigma_\alpha = \frac{\sigma_1 + \sigma_3}{2} + \frac{\sigma_1 - \sigma_3}{2}\cos 2\alpha \tag{3-1}$$

$$\tau_\alpha = \frac{\sigma_1 - \sigma_3}{2}\sin 2\alpha \tag{3-2}$$

식 (3-2)에서와같이 임의의 단면에 작용하는 전단응력은 $\sigma_1 - \sigma_3$, 즉 주응력 차이만의 영향을 받는다. 토양의 파괴는 임의의 단면에 작용하는 수직응력과 전단응력이 어떤 조건에 이르렀을 때 일어난다고 할 수 있으며, 몰-쿨롱(Mohr-Coulomb)은 이 조건의 응력상태를 식 (3-3)에서와같이 표현하였다. 즉

$$\tau = c + \sigma \tan\phi \tag{3-3}$$

여기서 σ와 τ는 각각 파괴면에 작용하는 수직응력과 전단응력을 나타낸다. 몰-쿨롱의 파괴이론은 토양에 작용하는 외부하중에 의하여 내부에서 발생하는 수직응력과 전단응력이 식 (3-3)을 만족할 때 이를 만족하는 단면에서 전단파괴가 일어난다는 것이다. 식 (3-3)을 $\sigma - \tau$ 좌표계에 나타내면 그림 3-2에서와같이 τ축의 절편이 c이고 기울기가 ϕ인 직선이 된다. 이 직선을 파괴선(failure envelop)이라고 한다. 주응력 σ_1과 σ_3에 의하여 토양이 파괴되었다고 하면 파괴면의 응력상태는 파괴선과 주응력을 나타낸 몰원이 접하는 접점의 응력상태가 된다. 그림 3-2에서 파괴선과 몰원의 접점 A에서 수직응력 σ_f와 전단응력 τ_f는 각각 다음과 같이 표현된다.

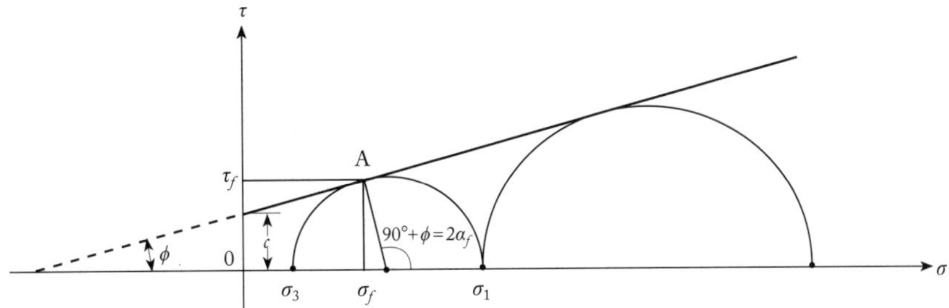

그림 3-2 토양이 파괴될 때 응력상태

$$\sigma_f = \frac{\sigma_1 + \sigma_3}{2} + \frac{\sigma_1 - \sigma_3}{2}\cos(\frac{\pi}{2} + \phi) \tag{3-4}$$

$$\tau_f = \frac{\sigma_1 - \sigma_3}{2}\sin(\frac{\pi}{2} + \phi) \tag{3-5}$$

또한 파괴면의 수직응력 σ_f의 방향과 주응력축이 이루는 각은

$$\alpha_f = \frac{\pi}{4} + \frac{\phi}{2} \tag{3-6}$$

가 된다. 또한 파괴상태에서 주응력 σ_1과 σ_3 사이에는 다음과 같은 관계가 성립한다.

$$\frac{\sigma_1 - \sigma_3}{2} = (c\cot\phi + \frac{\sigma_1 + \sigma_3}{2})\sin\phi \tag{3-7}$$

$$\sigma_1 = \sigma_3(\frac{1+\sin\phi}{1-\sin\phi}) + 2c(\frac{\cos\phi}{1-\sin\phi}) \tag{3-8}$$

$$\sigma_1 = \sigma_3\tan^2(\frac{\pi}{4} + \frac{\phi}{2}) + 2c\tan(\frac{\pi}{4} + \frac{\phi}{2}) \tag{3-9}$$

$$\sigma_3 = \sigma_1(\frac{1-\sin\phi}{1+\sin\phi}) - 2c(\frac{\cos\phi}{1+\sin\phi}) \tag{3-10}$$

$$\sigma_3 = \sigma_1\tan^2(\frac{\pi}{4} - \frac{\phi}{2}) - 2c\tan(\frac{\pi}{4} - \frac{\phi}{2}) \tag{3-11}$$

2. 한계응력

토양을 다수의 수직 기둥으로 구성된 연속체로 가정하면 각 기둥에 작용하는 응력의 자유체선도는 그림 3-3에서와 같다. 평형조건을 적용하면 연직면에 작용하는 수직응력과 전단응력은 각각

$$\sigma_1 = \sigma_2 = \sigma_h$$
$$\tau_1 = \tau_2 = 0$$

가 되며, 깊이 z에서 기둥의 밑면에 작용하는 수직응력은

$$\sigma_z = \gamma z$$

여기서, γ = 토양의 단위중량

가 된다. 연직면의 전단응력이 0이므로 깊이 z에서 토양에 작용하는 수평응력 σ_h와 수직응력 σ_z는 주응력이 된다. 토양이 파괴되는 한계응력 상태는 주어진 수직응력 σ_z에 대하여 수평응력 σ_h를 변화시킴으로써 얻을 수 있다.

몰-쿨롱의 파괴이론을 적용하여 수직응력이 σ_z일 때 전단파괴가 일어나는 수평응력 σ_h를 구하면 그림 3-4에서 $\sigma_h > \sigma_z$인 경우에는 식 (3-9)로부터

$$\sigma_h^p = \gamma z \tan^2\left(\frac{\pi}{4} + \frac{\phi}{2}\right) + 2c \tan\left(\frac{\pi}{4} + \frac{\phi}{2}\right) \tag{3-12}$$

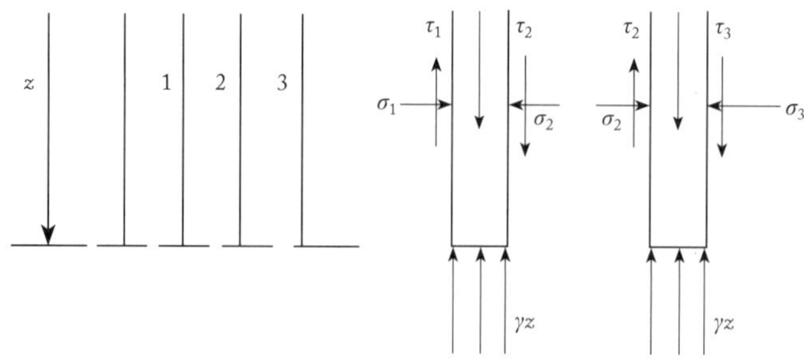

그림 3-3 수직 기둥을 연속체로 가정한 토양의 자유체선도

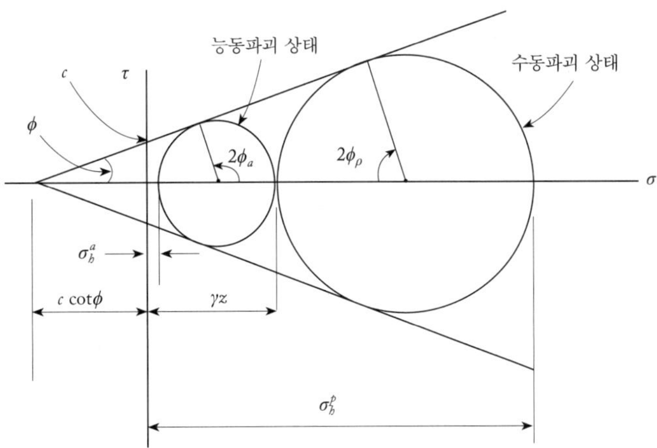

그림 3-4 랜킨의 토양파괴

가 되며, $\sigma_h < \sigma_z$인 경우에는 식 (3-11)로부터

$$\sigma_h^a = \gamma z \tan^2(\frac{\pi}{4} - \frac{\phi}{2}) - 2c\tan(\frac{\pi}{4} - \frac{\phi}{2}) \tag{3-13}$$

가 된다. $\sigma_h > \sigma_z$인 경우 σ_h^p를 수동압력(passive pressure), $\sigma_h < \sigma_z$인 경우 σ_h^a를 능동압력(active pressure)이라고 하며, 수동파괴와 능동파괴 상태를 랜킨(Rankine)의 파괴상태라고 한다. 따라서 수직응력이 σ_z일 때 토양이 파괴되는 수평응력 σ_h의 범위는

$$\sigma_h^a \le \sigma_h \le \sigma_h^p \tag{3-14}$$

이다. 전단파괴가 일어나는 파괴면은 그림 3-5에서와 같이 수동파괴의 경우 지면과

$$\phi_p = \frac{\pi}{4} - \frac{\phi}{2} \tag{3-15}$$

의 각을 이루며, 능동파괴의 경우에는

$$\phi_a = \frac{\pi}{4} + \frac{\phi}{2} \tag{3-16}$$

의 각을 이룬다. 수동압력 및 능동압력에 의하여 전단파괴가 일어나는 파괴면을 각각 수동

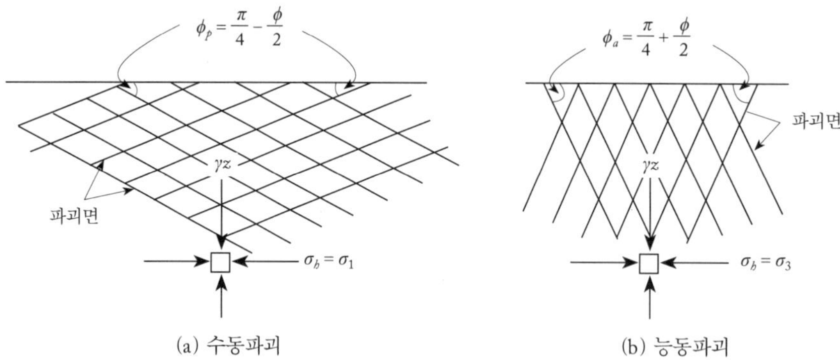

그림 3-5 한계응력의 응력장

응력장(passive stress field)과 능동응력장(active stress field)이라고 한다.

식 (3-12)와 (3-13)은 다음과 같이 수동압력계수(passive pressure coefficient) K_p와 능동압력계수(active pressure coefficient) K_a를 정의하여 대입하면

$$K_p = \tan^2(\frac{\pi}{4} + \frac{\phi}{2}) \tag{3-17}$$

$$K_a = \tan^2(\frac{\pi}{4} - \frac{\phi}{2}) \tag{3-18}$$

식 (3-19)와 (3-20)과 같이 간단히 표현된다.

$$\sigma_h^p = \gamma z K_p + 2c\sqrt{K_p} = \frac{\gamma z}{K_a} + \frac{2c}{\sqrt{K_a}} \tag{3-19}$$

$$\sigma_h^a = \gamma z K_a - 2c\sqrt{K_a} = \frac{\gamma z}{K_p} - \frac{2c}{\sqrt{K_p}} \tag{3-20}$$

K_p와 K_a는 서로 역수의 관계가 있으며 토양의 내부마찰각 ϕ에 의하여 결정된다. 표 3-1은 내부마찰각에 따라 K_p와 K_a의 값을 나타낸 것이다.

수직응력에 대한 수평응력의 비를 지압계수(earth pressure coefficient)라고 하며 다음과 같이 정의한다.

표 3-1 수동압력계수와 능동압력계수

ϕ	K_a	K_p
30	0.33	3.00
35	0.27	3.69
40	0.22	4.60
45	0.17	5.83

$$K_o = \frac{\sigma_h}{\sigma_z} \tag{3-21}$$

토양이 압축되면 K_o가 증가하며 느슨한 상태로 이완되면 감소한다. 보통 느슨한 사질토의 경우 $K_o = 0.4$ 정도이며, 밀도가 높은 사질토의 경우에는 $K_o = 0.5$ 정도이다. 토양을 단단히 다지는 경우에는 0.8 이상으로 증가한다.

3. 슬립라인

몰-쿨롱의 파괴이론을 적용하면 토양 내 임의의 한 점에서 응력상태와 전단파괴가 일어나는 전단면의 방향을 결정할 수 있다. 이러한 응력상태와 전단면의 방향은 점의 위치에 따라 연속적으로 변한다. 토양이 파괴될 때 전단면, 즉 슬립라인과 전단면의 응력상태를 구하기 위해서는 토양의 파괴이론과 응력의 평형조건을 이용하여 특성미분방정식(characteristic differential equation)을 유도하여야 한다.

토양 내의 한 점에 작용하는 주응력의 방향이 그림 3-6에서와같이 수평축 X와 θ각을 이룰 때 토양이 전단되는 2개의 전단면, 즉 슬립라인 ξ와 η가 주응력축과 이루는 각 μ는 다음과 같이 표현된다.

$$\mu = \frac{\pi}{4} - \frac{\phi}{2} \tag{3-22}$$

그림 3-6에서 σ는

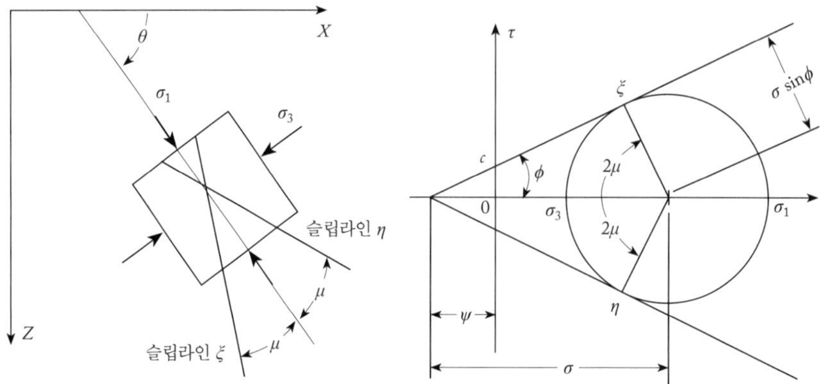

그림 3-6 슬립라인

$$\sigma = \frac{\sigma_1 + \sigma_3}{2} + c \cot \phi \tag{3-23}$$

로 표현할 수 있으며 $\psi = c\cot\phi$라고 하면

$$\sigma = \frac{\sigma_1 + \sigma_3}{2} + \psi \tag{3-24}$$

가 된다. 또한 그림 3-6에서

$$\sigma + \sigma\sin\phi = \psi + \sigma_1, \quad \sigma - \sigma\sin\phi = \psi + \sigma_3$$

이므로

$$\sigma = \frac{\sigma_1 + \psi}{1 + \sin\phi}, \quad \sigma = \frac{\sigma_3 + \psi}{1 - \sin\phi} \tag{3-25}$$

와 같이 표현된다.

토양이 파괴될 때 토양 내 한 점의 응력상태는 두 개의 변수 θ와 σ로써 나타낼 수 있다. 그림 3-7에서와같이 몰원을 이용하여 X-Z 평면에서 X, Z 방향으로 작용하는 수직응력과 전단응력을 변수 $\theta(x, z)$와 $\sigma(x, z)$로써 나타내면

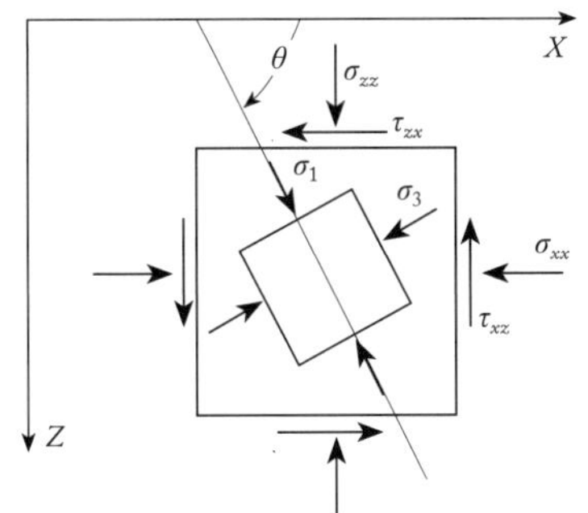

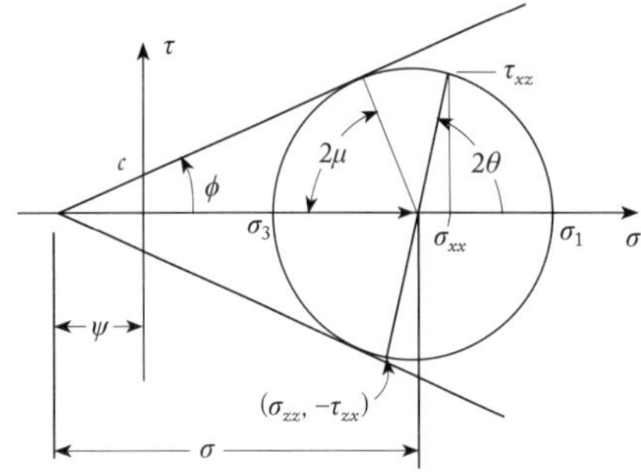

그림 3-7 주응력과 *X–Z* 평면상의 응력상태

$$
\begin{aligned}
\sigma_{xx} &= \sigma(x, z)[1 + \sin\phi\ \cos 2\theta(x, z)] - c\cot\phi \\
\sigma_{zz} &= \sigma(x, z)[1 - \sin\phi\ \cos 2\theta(x, z)] - c\cot\phi \\
\tau_{xz} &= -\tau_{zx} = \sigma(x, z)\sin\phi\ \sin 2\theta(x, z)
\end{aligned}
\tag{3-26}
$$

가 된다. 이 응력은 일정하지 않고 위치에 따라서 변한다. 그러나 모든 점의 응력상태는 변수 θ와 σ로써 표현할 수 있다.

토양 내부의 한 점에서 응력의 크기와 방향의 변화를 구명하기 위해서는 한 점의 위치를 나타내는 위치변수와 응력을 나타내는 응력변수의 관계를 미분방정식으로 표현하여야 한다. 이 미분방정식은 토양에 작용하는 외력과 자중에 의한 힘의 평형조건으로부터 유도할 수 있다. 그림 3-8은 미소 토양요소에 작용하는 평면응력을 나타낸 것이다. 이 응력이 평형상태를 이룬다고 하면 X 방향과 Z 방향의 합력은 각각 0이 된다. 즉

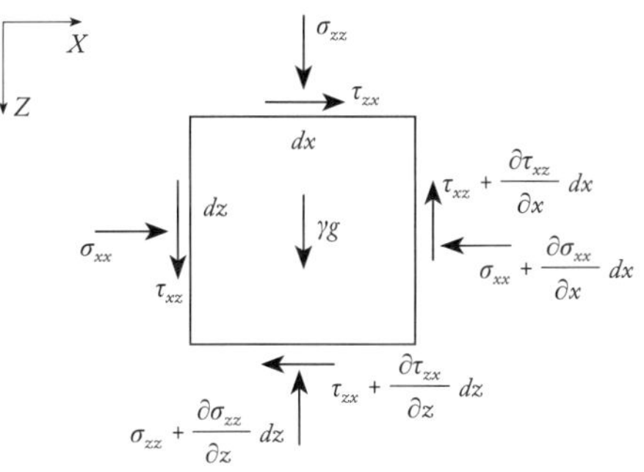

그림 3-8 응력 변화

$$\frac{\partial \sigma_{xx}}{\partial x} + \frac{\partial \tau_{xz}}{\partial z} = 0 \tag{3-27-1}$$

$$\frac{\partial \sigma_{zz}}{\partial z} + \frac{\partial \tau_{zx}}{\partial x} = \gamma g \tag{3-27-2}$$

가 된다. 식 (3-27)은 3개의 응력변수 σ_{xx}, σ_{zz}, τ_{xz}로 구성되어 있으며, 평형상태에 있는 연속체의 응력변화를 나타낸 것이다. 식 (3-26)을 식 (3-27)에 대입하여 X-Z 좌표계에서 3개 변수의 미분방정식을 2개 변수 σ, θ의 미분방정식으로 변환하면

$$(1+\sin\phi\cos 2\theta)\frac{\partial\sigma}{\partial x}+\sin\phi\sin 2\theta\frac{\partial\sigma}{\partial z} -2\sigma\sin\phi(\sin 2\theta\frac{\partial\sigma}{\partial x}-\cos 2\theta\frac{\partial\sigma}{\partial z})=0 \quad (3\text{-}28\text{-}1)$$

$$\sin\phi\sin 2\theta\frac{\partial\sigma}{\partial x}+(1-\sin\phi\cos 2\theta)\frac{\partial\sigma}{\partial z} +2\sigma\sin\phi(\cos 2\theta\frac{\partial\theta}{\partial x}+\sin 2\theta\frac{\partial\theta}{\partial z})=\gamma g \quad (3\text{-}28\text{-}2)$$

가 된다. 이 미분방정식과 경계조건을 만족하는 $\sigma(x, z)$와 $\theta(x, z)$를 구하면 토양이 파괴될 때 X-Z 평면의 모든 점에서 응력의 크기와 방향을 결정할 수 있다(Harr, 1966).

4. 랜킨의 토압이론

토양을 지지하는 벽면에 작용하는 압력은 토양의 성질과 벽면의 높이에 따라 변한다. 벽면이 고정되어 있으면 벽면에 작용하는 압력은 정지상태의 토압과 같다. 만약 벽면이 움직이면 토양은 정지상태에서 능동토압상태로 변한다. 실제 벽면은 거친 상태이지만 매끄럽다고 가정하고 벽면에 작용하는 토압을 근사적으로 구하여 보자.

1) 능동토압

그림 3-9(a)에서 ab를 단위중량이 γ인 토양과 접촉하고 있는 수직 벽면이라고 하면 이 벽면이 움직이기 전까지 벽면에는 정적상태의 토압이 작용한다. 지면에 작용하는 부가하중의 압력을 q라고 하면 벽면이 백필(backfill)과 반대 방향으로 수평이동할 때 지면에서 깊이가 z인 점에 작용하는 수직방향의 주응력은 $\sigma_v=\gamma z+q$가 되며, 수평방향의 주응력 σ_h는 몰-쿨롱의 능동파괴이론에 의하여 식 (3-20)으로부터

$$\sigma_b = \frac{\gamma z + q}{N_\phi} - \frac{2c}{\sqrt{N_\phi}} \tag{3-29}$$

여기서, $N_\phi = \tan^2(\frac{\pi}{4} + \frac{\phi}{2})$

가 된다. 이 수평응력은 그림 3-9(b)에서 깊이에 따라 삼각형 *cae*, *ebd*의 면적과 같으며 깊이가

$$z_0 = \frac{2c}{\gamma}\sqrt{N_\phi} - \frac{q}{\gamma} \tag{3-30}$$

인 지점에서는 0이 된다. 깊이가 z_0보다 얕으면 벽면에는 –응력, 즉 인장응력이 작용하여 벽면과 토양 사이에는 틈이 발생하지 않는다. 이러한 응력상태에서 전단파괴에 의한 슬립라인은 지면과 $\frac{\pi}{4} + \frac{\phi}{2}$각을 이룬다.

벽면에 작용하는 총토압은 식 (3-29)로부터 다음과 같이 표현된다.

$$P_A = \int_0^H \sigma_b dz = \frac{1}{2}\gamma H^2 \frac{1}{N_\phi} + \frac{qH}{N_\phi} - 2c\frac{H}{\sqrt{N_\phi}} \tag{3-31}$$

식 (3-31)로부터 벽면의 높이가

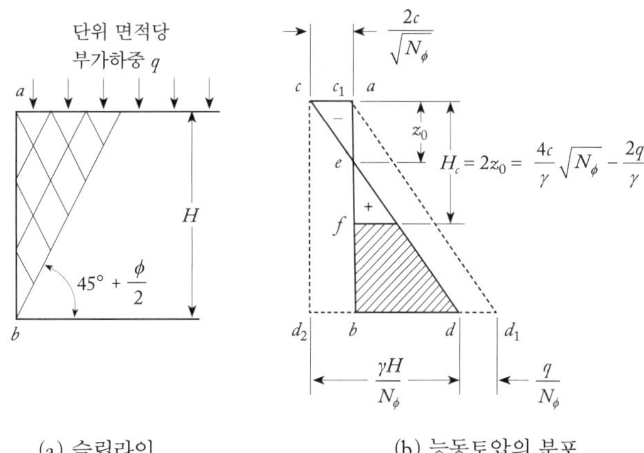

그림 3-9 능동토압

$$H_c = \frac{4c}{\gamma}\sqrt{N_\phi} - \frac{2q}{\gamma} \tag{3-32}$$

가 되면 벽면에 작용하는 총토압은 0이 된다. 식 (3-32)는 측면 지지대 없이 토양을 수직으로 절단할 수 있는 최대 깊이를 나타낸다. 만약 제방의 높이가 H_c보다 작으면 제방이 스스로 무너지지 않는 높이라고 할 수 있다. 그러나 실제 지지대 없이 토양을 절단할 수 있는 최대 깊이는 H_c보다는 약간 얕은 것으로 알려지고 있다.

부가하중이 없는 점토의 경우에는 $q = 0$, $\phi = 0$이므로 $N_\phi = 1$이 된다. 따라서

$$P_A = \frac{1}{2}\gamma H^2 - 2cH \tag{3-33}$$

$$H_c = \frac{4c}{\gamma} \tag{3-34}$$

이다. 부가하중이 없는 경우 총토압은 식 (3-31)에 따라 그림 3-9(b)에서 삼각형 cdd_2의 면적에서 사각형 cc_1bd_2의 면적을 뺀 빗금친 부분의 면적과 같다. 여기서 토압은 단위 길이당 작용하중을 의미한다.

실제 벽면은 미끄럽지 않고 거칠기 때문에 토양과 벽면 사이에는 마찰력이 작용한다. 벽면이 지지 토양, 즉 백필의 반대 방향으로 이동하면 토양은 벽면을 따라서 아래로 이동한다. 이때 토양에는 그림 3-10(a)에서와같이 벽면에 의한 마찰력이 작용하여 총능동토압의 방향은 벽면의 수직방향과 δ각을 이룬다. 이 각을 벽면의 마찰각이라고 한다. 따라서 abd 부분의 토양에서는 전단면의 슬립라인이 곡선으로 나타나며, adc 부분의 토양에서는 벽면

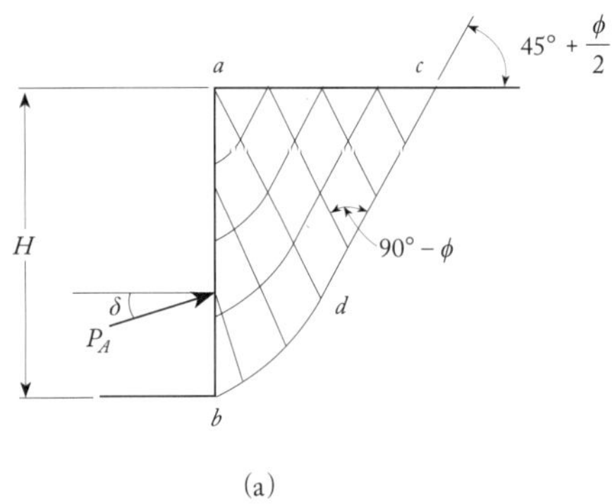

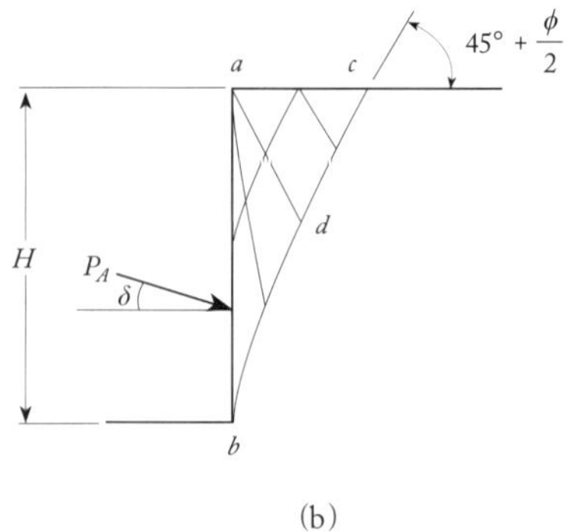

그림 3-10 거친 벽면에 의한 능동토압의 슬립라인

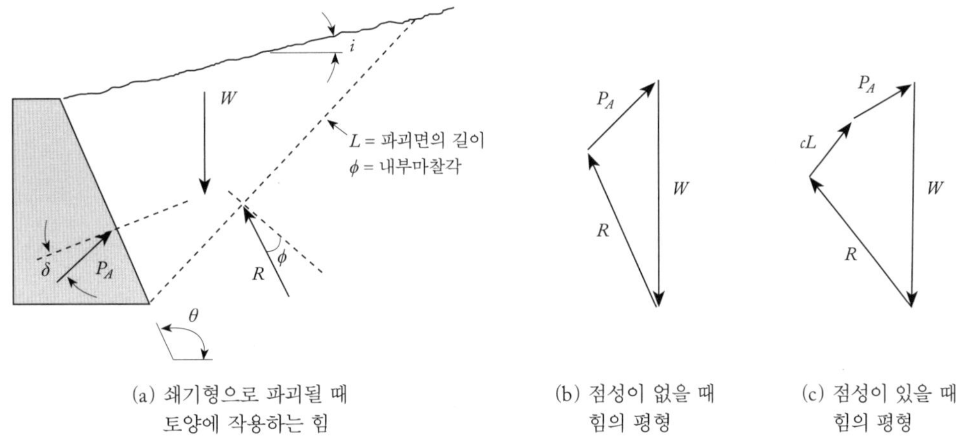

그림 3-11 벽면의 마찰과 토양의 점성을 포함한 능동토압

과 토양 사이에 마찰이 없을 때와 같은 직선으로 나타난다. 만약 벽이 하중을 받아 침하한다면 토양에 작용하는 마찰력의 방향은 반대 방향이 되어 벽면과 접촉 부분의 슬립라인도 그림 3-10(b)에서와같이 위쪽으로 휘어진 곡선이 된다. 벽면과 토양 사이에 마찰이 존재하는 경우 총능동토압은 다음과 같은 방법으로 구할 수 있다. 그림 3-11(a)에서와같이 지면과 i각을 이루는 백필을 지면과 θ각을 이루는 벽면이 지지하고 있을 때, 벽면과 토양 사이의 마찰각을 δ라고 하면 벽면에 작용하는 능동토압은 벽면의 수직선과 δ각을 이룬다. 벽 접촉면, 백필, 능동파괴면으로 이루어지는 쐐기형 토양에는 백필을 포함한 도양 자세의 중량 W, 벽 접촉면에 작용하는 총능동토압 P_A, 파괴면에 작용하는 반력 R, 파괴면을 따라 점착력 cL이 작용한다. 토양의 내부마찰각을 ϕ, 토양의 점성을 c, 파괴면의 길이를 L이라고 하면 평형상태에서 이 힘의 벡타 합은 그림 3-11(b)와 3-11(c)에서와같이 폐다각형을 이루며, 이 폐다각형으로부터 총능동토압 P_A를 구할 수 있다.

따라서 총능동토압 P_A는 능동파괴면의 방향, 벽면이 지면과 이루는 각, 벽면과 토양 사이의 마찰각, 토양의 내부마찰각에 따라 변한다. 실제 능동파괴면, 즉 슬립라인은 이 총능동토압 P_A를 최대로 하는 파괴면이 되며, 시행착오법으로 P_A를 최대화하는 파괴면을 구한다. 벽면과 토양 사이의 마찰이 적을수록 파괴면은 평면이 되며 많을수록 곡면으로 변한다. 점성이 없는 사질토의 경우 파괴면을 평면이라고 하면 벽면과 토양 사이의 마찰을 고려한 벽면의 단위 폭당 총능동토압 P_A는 다음 식으로 주어진다(McCarthy, 1993).

$$P_A = \frac{1}{2}\gamma H^2[\frac{\sin(\theta-\phi)\sec\theta}{\sqrt{\sin(\theta+\delta)}+\sqrt{\frac{\sin(\theta+\delta)\sin(\phi-i)}{\sin(\theta-i)}}}]^2 \tag{3-35}$$

예제 높이가 3.5 m인 수직벽이 단위중량이 18 kN/m^3, 내부마찰각이 20°, 점성이 10 kN/m^{2}인 토양을 지지하고 있다. 지면의 부가하중은 10 kN/m^{2}이고 수직벽과 토양 사이의 마찰은 무시한다.

1) 수직벽에 작용하는 능동토압의 분포를 그려라.

2) 단위 길이당 수직벽에 작용하는 총능동토압의 분포를 그려라.

풀이

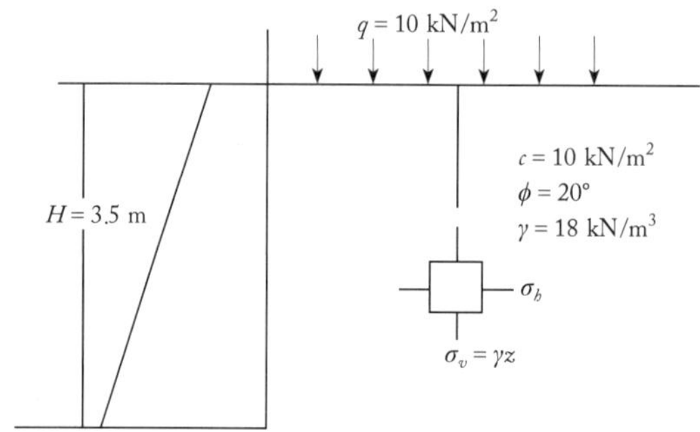

$$N_\phi = \tan^2(45° + \frac{\phi}{2}) = \tan^2(45° + \frac{20°}{2}) = 2.0396$$

1) $\sigma_h^a = \frac{\gamma}{N_\phi}z + (\frac{q}{N_\phi} - \frac{2\,c}{\sqrt{N_\phi}}) = \frac{18}{2.04}z + (\frac{10}{2.04} - \frac{2\times 40}{\sqrt{2.04}}) = 8.825z - 9.1\ \text{kN/m}^2$

2) $P_A = \frac{\gamma}{2N_\phi}H^2 + (\frac{q}{N_\phi} - \frac{2\,c}{\sqrt{N_\phi}})H = \frac{18}{2\times 2.04}H^2 + (\frac{10}{2.04} - \frac{2\times 40}{\sqrt{2.04}})H\ = 4.412H^2$

$-\ 9.1H$, kN/m

능동토압 σ_h^a와 수직벽에 작용하는 힘 P_A의 분포는 다음 그림에서와 같다.

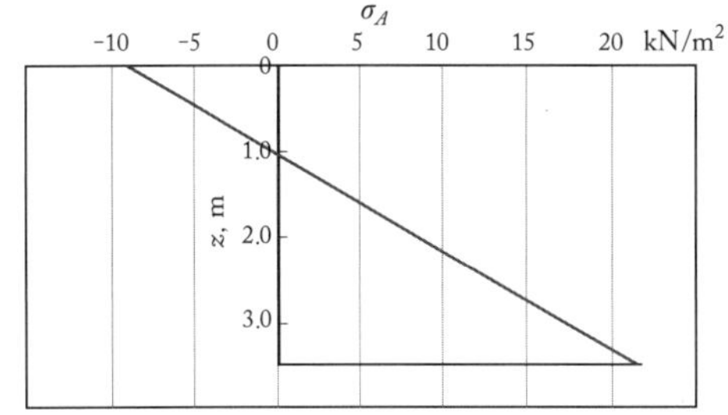

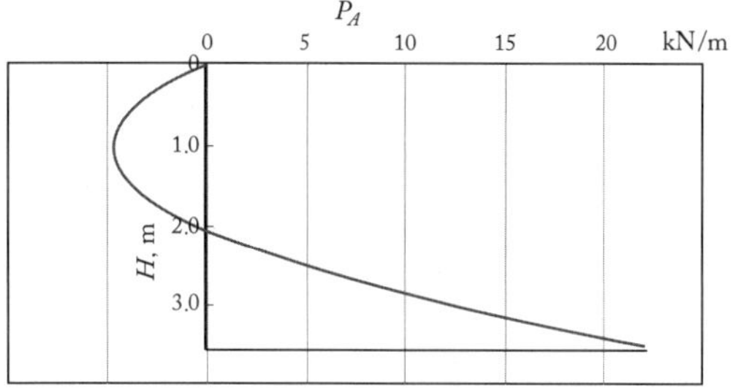

H = 3.5 m인 지점에서 총능동토압은

$$P_\gamma = \frac{1}{2}\gamma\frac{H^2}{N_\phi} = \frac{1}{2}\times 18 \times \frac{3.5^2}{2.04} = 54.05\ \text{kN/m}$$

$$P_q = \frac{qH}{N_\phi} = \frac{10\times 3.5}{2.04} = 17.16\ \text{kN/m}$$

$$P_c = -2c\frac{H}{\sqrt{N_\phi}} = -2(10)\frac{3.5}{\sqrt{2.04}} = -49.014\ \text{kN/m}$$

$$P_A = P_\gamma + P_q + P_c = 22.2\ \text{kN/m}$$

이다.

예제 다음 그림에서와같이 중량이 250 kN인 굴착기가 높이가 3 m인 수직벽에서 1 m 떨어져 정차하고 있다. 굴착기의 궤도 폭과 길이는 각각 0.6 m, 2.5 m이고, 수직벽이 지지하고 있는 토양의 단위중량, 내부마찰각, 점성은 각각 $\gamma = 14.7\ \text{kN/m}^3$, $\phi = 32°$, $c = 4$ kPa이다. 벽면과 토양 사이의 마찰각은 $\delta = 28°$이다. 벽면에 작용하는 총능동토압과 슬립라인을 구하여라.

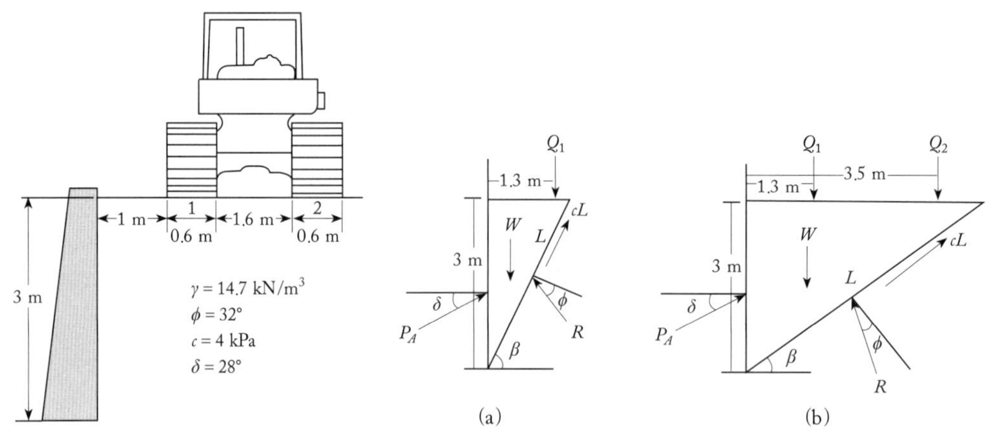

풀이 능동파괴가 일어날 수 있는 가능성을 (a)의 경우와 (b)의 경우로 나누어 확인한다. (a)의 경우 β의 조건은 $\tan^{-1}(\frac{3}{1.6}) = 61.9°$이므로 $61.9° \le \beta < 90°$이고, (b)의 경우 $\tan^{-1}(\frac{3}{3.8}) = 38.3°$이므로 $38.3° \le \beta < 90°$이다.

지면의 부가하중은 $Q_1 = Q_2 = \dfrac{250}{2 \times 2.5} = 50\ \text{kN/m}$

토양의 중량은 $W = \gamma \dfrac{1}{2} 3^2 \cot\beta = 14.7 \times \dfrac{9}{2} \cot\beta = 66.15 \cot\beta\ \text{kN/m}$

점착력은 $cL = 4(\dfrac{3}{\sin\beta}) = \dfrac{12}{\sin\beta}\ \text{kN/m}$

수직방향 힘의 평형조건: $P_A \sin\delta - Q_1 - Q_2 - W + cL\sin\beta + R\sin[90° - (\beta - \phi)] = 0$

수평방향 힘의 평형조건: $P_A \cos\delta + cL\cos\beta - R\cos[90° - (\beta - \phi)] = 0$

두 식에서 R을 소거하고 P_A를 구하면

$$P_A = \frac{Q_1 + Q_2 + W - cL\sin\beta - cL\cot\beta\cot(\beta - \phi)}{\sin\delta + \cos\delta\cot(\beta - \phi)}$$

가 된다. (a)의 경우에는 $P_A = \dfrac{50 + 66.15\cot\beta - 12[1 + \cot\beta\cot(\beta - 32°)]}{\sin 28° + \cos 28°\cot(\beta - 32°)}$이므로, $\beta = 83°$일 때 $P_A = 37.93$ kN/m로서 최대가 된다.

(b)의 경우에는 $P_A = \dfrac{50 + 50 + 66.15\cot\beta - 12[1 + \cot\beta\cot(\beta - 32°)]}{\sin 28° + \cos 28°\cot(\beta - 32°)}$이므로 P_A를 최대로 하는 β는 $\beta > 90°$가 되어 실제 조건과는 맞지 않는다. 따라서 능동파괴가 일어나는 경

우는 (a)의 경우이고 벽면에 작용하는 총능동토압은 37.93 kN/m, 슬립라인이 지면과 이루는 경사각은 $\beta = 83°$이다.

---

2) 수동토압

그림 3-12(a)에서와같이 토양과 지면의 부가하중을 지지하는 수직 벽면 ab가 수평으로 토양을 밀면 토양 내부의 수평응력 σ_h는 수직응력 σ_v보다 크게 된다. 수직 벽면 ab가 ab에 작용하는 하중에 의하여 $a_2'b$와 같은 상태가 되면 토양은 랜킨의 수동토압에 의한 변형 상태가 되며 파괴된다. 이때 지면에서 깊이가 z인 지점에 작용하는 수직응력은

$$\sigma_v = \gamma z + q \tag{3-36}$$

가 되며, 수평응력은 식 (3-19)로부터

$$\sigma_h = \sigma_v N_\phi + 2c\sqrt{N_\phi}$$

$$\sigma_h = \gamma z N_\phi + 2c\sqrt{N_\phi} + qN_\phi \tag{3-37}$$

가 된다. 수평응력 σ_h는 깊이에 따라 비례적으로 증가하는 $\gamma z N_\phi$와 깊이의 영향을 받지 않는 $2cN_\phi + qN_\phi$로 분리할 수 있다. 따라서 수평응력에 의하여 벽면에 작용하는 하중은 각각 다음과 같이 표현된다.

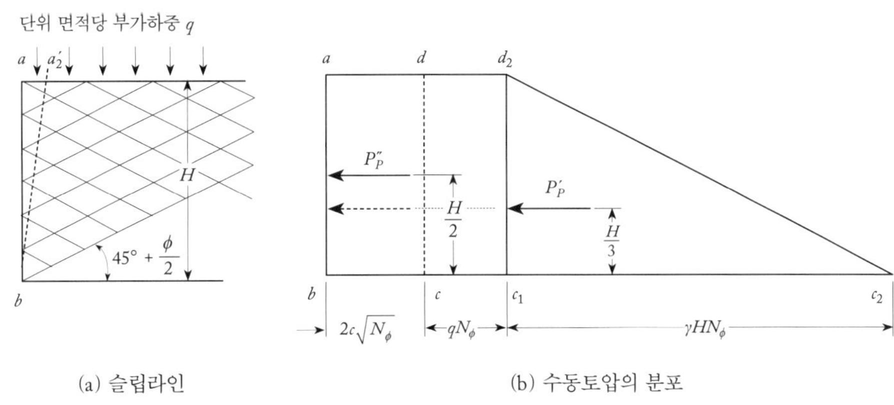

(a) 슬립라인 (b) 수동토압의 분포

그림 3-12 수동토압

$$P'_P = \int_0^H \gamma z N_\phi dz = \frac{1}{2}\gamma H^2 N_\phi \tag{3-38}$$

$$P''_P = \int_0^H (2c\sqrt{N_\phi} + qN_\phi)dz = H(2c\sqrt{N_\phi} + qN_\phi) \tag{3-39}$$

하중 P'_P과 P''_P의 작용점은 각각 그림 3-12(b)에서와같이 ab의 1/3 되는 지점과 1/2 되는 지점이 된다. 식 (3-38)과 식 (3-39)를 더하면 벽면에 작용하는 총수동토압은

$$P_P = \frac{1}{2}\gamma H^2 N_\phi + H(2c\sqrt{N_\phi} + qN_\phi) \tag{3-40}$$

가 된다. 이상에서 유도한 총수동토압은 모두 벽면에 마찰력이 작용하지 않는 매끄러운 면이라고 가정하였을 때 적용할 수 있다.

벽면과 토양 사이에 마찰이 있는 경우에는 능동토압의 경우에서와같이 벽면 부근의 슬립라인이 곡선으로 변한다. 벽면을 백필 방향으로 밀 때 벽의 중량이 토양과 벽면 사이의 마찰력보다 큰 경우에는 토양이 지면으로 솟아오르며, 벽의 중량이 작은 경우에는 토양이 벽면 아래로 미끄러진다. 토양이 지면으로 솟아오를 때 토양에 작용하는 총수동토압의 방향은 그림 3-13(a)에서와같이 우하향으로 작용하며, 토양이 벽면 아래로 미끄러지는 경우에는 그림 3-13(b)에서와같이 우상향으로 작용한다. 따라서 벽면 부근의 슬립라인도 각각 하향과 상향으로 휘어진 곡선이 된다.

벽면과 토양 사이에 마찰이 존재하는 경우의 총수동토압은 총능동토압의 경우와 같이 벽 접촉면, 백필, 수동파괴면으로 구성되는 쐐기형 토양에 작용하는 토양의 중량, 총수동토압, 토양 반력, 점착력 벡터를 이용하여 구한다. 수동파괴의 슬립라인이 지면과 이루는 각

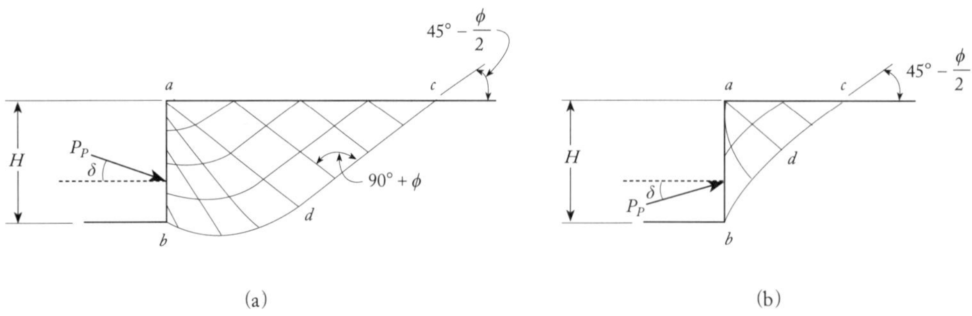

그림 3-13 거친 벽면에 의한 수동토압의 슬립라인

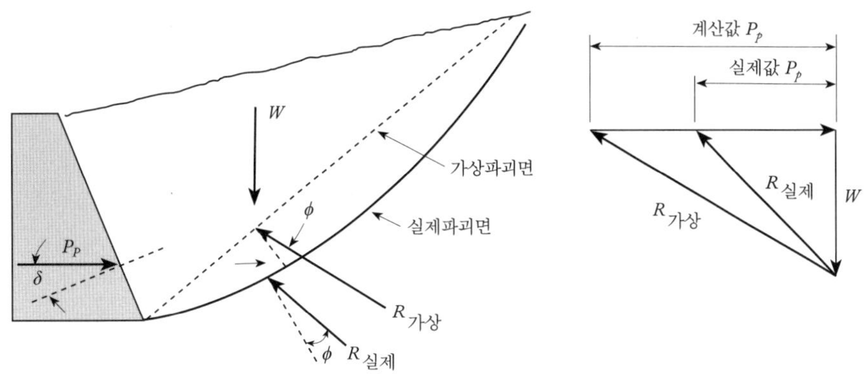

그림 3-14 벽면의 마찰을 고려한 수동토압

은 총수동토압이 최소가 되는 각으로 결정된다. 그림 3-14는 수동파괴 쐐기형 토양에 작용하는 각 힘의 벡터를 나타낸 것이다. 벽면과 토양 사이의 마찰이 작을수록 수동파괴면은 평면이 되며 클수록 곡면으로 변한다. 점성이 없는 사질토의 경우 벽면과 토양 사이의 마찰을 고려한 총수동토압은 다음 식으로 구할 수 있다(McCarthy, 1993).

$$P_P = \frac{1}{2}\gamma H^2 [\frac{\sin(\theta+\phi)\sec\theta}{\sqrt{\sin(\theta-\delta)}+\sqrt{\frac{\sin(\theta+\delta)\sin(\phi+i)}{\sin(\theta-i)}}}]^2 \quad (3\text{-}41)$$

여기서, γ = 토양의 단위중량

H = 벽면의 높이

θ = 벽면과 지면이 이루는 각

δ = 벽면과 토양 사이의 마찰각

i = 지면과 백필의 표면이 이루는 각

예제 경사각이 70°인 경사벽면이 단위중량, 내부마찰각, 점성이 각각 15.7 kN/m^3, 30°, 6 kPa인 토양을 지지하고 있다. 벽면과 토양 사이의 마찰각과 단위 면적당 점착력은 각각 23°, 2 kPa이고, 지면의 부가하중은 30 kPa이다. 벽면의 높이가 4 m일 때 수동파괴의 슬립라인과 벽면에 작용하는 총수동토압을 구하여라.

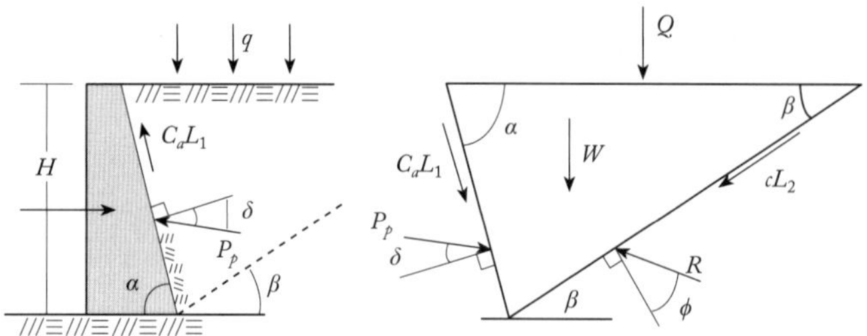

풀이 수동파괴에 의한 토양 쐐기를 그림과 같이 가정하고 각 경계면에 작용하는 힘의 평형조건을 적용하면

수직방향: $W + Q + C_a L_1 \sin\alpha + cL_2 \sin\beta - P_p \cos(\alpha+\delta) - R\cos(\beta+\phi) = 0$

수평방향: $C_a L_1 \cos\alpha - cL_2 \cos\beta + P_p \sin(\alpha+\delta) - R\sin(\beta+\phi) = 0$

R를 소거하고 P_p를 구하면

$$\frac{R\cos(\beta+\phi)}{R\sin(\beta+\phi)} = \frac{W + Q + C_a L_1 \sin\alpha + cL_2 \sin\beta - P_p \cos(\alpha+\delta)}{C_a L_1 \cos\alpha - cL_2 \cos\beta + P_p \sin(\alpha+\delta)}$$

$$P_p = \frac{W + Q + C_a L_1 \sin\alpha + cL_2 \sin\beta - \cot(\beta+\phi)(C_a L_1 \cos\alpha - cL_2 \cos\beta)}{\cos(\alpha+\delta) + \cot(\beta+\phi)\sin(\alpha+\delta)}$$

$$= \frac{W}{\cos(\alpha+\delta) + \cot(\beta+\phi)\sin(\alpha+\delta)} + \frac{Q}{\cos(\alpha+\delta) + \cot(\beta+\phi)\sin(\alpha+\delta)}$$

$$+ \frac{C_a L_1[\sin\alpha - \cot(\beta+\phi)\cos\alpha]}{\cos(\alpha+\delta) + \cot(\beta+\phi)\sin(\alpha+\delta)}$$

$$+ \frac{cL_2[\sin\beta + \cot(\beta+\phi)\cos\beta]}{\cos(\alpha+\phi) + \cot(\beta+\phi)\sin(\alpha+\delta)}$$

이고, $W = \frac{1}{2}H^2\gamma(\cot\alpha + \cot\beta)$, $L_1 = \frac{H}{\sin\alpha}$, $L_2 = \frac{H}{\sin\beta}$, $Q = qH(\cot\alpha + \cot\beta)$이므로 이를 위의 식에 대입하여 정리하면

$$P_p = \frac{1}{2}\gamma H^2 \frac{(\cot\alpha + \cot\beta)\sin(\phi+\beta)}{\sin(\alpha+\delta+\phi+\beta)} + qH\frac{(\cot\alpha + \cot\beta)\sin(\phi+\beta)}{\sin(\alpha+\delta+\phi+\beta)}$$

$$-C_a H \frac{\cos(\alpha+\phi+\beta)}{\sin\alpha\sin(\alpha+\delta+\phi+\beta)} + cH \frac{\cos\phi}{\sin\beta\sin(\alpha+\delta+\phi+\beta)}$$

이다. $H = 4$ m, $\gamma = 15.7$ kN/m^3, $\alpha = 70°$, $\delta = 23°$, $\phi = 30°$, $C_a = 2$ kPa, $c = 6$ kPa, $q = 30$ kPa을 대입하고 P_p가 최솟값이 되는 β를 구하면 $\beta = 25°$일 때이고 $P_p = 1{,}054.4$ kN/m으로 최소가 된다. 따라서 수동파괴 시 총수동토압은 1,054.4 kN/m이고 슬립라인과 지면이 이루는 각은 25°이다.

그림 3-15(a)에서와같이 지면 A로부터 깊이가 z인 지점에서 수직 벽면 AD에 수직으로 작용하는 수동토압 σ_{pn}은 근사적으로 다음과 같이 표현할 수 있다.

$$\sigma_{pn} = \gamma z K_{p\gamma} + qK_{pq} + cK_{pc} \tag{3-42}$$

여기서, γ = 토양의 단위중량

q = 단위 면적당 부가하중

c = 토양의 점성

$K_{p\gamma}$, K_{pq}, K_{pc} = 토양의 내부마찰각에 따라 결정되는 상수로서 식 (3-61), (3-62), (3-63)으로부터 구할 수 있다.

벽면이 그림 3-15(b)에서와같이 지면과 α_b 또는 $90° - \beta_b$각을 이루면 벽면에 수직으로 작용하는 총수동토압 F_{pn}은

$$\begin{aligned} F_{pn} &= \frac{1}{\sin\alpha_b}\int_0^{h_b}(\gamma z K_{p\gamma} + qK_{pq} + cK_{pc})dz \\ &= \frac{1}{2}\gamma h_b^2 \frac{K_{p\gamma}}{\cos\beta_b} + \frac{h_b}{\cos\beta_b}(qK_{pq} + cK_{pc}) \end{aligned} \tag{3-43}$$

가 되며, 또한 벽면에 작용하는 마찰력 F_{pf}는

$$F_{pf} = F_{pn}\tan\delta \tag{3-44}$$

가 된다. 벽면에 수직으로 작용하는 총수동토압 F_{pn}과 마찰력 F_{pf}의 합력 F_p는

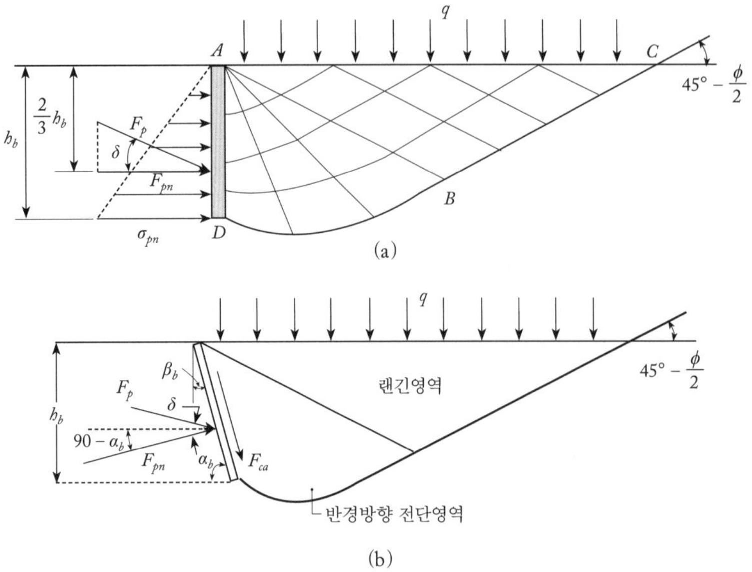

그림 3-15 벽면의 마찰과 점착력을 고려한 수동토압(Wong, 2001)

$$F_p = \frac{F_{pn}}{\cos\delta} = \frac{1}{2}\gamma h_b^2 \frac{K_{p\gamma}}{\cos\beta_b \cos\delta} + \frac{h_b}{\cos\beta_b \cos\delta}(qK_{pq} + cK_{pc}) \tag{3-45}$$

가 된다. 벽면과 토양 사이에 점착력이 작용할 경우 단위 길이당의 점착력을 C_a라고 하면 점착력 F_{ca}는 다음과 같이 표현된다. 여기서 h_b는 벽면의 높이이다.

$$F_{ca} = \frac{h_b}{\sin\alpha_b} C_a = \frac{h_b}{\cos\beta_b} C_a \tag{3-46}$$

예제 높이가 5 m인 수직벽이 점성이 20 kPa, 내부마찰각이 5°, 단위중량이 15 kN/m^{3}인 점토를 지지하고 있다. 수직벽과 점토 사이의 마찰계수는 0.2이고 지표면의 부가하중은 0.8 kPa이다.

1) 능동파괴가 일어날 때 수직벽에 작용하는 반력을 구하여라.

2) 수동파괴가 일어날 때 수직벽에 작용하는 반력을 구하여라.

풀이 $N_\phi = \tan^2(\frac{\pi}{4}+\frac{\phi}{2}) = \tan^2(45° + \frac{5°}{2}) = 1.191$, $\delta = \tan^{-1} 0.2 = 11.31°$이므로

1) $$R_A = \frac{1}{\cos\delta}[\frac{1}{2}\gamma H^2 \frac{1}{N_\phi} + \frac{qH}{N_\phi} - \frac{2cH}{\sqrt{N_\phi}}]$$

$$= \frac{1}{\cos 11.31°}[\frac{1}{2}(15)(5^2)\frac{1}{1.191} + \frac{0.8(5)}{1.191} - \frac{2(20)(5)}{\sqrt{1.191}}]$$

$$= -22.92 \text{ kN/m}$$

2) $$R_P = \frac{1}{\cos\delta}[\frac{1}{2}\gamma H^2 N_\phi + qHN_\phi + 2cH\sqrt{N_\phi}]$$

$$= \frac{1}{\cos 11.31°}[\frac{1}{2}(15)(5)^2(1.191) + (0.8)(5)(1.191) + 2(20)(5)\sqrt{1.191}]$$

$$= 455.17 \text{ kN/m}$$

---

5. 토양지지력

지면에 하중이 작용하면 지면은 침하한다. 지면침하와 단위 면적당 작용하중과의 관계는 그림 3-16에서와같이 단단한 토양의 경우에는 C_1, 연약한 토양의 경우에는 C_2와 같은 하중-침하곡선으로 표현할 수 있다. 하중이 일정한 수준에 도달하면 하중이 더 이상 증가하지 않더라도 침하가 계속되는 현상이 나타나며, 이때의 단위 면적당 작용하중을 토양지지력(bearing capacity)이라고 한다. 일반적으로 토양지지력은 하중-침하곡선을 이용하여 하중의 변화가 없을 때 침하곡선의 접선과 하중축이 교차하는 점으로 결정된다. 그림 3-16의 q_d와 같이 토양이 단단한 경우에는 이를 쉽게 결정할 수 있으나 연약한 토양의 경우에는 침하가 서서히 증가하기 때문에 접선을 결정하기가 쉽지 않다.

실제 토양에 작용하는 하중은 그림 3-17에서와같이 발판에 의하여 가해진다. 이러한 발판에는 장방형, 정사각형, 원형 등이 있다. 지면에서 발판까지의 깊이를 기초깊이(depth of foundation)라고 하며, 폭이 기초깊이와 같거나 이보다 큰 장방형 발판을 박판(shallow footing)이라고 한다. 토양이 파괴될 때 장방형, 정사각형, 원형 발판에 작용하는 총하중을 위험하

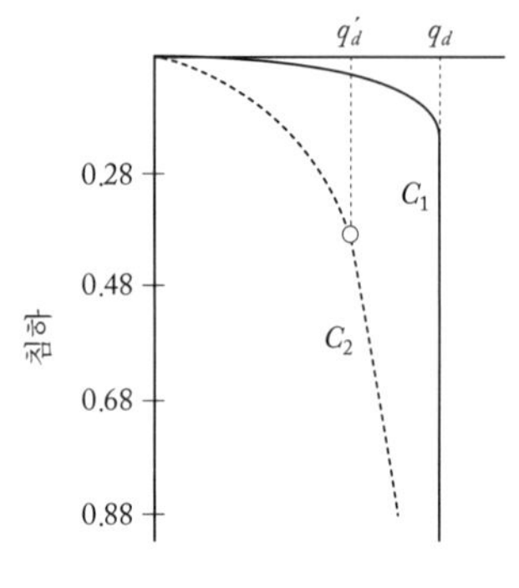

그림 3-16 발판의 침하와 작용하중

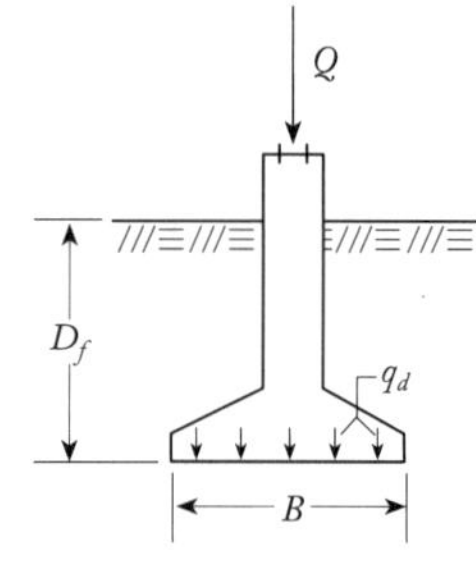

그림 3-17 연속 발판

중(critical load)이라고 한다. 차량의 주행장치인 차륜과 궤도의 접지면에 대한 토양지지력은 장방형 박판에 대한 토양지지력에 해당한다. 테르자기(Terzaghi, 1968)는 다음과 같은 가정하에 폭이 B인 장방형 박판 접지면에 대한 토양지지력을 유도하였다.

- 토양은 균일하고 등방성이다.
- 하중은 수직으로 작용하며 편심 하중은 없다.
- 박판의 깊이, 즉 침하는 박판의 폭과 같거나 작다.
- 박판의 바닥은 거칠다.
- 지면에서 박판까지 토양의 중량은 등분포 부가하중으로 한다.

이러한 가정하에 토양이 박판에 작용하는 등분포 수직하중에 의하여 파괴되면, 토양은 그림 3-18에서와같이 슬립라인을 따라 박판 아래의 영역 I과 박판을 기준으로 좌우 대칭인 2개의 영역 II와 III으로 전단되어 모두 5개의 영역으로 구분된다. 영역 I은 박판 아래의 삼각형 *adb*로서 박판이 침하하면 쐐기 *adb*도 박판의 일체로서 함께 침하하는 효과를 나타낸다. 영역 II와 III은 영역 I에 의한 측면압력을 받아 지면으로 솟아오른다. 하중이 토양지지력에 이르게 되면, 영역 I은 소성평형상태가 되고, 점 *d*에서 슬립라인 *de*의 접선은 지면과 직각을 이루게 된다. 토양 내부에서 전단파괴선이 이루는 각, 즉 점 *d*에서 슬립라인 *ad*와 *de*의 접선이 이루는 각은 $90° - \phi$이므로 영역 I의 경계면 *ad*와 *bd*가 지면과 이루는 각은 그림 3-18(a)에서와같이 ϕ가 된다. 즉 영역 I의 전단파괴는 슬립라인 *ad*와 *bd*를 따라 일어난다.

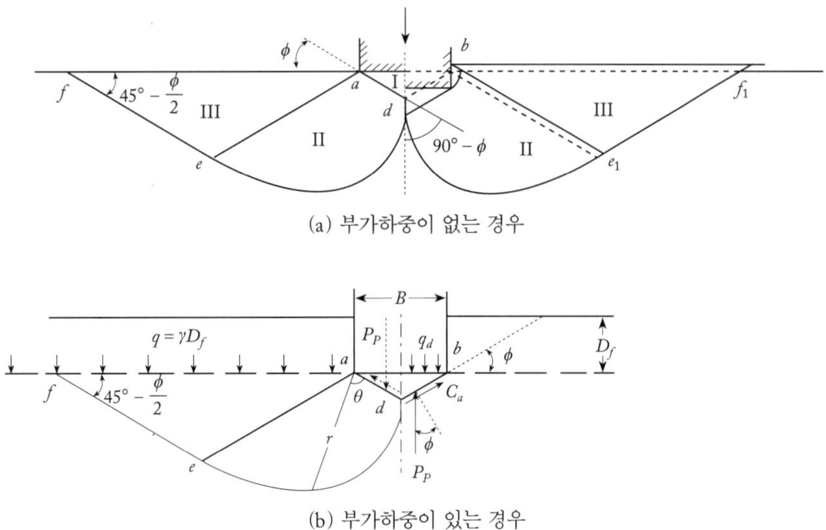

그림 3-18 테르자기의 토양지지력 모델(Terzaghi et al., 1996)

이때 영역 III은 랜킨의 수동파괴 영역이 되어 슬립라인은 지면과 45° – $\phi/2$ 각을 이룬다. 영역 I과 III 사이의 영역 II를 방사방향 전단영역(zones of radial shear)이라고 하며, 전단파괴는 박판의 모서리를 중심으로 한 나선형 대수곡선을 따라 일어난다. 토양의 무게를 무시하면 나선형 대수곡선은 식 (3-47)과 같이 표현된다. 무게를 고려할 경우에도 내부마찰각이 0이면 방사방향은 직선이 되며 나선형 곡선은 원호가 된다.

$$r = r_o e^{\theta \tan \phi} \tag{3-47}$$

여기서, r_o = 토양 쐐기의 측면 ad 또는 bd의 길이

ϕ = 토양의 내부마찰각

θ = r의 회전각

테르자기는 토양지지력을 정확하게 예측할 수 있는 방법이 없었기 때문에 근사적인 방법을 적용하였다. 근사적인 방법은 그림 3-18(a)에서 영역 I의 측면 ad와 bd에 작용하는 압력이 인접 토양의 수동파괴에 의한 수동토압과 같거나 클 때 박판이 침하할 수 있다는 가정을 기본으로 한 것이다. 그림 3-18(b)에서 영역 I이 침하함에 따라 전단파괴면 ad와 bd에 작용하는 힘은 영역 II와 III을 미는 힘으로서 총수동토압 P_p를 유발한다. 총수동토압 P_p의 작용방향은 수동토압이 전단파괴면과 ϕ각을 이루고, 전단파괴선은 지면과 ϕ각을 이루

기 때문에 연직방향이 된다. 따라서 토양지지력은 총수동토압과 점착력 C_a의 합력과 같다. 토양 *abd*의 무게를 무시하면 힘의 평형조건으로부터 토양지지력 q_d는 다음과 같이 표현된다. 여기서 총수동토압 P_p와 토양지지력 q_d는 모두 폭이 B이고 한 변의 길이가 단위 길이인 면적에 작용하는 힘으로 표현하였다.

$$q_d = 2P_p + 2C_a \sin\phi = 2P_p + 2(\frac{B}{2\cos\phi})c\sin\phi = 2P_p + Bc\tan\phi \tag{3-48}$$

여기서, B = 박판의 폭

c = 토양의 점성

그림 3-18(b)에서 *def*의 슬립을 유발하는 총수동토압 P_p는 토양 *adef*의 무게에 대한 반력 P'_d과 점착력 및 부가하중에 의한 총토압 P_c, P_q의 합이 된다. P'_d의 작용점은 d에서 ad의 1/3이 되는 지점이며, P_c와 P_q는 등분포 압력의 합이므로 이의 작용점은 모두 ad의 중간 지점이 된다. 총수동토압 P_p의 성분을 식 (3-48)에 대입하면

$$q_d = 2(P'_d + P_c + P_q + \frac{1}{2}Bc\tan\phi) \tag{3-49}$$

가 된다. 식 (3-49)를 토양지지력상수로써 표현하기 위하여 테르자기는 다음과 같은 토양지지력상수를 정의하였다.

$$N_c = \frac{2P_c}{Bc} + \tan\phi$$

$$N_q = \frac{2P_q}{\gamma D_f B}$$

$$N_\gamma = \frac{4P'_d}{\gamma B^2}$$

여기서, B = 박판의 폭

γ = 토양의 단위중량

c = 토양의 점성

D_f = 박판의 침하

이를 식 (3-49)에 대입하면 단위 길이당 장방형 지면의 토양지지력은 다음과 같이 표현된다.

$$q_d = B(cN_c + \gamma D_f N_q + \frac{1}{2}\gamma B N_\gamma)$$

따라서 단위 면적당 토양지지력은

$$Q_r = cN_c + \gamma D_f N_q + \frac{1}{2}\gamma B N_\gamma \tag{3-50}$$

가 된다. 총수동토압 P_p에 의하여 발생하는 토양의 슬립면은 이의 분력 P_d', P_c, P_q에 의하여 발생하는 각각의 슬립면과 일치하지 않기 때문에 식 (3-50)으로써 계산한 토양지지력은 근사적으로 추정한 값이 된다. 그러나 그 오차는 크지 않으며 안전도를 높이는 경향의 오차로 작용한다.

무차원수인 테르자기의 토양지지력상수 N_c, N_q, N_γ는 다음과 같이 토양의 내부마찰각 ϕ에 의하여 결정되며, 표 3-2는 테르자기의 토양지지력상수를 나타낸 것이다.

$$N_q = \frac{[e^{(0.75\pi - \frac{\phi}{2})\tan\phi}]^2}{2\cos^2(45^\circ + \frac{\phi}{2})} \tag{3-51}$$

$$N_c = (N_q - 1)\cot\phi \tag{3-52}$$

$$N_\gamma = \frac{\tan\phi}{2}(\frac{K_{p\gamma}}{\cos^2\phi} - 1) \tag{3-53}$$

토양지지력상수 중 N_γ는 토양의 내부마찰각 ϕ와 수동토압계수 $K_{p\gamma}$에 의하여 결정되지만 테르자기는 수동토압계수를 결정하기 위한 자세한 방법을 제시하지 않았다. 다만 ϕ가 0°, 34°, 48°일 때의 N_γ의 값만 제시였다. 표 3-2의 $K_{p\gamma}$와 N_γ는 이 값을 이용하여 보웰스(Bowels, 1977)이 제시한 값이다. 아이센(Aysen, 2002)은 수동토압계수를 식 (3-54)와 같이 내부마찰각의 함수로서, 코두토(Coduto, 2001)는 N_γ를 식 (3-55)와 같이 N_q와 ϕ의 함수로서 제시하였다. 이외에도 N_γ에 대해서는 많은 예측식이 있으나(Motra et al., 2016) N_γ가 토양지지

표 3-2 테르자기의 토양지지력상수(Bowels, 1977)

$\phi°$	N_q	N_c	$K_{p\gamma}$	N_γ
0	1.0	5.7*	10.8	0.0
5	1.6	7.3	12.2	0.5
10	2.7	9.6	14.7	1.2
15	4.4	12.9	18.6	2.5
20	7.4	17.7	25.0	5.0
25	12.7	25.1	35.0	9.7
30	22.4	37.1	52.0	19.7
34	36.4	52.6	74.1	36.0
35	41.4	57.7	82.0	42.4
40	81.1	95.5	141.0	100.4
45	172.9	171.9	298.0	297.5
48	287.1	257.6	629.4	780.1
50	414.0	346.5	800.0	1,153.2

* $\phi = 0$이면 $N_c = 1.5\pi + 1$

력에 미치는 영향은 크지 않은 것으로 알려져 있다.

$$K_{p\gamma} = (8\phi - 4\phi + 3.8)\tan^2(60° + \frac{\phi}{2}) \tag{3-54}$$

$$N_\gamma = \frac{2(N_q + 1)\tan\phi}{1 + 0.4\sin 4\phi} \tag{3-55}$$

테르자기는 정사각형 및 원형 지면에 대해서도 다음과 같은 토양지지력 예측식 Q_s와 Q_c를 유도하였다. 원형 지면의 경우 B는 지면의 지름을 나타낸다.

$$Q_s = 1.3cN_c + \gamma D_f N_q + 0.4\gamma BN_\gamma$$
$$Q_c = 1.3cN_c + \gamma D_f N_q + 0.3\gamma BN_\gamma$$

예제 점성, 내부마찰각, 단위중량이 각각 24 kPa, 30°, 16 kN/m³인 토양에서 박판의 침하가

10 cm였을 때 다음과 같이 면적이 동일한 지면에 대한 위험하중을 구하여라.

1) 30 × 80 cm 장방형

2) 49 × 49 cm 정사각형

3) 지름이 55.3 cm인 원형

풀이 $\phi = 30°$이면 표 3-2에서 $N_q = 22.4$, $N_c = 37.1$, $N_\gamma = 19.7$이므로

$cN_c = 24 \times 37.1 = 890.4$ kPa, $\gamma D_f N_q = 16 \times 0.1 \times 22.4 = 35.84$ kPa이고

장방형 지면의 경우: $\gamma BN_\gamma = 16 \times 0.3 \times 19.7 = 94.56$ kPa이다. 따라서

$$W_r = A_r(cN_c + \gamma D_f N_q + \frac{1}{2}\gamma BN_\gamma)$$

$$= (0.3 \times 0.8)(890.4 + 35.84 + \frac{1}{2} \times 94.56) = 233.6 \text{ kN}$$

정사각형 지면의 경우: $\gamma BN_\gamma = 16 \times 0.49 \times 19.7 = 290.86$ kPa이다. 따라서

$$W_s = A_s(1.3cN_c + \gamma D_f N_q + 0.4\gamma BN_\gamma)$$
$$= (0.49^2)(1.3 \times 890.4 + 35.84 + 0.4 \times 290.86) = 314.5 \text{ kN}$$

원형 지면의 경우: $\gamma BN_\gamma = 16 \times 0.553 \times 19.7 = 174.3$ kPa이다. 따라서

$$W_c = A_c(1.3cN_c + \gamma D_f N_q + 0.3\gamma BN_\gamma)$$
$$= (\frac{\pi}{4} \times 0.553^2)(1.3 \times 890.4 + 35.84 + 0.3 \times 174.3) = 299 \text{ kN}$$

그림 3-18(b)에서 파괴면 ad와 bd에 작용하는 총수동토압은 식 (3-45)를 이용하여 구할 수도 있다. 파괴면 ad 및 bd와 지면의 교차각은 $\alpha_b = 180° - \phi$, $\beta_b = 90° - \phi$이고, 파괴면의 마찰각은 토양의 내부마찰각과 같다. 즉 $\delta = \phi$이다. 또한 벽면의 높이는 $h_b = \frac{B}{2}\tan\phi$ 이므로 이를 식 (3-45)에 대입하면

$$F_p = \frac{1}{2}\gamma(\frac{B}{2})^2 K_{p\gamma}\frac{\tan\phi}{\cos^2\phi} + \frac{B}{2\cos^2\phi}(qK_{pq} + cK_{pc}) \tag{3-56}$$

가 된다. 파괴면 *ad*와 *bd*에 작용하는 점착력은 식 (3-46)으로부터

$$F_{ca} = \frac{B}{2\cos\phi} C_a \tag{3-57}$$

가 되며, 쇄기형 토양 *abd*의 중량 W는

$$W = \gamma(\frac{B}{2})^2 \tan\phi \tag{3-58}$$

가 된다. 따라서 폭이 B이고 다른 변의 길이가 단위 길이인 지면에서 토양이 지지할 수 있는 최대 수직하중을 q_d라고 하면 쇄기형 토양 *abd*에 작용하는 수직방향의 힘은 다음과 같이 평형상태를 이룬다. 여기서 총수동토압 P_p와 점착력 F_{ca}, 토양의 중량 W는 모두 폭이 B이고 한 변의 길이가 단위 길이인 면적에 작용하는 힘으로 표현하였다.

$$q_d + W - 2F_p - 2F_{ca}\sin\phi = 0 \tag{3-59}$$

식 (3-56), (3-57), (3-58)을 식 (3-59)에 대입하고 토양이 지지할 수 있는 토양지지력을 구하면

$$\begin{aligned} q_d &= \gamma(\frac{B}{2})^2 K_{p\gamma}\frac{\tan\phi}{\cos^2\phi} + \frac{B}{\cos^2\phi}(qK_{pq} + cK_{pc}) + 2(\frac{Bc}{2\cos\phi})\sin\phi - \gamma(\frac{B}{2})^2\tan\phi \\ &= \gamma(\frac{B}{2})^2\tan\phi(\frac{K_{p\gamma}}{\cos^2\phi} - 1) + Bq\frac{K_{pq}}{\cos^2\phi} + Bc(\frac{K_{pc}}{\cos^2\phi} + \tan\phi) \end{aligned} \tag{3-60}$$

가 된다. 토양지지력상수를 다음과 같이 정의하면

$$N_\gamma = \frac{1}{2}\tan\phi(\frac{K_{p\gamma}}{\cos^2\phi} - 1) \tag{3-61}$$

$$N_q = \frac{K_{pq}}{\cos^2\phi} \tag{3-62}$$

$$N_c = \frac{K_{pc}}{\cos^2\phi} + \tan\phi \tag{3-63}$$

단위 길이당 토양지지력은 다음과 같이 표현된다.

$$q_d = \frac{1}{2}\gamma B^2 N_\gamma + BqN_q + BcN_c$$

$$= B(\frac{1}{2}\gamma BN_\gamma + qN_q + cN_c) \quad (3\text{-}64)$$

따라서 단위 면적당 토양지지력은

$$Q_r = \frac{1}{2}\gamma BN_\gamma + qN_q + cN_c \quad (3\text{-}65)$$

가 된다. 식 (3-60)에서와같이 쇄기형의 토양 무게를 무시하면 토양지지력상수 N_γ는

$$N_\gamma = \frac{1}{2}\tan\phi \frac{K_{p\gamma}}{\cos^2\phi} \quad (3\text{-}66)$$

가 된다. 그림 3-19(a)의 토양지지력상수는 다음 식을 이용하여 구할 수도 있으나(McCarthy, 1993) 그림에서 구한 값과 계산으로 구한 값 사이에는 약간의 차이가 있다.

$$N_q = \tan^2(45° + \frac{\phi}{2})e^{\pi\tan\phi} \quad (3\text{-}67)$$

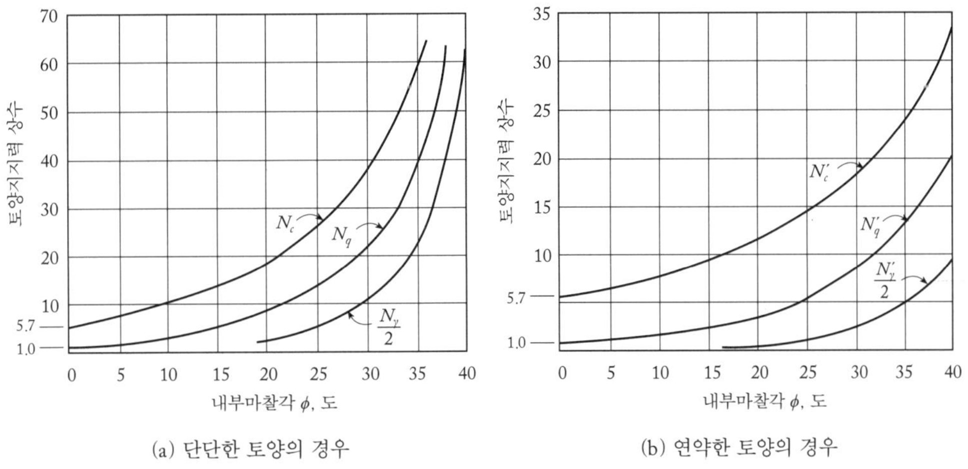

그림 3-19 토양지지력상수(Karafiath and Nowatzki, 1978)

$$N_c = (N_q - 1)\cot\phi, \quad \phi > 0\text{일 때} \tag{3-68}$$

$$= 5.14 \qquad \phi = 0\text{일 때}$$

$$N_\gamma = 2(N_q + 1)\tan\phi \tag{3-69}$$

토양지지력상수가 결정되면, $K_{p\gamma}$, K_{pq}, K_{pc}는 각각 식 (3-61), (3-62), (3-63)을 이용하여 구할 수 있다.

예제 내부마찰각이 32°, 점성이 1.5 kPa, 단위중량이 21 kN/m^{3}인 실트질 사토-자갈 토양에서 폭이 0.5 m인 장방형 지면으로 144 kN의 수직하중을 지지하는 데 필요한 토양지지력과 지면의 길이를 결정하여라. 지면의 침하는 0.6 m 정도이고 안전계수는 2.5로 한다.

풀이 식 (3-65)를 이용한다. $\phi = 32°$이므로

$$N_q = \tan^2(45° + \frac{32°}{2})e^{3.14\times\tan 32°} = 23.15, \ N_c = (N_q - 1)\cot 32° = 35.45,$$

$$N_\gamma = 2(N_q + 1)\tan 32° = 30.18$$

가 되고, $c = 1.5$ kPa, $\gamma = 21$ kN/m^3, $D_f = 0.6$ m, B = 0.5 m, 안전계수가 2.5, 지지하중이 144 kN이므로 $Q_r = cN_c + \gamma D_f N_q + \frac{1}{2}\gamma B N_\gamma$에서

$Q_r = (1.5 \times 35.45) + (21 \times 0.6 \times 23.15) + (0.5 \times 21 \times 0.5 \times 30.18) = 503.39$ kPa이고

$W_r = 2.5 \times 144 = BLQ_r$이므로

$L = \dfrac{2.5 \times 144}{0.5 \times 503.31} = 1.43$ m이다.

토양파괴는 토양이 단단하여 침하곡선이 그림 3-16의 C_1과 같지 않으면 발생하지 않는다. 토양이 연약하거나 느슨한 상태일 경우에는 소성평형상태가 될 때까지 박판에 의하여 토양은 침하하지만 그림 3-16의 C_2에서와같이 지지력을 결정할 수 있는 명확한 침하 지점이 나타나지는 않는다. 침하곡선이 C_2와 같은 연약지 토양의 토양지지력은 점착력과 내부마찰각을 몰-쿨롱 파괴이론으로 결정한 점착력과 내부마찰각의 2/3로 하여 구할 수 있

다. 즉 c'과 ϕ'를 다음과 같이 결정한다.

$$c' = \frac{2}{3}c \tag{3-70}$$

$$\tan\phi' = \frac{2}{3}\tan\phi \tag{3-71}$$

c'과 ϕ'으로써 결정한 토양지지력상수를 각각 N_γ', N_q', N_c'라고 하면 연약지의 토양지지력은 식 (3-50)과 (3-65)로부터 다음과 같이 표현된다.

$$Q_r' = \frac{2}{3}cN_c' + \gamma D_f N_q' + \frac{1}{2}\gamma B N_\gamma' \tag{3-72}$$

$$Q_r' = \frac{2}{3}cN_c' + qN_q' + \frac{1}{2}\gamma B N_\gamma' \tag{3-73}$$

내부마찰각과 토양지지력상수 N_γ', N_q', N_c'의 관계는 그림 3-19(b)에서와 같다.

마이어호프(Meyerhof, 1951)도 테르자기의 토양파괴이론을 적용하여 발판의 모양, 경사하중, 침하깊이를 고려한 토양지지력 예측식을 개발하였다. 마이어호프는 박판 아래의 영역 I의 쐐기형 토양 *adb*의 파괴를 랜킨의 능동파괴로 보고 그림 3-20에서 슬립라인 *ad*와 *bd*가 지면과 이루는 각을 $\frac{\pi}{4}+\frac{\phi}{2}$로 하였다.

박판 지면에 대한 마이어호프의 토양지지력 예측식은 식 (3-74)와 같고, 토양지지력상수는 식 (3-75), (3-76), (3-77)을 이용하여 구할 수 있다. 또한 박판에 대한 형상계수, 침하계수, 경사계수는 표 3-3에서와 같다.

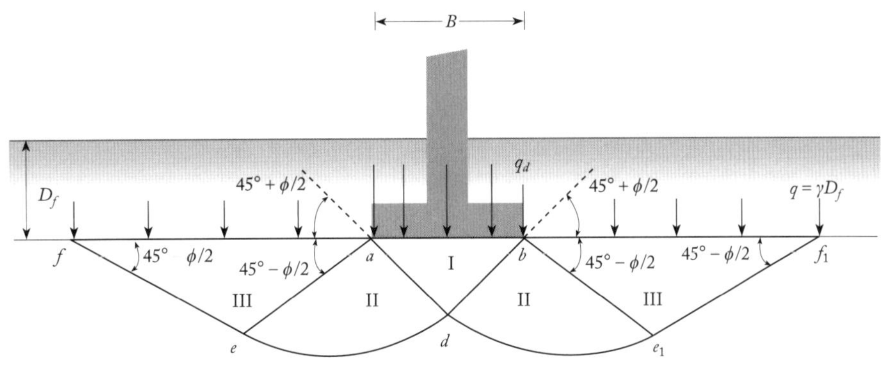

그림 3-20 마이어호프의 토양지지력 모델(Meyerhof, 1951)

$$q_d = s_c d_c i_c c N_c + s_q d_q i_q \gamma D_f N_q + \frac{1}{2} s_\gamma d_\gamma i_\gamma \gamma B N_\gamma \quad (3\text{-}74)$$

여기서, 수직하중의 경우: $i_c = i_q = i_\gamma = 1$

경사하중의 경우: $s_c = s_q = s_\gamma = 1$

$$N_q = e^{\pi \tan\phi} \tan^2\left(\frac{\pi}{4} + \frac{\phi}{2}\right) \quad (3\text{-}75)$$

$$N_c = (N_q - 1)\cos\phi \quad (3\text{-}76)$$

$$N_\gamma = (N_q - 1)\tan(1.4\phi) \quad (3\text{-}77)$$

테르자기의 토양지지력 예측식은 박판의 침하가 박판의 폭보다 작을 때, 즉 $D_f \leq B$일 때로 제한되지만 마이어호프 예측식은 $D_f > B$인 경우에도 적용할 수 있다는 장점이 있다.

표 3-3 마이어호프 토양지지력 예측식의 형상계수, 침하계수, 경사계수

ϕ	형상계수	침하계수	경사계수
모든 ϕ	$s_c = 1 + 0.2\frac{B}{L}\tan^2(\frac{\pi}{4} + \frac{\phi}{2})$	$d_c = 1 + 0.2\frac{D_f}{B}\tan(\frac{\pi}{4} + \frac{\phi}{2})$	$i_c = i_q = (1 - \frac{\alpha}{90°})^2$
$\phi = 0$	$s_q = s_\gamma = 1$	$d_q = d_\gamma = 1$	$i_\gamma = 0$
$\phi \geq 10°$	$s_q = 1 + 0.1\frac{B}{L}\tan^2(\frac{\pi}{4} + \frac{\phi}{2})$ $s_\gamma = 1 + 0.1\frac{B}{L}\tan^2(\frac{\pi}{4} + \frac{\phi}{2})$	$d_q = 1 + 0.1\frac{D_f}{B}\tan(\frac{\pi}{4} + \frac{\phi}{2})$ $d_\gamma = 1 + 0.1\frac{D_f}{B}\tan(\frac{\pi}{4} + \frac{\phi}{2})$	$i_\gamma = (1 - \frac{\alpha}{\phi})^2$

L = 박판의 길이
α = 토양지지력과 연직선이 이루는 각

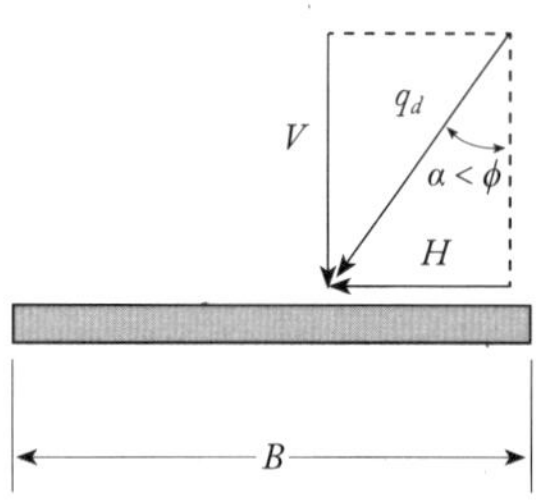

연습문제

1. 같은 토양에서 채취한 샘플이 파괴될 때 최소 주응력과 최대 주응력은 각각 다음과 같다.

샘플 번호	최소 주응력, kPa	최대 주응력, kPa
1	100	484
2	200	853

❶ 몰-쿨롱의 파괴이론을 적용하여 토양의 점성과 내부마찰각을 구하여라.

❷ 이 토양에 150 kPa의 수직응력이 작용할 때 전단강도는 얼마인가?

2. 점성과 내부마찰각이 각각 20 kPa, 10°인 토양에서 수직압력이 60 kPa일 때 능동파괴와 수동파괴가 일어나는 토양의 수직응력과 전단응력을 구하여라.

3. 토양의 내부마찰각이 20°, 점성이 7 kPa, 단위중량이 17.6 kN/m^3인 토양조건에서 랜킨이론에 의하여 1 m × 0.3 m의 평판에 가할 수 있는 최대 수직하중을 구하여라.

4. 폭이 2 m인 장방형 박판이 지면으로부터 0.3 m 아래에 수평으로 놓여 있다. 박판 아래의 토양은 사질토이고 내부마찰각과 단위중량은 각각 $\phi = 32°$, $\gamma = 16$ kN/m^3이다. 토양의 최대 지지력을 구하여라.

5. 높이가 6 m인 수직 벽면이 내부마찰각, 점성, 단위중량이 각각 37°, 10 kN/m^2,

18 kN/m^{3}인 토양을 지지하고 있다. 지면의 부가하중은 3 kN/m^{2}이고 토양과 벽면 사이에는 마찰이 없는 것으로 가정한다.

❶ 벽면에 작용하는 능동토압의 분포를 그려라.

❷ 벽면에 작용하는 총능동토압을 구하여라.

❸ 능동토압으로 인한 토양의 슬립라인을 결정하여라.

6. 높이가 3 m이고 지면과 이루는 각이 80°인 경사벽이 단위중량이 19.8 kN/m^3, 내부마찰각이 32°, 점성이 25 kPa인 토양을 지지하고 있다. 지면의 부가하중은 5 kPa이고 벽면과 토양 사이의 마찰계수는 0.45이다.

❶ 능동파괴 시 단위 길이당 벽면에 작용하는 하중을 구하여라.

❷ 수동파괴 시 단위 길이당 벽면에 작용하는 하중을 구하여라.

7. 높이가 2 m인 경사 벽면이 내부마찰각과 단위중량이 각각 32°, 16 kN/m^{3}인 사질토를 지지하고 있다. 벽면이 지면과 이루는 각은 직각이고 백필의 표면은 지면과 같다. 벽면과 토양 사이의 마찰각이 35°일 때

❶ 벽면에 작용하는 최대 능동토압을 구하여라.

❷ 벽면을 수평으로 밀 때 벽면에 작용하는 최대 수동토압을 구하여라.

참고문헌

Aysen, A. 2002. Soil mechanics: Basic concept and engineering applications. A. A. Balkema Publishers. Lisse, The Netherlands.

Bekker, M. G. 1956. Theory of land locomotion. University of Michigan Press. Ann Arbor, Michigan.

Bowels, J. E. 1977. Foundation analysis and design, 5th Edition. The McGraw-Hill Co., Inc. New York, New York.

Coduto, D. P. 2001. Foundation design: Principles and practices, 2nd Edition. Prentice Hall, Inc. Upper Saddle River, New Jersey.

Harr, M. E. 1966. Foundations of theoretical soil mechanics. McGraw Hill Book Co. New York, New York.

Karafiath, L. L. and E. A. Nowatzki. 1978. Soil mechanics for off-road vehicle engineering. Trans Tech Publications. Clausthal, Germany.

Lee, I. K., W. White, and O. G. Ingles. 1983. Geotechnical engineering. Pitman Publishing Inc. Marshfield, Maryland.

McCarthy, D. F. 1993. Essentials of soil mechanics and foundations: Basic geotechnics, 4th Edition. Prentice Hall Career & Technology. Englewood Cliffs, New Jersey.

McKyes, E. 1985. Soil cutting and tillage. Elsevier Science Publishers B. V. Amsterdam, The Netherlands.

McKyes, E. 1989. Agricultural engineering soil mechanics. Elsevier Science Publishers B. V. Amsterdam, The Netherlands.

Meyerhof, G. G. 1951. The ultimate bearing capacity of foundations. Geotechnique 2(4): 301-332.

Motra, H. B., H. Stutz, and F. Wuttke. 2016. Quality assessment of soil bearing capacity factor models of shallow foundations. Soil and Foundations 56(2): 265-276.

Terzaghi, K., R. B. Peck, and G. Mesri. 1996. Soil mechanics in engineering practice, 3rd Edition. John Wiley & Sons, Inc. New York, New York.

Wong, J. Y. 2001. Theory of ground vehicles, 3rd Edition. John Wiley & Sons, Inc. New York, New York.

제4장

토양의 변형

토양은 외력에 의하여 변형된다. 수직하중에 의한 변형은 토양침하로 나타나며 전단하중에 의한 변형은 전단변위로 나타난다. 이러한 변형은 토양의 성질에 따라서 변하며 하중의 작용시간에 따라서도 변한다. 토양에 작용하는 하중은 건물의 지반에서와같이 장시간 연속적으로 작용하는 경우와 차량에서와같이 순간적으로 작용하는 경우가 있다. 본 장에서는 각종 하중에 의한 토양의 변형을 고찰한다.

1. 토양의 압력-침하

토양으로 강체 평판을 수직으로 관입할 때 강체 평판의 접지면에 작용하는 압력과 평판의 침하 관계는 주로 실험결과를 수학적으로 모형화한 경험식으로써 표현하였다. 이러한 경험식의 가장 일반적인 형태는 레토스네프(Letoshnev), 고리아츠킨(Goriatchkin) 등이 제시한 지수함수로서 다음과 같이 표현된다(Bekker, 1956).

$$p = kz^n \tag{4-1}$$

여기서, p = 평판에 작용하는 압력

k = 토양의 변형을 나타내는 상수

z = 평판의 침하량

n = 토양의 변형을 나타내는 지수

번스타인(Bernstein)과 가르배리(Garbari)는 n을 각각 $n = \frac{1}{2}$과 $n = 1$로 가정하여 평판의 압력-침하 관계식을 다음과 같이 표현하였다(Bekker, 1960).

$$p = kz^{\frac{1}{2}} \tag{4-2}$$

$$p = kz \tag{4-3}$$

이와 같은 지수함수의 압력-침하 관계식은 실제 토양의 압력-침하곡선을 근사적으로 표현하는 데는 유용하였으나 평판의 형상과 크기가 압력-침하현상에 미치는 영향을 고려하지는 못하였다.

평판의 형상과 크기를 고려한 평판의 압력-침하식은 베커(Bekker, 1956)와 리스(Reece, 1965)에 의하여 개발되었다. 베커는 토양의 강도를 점토에 의한 성분과 사질토에 의한 성분으로 구분하고, 평판의 영향은 점토에서만 나타나는 것으로 보았다. 즉 평판의 압력-침하곡선을 다음과 같이 표현하였다. 이를 베커 식이라고한다.

$$p = (\frac{k_c}{b} + k_\phi)z^n \tag{4-4}$$

여기서, k_c = 점성에 의한 토양변형상수

k_ϕ = 마찰에 의한 토양변형상수

b = 평판의 단변 길이 또는 원판의 지름

식 (4-4)는 순수한 점토에서 평판의 침하는 단변의 길이에 따라 변하며 순수한 사질토에서는 평판의 영향이 없음을 나타낸 것이다. 베커 식은 비교적 높은 정확도로써 실제의 압력-침하곡선과 일치하는 것으로 알려지고 있다. 그러나 다음과 같은 결함이 있다.

(1) 시험에 사용된 평판과 크기와 형상이 다른 평판을 사용하였을 때 두 평판으로 예측한 토양침하는 일치하지 않는다.

(2) 침하가 작은 영역에서만 유효하다.

(3) 침하가 없는 초기 토양지지력을 무시하였다.

(4) 평판에 작용하는 압력을 균등한 것으로 가정하였으나 실제 압력은 균등하지 않다.

(5) 침하속도의 영향을 고려하지 않았다.

토양 변수 k_c, k_ϕ, n은 평판의 형상과 크기에 영향을 받지 않는 변수이다. 그림 4-1(a)는 이러한 토양 변수를 결정하기 위한 실험장치의 개념을 나타낸 것이다. 평판 I과 II를 일정한 속도로 침하시킬 때 평판에 작용하는 수직압력 p_1, p_2는 평판의 침하 z의 함수로서 각각 다음과 같이 표현할 수 있다.

$$p_1 = (\frac{k_c}{b_1} + k_\phi)z^n \tag{4-5}$$

$$p_2 = (\frac{k_c}{b_2} + k_\phi)z^n \tag{4-6}$$

식 (4-5)와 (4-6)을 대수-대수지에 나타내면 그림 4-1(b)에서와같이 z축과 α각을 이루는 직선이 된다. 토양변형지수 n은 이 직선의 기울기가 되며 $n = \tan\alpha$이다. 또한 $z = 1$일 때 p_1과 p_2의 값을 각각 a_1, a_2라고 하면 k_c, k_ϕ는 각각 다음과 같이 결정된다.

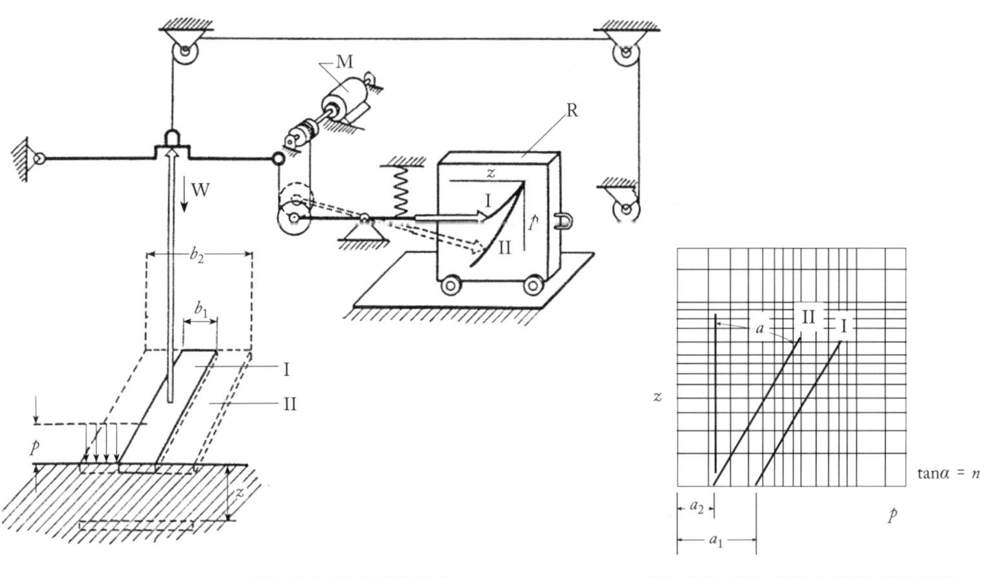

(a) 압력-침하시험장치

(b) 대수-대수지에서 압력-침하곡선

그림 4-1 압력-침하시험(Bekker, 1960)

$$k_c = \frac{(a_1 - a_2)b_1 b_2}{b_2 - b_1} \tag{4-7}$$

$$k_\phi = \frac{a_2 b_2 - a_1 b_1}{b_2 - b_1} \tag{4-8}$$

점성에 의한 토양변형상수 k_c, 마찰에 의한 토양변형상수 k_ϕ, 토양변형지수 n을 베커변수(Bekker parameters)라고 하며, 베커변수는 토양의 토성, 다짐, 함수율에 따라 변하며 범위가 크기 때문에 현장에서 직접 측정하여 사용하는 것이 가장 바람직하다. 베커변수의 일반적인 특성은 모래 성분이 많을수록 k_ϕ의 값이 크며 순수한 점토에서는 $k_\phi = 0$이고, 점토 성분이 많을수록 k_c의 값이 크며 순수한 모래에서는 $k_c = 0$이다. 또한 모든 토양에서 k_ϕ의 값이 k_c의 값보다 크며 k_c의 범위는 0~100 kN/m^{n+1} 정도이나 k_ϕ의 범위는 500~6,000 kN/m^{n+2} 정도이다. 그림 4-2는 특정 토양에서 측정한 k_c와 k_ϕ의 관계와, 점토 성분과 모래 성분의 다소에 따른 k_c와 k_ϕ값의 범위를 나타낸 것이다. 그러나 이들 사이에 존재하는 상관관계를 구명하기는 어렵다.

베커변수 중 토양변형지수 n은 그림 4-3에서와같이 압력-침하곡선의 형태에 따라 결정된다. $n = 1$이면 침하에 따른 압력증가가 선형적인 토양이며, $n > 1$이면 침하에 따른 압

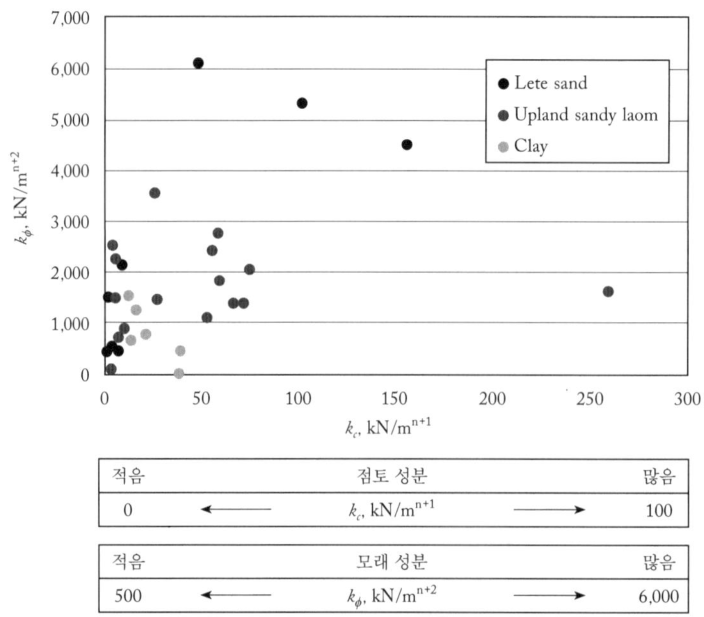

그림 4-2 k_c와 k_ϕ의 범위와 상관관계

력증가가 큰 토양이다. 반대로 $n < 1$이면 침하에 따른 압력증가가 크지 않은 토양이다. 일반적으로 n값이 작을수록 토양은 함수율이 높고, 클수록 표면이 단단한 토양에 해당한다. 보통 차량이 주행할 수 있는 토양은 $n > 1$인 토양이다.

표 4-1은 각종 토양에 대한 c, ϕ, n, k_c, k_ϕ의 값을 나타낸 것이다.

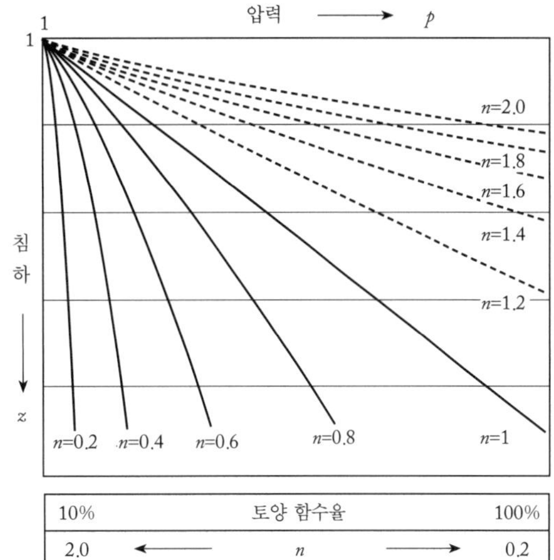

그림 4-3 토양변형지수 n의 범위

리스(Reece, 1965)는 장방형 평판에 의한 토양 변형은 평판의 폭에 대한 침하의 비, 즉 $\frac{z}{b}$와 토양의 내부마찰각에 의하여 결정된다고 가정하고 평판에 작용하는 압력과 평판 침하의 관계를 다음과 같이 표현하였다.

$$p = ck_c'(\frac{z}{b})^n + \gamma b k_\phi'(\frac{z}{b})^n \qquad (4\text{-}9)$$

여기서, p = 평판에 작용하는 압력

c − 토양의 점성

γ = 토양의 밀도

b = 평판의 단변 길이

k_c' = 점성에 의한 토양변형계수

표 4-1 각종 토양의 c, ϕ, n, k_c, k_ϕ 값(Wong, 2001)

토양의 종류	함수율, %	c, kPa	ϕ, deg	n	k_c, kN/m^{n+1}	k_ϕ, kN/m^{n+2}
건조한 모래	0	1.04	28	1.1	0.99	1,528.43
사양토	15	1.72	29	0.7	5.27	1,515.04
사양토	11	4.83	20	0.9	52.53	1,127.97
사양토	26	13.79	22	0.3	2.79	141.11
점토	38	4.14	13	0.5	13.19	692.15
중점토	25	68.95	34	0.13	12.70	1,555.95

k'_ϕ = 마찰에 의한 토양변형계수

n = 토양변형지수

식 (4-9)에서 토양의 변형계수 k'_c, k'_ϕ는 무차원 변수이다. 이는 베커 식에서 k_c, k_ϕ가 n의 값에 따라 차원이 결정된다는 점에서 차이가 있다. 또한 베커 식이 순수한 경험식인 데 비하여 리스 식은 토양의 파괴형태와 토양지지력 이론을 기초로 한 식이다.

평판의 영향을 고려한 베커 식과 리스 식은 모두 실제의 압력-침하시험 결과와 잘 일치하는 것으로 보고되고 있으나 두 식에서 평판의 단변이 침하에 미치는 영향은 서로 다르게 표현하고 있다. 순수한 점토의 경우, 즉 $n = 0$, $k_\phi = k'_\phi = 0$일 때 베커 식에서는 단변의 길이가 증가함에 따라 압력은 감소한다. 그러나 리스 식에서는 단변의 길이는 영향을 미치지 않는다. 순수한 사질토의 경우에는, 즉 $n = 1$, $k_c = k'_c = 0$일 경우에는 베커 식과 리스 식에서 단변의 길이는 모두 침하에 영향을 미치지 않는다.

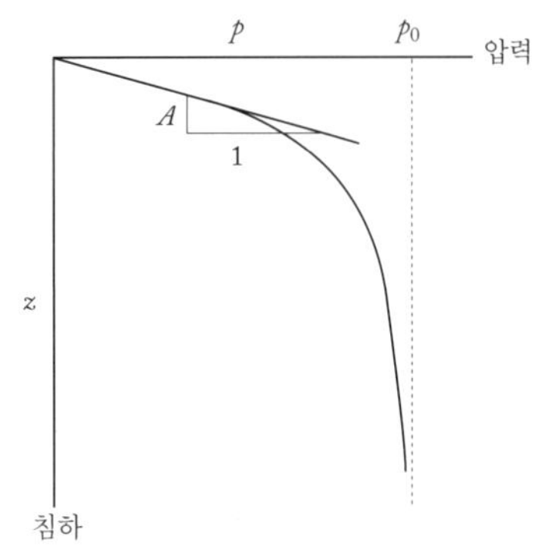

그림 4-4 평판의 압력-침하곡선

지수함수로서 표현한 평판의 압력-침하모형은 대부분 침하가 작은 영역에서는 그 유효성이 인정되고 있으나 침하가 증가하면 모형의 예측치와 실제 평판에 작용하는 압력은 일치하지 않는다. 이론적으로 평판의 침하가 무한대로 증가하면 압력도 무한대로 증가할 수 있으나 실제 이러한 현상은 일어나지 않는다. 평판에 작용하는 힘이 토양지지력 수준에 이르면 평판이 침하하더라도 압력은 그림 4-4에서와같이 더 이상 증가하지 않는다.

코구레(Kogure, 1976)는 이러한 실제의 압력-침하현상을 쌍곡선 함수로 가정하고 다음과 같이 표현하였다.

$$p = \frac{z}{A + Bz} \qquad (4\text{-}10)$$

상수 A, B를 결정하기 위하여 침하가 0일 때 압력-침하곡선의 기울기와 침하가 계속 증가할 때 평판의 압력을 다음과 같이 정의하였다.

$$\lim_{z \to 0} \frac{dp}{dz} = \lim_{z \to 0} \frac{A}{A^2 + 2ABz + B^2 z^2} = \frac{1}{A}$$

$$\lim_{z \to \infty} p = \lim_{z \to \infty} \frac{z}{A + Bz} = \frac{1}{B} = p_0$$

따라서 압력-침하곡선에서 $z = 0$일 때 압력-침하곡선의 기울기를 k, 토양지지력을 p_0라고 하면 식 (4-10)은 다음과 같이 표현된다.

$$p = \frac{kp_0 z}{p_0 + kz} \tag{4-11}$$

실제 토양의 압력-침하곡선에서 침하가 0일 때 곡선의 기울기 k와 토양지지력 p_0를 결정하기는 어렵다. 압력-침하곡선에서 임의의 2점 (z_1, p_1) (z_2, p_2)를 식 (4-11)에 대입하여 k와 p_0을 결정하는 것이 보다 현실적이다.

평판에 의한 압력-침하의 관계를 쌍곡선 함수로서 표현한 경우는 코구레 모형 외에도 카시긴-구스코프(Kacigin and Guskov, 1968)의 모형이 있다. 그림 4-5의 압력-침하곡선에서 임의의 한 점 A의 미소 침하량 dz, 즉 AD와 미소 압력 증가량 dp, 즉 CD 사이에는 다음과 같은 관계가 성립한다.

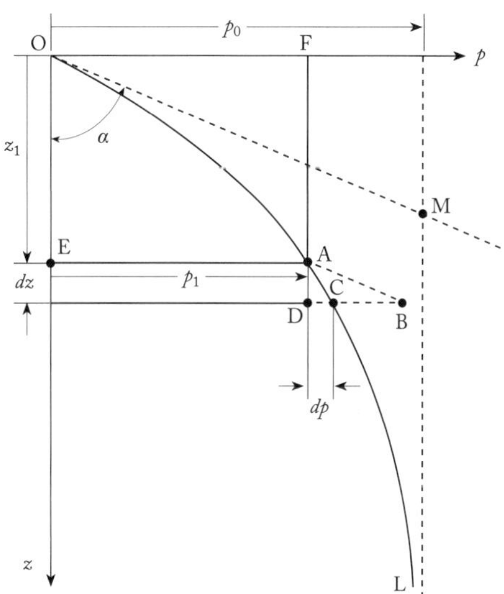

그림 4-5
카시긴-구스코프의 압력-침하모형(Kacigin and Guskov, 1968)

$$\mathrm{CD} = \mathrm{BD} - \mathrm{BC} = \mathrm{BD} - \xi \mathrm{AD} \tag{4-12}$$

ξ는 압력변화에 대한 침하의 변화를 나타내기 위한 변수로서 일반적으로 압력의 함수 $\xi = f(p)$로 나타낼 수 있으며 다음과 같이 가정하였다.

$$\frac{d\xi}{dp} = bp \tag{4-13}$$

여기서 b는 상수이다. 그림 4-5에서 AB는 $z = 0$일 때 압력-침하곡선에 대한 접선 OM과

평행한 직선이다. 식 (4-12)를 미소 증분으로 표현하면

$$dp = \alpha dz - \xi dz = (\alpha - \xi)dz \tag{4-14}$$

가 된다. 식 (4-13)을 적분하면

$$\xi = b\int pdp = \frac{1}{2}bp^2 + C_1 \tag{4-15}$$

가 되며, 이를 식 (4-14)에 대입하면

$$dp = (\alpha - \frac{1}{2}bp^2 - C_1)dz \tag{4-16}$$

가 된다. 식 (4-16)에서 상수 $\alpha - C_1$과 $\frac{1}{2}b$를 각각 γ^2과 β^2으로 치환하면 식 (4-17)과 같은 미분방정식이 유도된다.

$$\frac{dp}{\gamma^2 - \beta^2 p^2} - dz = 0 \tag{4-17}$$

미분방정식 (4-17)의 일반해의 모양은

$$\frac{1}{\gamma\beta}\tanh^{-1}\frac{\beta}{\gamma}p - z = C$$

$$\text{또는} \quad p = \frac{\gamma}{\beta}\tanh\gamma\beta(z + C) \tag{4-18}$$

가 된다. 초기 침하조건, 즉 $z = 0$일 때 $p = 0$과 $z = \infty$일 때 토양지지력, 즉 $p = p_0$을 식 (4-18)에 대입하여 상수 α, β, C를 구하면 $C = 0$이 되며 $\frac{\gamma}{\beta} = p_0$이 된다. α를 결정하기 위하여 $z = 0$에서 압력-침하곡선의 기울기를 구하면

$$\lim_{z\to 0}\frac{dp}{dz} = \lim_{z\to 0}\frac{\gamma^2}{\cosh^2\gamma\beta z} = \gamma^2 \tag{4-19}$$

가 된다. 식 (4-19)로부터 원점에서 압력-침하곡선에 대한 접선의 기울기 α와 γ^2의 관계는

$\alpha = \gamma^2$이므로 $\beta = \frac{\gamma}{p_0} = \frac{\sqrt{\alpha}}{p_0}$가 된다. 이 결과를 식 (4-18)에 대입하면 평판에 의한 압력-침하모형은 다음과 같이 표현된다.

$$p = p_0 \tanh \frac{\alpha}{p_0} z \tag{4-20}$$

여기서 α를 체적압축계수라고 한다. 식 (4-20)의 상수 α와 p_0은 이론적으로 그 정의에 따라 압력-침하곡선에서 구할 수 있으나, 실험적으로는 토양의 최대 지지력과 초기 침하조건에서 정확한 접선의 기울기를 구하기가 어렵기 때문에 항상 그 값을 구할 수는 없다. 이러한 어려움을 극복하기 위하여 압력-침하곡선상의 임의의 2점에서 압력과 침하의 값을 이용하는 방법이 있다. 임의의 2점에서 압력과 침하를 각각 (p_1, z_1), (p_2, z_2)라고 하면 상수 α와 p_0은 각각 다음과 같이 표현된다.

$$p_0 = \frac{p_1}{s} \tag{4-21}$$

$$\alpha = \frac{p_1 \tanh^{-1} s}{z_1 s} \tag{4-22}$$

여기서, $s = \sqrt{\frac{2p_1}{p_2} - 1}$

표 4-2는 각종 토양의 α와 p_0의 값을 나타낸 것이다.

평판의 압력-침하시험에서 평판의 접지면에 작용하는 압력은 일반적으로 침하속도의 영향을 받는다. 침하속도가 증가하면 같은 침하 수준에서 압력도 증가한다. 고속차량에 의한 토양 침하가 저속차량에 의한 침하보다 작은 것은 침하속도의 영향 때문인 것으로 알려지고 있다. 폴리트(Pollitt)와 루이스(Lewis)는 평판의 압력은 침하속도의 제곱에 영향을 받는 것으로 보고 평판의 압력과 침하속도의 관계를 다음과 같은 경험식으로 표현하였다(Pope, 1969).

$$p = q + \lambda z + kv^2 \tag{4-23}$$

여기서, p = 평판에 작용하는 압력

z = 평판의 침하량

v = 침하속도

q, λ, k = 토양 상수

표 4-2 토양지지력과 체적압축계수(Kacigin and Guskov, 1968)

토양	표면상태	함수비 %	토양지지력 p_0, kg/cm²	체적압축계수 α, (z = 0에서 기울기) kg/cm³
사양토 (sandy loam)	A	14~16	12.9~14.3	8.3~11.0
	B	11~13	8.1~9.0	6.8~8.2
	C	12~14	4.5~6.6	4.1~6.5
경양토 (light loam)	A	13~14	24.2~25.8	13.6~16.6
	B	12~13	14.3~20.9	10.9~17.4
	C	12~13	9.6~11.6	7.3~9.7
중양토 (medium loam)	A	10~11	27.4~31.0	11.1~19.9
	B	12~14	16.8~22.7	10.7~17.4
	C	16~17	6.8~10.9	6.1~10.8
중양토 (heavy loam)	A	19~20	24.9~28.5	11.6~18.2
	B	13~16	18.8~24.7	9.8~17.4
	C	12~14	9.5~12.8	7.3~10.6
점토(clay)	A	12~15	32.3~46.2	12.7~20.7
	B	10~13	12.9~19.1	8.3~14.7

A=자연상태 B=그루터기가 있는 상태 C=경운된 상태

2. 전단응력과 전단변위

전단응력에 대한 토양의 변형은 전단변위로 나타난다. 직접전단시험에서 토양에 작용하는 수직응력이 일정할 때 토양의 전단응력과 전단변위의 관계는 그림 4-6에서와같이 전형적인 두 가지 형태로 나타난다. 초기 변형에서 큰 전단응력이 발생하고 전단변위가 증가함에 따라 전단응력이 감소하여 일정한 수준에 이르는 곡선 A는 주로 취성이 강한 토양에서 나타나는 현상이다. 즉 점성에 의한 강한 결합상태가 파괴될 때까지 전단응력은 비례적으로 증가하며 결합상태가 파괴되면 전단응력은 급격히 감소하여 일정한 수준에 이르게 된다.

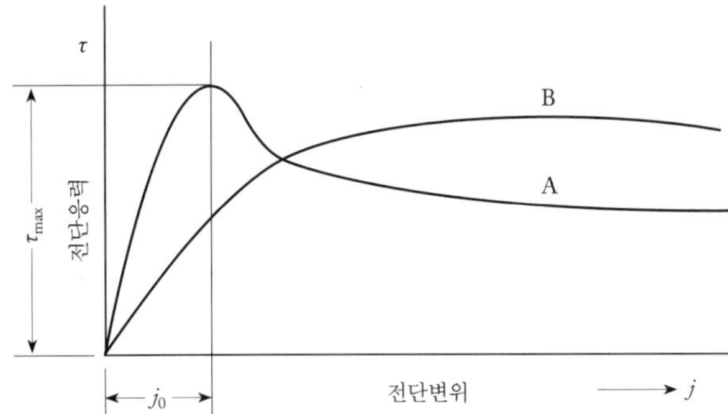

그림 4-6 토양의 전단응력과 전단변위

단단히 결합된 건조 토양으로서 실트, 양토, 사질토는 이러한 특성의 토양에 속한다. 급격한 전단응력의 증가 없이 전단변위가 증가함에 따라 점차적으로 일정한 수준의 전단응력에 이르는 곡선 B는 소성토양에서 나타나는 현상이다. 표토층이 파괴되어 푸석푸석한 토양, 수분 함량이 높은 점토, 건조한 모래 등은 이러한 특성을 나타내는 소성토양에 속한다. 이러한 전단응력과 전단변위의 관계는 전단변위가 작은 초기 변형상태에서, 즉 초기 전단파괴가 일어날 때까지만 적용할 수 있으며, 전단파괴가 일어나면 전단응력 상태는 변위에 영향을 받지 않는 마찰상태로 변한다. 초기 전단파괴는 취성토양의 경우에는 전단응력이 최대가 되었을 때 일어나며, 소성토양의 경우에는 전단응력이 일정한 수준에 도달하였을 때 일어난다.

베키는 취성토양의 전딘응력 τ와 진단변위 j의 관계를 과도댐핑(over damped) 신동계의 진동과 유사한 형태로 가정하고 그림 4-6의 곡선 A의 일반식을 다음과 같이 표현하였다.

$$\tau = (c + \sigma \tan\phi)\left[\frac{e^{-K_2+\sqrt{K_2^2-1}K_1 j} - e^{-K_2-\sqrt{K_2^2-1}K_1 j}}{e^{-K_2+\sqrt{K_2^2-1}K_1 j_0} - e^{-K_2-\sqrt{K_2^2-1}K_1 j_0}}\right] \tag{4-24}$$

여기서, K_1, K_2 = 슬립상수

j = 전단변위

j_0 = 전단파괴가 일어날 때의 전단변위

슬립상수 K_1, K_2는 그림 4-7을 이용하여 다음과 같이 결정한다. 실험으로 결정한 토양의 전단응력-전단변위곡선과 가장 유사한 곡선을 그림 4-7에서 찾는다. 오른쪽 수직축에서 가장 유사한 곡선에 해당하는 K_2값을 결정한다. 상단 수평축 K_2축에서 앞에서 결정한 K_2의

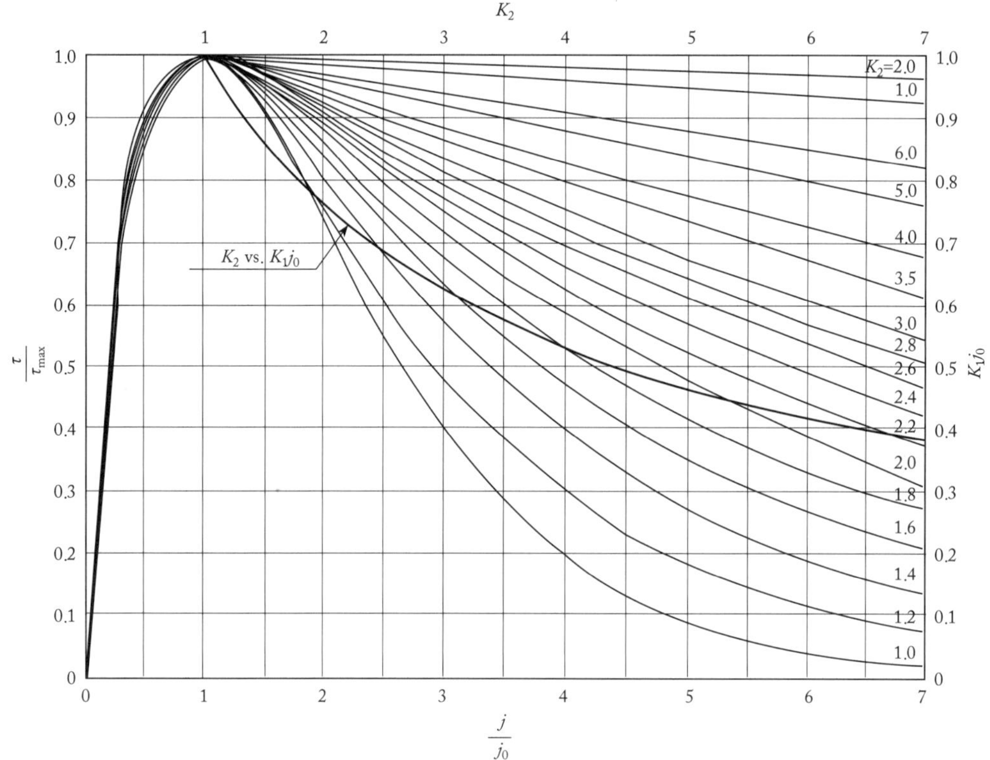

그림 4-7 K_1과 K_2의 결정(Bekker, 1960)

값을 따라 내린 수선이 곡선 K_2 vs. $K_1 j_0$과 만나는 점을 구하고, 이 점을 지나는 수평선이 우측 $K_1 j_0$축과 만나는 점에서 $K_1 j_0$의 값을 구한다. $K_1 j_0$의 값을 j_0으로 나누면 K_1이 된다. j_0은 그림 4-6에서와같이 전단파괴가 일어날 때의 전단변위이다. 식 (4-24)는 몰-쿨롱 식의 일반 형태로서 $j = j_0$이면 $\tau = c + \sigma \tan\phi$가 된다.

그림 4-6의 전단변위와 전단응력의 관계를 과도댐핑계의 진동으로 모형화하면, 즉 과도진동계의 변위 x를 전단응력 τ로, 각변위 $\omega_n t$를 $K_1 j$로, 댐핑 ξ를 K_2로 모형화하면 진동계의 변위

$$x(t) = A_1 e^{(-\xi+\sqrt{\xi^2-1})\omega_n t} + A_2 e^{(-\xi-\sqrt{\xi^2-1})\omega_n t}$$

는 다음과 같이 전단변위로 나타낼 수 있다.

$$\tau(j) = A_1 e^{(-K_2+\sqrt{K_2^2-1})K_1 j} + A_2^{(-K_2-\sqrt{K_2^2-1})K_1 j} \tag{4-25}$$

$j = 0$일 때 $\tau = 0$이므로

$$A_1 + A_2 = 0 \qquad (4\text{-}26)$$

가 되며 $j = 0$일 때 $\frac{d\tau}{dj}|_{j=0} = K$라고 하면

$$\frac{d\tau}{dj}|_{j=0} = A_1(-K_2 + \sqrt{K_2^2 - 1})K_1 + A_2(-K_2 - \sqrt{K_2^2 - 1})K_1 = K \qquad (4\text{-}27)$$

가 된다. 식 (4-26)과 (4-27)을 이용하여 상수 A_1과 A_2를 구하면

$$A_1 = \frac{K}{2K_1\sqrt{K_2^2 - 1}}$$

$$A_2 = -\frac{K}{2K_1\sqrt{K_2^2 - 1}}$$

가 된다. 이를 식 (4-25)에 대입하면

$$\tau(j) = \frac{K}{2K_1\sqrt{K_2^2 - 1}}[e^{(-K_2+\sqrt{K_2^2-1})K_1 j} - e^{(-K_2-\sqrt{K_2^2-1})K_1 j}] \qquad (4\text{-}28)$$

가 된다. τ의 최댓값을 구하기 위하여 $\frac{d\tau}{dj} = 0$을 만족하는 j를 j_{max}라고 하면

$$j_{max} = \frac{\ln(\ K_2\ \ \sqrt{K_2^2\ \ 1})\ \ \ln(K_2 + \sqrt{K_2^2\ \ 1})}{2K_1\sqrt{K_2^2 - 1}}$$

가 된다. $j = j_{max}$일 때 $\tau = \tau_{max}$이므로

$$\tau_{max} = \frac{K}{2K_1\sqrt{K_2^2 - 1}}[e^{(-K_2+\sqrt{K_2^2-1})K_1 j_{max}} - e^{(-K_2-\sqrt{K_2^2-1})K_1 j_{max}}]$$

이다. 따라서 식 (4-24)에서 $j_0 = j_{max}$이고, $j = 0$일 때 전단응력선도의 기울기 K는 $\frac{d\tau}{dj}|_{j=0}$이므로

$$K = \frac{d\tau}{dj}|_{j=0} = \frac{2K_1\sqrt{K_2^2-1}(c+p\tan\phi)}{[e^{(-K_2+\sqrt{K_2^2-1})K_1 j_{\max}} - e^{(-K_2-\sqrt{K_2^2-1})K_1 j_{\max}}]} \tag{4-29}$$

이다. 식 (4-29)를 (4-28)에 대입하면 전단응력은 다음과 같이 나타낼 수 있다.

$$\tau(j) = \frac{(c+p\tan\phi)[e^{(-K_2+\sqrt{K_2^2-1})K_1 j} - e^{-K_2-\sqrt{K_2^2-1})K_1 j}]}{e^{(-K_2+\sqrt{K_2^2-1})K_1 j_{\max}} - e^{(-K_2-\sqrt{K_2^2-1})K_1 j_{\max}}} \tag{4-30}$$

소성토양에 대한 전단응력 τ와 전단변위 j의 관계를 나타내는 데 가장 널리 사용되는 수학적 모형은 야노시-하나모토(Janosi and Hanamoto, 1961) 식으로서 다음과 같이 표현된다.

$$\tau = \tau_{max}(1 - e^{\frac{-j}{K}})$$

또는 $$\tau = (c + \sigma\tan\phi)(1 - e^{\frac{-j}{K}}) \tag{4-31}$$

여기서, c = 토양의 점성

σ = 토양의 최대 수직응력

ϕ = 토양의 내부마찰각

K = 전단변형계수

전단변형계수 K는 $j=0$일 때 $\frac{d\tau}{dj}$의 값을 구하여 결정한다. $j=0$일 때 $\frac{d\tau}{dj}$의 값은 $j=0$에서 전단변위-전단응력선도에 접하는 접선의 기울기가 되며, 이를 $\frac{d\tau}{dj}|_{j=0}$ 이라고 하면

$$K = \frac{\tau_{\max}}{\frac{d\tau}{dj}|_{j=0}} \tag{4-32}$$

가 된다.

전단변형계수는 식 (4-32)에서와같이 전단변위가 0일 때 전단변위-전단응력선도의 접선과 최대 전단응력선이 만나는 점에 의하여 결정되기 때문에 그림 4-8의 토양 A와 같이 점착성이 높고 단단히 다져진 건조한 토양일수록 그 값이 작고, B 토양과 같이 점착성이 낮고 다짐이 느슨한 토양일수록 그 값이 크다. 따라서 단단히 결합된 건조 토양으로서 실트,

양토, 사질토는 전단변형계수의 값이 작고, 푸석푸석한 토양 함수율이 높은 점토는 전단변형계수의 값이 크다. C 토양과 같이 다짐이 중간 정도인 토양의 전단변형계수는 느슨한 토양의 전단변형계수와 유사한 범위의 값이다. 그러나 토양의 전단변형계수는 토양의 토성, 다짐 정도, 함수율에 따라 변하므로 토양상태에 따라 그림 4-8에서와같이 예측할 수 있으나 현장에서 직접 전단시험으로 측정한 값을 사용하는 것이 가장 안전하다.

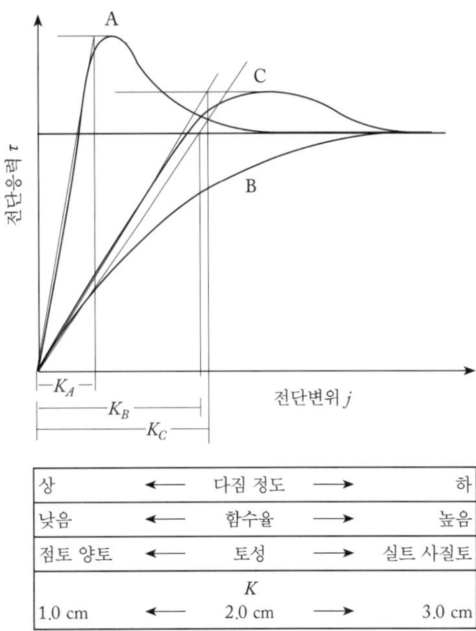

상	⟵	다짐 정도	⟶	하
낮음	⟵	함수율	⟶	높음
점토 양토	⟵	토성	⟶	실트 사질토
		K		
1.0 cm	⟵	2.0 cm	⟶	3.0 cm

그림 4-8 전단변형계수 *K*

쌍곡선 함수로서 토양의 압력-침하 관계를 제시하였던 카시긴은 전단응력과 전단변위의 관계도 다음과 같이 쌍곡선 함수로써 표현하였다(Kacigin and Guskov, 1968).

$$\tau = \sigma f_m [1 + \frac{a}{\cosh \frac{j}{K_\tau}}] \tanh \frac{j}{K_\tau} \tag{4-33}$$

식 (4-33)에서 상수 a는 전단응력이 최대일 때 마찰계수와 일정한 수준에 도달하였을 때 마찰계수의 비로서 다음 식을 이용하여 구할 수 있다.

$$a = 2.55(\frac{f_s - f_m}{f_m})^{0.825}$$

f_s와 f_m은 그림 4-9(a)에서와같이 각각 전단응력이 최대일 때 수직응력에 대한 전단응력의 비와 전단응력이 일정한 수준에 도달하였을 때 수직응력에 대한 전단응력의 비이며, K_τ는 전단응력이 최대일 때의 전단변위이다. 전단응력의 피크현상이 나타나지 않는 소성토양의 경우에는 그림 4-9(b)에서와같이 전단응력이 최대일 때와 일정한 수준에 도달하였을 때의 수직응력에 대한 전단응력의 비가 같으므로 $f_s = f_m$가 되고, K_τ는 $j = 0$에서 전단응력-전단변위선도의 접선과 일정한 수준에 도달한 수평 전단응력선의 교점으로 결정된다. 따라서 소

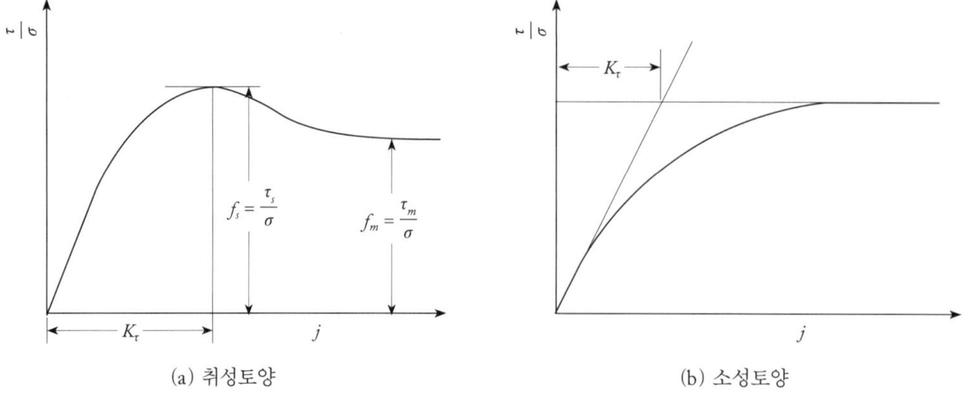

그림 4-9 카시긴의 전단응력–전단변위선도(Kacigin and Guskov, 1968)

성토양에서는 $a = 0$이 되며, 식 (4-33)은 다음과 같이 간단히 표현된다.

$$\tau = \sigma f_m \tanh \frac{j}{K_\tau} \tag{4-34}$$

3. 슬립침하

수직하중과 평형상태를 유지하고 있는 토양에 수평하중이 작용하면 토양에는 새로운 평형상태를 유지하기 위한 추가적인 침하가 발생한다. 이러한 현상은 새로운 수평하중에 대한 토양의 저항으로 인하여 토양의 전단강도가 약화되고, 수직하중에 대한 토양의 지지력도 약화되기 때문인 것으로 알려지고 있다.

하중과 변형이 크지 않는 경우에는 수직하중에 의한 토양침하와 전단하중에 의한 전단변형은 서로 독립된 현상으로 가정할 수 있다. 그러나 이러한 가정은 변형이 큰 경우 특히 수직하중에 대한 전단하중의 비가 일정하지 않거나 전단변형이 일어나는 표면의 형상이 변하는 경우에는 적절하지 않다. 베커의 실험결과에 의하면 전단하중에 의한 전단응력 τ와 수직하중에 의한 수직압력 p 및 각각의 하중에 의한 변형 j와 z_j 사이에는 다음과 같은 관계가 성립한다.

$$\frac{\tau}{p - p_{crit}} = \frac{j}{z_j} \tag{4-35}$$

여기서, τ = 전단응력

p = 수직압력

p_{crit} = 테르자기의 토양지지력

j = 전단변위

z_j = 슬립에 의한 수직침하

z_j는 슬립만에 의한 침하를 나타내며, 단위 면적당 테르자기의 토양지지력 p_{crit}는 다음과 같이 정의된다.

$$p_{crit} = cN_c + \gamma[N_q(z_s + z_j) + 0.5bN_\gamma] \tag{4-36}$$

식 (4-36)은 토양의 침하를 정적하중에 의한 침하와 슬립에 의한 침하의 합으로 가정하였으며, 정적하중에 의한 침하는 베커의 압력-침하식을 이용하여 구할 수 있다고 하였다. 즉 정적하중에 의한 침하 z_s는 식 (4-4)로부터 다음과 같이 나타낼 수 있다.

$$z_s = [\frac{p}{\frac{k_c}{b} + k_\phi}]^{\frac{1}{n}} \tag{4-37}$$

식 (4-36)을 식 (4-35)에 대입하여 슬립에 의한 침하 z_j를 구하면

$$z_j = \frac{j[p - cN_c - \gamma(N_q z_s + 0.5bN_\gamma)]}{c + \sigma\tan\phi + \gamma N_q j} \tag{4-38}$$

가 된다. 따라서 토양의 총침하량 z는

$$z = z_s + z_j \tag{4-39}$$

가 되며, 토양의 변형량 δ는 침하와 전단변위의 벡터 합이 된다. 즉

$$\delta = \sqrt{z^2 + j^2} \tag{4-40}$$

가 된다. 식 (4-35)에서 $p < p_{crit}$인 경우, 즉 차륜에 작용하는 수직하중이 토양의 지지력보다 작은 경우 슬립침하 z_j는 −값이 된다. 이는 물리적으로 슬립에 의한 침하가 일어나지 않는

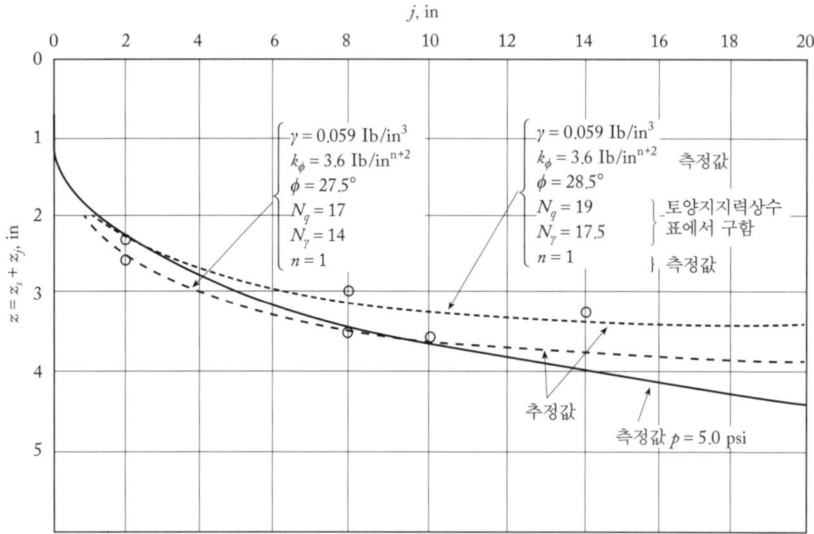

그림 4-10 총침하량의 측정값과 추정값의 비교(Bekker, 1969)

상태이다. 그러나 차륜의 수직하중이 토양지지력보다 작은 경우에도 사질토에서는 실제 슬립에 의한 침하가 발생하기 때문에 식 (4-35)의 유효성은 극히 제한된 점토에서만 인정되고 있다. 그림 4-10은 전단변위의 함수로서 총침하량에 대한 측정값와 추정값를 비교하여 나타낸 것이다. 전단변위가 증가함에 따라 추정값은 일정한 값에 접근하고 있으나 측정값은 계속 증가하고 있다.

솔틴스키(Soltynski, 1965)는 침하량이 일정한 수준에 접근할 수 없다고 주장하고 슬립에 의한 침하를 다음과 같이 표현하였다.

$$\frac{p}{p_{crit}} = \frac{z_j}{j} \tag{4-41}$$

식 (4-41)에 식 (4-36)을 대입하여 z_j를 구하면

$$z_j = \frac{-P_t + \sqrt{P_t^2 + 4\gamma N_q pj}}{2\gamma N_q} \tag{4-42}$$

가 된다. 여기서 P_t는

$$P_t = cN_c + \gamma z_s N_q + \frac{1}{2} b\gamma N_\gamma$$

이고 z_s는 식 (4-37)에서와 같다. 솔틴스키는 전단변위가 1~2 cm 정도인 작은 범위에서는 식 (4-42)의 유효성을 확인하였으나 전단변위가 큰 경우에는 z_j가 크게 증가하여 실제 침하량과 큰 차이가 있음을 인정하였다. 그러나 일반적인 침하량의 추정치는 식 (4-38)의 결과와 유사한 경향을 나타낸다.

일반적으로 슬립침하는 점토에서보다는 사질토에서 크며 수직하중이 증가할수록 더욱 증가한다. 수직하중이 토양지지력 이상으로 증가하면 토양은 급격히 파괴되며 슬립침하 현상은 나타나지 않는다. 이는 슬립침하가 일어날 시간적 여유가 없기 때문이다. 일반적으로 슬립침하의 예측식 (4-38)과 (4-42)에서 토양지지력상수 N_c, N_γ, N_q는 내부마찰각의 함수이므로 그림 3-19(a)를 이용하여 결정할 수 있다. 그러나 실측값과 예측값의 차이를 감소시키기 위해서는 실제 측정 데이터를 이용하여 결정하여야 한다. 전단변위-침하량곡선에서 임의의 3점에 대한 측정값을 식 (4-38)에 대입하면 N_c, N_γ, N_q를 미지수로 하는 3개의 연립방정식을 유도할 수 있으며, 이 연립방정식을 풀어서 토양지지력상수를 결정한다.

사질토에서 측정한 데이터 $k_c = 0$ kN/m^{n+1}, $k_\phi = 977.2$ kN/m^{n+2}, $\phi = 30°$, $\gamma = 16$ kN/m^3, $n = 1$을 이용하여 토양지지력상수를 구하여 보자. 한 변이 50 mm인 평판에 수직압력이 46.2 kPa일 때 측정한 총침하는 전단변위가 152.4 mm일 때 101.6 mm이었으며, 전단변위가 254 mm일 때는 114.3 mm이었다. 식 (4-37)을 이용하여 정적침하 z_s를 구하면

$$z_s = [\frac{46.2}{\frac{0}{0.050} + 977.2}]^{\frac{1}{1}} - 0.04728 \text{ m}$$

가 된다. 식 (4-39)를 이용하여 각 전단변위에서 슬립침하를 구하면

$j = 0.1524$ m일 때 $z_j = z - z_s = 0.1016 - 0.04728 = 0.05432$ m

$j = 0.254$ m일 때 $z_j = z - z_s = 0.1143 - 0.04728 = 0.06702$ m

이다. 사질토에서는 $k_c = 0$이므로 점성 c와 토양지지력상수 N_c는 각각 $c = 0$, $N_c = 0$이 된다. 식 (4-38)에 토양변수의 값과 슬립침하를 대입하여 토양지지력상수 N_γ와 N_q를 구하면, 즉

$$0.05432 = \frac{0.1524[46,200 - 0 - 16,000(0.04728N_q + 0.5 \times S0.050N_\gamma)]}{0 + 46,200\tan 30° + 16,000(0.1524)N_q}$$

$$0.06702 = \frac{0.254[46,200 - 0 - 16,000(0.04728N_q + 0.5 \times 0.050N_\gamma)]}{0 + 46,200\tan 30° + 16,000(0.254)N_q}$$

에서 N_γ와 N_q를 구하면 각각 $N_\gamma = 42.3$, $N_q = 12.1$이 된다. 이제 이 N_γ와 N_q를 이용하여 전단변위가 $j = 500$ mm일 때의 슬립침하를 구하면

$$z_j = \frac{0.500[46,200 - 0 - 16,000(0.04728 \times 12.1 + 0.5 \times 0.050 \times 42.3)]}{0 + 46,200\tan 30° + 16,000 \times 12.1(0.500)} = 0.0815 \text{ m}$$

가 된다. 내부마찰각이 $\phi = 0$인 점토에서도 위에서와같이 두 측정치로부터 N_γ와 N_q를 구할 수 있으며, $c \neq 0$, $\phi \neq 0$인 토양에서는 3개의 측정치로부터 N_c, N_γ, N_q를 구할 수 있다.

4. 원추지수

1) 원추관입시험기

원추관입시험기(soil cone penetrometer)는 첫째, 사용이 신속용이하고 경제적이며 둘째, 시험 데이터를 쉽게 분석할 수 있고 셋째, 현장에서 토양의 특징을 구명할 수 있다는 장점 때문에 널리 사용하고 있다. 그러나 원추관입시험기는 시료를 채취하여 직접 토양의 강도를 관찰할 수 없다는 단점도 있다.

원추를 이용한 토양의 강도 측정은 이미 1846년 프랑스의 콜린(Collin)에 의하여 시도되었다. 그는 직경이 1 mm이고 무게가 1 kg인 바늘 모양의 원추관입시험기를 이용하여 함수율에 따라 각종 형태의 점토에 대한 점성을 측정하였다. 그 후 바늘은 원추형으로 발전되었으며 다양한 형식의 원추형 토양관입시험기가 개발되었다. 다양한 형태의 원추관입시험기가 사용됨에 따라 시험방법과 측정 데이터에도 많은 차이가 발생하였으며 데이터에 대한 정확한 해석이 불가능하게 되었다. 결국 원추관입시험기의 규격과 시험방법에 대한 표준화가 요구되었다.

현재 가장 널리 사용되고 있는 표준형 원추관입시험기에는 미육군 공병단이 개발한

원추관입시험기와 미국 농공학회가 표준으로 규정한 원추관입시험기가 있다. 미육군 공병단 수로시험소(US Army Crops of Engineers, Waterways Experiment Station)는 1948년 토양주행성(soil trafficability)을 예측하기 위하여 그림 4-11에서와 같은 WES 표준 원추관입시험기를 개발하였다. 원추의 정각은 30°이고, 밑면의 면적은 322.6 mm^2(0.5 in^2)이다. 원추는 길이가 48.3 cm(19 in)이고 지름이 9.53 mm(3/8 in)인 강재 축의 한쪽 끝에 고정되어 있으며, 축의 다른 한쪽 끝에는 하중링을 설치하여 토양관입에 필요한 0~666.6 N(0~150 Ib)의 힘을 측정할 수 있도록 하였다. Ib 단위로서 이 힘을 원추지수(cone index)라고 하며, 토양의 전단저항력을 나타내기 위한 지표로서 사용하였다. 그러나 WES 표준 원추지수는 단위 없이 사용되고 있으며, 실제 단위는 관입저항력을 원추의 밑면적으로 나눈 값이므로 압력 단위에 해당한다.

그림 4-11 WES 표준 원추관입시험기

미육군 공병단 수로시험소는 식 (4-4)의 토양변수로써 관입깊이에 따라 원추지수를 예측할 수 있는 식 (4-43)을 제시하였으며, 이 식은 제한된 범위에서 적용이 가능한 것으로 평가되고 있다(Bekker, 1969).

$$CI = 1.625[\frac{k_c}{n+1}((z+1.5)^{n+1} - z^{n+1}) + 0.517k_\phi(\frac{(z+1.5)^{n+2}}{(n+1)(n+2)} + \frac{z^{n+2}}{n+2} - \frac{(z+1.5)z^{n+1}}{n+1})] \quad (4-43)$$

식 (4-43)에서 k_c, k_ϕ, z는 모두 인치 단위이다.

미국 농공학회의 표준(ASABE S313.2)으로 규정된 원추관입시험기에는 그림 4-12에서와같이 연약 토양용과 단단한 토양용 두 종류가 있다. 연약 토양용 원추관입시험기의 원추는 정각이 30°이고 밑면적이 323 mm^{2}이며 축의 지름은 15.88 mm이다. 단단한 토양용은 원추의 정각이 30°이고 밑면적이 129 mm^{2}이며 축의 지름은 9.53 mm이다. 기계를 이용하여 단단한 토양에서 관입저항을 측정할 경우에는 축의 강도가 높은 원추로서 밑면이 323 mm^{2}인 원추를 사용하기도 한다. 원추관입시험기의 축은 25.4 mm 간격으로 눈금이 새겨져 있으며,

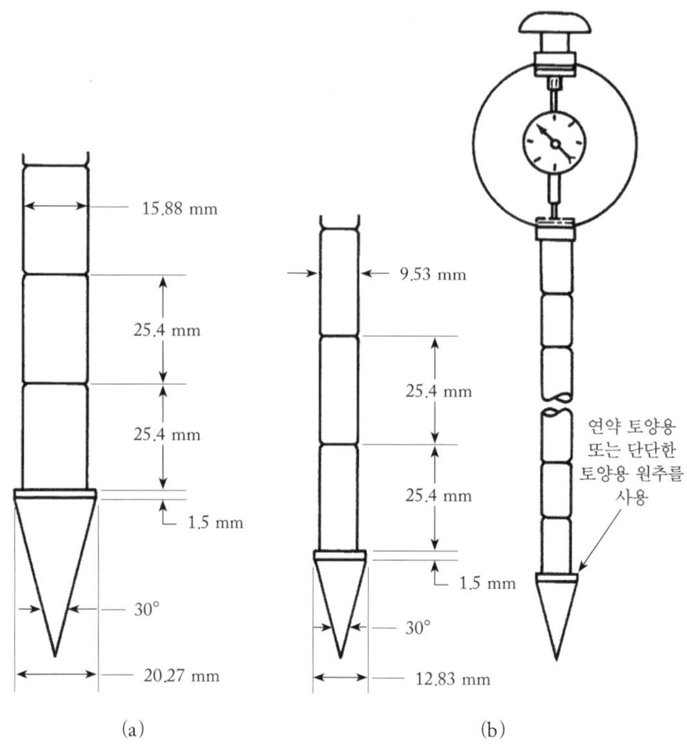

그림 4-12
미국농공학회 표준 원추관입 시험기(ASABE, 2016)

축의 한쪽 끝에는 원추를 고정하고 다른 한쪽 끝에는 하중링을 설치하여 침하깊이에 따라 토양의 저항력을 측정할 수 있도록 하였다.

ASABE 표준 원추관입시험기로써 측정한 토양강도는 단위 밑면적당 토양의 저항력으로서 MPa 단위로 나타내며, MPa 단위로 표시된 토양강도를 원추지수(cone index)라고 한다. 지표면의 원추지수는 원추의 밑면이 지면과 일치할 때 측정한 관입저항력이다. 다음에는 일정한 속도 30 mm/s로써 원추를 관입시키며 관입깊이에 따라 원추지수의 값을 연속적으로 측정한다. 이때 측정 간격은 50 mm를 넘지 않도록 하여야 한다. 보통 두 사람이 측정 시험을 수행하며 한 사람은 원추관입시험기를 토양에 관입시키고, 다른 한 사람은 깊이에 따라 측정한 원추지수를 기록한다. 원추지수의 값은 관입깊이의 함수로서 나타낸다. 깊이 y m에서의 원추지수를 X MPa이라고 하면 $CI_y = X$로 표현하며, y에서 z m 사이의 평균 원추지수를 X MPa이라고 하면 $CI_{y-z} = X$로 표현한다(ASABE EP542, 2016). ASABE 표준 원추관입시험기의 측정범위는 밑면적이 323 mm^{2}인 원추의 경우 최대 2 MPa까지, 밑면적이 129 mm^{2}인 원추의 경우 최대 5 MPa까지이며 농업용 토양의 원추지수를 결정하는 데 적합한 수준으로 되어 있다.

표 4-3 WES 표준 원추관입시험기의 측정 예

측정 지점	관입깊이				
	0″	6″	12″	18″	24″
1	58	63	69	73	79
2	63	69	73	75	80
3	65	71	75	77	80
4	72	80	82	87	90
5	75	76	78	79	82
평균	66	71	75	78	82

한 지역의 원추지수는 지역 내에 균등하게 분포한 최소한 15개 이상의 지점에서 관입깊이에 따라 측정한 값을 평균하여 결정한다. 표 4-3은 WES 표준 원추관입시험기를 이용하여 5개 지점에서 관입깊이에 따라 측정한 원추지수의 예를 나타낸 것이다. 각 관입깊이에 대한 원추지수는 5개 지점에서 측정한 원추지수의 값을 평균한 값이고, 그 범위의 깊이에 대한 원추지수는 해당 관입깊이의 평균 원추지수를 평균한 값이다. 즉 표 4-3에서 0~6″ 범위의 깊이에 대한 원추지수는 0″에서의 원추지수 66과 6″에서의 원추지수 71을 평균한 68이 된다. 또한 3~9″ 범위에 대한 원추지수는 평균 3″ 깊이에 해당하는 0~6″ 범위의 원추지수 68과 평균 9″ 깊이에 해당하는 6~12″ 범위의 원추지수 73의 평균인 70이 된다. 원추지수의 평균값을 구할 때는 항상 소수점 이하의 값은 버리고 정수만을 취한다.

2) 원추지수에 영향을 미치는 요인

원추지수는 여러 가지 요인의 영향을 받는다. 원추의 밑면적에 대한 축의 지름, 원추의 표면처리, 관입속도의 영향을 조사한 프라이타그(Freitag, 1968)의 연구에 의하면 원추지수는 축의 지름이 증가할수록, 원추의 표면이 거칠수록, 원추의 밑면적이 클수록, 관입속도가 빠를수록 증가하였다. 원추의 정각이 원추지수에 미치는 영향은 토양의 종류에 따라 다르다. 자연건조된 상태의 사질토에서는 정각이 증가할수록 원추지수가 증가하며, 세립토에서는 7.5~30° 범위에서 정각이 증가함에 따라 원추지수는 감소하였다. 그러나 30~60° 범위에서는 정각이 증가함에 따라 원추지수도 증가하였다. 원추지수는 원추관입시험기의 요인 외에도 토양의 종류, 밀도, 함수비, 간극비, 단위중량, 마찰계수, 점토 함량, 유기물 함량 등의 영향을 받는다. 원추지수는 토양의 밀도가 증가함에 따라 증가하며 함수비가 증가할수록 감

표 4-4 토양의 함수율과 WES 표준 원추지수(Sullivan et al., 1997)

통일분류법에 의한 토양분류	함수율의 함수로서 원추지수
SW, SP	$CI = e^{3.987 + 0.815 \ln W}$
SM	$CI = e^{8.749 - 1.1949 \ln W}$
SC, SM-SC	$CI = e^{9.056 - 1.3566 \ln W}$
CL	$CI = e^{10.988 - 1.848 \ln W}$
ML	$CI = e^{10.225 + 1.565 \ln W}$
CL-ML	$CI = e^{9.454 - 1.385 \ln W}$
CH	$CI = e^{13.816 - 5.583 \ln W}$
MH	$CI = e^{12.321 - 2.044 \ln W}$
OL	$CI = e^{10.977 - 1.754 \ln W}$
OH	$CI = e^{13.046 - 2.172 \ln W}$

W: 토양의 함수율, %

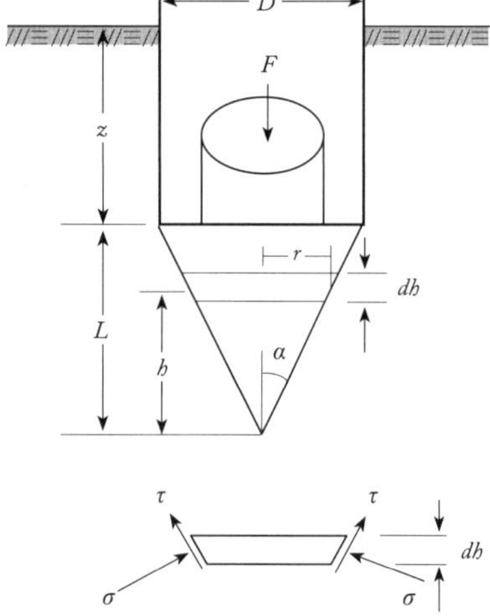

그림 4-13 원추관입저항과 토양강도

소한다. 그러나 원추지수로써 토양의 물리적 성질을 나타내기는 대단히 어렵다. WES는 많은 현장 실험을 통하여 토성에 따라 토양의 함수율과 WES 표준 원추지수의 관계를 구명하여 표 4-4에서와 같은 실험식을 제시하였다.

원추관입저항과 토양강도 사이의 관계를 구명하기 위하여 그림 4-13에서와같이 원추면에 작용하는 수직응력과 전단응력을 각각 σ, τ라고 하면 원추관입저항 F는 다음과 같이 표현할 수 있다.

$$F = \int_0^A (\sigma \sin\alpha + \tau \cos\alpha) dA = \int_0^L (\sigma \sin\alpha + \tau \cos\alpha)(2\pi r \frac{dh}{\cos\alpha})$$

$$F = \int_0^L (\sigma \tan\alpha + \tau) 2\pi r dh \tag{4-44}$$

여기서, σ = 원추면에 작용하는 수직응력

τ = 원추면에 작용하는 전단응력

2α = 원추각

L = 원추의 높이

원추가 토양으로 관입할 때 토양은 원추에 의하여 전단되는 경향이 크므로 원추관입저항은 토양의 전단강도에 의하여 결정된다고 할 수 있다. 즉 원추면에 작용하는 전단응력은

$$\tau = c + \sigma \tan\phi$$

가 되며, 이때 수직응력 σ는 무한 탄소성체 내에서 원추형 공동이 팽창하는 데 필요한 내부 압력과 같다고 가정하여 베식(Vesic, 1972)은 다음과 같이 표현하였다.

$$\sigma = 3(q + c\cot\phi)\left(\frac{1+\sin\phi}{3-\sin\phi}\right)\left(\frac{G}{c+\sigma\tan\phi}\right)^{\frac{4\sin\phi}{3(1+\sin\phi)}} - c\cot\phi$$

$$q = (z + L - h)\gamma$$

여기서 c는 토양의 점성, ϕ는 내부마찰각으로서 $\phi > 0$이며, G는 전단계수(shear modulus), γ는 토양의 단위중량이고, z, L, h는 그림 4-13에서와같이 관입깊이, 원추높이, 원추면 높이이다. 또한 내무마찰각이 $\phi = 0$인 점토의 경우에는 수직응력을

$$\sigma = \frac{4}{3}c\left(1 + \ln\frac{G}{c}\right) + q$$

로 표현하였다. 수직응력 σ에서 $\frac{G}{c+\sigma\tan\phi}$와 $\frac{G}{c}$는 토양의 전단강도에 대한 전단계수의 비로서 강성지수(rigidity index)라고 한다. 원추지수는

$$CI = \frac{4F}{\pi D^2} \tag{4-45}$$

이므로 전단응력 τ와 수직응력 σ를 식 (4-44)에 대입하여 F를 구하고, 이를 식 (4-45)에 대입하여 원추지수를 구하면

$$CI = -c\cot\phi + \frac{2\tan\alpha(1+\sin\phi)G^m}{(\frac{D}{2}\gamma)^2\tan^3\phi}[\frac{3(\tan\alpha+\tan\phi)}{3-\sin\phi}]\Omega \tag{4-46}$$

여기서, $\Omega = \dfrac{[c+\gamma(z+L)\tan\phi]^{3-m} - [c+\gamma(z+L)\tan\phi+(2-m)\gamma L\tan\phi](c+\gamma z\tan\phi)^{2-m}}{(2-m)(3-m)}$

$$m = \frac{4\sin\phi}{3(1+\sin\phi)}$$

가 된다. $c=0$인 순사질토에서는

$$CI = \frac{2\tan\alpha(1+\sin\phi)G^m}{(\frac{D}{2}\gamma)^2\tan^3\phi}[\frac{3(\tan\alpha+\tan\phi)}{3-\sin\phi}]\Omega \tag{4-47}$$

$$\Omega = \frac{[\gamma(z+L)\tan\phi]^{3-m} - [\gamma(z+L)\tan\phi+(2-m)\gamma L\tan\phi](\gamma z\tan\phi)^{2-m}}{(2-m)(3-m)}$$

가 되고, $\phi=0$인 순점토에서는 점토에 대한 수직응력 $\alpha = \frac{4}{3}c(1+\ln\frac{G}{c})+q$를 적용하면

$$CI = \frac{4}{3}c(1+\ln\frac{G}{c}) + \frac{2L}{D}c + \gamma(z+\frac{L}{3}) \tag{4-48}$$

가 된다. 식 (4-46), (4-47), (4-48)은 토양변수 c, ϕ, γ, G 및 관입깊이 z, 원추 변수 α, L의 함수로서 원추지수를 나타낸 것이며, 로하니와 발라디(Rohani and Baladi, 1981)는 이 식을 이용하여 토양 및 원추 변수가 원추지수에 미치는 영향을 연구하였다.

그러나 베식의 수직응력은 무한 탄소성체 내에서 공동이 팽창할 때의 내부압력으로 가정하였기 때문에 지표면과 같은 자유 경계면이 있는 경우에는 원추가 토양으로 관입할 때 원추 주위의 토양이 지면으로 솟아오르는 현상이 발생하여 식 (4-46), (4-47), (4-48)로써 예측한 원추지수는 실제보다는 큰 값이 될 가능성이 높다. 이러한 자유 경계면이 원추관입저항에 미치는 영향은 사질토일수록 크고 관입깊이가 증가할수록 감소한다. 관입깊이가 원추높이의 6배 정도이면 자유 경계면의 영향은 무시할 정도이다.

식 (4-46), (4-47), (4-48)에 의하면 토양강도가 원추지수에 미치는 영향은 전단강도와 강성지수에 의한 것으로 나타났으나 원추면에 작용하는 수직응력의 영향도 큰 것으로

보인다. 즉 수직응력을 어떻게 결정하는가에 따라 원추지수도 결정된다. 그러나 원추의 관입깊이에 따라 원추면에 작용하는 수직응력을 구명한 연구는 아직 충분하지 않다.

3) 정격원추지수

정격원추지수(rating cone index)는 미국 육군에서 군용 차량의 기동성을 예측하기 위하여 사용한 토양 변수이며, 차량 변수와 토양 사이의 상호작용을 나타내기 위한 것으로서 다음과 같이 정의된다.

$$\text{원추지수} \times \text{리몰딩지수} = \text{정격원추지수} \tag{4-49}$$

리몰딩지수(remolding index)는 교란에 의한 세립 점토 또는 함수율이 높은 세립 사질토의 강도저하를 나타내기 위한 변수로서 리몰딩하기 전후에 측정한 원추지수의 비이다. 즉 리몰딩지수는 식 (4-50)과 같이 정의되며 0과 1.0 사이의 범위에서 변하는 값이다. 리몰딩지수가 0에 가까울수록 교란에 의한 토양강도의 저하가 큰 토양이고, 1.0에 가까울수록 토양강도의 저하가 없는 토양이다.

$$\text{리몰딩지수} = \frac{\text{리몰딩 후의 원추지수}}{\text{리몰딩 전의 원추지수}} \tag{4-50}$$

토양의 리몰딩시험은 다음과 같이 실시한다. 지름이 50 mm이고 길이가 150 mm 정도인 원통형 토양 샘플을 채취하여 내경이 50 mm이고 높이가 200 mm인 실린더 내에 넣는다. 먼저 점토인 경우에는 저면적이 323 mm^{2}인 원추를 이용하여 깊이가 100 mm인 지점에서 원추지수를 측정하고, 세립 사토인 경우에는 저면적이 129 mm^{2}인 원추를 이용하여 원추지수를 측정한다. 다음에는 점토인 경우 305 mm 높이에서 무게가 11 N인 해머를 실린더의 토양 표면으로 100번 낙하시킨다. 세립 사토의 경우에는 샘플을 포함한 실린더 자체를 150 mm 높이에서 단단한 바닥으로 25번 낙하시킨다. 이와 같은 방법으로 리몰딩한 토양에 대하여 다시 원추지수를 측정한다.

정격원추지수도 토양의 함수율에 따라 크게 변한다. 표 4-5는 WES에서 개발한 정격원추지수와 토양 함수율의 관계를 나타낸 경험식이다.

표 4-5 토양의 함수율과 정격원추지수(Sullivan et al., 1997)

통일분류법에 의한 토양분류	함수율의 함수로서 정격원추지수
SW, SP	$RCI = e^{3.987 + 0.815 \ln W}$
SM, SC, SM-SC	$RCI = e^{12.542 - 2.955 \ln W}$
CL	$RCI = e^{15.506 - 3.530 \ln W}$
ML	$RCI = e^{11.936 - 2.407 \ln W}$
CL-ML	$RCI = e^{14.236 - 3.137 \ln W}$
CH	$RCI = e^{13.686 - 2.705 \ln W}$
MH	$RCI = e^{23.641 - 5.191 \ln W}$
OL	$RCI = e^{17.399 - 3.584 \ln W}$
OH	$RCI = e^{12.189 - 1.942 \ln W}$

W: 토양의 함수율, %

4) 원추지수의 이용

원추지수는 원래 토목공학 분야에서 널리 이용되어 왔으나 최근에는 토양주행성과 차량의 견인력을 예측하는 데에도 널리 이용되고 있다. 토목공학 분야에서는 주로 다음과 같은 목적으로 원추지수를 이용하고 있다.

1) 토양의 종류와 토양강도에 대한 정보를 얻고자 할 때
2) 현장에서 사질토의 밀도와 압축성을 예측하고자 할 때
3) 사질토에서 지반침하를 예측하고자 할 때
4) 토양의 균일성을 평가하고자 할 때

미육군 공병단에서 개발한 원추지수는 주로 토양과 차량의 주행성을 예측하는 데 이용되고 있으며, 정격원추지수는 특정 지형조건에서 차량의 통과 여부와 차량이 통과할 수 있는 횟수를 나타내는 데 이용되고 있다. 또한 원추지수는 토양 변수로서 0~15 cm의 표토층에 대한 노외차량의 견인성능, 운동저항 등을 예측하는 데 이용되고 있다. 토양 및 차량 주행성과 원추지수의 관계는 이 책 「제5장 견인역학」에서 보다 자세히 다루기로 한다.

원추지수는 이 밖에도 토양의 다짐과 경운방법의 효과를 나타내는 데에도 이용되고 있다. 즉 뿌리와 작물의 성장에 대한 토양저항을 예측하는 데 원추지수가 이용되고 있으며, 이때 원추지수를 결정하기 위한 원추관입시험기는 원추가 작은 것이 더 효과적인 것으로

알려져 있다.

5. 토양다짐

토양다짐은 작물의 생육에 영향을 미친다. 토양다짐은 투수성을 감소시켜 표토의 유실을 촉진하며 지하수의 확보를 어렵게 한다. 또한 토양다짐은 토양 내부의 공기유통을 차단하여 뿌리의 대사작용을 저해하며 토양의 강도를 증가시켜 뿌리의 성장을 방해한다. 이러한 영향은 모두 작물의 품질과 생산량을 감소시킨다.

토양의 다짐은 일반적으로 두 가지 문제와 관련된다. 하나는 위에서와같이 작물생산과 관련하여 토양다짐을 최소화하는 문제, 또 다른 하나는 도로, 댐, 지반조성 등에서와같이 토양다짐을 최대화하는 문제이다. 즉 토양다짐을 효과적으로 감소시키는 문제와 증가시키는 문제이다.

토양다짐을 유발하는 힘은 크게 두 가지 경우로 구별할 수 있다. 기계적인 힘에 의한 경우와 강우, 건조 등 자연현상에 의한 경우이다. 기계적인 힘은 작용시간이 짧으며 일반적으로 측정이 용이한 경우가 많다. 그러나 자연현상에 의한 힘은 장기적으로 작용하며 그 크기를 측정하기가 어렵다.

1) 토양다짐의 현상

토양다짐(compaction)은 정하중, 진동, 충격 등을 이용한 기계적인 방법 또는 자연적인 현상에 의하여 간극 내의 공기가 제거됨으로써 간극의 크기가 줄고 토양의 밀도가 높아지는 현상이다. 그림 4-14(a)에서와같이 밀도가 낮은 부슬부슬한 토양을 다지면 그림 4-14(b)에서와같이 토입자 사이의 간극이 작고 밀도가 높은 토양이 된다. 토양이 다져지면 전단강도가 증가하며 투수성과 압축성은 감소한다. 그러나 토양다짐은 간극 내의 수분을 제거하여 간극의 크기를 줄이는 압착(consolidation)과는 구별된다.

토양의 다짐현상은 토입자 자체의 이동에 의하여 일어난다. 따라서 토양다짐을 예측하기 위해서는 외부의 힘에 의하여 토입자가 이동하는 현상을 정확하게 나타낼 수 있는 수학적 모형이 필요하다. 토양의 다짐현상에 대한 입력변수는 토양에 작용하는 힘이며 출력변수는 다짐의 정도를 나타내는 변수가 된다. 수학적 모형으로 다짐현상을 표현하기 위해서

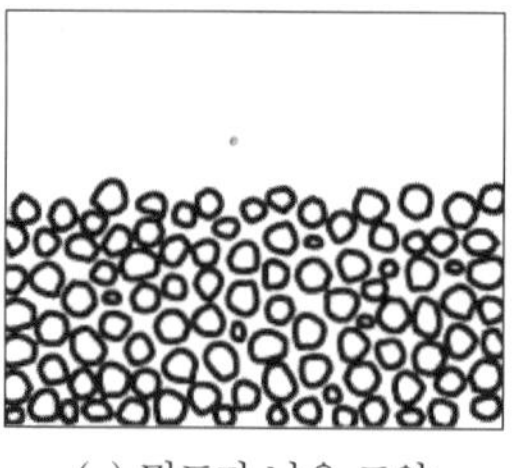

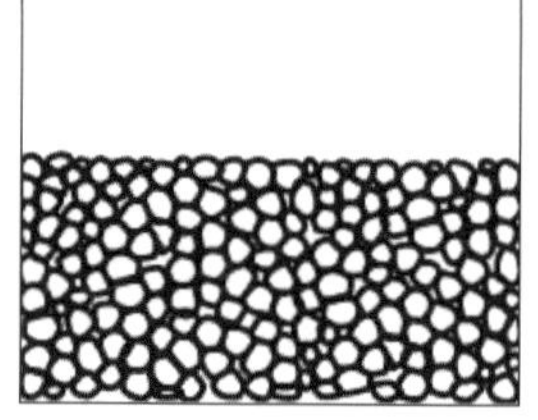

그림 4-14 토양다짐 (a) 밀도가 낮은 토양 (b) 다진 토양

는 이러한 입력변수와 출력변수를 함수화하여야 한다. 토양에 작용하는 힘은 응력상태로써 나타낼 수 있으며, 다짐의 정도는 체적변화로써 나타낼 수 있다. 토양의 체적변화를 나타내는 데는 단위중량, 간극비, 간극률 등이 사용된다.

토양의 다짐은 압축파괴로 생각할 수 있으며, 압축파괴에는 탄성압축파괴와 소성압축파괴로 구별된다. 탄성압축파괴는 압축력이 제거되면 변형이 다시 원래 상태로 회복되는 경우를 나타내며, 소성압축파괴는 압축력이 제거되어도 변형이 원래 상태로 회복되지 않는 경우를 나타낸다. 실제 토양의 압축파괴는 대부분 소성압축파괴이며 탄성압축파괴가 일어나는 영역은 극히 제한된 영역인 것으로 알려지고 있다. 그림 4-15는 굳지 않은 느슨한 상태의 토양에서 소성압축파괴에 의한 토양다짐 현상을 나타낸 것이다. 원통에 토양을 채운 후 토양 표면을 원판으로 눌러 압력을 가하면 토양은 다져진다. 이때 토양다짐에 대한 입력변수는 원판에 의하여 토양에 가해지는 압력이 된다. 압력이 증가함에 따라 원판은 연직으로 이동하며 토양의 건밀도를 변화시킨다. 이때 건밀도는 토양다짐 현상의 출력변수가 된다. 토양다짐의 입력변수와 출력변수의 함수관계는 토양다짐에 대한 수학적 모형이 된다.

토양다짐의 현상에는 그림 4-15에서와같이 세 가지 특징이 나타난다. 첫째, 입력변수와 출력변수 사이에는 일정한 관계가 있으며 둘째, 20~50% 정도로 체적변화가 크고 셋째, 함수율의 영향이 크다는 것이다. 그러나 입력변수와 출력변수의 관계는 압축되지 않은 토양에서 압력이 증가할 때만 일정하게 나타난다. 자연상태의 토양은 원통에서와같이 일정한 체적 내에 한정되어 있지 않고 반무한대의 3차원 매체로서 존재하며, 작용하는 하중도 토양의 전체 표면에 작용하는 것이 아니라 극히 일부의 제한된 면적에만 작용한다. 따라서 한정된 원통시험에서 나타난 다짐현상으로써 자연상태의 다짐현상을 예측하는 데는 한계가 있다. 이러한 문제에 대하여 죄네(Söhne, 1958)는 다음과 같이 설명하였다. 토양에 작용하는 힘이 반무한대인 경계면의 일부에만 작용하는 경우에도 그 힘은 토양 내부에 분포하며, 토양 내부에 힘이 분포하면 다짐거동의 입력변수와 출력변수도 토양 내부에 분포한다. 따라

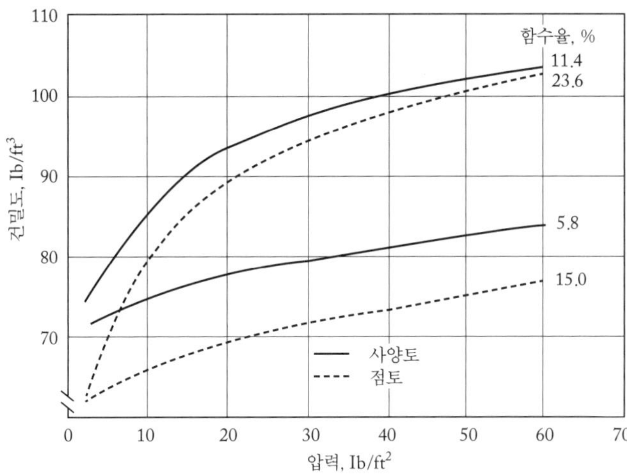

그림 4-15
원통시험에 의한 토양다짐 곡선
(Gill and VandenBerg, 1967)

서 체적거동의 변수를 함수화하면 이 함수는 토양다짐의 현상을 나타낼 수 있다고 하였다. 죄네는 토양다짐은 최대 주응력으로써 나타낼 수 있으며, 최대 주응력이 토양다짐을 지배하는 경우에는 원통시험에서 도출한 토양다짐의 방정식을 반무한대의 3차원 토양에도 적용할 수 있다고 하였다. 그러나 토양다짐은 최대 주응력뿐만 아니라 전단응력의 영향을 받는 것으로 알려져 있으며, 또한 많은 실험결과에 의하면 최대 주응력과 토양다짐의 관계는 유일한 것이 아닌 것으로 알려져 있다.

반복하중이 토양다짐에 미치는 영향을 조사한 연구에 의하면 토양다짐의 70~80%는 최초 하중에 의하여 이루어지는 것으로 나타났다. 토양 내 한 지점의 응력상태, 즉 6개의 응력텐서가 토양다짐에 미치는 영향을 구명하기 위하여 많은 연구가 수행되었으나 토양다짐의 현상을 정확히 나타낼 수 있는 수학적 모형은 아직 개발되지 못하였다.

2) 토양다짐이 작물의 생산량에 미치는 영향

농경지의 다짐은 주로 농경지를 주행하는 농업기계가 그 원인이다. 농업기계에 의한 토양다짐은 농경지의 밀도를 증가시키며, 농경지의 밀도는 작물의 성장과 생산량에 영향을 미치는 것으로 알려져 있다. 일반적으로 토양의 밀도를 증가시키면 건조한 성장기에는 작물의 뿌리와 수분의 접촉을 촉진시켜 생산량을 높일 수 있다. 그러나 우기에는 배수를 억제하여 오히려 생산량을 감소시킨다. 작물의 성장기간에도 토양 밀도의 영향은 다를 수 있다. 따라서 작물에 따라 최대 수량을 얻을 수 있는 최적의 밀도를 구명하여 적정 토양 밀도를 유지하는 것이 중요하다. 토양의 밀도와 작물 생산량의 관계를 나타낸 식에는 다음과 같은 식이 있다(Srivastava et al., 1993).

$$\frac{Y}{Y_i} = 1 - C_y\left(\frac{\rho_d}{\rho_{di}} - 1\right)^2 \qquad (4\text{-}51)$$

여기서, Y = 수확량

Y_i = 최적 토양 밀도에서 수확량

C_y = 토양, 작물, 기상 조건에 따른 상수

ρ_d = 실제 토양의 건밀도, Mg/m^3

ρ_{di} = 이상적인 토양의 건밀도, Mg/m^3

식 (4-51)에서와같이 작물의 생산량은 적정 밀도보다 크거나 작아도 감소한다. 작물의 뿌리 성장을 제한하는 토양다짐의 정도는 작물의 종류에 따라 다르나 일반적으로 원추지수가 2 MPa 이상이면 뿌리 성장이 제한된다.

이상적인 토양의 건밀도는 토성에 따라 다르나 보통 1.1 Mg/m^3 이하인 것으로 알려지고 있으며, 건밀도가 1.5 Mg/m^3이면 뿌리의 성장을 제한하는 것으로 알려져 있다. 표 4-6은 토성에 따라 이상적인 건밀도와 뿌리의 성장을 제한하는 건밀도를 나타낸 것이다.

표 4-6 작물 생장에 이상적인 토성별 건밀도(USDA, 1999)

토성	이상적인 건밀도 Mg/m^3	뿌리의 성장을 제한하는 건밀도 Mg/m^3
Sand, Loamy sand	< 1.60	> 1.80
Sandy loam, Loam	< 1.40	> 1.80
Sandy clay loam, Clay loam	< 1.40	> 1.75
Silt, Silt loam,	< 1.30	> 1.75
Silty clay loam	< 1.40	> 1.65
Sandy clay, Silty clay	< 1.10	> 1.58
Clay	< 1.10	> 1.47

3) 농업기계에 의한 농경지 다짐

농경지 다짐의 가장 큰 원인은 농업기계의 공기타이어이다. 특히 함수율이 높은 농경지의 경우에는 타이어에 의한 토양다짐이 더욱 증가한다. 정하중보다는 동하중의 영향이 크며, 토양다짐의 80%는 처음 주행하는 바퀴에 의하여 이루어지는 것으로 알려져 있다. 타이어의 공기압은 70~120 kPa 정도이며 타이어가 토양에 가하는 압력은 138~3,450 kPa 정도이다. 래가번과 맥카이스(Raghavan and McKyes, 1978)는 사질토, 사양토, 양사토, 점토에서 트랙터에 의한 토양다짐을 예측하기 위한 모델로서 토양의 건밀도 γ_{dry}(g/cm^3)를 표 4-7에서와같이 토양의 함수율 W(%), 타이어 접지압 p(kg/cm^2), 주행횟수 n, 타이어 접지면의 중심선에서 측면으로 떨어진 거리 x(cm), 토양 깊이 z(cm), 타이어 슬립 s(%)의 함수로서 나타내었다.

이 토양다짐의 수학적 모델에 의하면 모든 토양에서 토양의 건밀도는 타이어 접지압과 주행횟수가 증가함에 따라 증가하고 함수율이 증가함에 따라 감소한다. 또한 지면에서 깊이가 깊을수록 타이어의 중심선에서 가까울수록 건밀도는 증가한다.

토양다짐에 영향을 미치는 요인으로는 이외에도 차축하중, 차량의 속도, 견인하중, 차량의 주행장치 등이 있다. 차량의 중량은 특히 10 cm 이상의 심토층의 토양다짐에 큰 영향을 미치는 것으로 알려져 있다. 농경지의 다짐을 줄이는 가장 효과적인 방법은 차량의 중량을 줄이고 타이어의 접지면적을 최대로 하는 것이다. 농업기계에 의한 토양다짐의 주요 원인은 다음과 같다.

경운작업: 같은 깊이로 쟁기작업을 연속으로 하는 경우에는 경심 바로 아래의 토양에 경운팬(tillage pan)이 형성된다. 이 경운팬은 두께가 2~3 cm로서 작물의 수확량에는 큰 영향을 미치지 않으나, 특히 함수율이 높은 토양에서 형성된 경운팬은 뿌리의 성장을 저해한다.

차축하중: 농업기계에 의한 토양다짐의 주원인으로서 농업기계의 중량과 출력이 증가함에 따라 다짐의 정도도 증가한다. 차축하중 의한 토양다짐은 특히 심토에 큰 영향을 미치며, 작물의 뿌리영역까지 다짐이 확대된다. 차량의 차축하중이 6톤 이상이면 약 40 cm 깊이까지 심토다짐이 일어날 수 있으며, 이러한 심토다짐은 토양이 얼었다 해동하는 과정에서도 쉽게 감소하지 않고 장기간 유지되는 것으로 알려져 있다. 특히 차축하중이 10톤 이상인 농업기계는 지면 아래 60 cm 깊이까지 토양을 다지며 그 영향이 10년 이상 지속되는 경우도 있으므로 사용을 금지하여야 한다.

타이어 공기압: 타이어 공기압은 타이어 접지압을 결정하며 접지압은 표토의 다짐에 큰 영향을 미친다. 타이어 접지압은 일반적으로 공기압에 카케스의 강성을 고려한 13~20 kPa의

표 4-7 트랙터에 의한 토양다짐 모델(Raghavan and McKyes, 1978)

토양	함수율 %	슬립 %	토양다짐 모델
Sand	< 15.3	all	$\gamma_{dry} = 1.50 + 0.007z - 0.0027x + 0.0005s + 0.025\ln(np) - 0.083\ln(W)$
	> 15.3	all	$\gamma_{dry} = 2.12 + 0.002z - 0.0018x + 0.0008s + 0.036\ln(np) - 0.265\ln(W)$
	all	< 30	$\gamma_{dry} = 2.12 + 0.0018z - 0.0018x + 0.0013s + 0.035\ln(np) - 0.262\ln(W)$
	all	> 30	$\gamma_{dry} = 2.19 + 0.0088z - 0.0016x - 0.0011s + 0.016\ln(np) - 0.322\ln(W)$
	< 15.3	< 30	$\gamma_{dry} = 1.62 + 0.0062z - 0.003x + 0.0053s + 0.025\ln(np) - 0.125\ln(W)$
	> 15.3	< 30	$\gamma_{dry} = 2.12 + 0.0017z - 0.0018x + 0.0013s + 0.036\ln(np) - 0.262\ln(W)$
	> 15.3	> 30	$\gamma_{dry} = 2.31 + 0.0088z - 0.0016x - 0.0011s + 0.051\ln(np) - 0.351\ln(W)$
Sandy loam	< 22	all	$\gamma_{dry} = 2.20 + 0.0013z - 0.00023x + 0.0004s + 0.011\ln(np) - 0.268\ln(W)$
	> 22	all	$\gamma_{dry} = 2.62 + 0.0072z - 0.000017x + 0.00054s + 0.015\ln(np) - 0.466\ln(W)$
	all	< 30	$\gamma_{dry} = 2.47 + 0.0052z - 0.00013x + 0.0024s + 0.0069\ln(np) - 0.415\ln(W)$
	all	> 30	$\gamma_{dry} = 2.40 + 0.0075z - 0.00039x - 0.0008s + 0.038\ln(np) - 0.395\ln(W)$
	< 22	< 30	$\gamma_{dry} = 2.19 + 0.0013z - 0.00023x + 0.0008s + 0.012\ln(np) - 0.264\ln(W)$
	> 22	< 30	$\gamma_{dry} = 2.57 + 0.0071z + 0.00063x + 0.0027s + 0.004\ln(np) - 0.460\ln(W)$
	< 22	> 30	$\gamma_{dry} = 1.46 - 0.00045z + 0.0008x - 0.0023s + 1.37\ln(np) - 0.411\ln(W)$
	> 22	> 30	$\gamma_{dry} = 2.61 + 0.0084z - 0.00048x - 0.00018s + 0.018\ln(np) - 0.459\ln(W)$
Loamy sand	< 20	all	$\gamma_{dry} = 1.53 + 0.013z - 0.00027x - 0.0026s + 0.05\ln(np) - 0.134\ln(W)$
	> 20	all	$\gamma_{dry} = 2.44 + 0.011z - 0.00035x - 0.0015s + 0.029\ln(np) - 0.428\ln(W)$
	all	< 30	$\gamma_{dry} = 2.49 + 0.011z + 0.00009x - 0.0063s + 0.018\ln(np) - 0.445\ln(W)$
	all	> 30	$\gamma_{dry} = 2.12 + 0.012z + 0.0002x - 0.0067s + 0.088\ln(np) - 0.368\ln(W)$
	< 20	< 30	$\gamma_{dry} = 1.72 + 0.0013z - 0.0002x - 0.015s + 0.078\ln(np) - 0.178\ln(W)$
	> 20	< 30	$\gamma_{dry} = 2.60 + 0.011z + 0.00001x - 0.0064s + 0.02\ln(np) - 0.473\ln(W)$
Clay	< 31.5	all	$\gamma_{dry} = 1.24 + 0.0038z - 0.0064x - 0.00035s + 0.065\ln(np) - 0.076\ln(W)$
	> 31.5	all	$\gamma_{dry} = 1.18 + 0.0083z + 0.00012x - 0.001s + 0.032\ln(np) - 0.102\ln(W)$
	all	< 30	$\gamma_{dry} = 1.29 + 0.0082z - 0.00028x + 0.003s + 0.0298\ln(np) - 0.13\ln(W)$
	all	> 30	$\gamma_{dry} = 1.35 + 0.0067z + 0.00089x - 0.001s + 0.051\ln(np) - 0.133\ln(W)$
	< 31.5	< 30	$\gamma_{dry} = 1.19 + 0.0058z - 0.00062x + 0.00066s + 0.063\ln(np) - 0.073\ln(W)$
	> 31.5	< 30	$\gamma_{dry} = 1.24 + 0.0089z - 0.0003x + 0.00087s + 0.027\ln(np) - 0.122\ln(W)$
	< 31.5	> 30	$\gamma_{dry} = 1.28 + 0.0028z - 0.00046x - 0.00093s + 0.0052\ln(np) - 0.094\ln(W)$
	> 31.5	> 30	$\gamma_{dry} = 1.15 + 0.0077z + 0.0017x - 0.0011s + 0.063\ln(np) - 0.088\ln(W)$

압력을 더하여 결정할 수 있다. 따라서 표토의 다짐을 줄이기 위해서는 가능한 한 타이어의 공기압을 감소시켜야 한다. 그러나 토양의 깊이가 증가할수록 접지압의 영향은 감소하고 차축하중의 영향이 증가하기 때문에 접지압을 줄여 토양다짐을 줄이는 데는 한계가 있다.

차륜왕래(wheel traffic)로 인한 농경지의 다짐을 줄이기 위하여 농업기계의 주행경로를 제한하고 일정한 경로만 사용하는 제한왕래(controlled traffic)는 차륜왕래로 인한 토양다짐을 최소화하기 위한 방법의 하나로서 연구되고 있다.

4) 기계적 토양다짐

제방을 쌓거나 도로를 개설할 때 또는 건물의 지반을 조성할 때는 최소의 비용으로 토양을 원하는 수준까지 다져야 한다. 이러한 목적으로 토양을 다질 때는 대부분 기계적인 방법을 사용한다. 기계적인 방법에는 정하중, 진동, 충격, 폭발을 이용하는 방법이 있으며 각 방법의 구체적인 내용과 이때 사용되는 기계는 다음과 같다.

(1) 정하중 다짐

정하중 다짐은 일정한 크기의 하중을 비교적 저속으로 토양에 가하는 방법으로서 주로 롤러를 이용한다. 토양다짐에 사용되는 롤러에는 그림 4-16에서와 같은 탬핑롤러(tamping roller), 평탄면롤러(smooth wheel roller), 공기타이어롤러(pneumatic tired roller) 등이 있다.

탬핑롤러는 롤러의 표면에 여러 가지 형태의 돌기를 부착한 것으로서 돌기의 형태에 따라 양의 발 모양을 한 것(sheep's foot type)과 이를 변형하여 돌기의 모양과 길이를 다르게 한 것이 있으며, 롤러의 중량은 물 또는 모래를 채워서 변화시킨다. 탬핑롤러가 지면을 따라 회전하면 돌기가 토양으로 진입하여 토양을 다진다. 같은 토양의 표면을 수차례 반복하여 주행함으로써 필요한 수준까지 토양을 다진다. 탬핑롤러를 이용한 토양다짐은 점토와, 모래와 점토가 혼합된 토양에 가장 효과적이며 모래와 자갈의 경우에는 효과가 낮다.

평탄면롤러는 철재 드럼을 이용한 것으로서 주로 중량에 의하여 분류한다. 차륜의 배

(a) 탬핑롤러

(b) 평탄면롤러

(c) 공기타이어롤러

그림 4-16 토양다짐을 위한 롤러(https://images.search.yahoo.com)

열상태에 따라서는 2축2륜, 2축3륜, 3축3륜 등의 형식이 있으며 2축2륜 형식을 2축 탠덤롤러(tandem roller), 2축3륜 형식을 매캐덤롤러(macadam roller), 3축3륜 형식을 3축 탠덤롤러라고 한다. 롤러의 중량은 물 또는 모래를 추가하여 조정할 수 있으며, 호칭 롤러의 크기가 14~20톤이면 롤러의 최소 중량은 14톤이고, 최대 20톤까지 증가시킬 수 있는 롤러이다. 평탄면롤러는 모래, 자갈, 쇄석 등을 다지는 데 효과적이며, 점토에는 지면에 각질층을 형성하기 때문에 적합하지 않다. 평탄면롤러는 탬핑롤러로써 다진 토양의 표면을 평탄작업할 때 널리 사용한다.

공기타이어롤러는 1축 또는 2축에 고압의 공기타이어를 4~9개 배열하여 토양을 다지는 롤러이다. 타이어의 공기압은 보통 600~1,000 kPa 정도이고, 롤러의 중량은 10~20톤 정도이다. 토양다짐에 영향을 미치는 공기타이어의 주요 변수는 롤러의 총중량, 타이어당 중량, 타이어의 공기압 등이다. 주행하면서 타이어의 공기압을 조정할 수 있는 형식이 있으며, 이러한 형식의 공기타이어롤러에서는 처음에는 공기압을 낮게 하고 점차 공기압을 높이면서 다지는 것이 효과적이다.

(2) 진동다짐

모래, 자갈, 쇄석과 같은 재질을 다질 때는 압력과 진동을 동시에 가하는 것이 효과적이다. 진동을 가하면 모래, 자갈, 쇄석을 구성하는 작은 입자들이 위치를 변경하여 좀 더 밀착되기 때문에 밀도가 증가한다. 진동을 이용한 토양다짐 기계는 롤러에 별도의 엔진을 장착하여 롤러가 진동을 발생하도록 한 것이다. 진동수는 분당 약 1,000~5,000 정도이며, 토양의 고유진동수와 같은 진동수로써 토양을 다지는 것이 효과적이다. 진동 다짐기는 표토의 토

(a) 평판식

(b) 램머

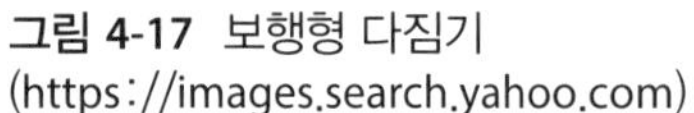
그림 4-17 보행형 다짐기
(https://images.search.yahoo.com)

입자를 더욱 분쇄하여 지면을 평탄하게 조성하는 데에도 널리 사용된다.

진동 다짐기에는 진동판을 이용한 보행형 다짐기가 있으며, 이는 가솔린 또는 디젤 엔진으로 구동되는 가진기를 평판 위에 설치한 것이다. 승용형 롤러를 사용할 수 없는 곳에서 사용한다. 보행형 다짐기계에는 평판식 외에도 롤러식, 래머(rammer)식 등이 있다.

연습문제

1. 한 변의 길이가 각각 5 cm, 10 cm인 정사각형 평판을 이용하여 토양에 대한 압력-침하실험을 실시하였을 때 다음과 같은 데이터를 얻었다.

5 × 5 평판	하중, N	20	50	100	200	300
	침하, cm	0.1	0.5	1.5	4.6	9.0
10 × 10 평판	하중, N	100	200	400	600	800
	침하, cm	0.2	0.5	1.7	3.4	5.4

❶ 토양의 k_c, k_ϕ, n의 값을 구하여라.

❷ 토양에 500 kPa의 수직압력이 작용할 때 토양 침하를 구하여라.

2. 크기가 13.2 × 71.1 cm인 평판으로 실시한 전단응력-전단변위시험의 결과는 다음의 그림에서와 같다.

❶ 시험 토양의 점성과 내부마찰각을 구하여라.

❷ 수직응력이 29.2 kPa일 때 전단응력을 전단변위의 함수로서 나타내어라.

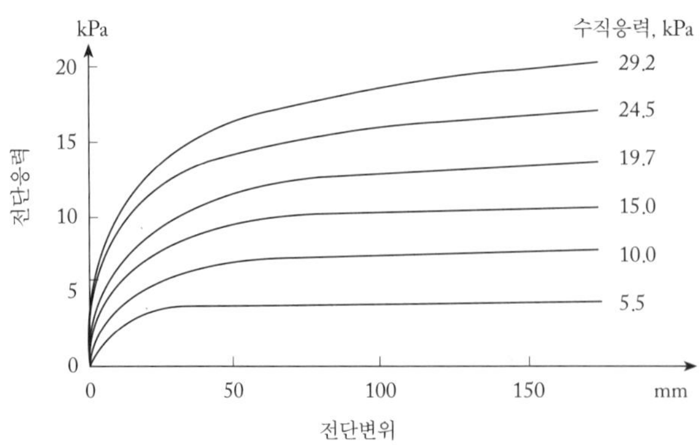

3. 트랙터 타이어의 접지면 길이는 965 mm이고, 타이어에 작용하는 수직하중은 13.2 kN이다. 토양의 특성이 $k_c = 30\ \text{kN/m}^{n+1}$, $k_\phi = 100\ \text{kN/m}^{n+2}$, $n = 0.5$일 때 타이어의 침하를 최대 50 mm로 제한하기 위한 접지면의 폭을 구하여라.

4. 논토양에 대한 직접전단시험의 결과는 다음 표에서와 같다. 토양의 전단변형계수를 구하여라.

전단변위 j, mm	전단응력 τ, kPa	전단변위 j, mm	전단응력 τ, kPa
0	0	1.6	27.9
0.2	8.5	1.8	28.5
0.4	14.6	2.0	28.9
0.6	19.0	2.2	29.2
0.8	22.1	2.4	29.4
1.0	24.3	2.6	29.6
1.2	26.0	2.8	29.7
1.4	27.1	3.0	29.8

참고문헌

ASAE. 1994. Advances in soil dynamics Vol. 1. American Society of Agricultural Engineers. St. Joseph, Michigan.

ASABE. 2016. ASABE Standard EP542, Procedures for using and reporting data obtained ith the soil cone penetrometer. American Society of Agricultural and Biological Engineers. St. Joseph, Michigan.

ASABE. 2016. ASABE Standard S313.3, Soil cone penetrometer. American Society of Agricultural and Biological Engineers. St. Joseph, Michigan.

Bekker, M. G. 1956. Theory of land locomotion. University of Michigan Press. Ann Arbor, Michigan.

Bekker, M. G. 1960. Off-the-road locomotion. University of Michigan Press. Ann Arbor, Michigan.

Bekker, M. G. 1969. Introduction to terrain-vehicle systems. University of Michigan Press. Ann Arbor, Michigan.

Freitag, D. R. 1968. Penetration tests for soil measurements. Trans. of the ASAE 11: 750-753.

Gill, W. R. and G. E. VandenBerg. 1967. Soil dynamics in tillage and traction. Agricultural Handbook No. 316. Agricultural Research Service USDA. US Government Printing Office. Washington, D.C.

Janosi, Z. and B. Hanamoto. 1961. The analytical determination of drawbar pull as a function of slip for tracked vehicle in deformable soils. Proceedings of 1st International Conference on the Mechanics of Soil Vehicle Systems. Edizioni Minerva, Tecnica, Torino.

Kacigin, V. V. and V. V. Guskov. 1968. The basis of tractor performance theory. Journal of Terramechanics 5(3): 43-66.

Kogure, K. 1976. External motion resistance caused by rut sinkage of a tracked vehicle. Journal of Terramechanics 13(1): 1-14.

Peurifoy, R. L. 1979. Construction planning, equipment and methods. McGraw-Hill Book Company. New York, New York.

Pope, R. G. 1969. The effect of sinkage rate on pressure sinkage relationships and rolling resistance in real and artificial clays. Journal of Terramechanics 6(4): 31-38.

Raghavan, G. S. V. and E. McKyes. 1978. Statistical models for predicting compaction generated by off-road vehicle traffic on different soil types. Journal of Terramechanics 15(1): 1-14.

Reece, A. R. 1965. Principle of soil vehicle mechanics. The Institute of Mechanical Engineers, London.

Rohani, B. and G. Y. Baladi. 1981. Correlation of mobility cone index with fundamental engineering properties of soil. Miscellaneous Paper SL-81-4, US Army Engineer Waterways Experiment Station. Vicksburg, Mississippi.

Söhne, W. H. 1958. Fundamentals of pressure distribution and soil compaction under tractor tires. Agrl. Engr. 39(5): 276-281, 290.

Soltynski, A. 1965. Slip sinkage as one of the performance factors of a model pneumatic tyred vehicle. Journal of Terramechanics 2(3): 29-54.

Srivastava, A. K., C. E. Goering, and R. P. Rohrbach. 1993. Engineering principle of agricultural machines. ASAE Textbook No. 6. ASAE. St. Joseph, Michigan.

Sullivan, P. M., C. D. Bullock, N. A. Renfroe, M. R. Albert, G. G. Koening, L. Peck, and K. O'Neill. 1997. Soil moisture strength prediction model version II (SMSP II), U.S. Army Corps of Engineers Waterways Experiment Station. Technical Report GL-97-15. Vicksburg, Mississippi.

USDA. 1999. Soil quality test kit guide. USDA Soil Quality Institute, Washington, D.C.

Vesic, A. S. 1972. Expansion of cavities in infinite soil mass. Journal of the Soil Mechanics and Foundations Division, ASCE V. 98, SM32, Proc. Paper 8790. Reston, Virginia.

Wong, J. Y. 2001. Theory of ground vehicles, 3rd Edition. John Wiley & Sons, Inc. New York, New York.

https://images.search.yahoo.com

제5장

견인역학

차량이 얻을 수 있는 추진력은 두 가지 요인에 의하여 제한된다. 첫 번째 요인은 차량의 기관 출력이며, 두 번째 요인은 지면의 강도이다. 차량의 추진력은 구동장치가 지면으로 전달할 수 있는 힘에 의하여 결정되며, 이 힘은 기관에서 구동장치로 전달된 토크와 구동장치에서 지면으로 전달된 힘을 지지할 수 있는 토양의 능력에 의하여 결정된다. 즉 지면의 강도가 충분하면 차량의 추진력은 기관의 출력에 의하여 결정되나, 기관의 출력이 충분한 경우에는 구동장치가 주행하는 지면의 강도에 의하여 결정된다. 지면의 강도가 아무리 높다 하더라도 기관 출력이 약하면 차량은 큰 추진력을 얻을 수 없다. 또한 기관 출력이 아무리 크다 하더라도 지면이 구동륜에서 전달된 힘을 지지할 수 없는 경우에는 큰 추진력을 얻을 수 없다.

토양에는 토양강도의 범위 내에서 작용-반작용의 법칙에 의하여 구동장치에서 전달된 힘과 같은 크기의 반력이 발생한다. 구동장치에서 전달된 힘이 토양이 지지할 수 있는 힘 이상으로 증가하면 토양은 파괴되고 전달된 힘은 모두 추진력으로 전환되지 못한다. 즉 에너지 손실이 발생하며, 또한 구동장치에는 슬립이 발생한다. 이러한 추진력 발생현상은 토양의 강도뿐만 아니라 구동장치에 의해서도 변하기 때문에 실제적으로는 토양과 구동장치의 상호작용(interaction)에 의하여 결정된다고 할 수 있다.

본 장에서는 토양과 구동장치의 상호작용에 대한 이론과 이를 이용한 토양추진력, 견인력, 운동저항 등의 예측 모형을 고찰한다.

1. 주행장치와 노면의 상호작용

차량의 주행장치는 차량의 하중을 지지하고 차체와 노면 사이에서 완충 역할을 수행하여야 한다. 또한 구동할 때와 제동할 때는 충분한 견인력과 제동력을 낼 수 있어야 하며, 조향할 때는 충분한 조향력과 차량의 안정성을 유지하여야 한다. 이러한 주행장치의 기능과 성능은 주행장치와 노면의 상호작용에 의하여 결정된다. 상호작용의 형태는 주행장치와 노면의 변형 정도에 따라 그림 5-1에서와같이 네 가지 형태로 구분할 수 있다. 차륜과 노면의 변형이 모두 없는 강체차륜과 강체노면은 고압의 공기타이어가 콘크리트 또는 아스팔트 노면을 주행하는 경우에 해당하며, 차륜과 노면의 변형이 모두 존재하는 변형차륜과 변형노면은 저압의 공기타이어가 연약한 지면을 주행하는 경우에 해당한다. 강체차륜과 변형노면은 고압의 공기타이어가 연약한 지면을 주행하는 경우에 해당하고, 변형차륜과 강체노면은 저압의 공기타이어가 콘크리트 또는 아스팔트 노면을 주행하는 경우에 해당한다. 그러나 이러한 관계는 차륜과 노면의 상대적인 변형에 따라서도 결정할 수 있다. 즉 차륜의 변형이 노면의 변형에 비하여 상대적으로 큰 경우에는 변형차륜과 강체노면으로 볼 수 있으며, 반대로 차륜의 변형이 노면의 변형에 비하여 상대적으로 작은 경우에는 강체차륜과 변형노면으로 볼 수 있다. 이러한 상호작용의 형태는 궤도형 주행장치에도 그대로 적용할 수 있으나 궤도형 주행장치의 변형은 공기타이어에서와같이 명확하게 정하기가 어렵다.

주행장치와 노면 사이에 작용하는 힘과 에너지 손실은 상호작용의 형태에 따라 차이가 있으므로 주행장치에 따른 견인력과 운동저항을 예측할 때는 먼저 상호작용의 형태를 결정하여야 한다. 강체차륜과 강체노면 사이의 추진력은 주로 마찰에 의하여 결정되며, 운동

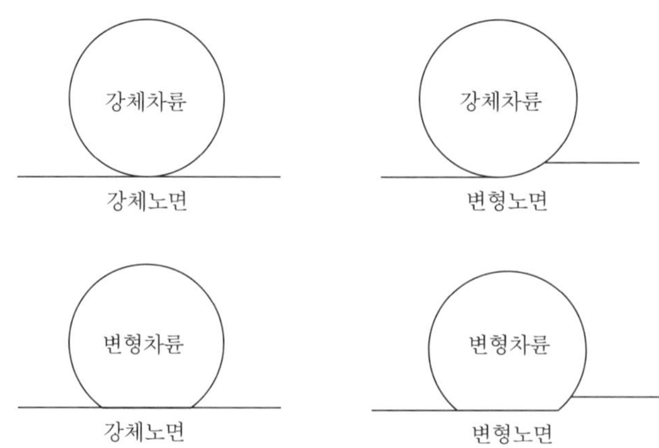

그림 5-1 차륜과 노면의 형태

저항은 주행장치의 슬립에 의하여 결정된다. 반면에 변형차륜과 변형노면 사이의 추진력은 주로 노면의 전단강도에 의하여 결정되며, 운동저항은 주행장치와 노면의 변형에 의하여 결정된다. 강체차륜과 변형노면 또는 변형차륜과 강체노면 사이의 추진력과 운동저항에는 마찰에 의한 성분과 변형에 의한 성분이 모두 포함되어 있으며 각 성분의 정도는 주행장치와 노면의 변형 정도에 따라 결정된다.

2. 토양추진력

토양의 전단강도에 의하여 차량이 얻을 수 있는 수평방향의 힘을 토양추진력(soil thrust)이라고 한다. 이 토양추진력의 일부는 운동저항을 극복하는 데 사용되며 나머지는 차량을 가속하거나, 경사지를 오르거나, 하중을 견인하는 데 사용된다. 토양추진력에서 운동저항을 뺀 힘을 견인력(drawbar pull)이라고 한다. 즉 토양추진력을 H, 운동저항을 R이라고 하면 견인력 DP는 다음과 같이 표현된다.

$$DP = H - R \tag{5-1}$$

이 견인력이 0이면 차량은 가속하거나, 경사지를 오르거나, 하중을 견인할 수 없으며 정지 또는 등속도 상태가 된다. 차량의 추진력은 토양추진력 내에서 차륜에 작용하는 부하에 따라 결정된다. 따라서 차량의 최대 추진력은 토양추진력과 같고 토양추진력 내에서 추진력은 운동저항과 견인력의 합과 같다.

주어진 토양조건에서 토양추진력은 주행장치가 접지면을 전단하는 네 필요한 힘과 같다. 몰-쿨롱의 이론에 의하면 토양이 전단파괴될 때 전단응력은

$$\tau = c + p\tan\phi$$

여기서, c = 토양의 점성

p = 접지면에 작용하는 수직압력

ϕ = 토양의 내부마찰각

이므로 차량의 접지면적 A를 전단하는 데 필요한 힘 H는

$$H = \int_A \tau dA = \int_A (c + p\tan\phi) dA$$

$$H = Ac + Ap\tan\phi$$

가 된다. Ap는 차량의 접지면에 작용하는 수직하중이므로 차량의 중량과 같고 이를 W라고 하면 토양추진력 H는

$$H = Ac + W\tan\phi \tag{5-2}$$

로 표현할 수 있다. 즉 토양추진력은 차량의 접지면적, 중량, 토양의 점성, 내부마찰각에 의하여 결정된다. 식 (5-2)에 의하면 순수한 점토의 경우, 즉 $\phi = 0$인 경우 토양추진력은 차량의 중량에는 영향을 받지 않으며 접지면적에만 영향을 받는다. 반대로 순수한 사질토인 경우, 즉 $c = 0$인 경우 토양추진력은 차량의 접지면적에는 영향을 받지 않으며 중량에만 영향을 받는다. 따라서 점토에서는 차량의 중량이 토양추진력을 발생시킬 수 없기 때문에 차량의 중량은 불리한 요인이 된다. 또한 건조한 사질토에서는 차량의 접지면적을 필요 이상으로 크게 할 필요가 없으며 중량을 증가시켜야 큰 토양추진력을 얻을 수 있다.

타이어의 러그 또는 궤도의 그라우저가 토양추진력에 미치는 영향을 고려하기 위하여 베커는 다음과 같은 경험식을 제시하였다(Bekker, 1960).

$$H' = 2hlc + (0.64\frac{h}{b}\cot^{-1}\frac{h}{b})W\tan\phi \tag{5-3}$$

여기서, h = 러그 또는 그라우저의 높이

b = 접지면의 폭

l = 접지면의 길이

H' = 러그 또는 그라우저에 의한 토양추진력

식 (5-3)에 의하면 러그 또는 그라우저의 영향은 토양에 따라서 차이가 있으며, 특히 점토에서 그 영향이 크고 사질토에서는 영향이 작은 것으로 나타났다. 사막에서 돌기가 없는 타이어가 사용되는 것이 좋은 예라고 할 수 있다. 따라서 러그 또는 그라우저의 영향을 고려하면 토양추진력은 다음과 같이 표현된다.

$$H = blc(1 + \frac{2h}{b}) + W\tan\phi(1 + 0.64\frac{h}{b}\cot^{-1}\frac{h}{b}) \tag{5-4}$$

예제 중량이 400 kN인 트랙터의 주행장치는 고무궤도로서 궤도의 폭은 320 mm이고 길이가 1,600 mm이다. 점성이 3 kPa이고 내부마찰각이 25°인 토양에서 얻을 수 있는 토양추진력은 얼마인가?

풀이 $W = 400$ kN, $c = 3$ kPa, $\phi = 25°$이고, $A = 2(0.320 \times 1.6) = 1.024\ \text{m}^2$이므로

$$H = Ac + W\tan\phi = 1.024(3) + 400\tan 25° = 189.6\ \text{kN}$$

1) 베커 식

이상에서 유도한 토양추진력은 차량의 적정 슬립에서 얻을 수 있는 최대 토양추진력이다. 차량의 슬립이 적정 슬립보다 크거나 작아지면 토양추진력은 감소한다. 따라서 토양추진력과 슬립의 관계를 구명하기 위해서는 접지면의 전단응력을 차량의 슬립함수로서 표현하여야 한다. 베커는 식 (4-24)를 이용하여 취성토양에 대한 접지면의 전단응력을 슬립의 함수로서 다음과 같이 표현하였다(Bekker, 1960).

$$\tau = \left(\frac{c + p\tan\phi}{y_{\max}}\right)\left[e^{(-K_2+\sqrt{K_2^2-1})K_1 sx} - e^{(-K_2-\sqrt{K_2^2-1})K_1 sx}\right] \tag{5-5}$$

여기서 x는 접지면의 시작점을 기준으로 접지면 내 한 점의 길이방향 변위를 나타내며, s는 구동장치의 평균 슬립을 나타낸다. 따라서 sx는 슬립에 의한 토양의 전변단위가 된다. $y_{\max}$는 $e^{(-K_2+\sqrt{K_2^2-1})K_1 sx} - e^{(-K_2-\sqrt{K_2^2-1})K_1 sx}$의 최댓값이다. 식 (5-5)를 이용하여 접지면 $b \times L$에 의한 토양추진력을 구하면 다음과 같이 표현된다.

$$H = b\int_0^L \tau dx \tag{5-6}$$

$$= b\int_0^L \left(\frac{c + p\tan\phi}{y_{\max}}\right)\left[e^{(-K_2+\sqrt{K_2^2-1})K_1 sx} - e^{(-K_2-\sqrt{K_2^2-1})K_1 sx}\right]dx$$

$$= \frac{b(c + p\tan\phi)}{K_1 s y_{\max}}\left[\frac{1 - e^{-K_2-\sqrt{K_2^2-1}K_1 sL}}{-K_2 - \sqrt{K_2^2-1}} + \frac{-1 + e^{-K_2+\sqrt{K_2^2-1}K_1 sL}}{-K_2 + \sqrt{K_2^2-1}}\right]$$

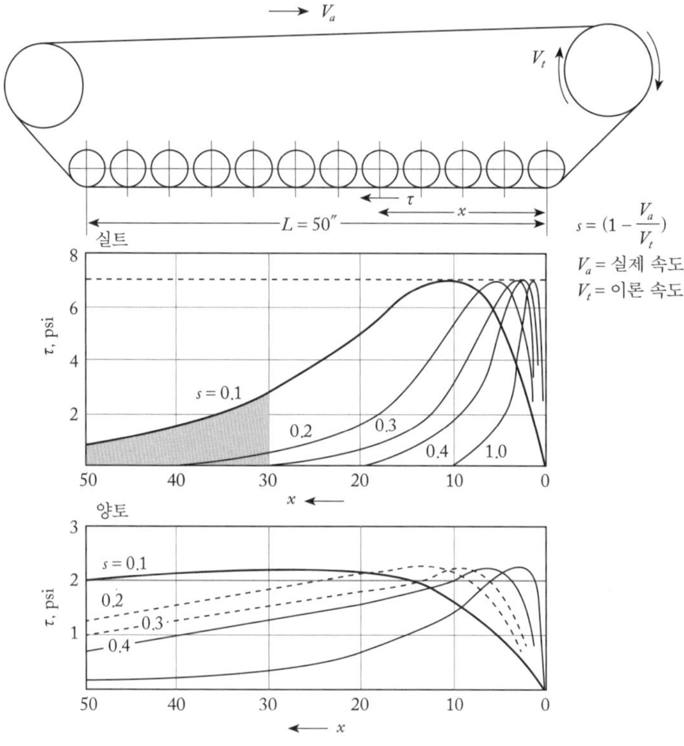

그림 5-2
슬립에 따른 토양추진력의 변화(Bekker, 1960)

식 (5-6)에 의하면 토양추진력은 접지면의 압력분포가 균등한 경우에도 고정된 값이 아니고 접지 길이에 따라서 변한다. 토양추진력은 접지면 시작점에서 0이 되며, 접지 길이에 따라 점차 증가하여 어떤 지점에서 최댓값에 이른다. 토양추진력은 토양상수 K_1, K_2에 따라서도 감소하거나 일정한 값을 유지한다. 그림 5-2는 궤도형 주행장치에 의하여 실트 토양과 양토에서 발생하는 토양추진력을 접지 길이와 슬립에 따라 나타낸 것이다.

그림 5-2에서 토양추진력은 전단응력선도 아래의 면적과 같다. 실트 토양에서는 토양추진력이 대부분 궤도의 전반부에서 발생하며 후반부의 영향은 적다. 또한 슬립이 증가할수록 토양추진력은 급격히 감소한다. 그러나 양토에서는 접지 길이의 후반부에서도 비교적 큰 토양추진력이 발생하며 슬립의 증가에 따른 토양추진력의 감소도 실트 토양에서보다는 적다. 슬립이 20~30% 이상으로 증가하면 실트 토양 및 양토에서도 토양추진력은 모두 급격히 감소한다.

2) 야노시-하나모토 식

야노시와 하나모토(Janosi and Hanamoto, 1961)는 소성토양에 대한 토양추진력을 다음과 같이 제시하였다.

$$H = b\int_0^L (c + p\tan\phi)(1 - e^{\frac{-sx}{K}})dx$$

$$= b(c + p\tan\phi)[L - \frac{K}{s}(1 - e^{\frac{-sL}{K}})] \quad (5\text{-}7)$$

소성토양에서 토양추진력은 식 (5-7)에서와같이 접지면에 작용하는 수직압력에 큰 영향을 받는다. 식 (5-7)에서 수직압력 p는 등분포 압력으로 가정하였다. 그러나 실제 수직압력은 균등하지 않으며, 주행장치의 형식과 토양에 따라서 다양한 형태를 나타낸다. 점토에서는 접지면의 가운데보다는 가장자리의 압력이 더 높은 분포 형태를 나타내며, 사질토에서는 가운데 압력이 더 높은 분포 형태를 나타낸다.

예제 $c = 25$ kPa, $\phi = 30°$, $K = 7$ cm인 토양이 있다. 출력이 60 kW인 후륜구동 트랙터의 중량은 4.8톤이고 중량의 75%는 후륜구동 타이어에 작용한다. 후륜 접지면의 폭과 길이는 각각 47 cm, 86 cm이다. 이 트랙터의 유동저항이 총중량의 8%이면 구동륜의 슬립이 10%일 때 토양추진력과 트랙터의 견인력을 구하여라.

풀이 $c = 25$ kPa, $\phi = 30°$, $K = 7$ cm, $b = 0.47$ m, $L = 0.86$ m, $s = 0.1$이고, 후륜의 접지면에 작용하는 압력은 $p = \frac{(4,800 \times 9.81) \times 0.75}{2(0.47 \times 0.86)} = 43,686.3$ Pa ≈ 43.7 kPa이므로 2개의 후륜 타이어에 의한 토양추진력은

$$H = 2b(c + p\tan\phi)[L - \frac{K}{s}(1 - e^{\frac{-sL}{K}})]$$

$$= 2 \times 0.47(25 + 43.7\tan 30°)[0.86 - \frac{0.07}{0.1}(1 - e^{-\frac{0.1 \times 0.86}{0.07}})] = 17.23 \text{ kN}$$

이다. 운동저항은 $R = 0.08W = 0.08(4.8 \times 9.81) = 3.77$ kN이다.

따라서 견인력 $DP = H - R = 17.2 - 3.78 = 13.46$ kN이다.

---

3) 카시긴–구스코프 식

카시긴과 구스코프(Kacigin and Guskov, 1968)는 토양의 전단응력과 전단변위의 관계를 식 (4-33)과 같이 표현하였다. 식 (4-33)을 이용하여 토양추진력을 구하면

$$H = b\int_0^L pf_m(1 + \frac{a}{\cosh\frac{sx}{K_\tau}})\tanh\frac{sx}{K_\tau}dx$$

$$= bpf_m\frac{K_\tau}{s}[\ln\cosh\frac{sL}{K_\tau} - a(\frac{1}{\cosh\frac{sL}{K_\tau}} - 1)] \quad (5\text{-}8)$$

가 된다. 또한 소성토양에서는 a가 0이 되므로 토양추진력은 다음과 같이 표현된다.

$$H = bpf_m\frac{K_\tau}{s}(\ln\cosh\frac{sL}{K_\tau}) \quad (5\text{-}9)$$

카시긴-구스코프의 토양추진력 예측식도 베커 식에서와같이 접지면의 압력은 등분포하는 것으로 가정하였다.

지금까지 전단응력-전단변위의 관계를 이용하여 토양추진력을 예측할 수 있는 수학적 모형을 제시하였다. 이러한 모형은 모두 전단면에 작용하는 수직압력이 균등한 것으로 가정하였으며, 슬립도 일정한 것으로 가정하였다. 그러나 이미 언급한 바와 같이 실제 전단면에 작용하는 수직압력은 균등하지 않으며, 슬립도 일정하지 않은 것으로 알려져 있다. 따라서 수직압력과 슬립의 분포를 전단면 변수의 함수로서, 일반적으로 전단면 길이의 함수로서, 나타낼 수 있으면 이를 적분하여 보다 정확한 토양추진력을 예측할 수 있다.

4) 강체차륜의 토양추진력

지면의 강도에 비하여 차륜의 강도가 큰 경우, 즉 차륜이 연약한 토양을 주행할 때와 같이 토양에는 변형이 일어나지만 차륜에는 변형이 일어나지 않는 경우에는 차륜을 강체차륜으로 가정할 수 있다. 강체차륜의 경우 토양에는 그림 5-3에서와같이 차륜하중에 의한 초기 침하 z_0이 일어난다. 초기침하 상태에서 차륜이 구동할 때 차륜과 토양의 접촉면을 따라 일어나는 전단변위는 다음과 같은 방법으로 구할 수 있다. 그림 5-3에서 차륜이 일정한 슬립 s로써 θ각을 회전하면 차륜과 지면 접촉점은 c점으로 이동한다. 차륜상의 한 점 c의 X 방향

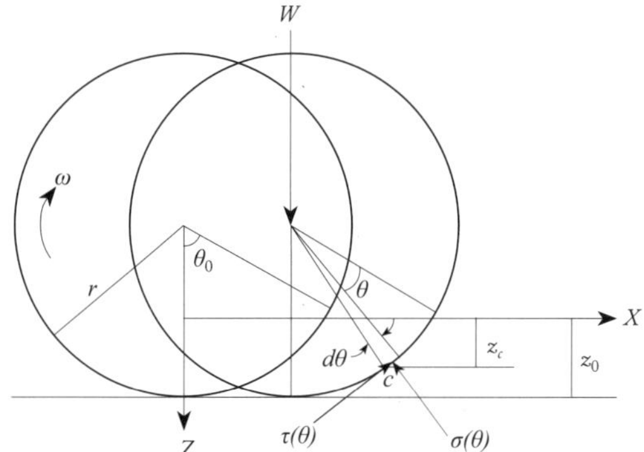

그림 5-3 강체차륜의 토양추진력

변위와 Z 방향 변위는 각각 다음과 같이 표현할 수 있다.

$$x_c = r\theta(1-s) + r\sin(\theta_0 - \theta) \tag{5-10-1}$$

$$z_c = r\cos(\theta_0 \quad \theta) \quad r\cos\theta_0 \qquad (5\ 10\ 2)$$

여기서 초기 침하각 θ_0는 초기침하에 의하여 결정된다. 즉

$$\theta_0 = \cos^{-1}\frac{r - z_0}{r}$$

이다.

식 (5-10)을 미분하여 c점의 속도를 구하면

$$\dot{x}_c = r\omega(1-s) - r\omega\cos(\theta_0 - \theta) \tag{5-11-1}$$

$$\dot{z}_c = r\omega\sin(\theta_0 - \theta) \tag{5-11-2}$$

와 같다. 토양에 대한 c점의 슬립속도 $v_j(\theta)$는 차륜의 회전방향 접선속도이므로

$$v_j(\theta) = -\dot{x}_c\cos(\theta_0 - \theta) + \dot{z}_c\sin(\theta_0 - \theta) \tag{5-12}$$

가 된다. 따라서 식 (5-11)을 식 (5-12)에 대입하면

$$v_j(\theta) = r\omega - r\omega(1-s)\cos(\theta_0 - \theta)$$

$$= r\omega[1 - (1 - s)\cos(\theta_0 - \theta)] \quad (5\text{-}13)$$

이다. 차륜의 회전각이 θ일 때 전단변위 $j(\theta)$는 식 (5-13)을 적분하여 구할 수 있다.

$$j(\theta) = \int_0^t v_j dt = \int_0^\theta r\omega[1-(1-s)\cos(\theta_0 - \theta)]\frac{d\theta}{\omega}$$

$$= r\theta + r(1 - s)[\sin(\theta_0 - \theta) - \sin\theta_0] \quad (5\text{-}14)$$

여기서, r = 차륜의 반경

s = 차륜의 슬립

야노시-하나모토 식 (4-26)을 이용하면 차륜의 원주면에 작용하는 전단응력 τ는 θ의 함수로서 다음과 같이 표현된다.

$$\tau(\theta) = [c + \sigma(\theta)\tan\phi](1 - e^{\frac{-r\theta - r(1-s)[\sin(\theta_0 - \theta) - \sin\theta_0]}{K}}) \quad (5\text{-}15)$$

또한 차륜의 원주면에 작용하는 수직응력은 베커 식을 이용하여 침하가 같은 평판에 작용하는 압력과 같다고 가정하여 구한다. 즉

$$\sigma(\theta) = (\frac{k_c}{b} + k_\phi)[r\cos(\theta_0 - \theta) - r\cos\theta_0]^n \quad (5\text{-}16)$$

이다. 여기서 b는 차륜의 폭을 나타낸다. 차륜의 원주면에 식 (5-15)와 식 (5-16)과 같은 전단응력과 수직응력이 작용할 때, 차륜에 의한 토양추진력은 차륜의 접지면적에 작용하는 전단응력의 수평성분을 합하여 구한다. 즉 강체차륜의 토양추진력은

$$H = rb\int_0^{\theta_0} \tau(\theta)\cos(\theta_0 - \theta)d\theta \quad (5\text{-}17)$$

여기서, b = 차륜의 폭

과 같이 표현된다. 식 (5-15)에 식 (5-16)을 대입하고, 이를 다시 식 (5-17)에 대입하여 강체차륜의 토양추진력을 구할 수 있다.

원주면에 작용하는 접선응력과 수직응력의 연직방향 성분은 타이어에 작용하는 수직하중과 같으므로 타이어의 수직하중은 다음과 같이 표현된다.

$$W = rb[\int_0^{\theta_0} \sigma(\theta)\cos(\theta_0 - \theta)d\theta + \int_0^{\theta_0} \tau(\theta)\sin(\theta_0 - \theta)d\theta] \quad (5\text{-}18)$$

또한 접선응력과 수직응력의 수평방향 성분, 즉 견인력과 구동륜에서 요구되는 토크는 각각 다음과 같이 표현된다.

$$DP = rb[\int_0^{\theta_0} -\sigma(\theta)\sin(\theta_0 - \theta)d\theta + \int_0^{\theta_0} \tau(\theta)\cos(\theta_0 - \theta)d\theta] \quad (5\text{-}19)$$

$$T = r^2 b\int_0^{\theta_0} \tau(\theta)d\theta$$

5) 궤도형 주행장치의 토양추진력

궤도형 주행장치의 토양추진력은 전단응력과 전단변위의 관계식 (4-31)을 이용하여 다음과 같이 표현할 수 있다.

$$H = b\int_0^L \tau dx = b\int_0^L (c + p\tan\phi)(1 - e^{-\frac{j_x}{K}})dx \quad (5\text{-}20)$$

여기서, b = 궤도의 폭

L = 궤도의 길이

궤도와 지면 사이에 슬립이 없으면 궤도의 전단변위도 0이 된다. 그러나 접지면이 파괴되면 궤도와 지면 사이에는 슬립이 발생하므로 식 (5-20)에서 슬립에 의한 전단변위를 고려하여야 한다. 그림 5-4에서와같이 궤도차량이 속도 v_a로써 주행할 때 지면고정 좌표계 x-y에 대한 차량고정 좌표계 x′-y′의 속도도 v_a와 같다. 그러나 지면고정 좌표계에 대한 궤도상의 한 점 A의 속도는 궤도와 토양 사이의 슬립에 따라 변한다. 슬립이 0이면 지면고정 좌표계에 대한 A점의 속도는 0이다. 그러나 차량고정 좌표계에 대한 A점의 속도는 구동 스프로켓의 피치원 반경과 회전속도에 의하여 결정된다. 이 속도를 v_t라고 하면 슬립이 0일 때 지면고정 좌표계에 대한 차량고정 좌표계의 속도도 v_t가 된다. 슬립이 0이 아니면 $v_a < v_t$가 된다. 슬립이 100%이면 지면고정 좌표계에 대한 차량고정 좌표계의 속도는 0이 된다. 그러

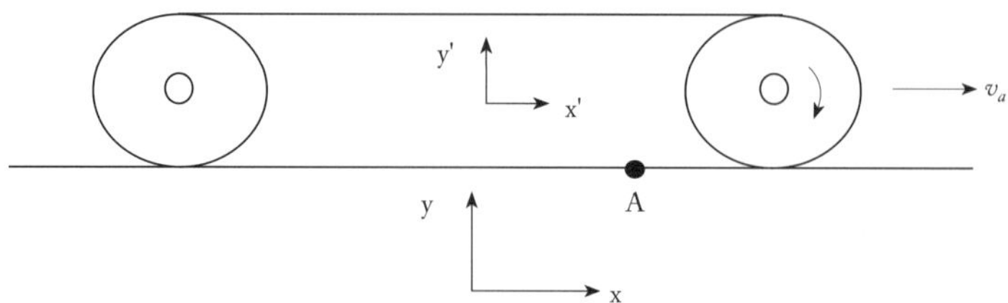

그림 5-4
궤도와 토양 사이의 슬립

나 차량고정 좌표계와 지면고정 좌표계에 대한 A점의 속도는 여전히 v_t이다. 이러한 궤도와 지면 사이의 슬립은 다음과 같이 정의된다.

$$s = \frac{v_t - v_a}{v_t} = 1 - \frac{v_a}{v_t}$$

또한

$$v_a = v_t(1 - s)$$

이다. 진행방향의 단위벡터를 i라고 하면 차량고정 좌표계에 대한 A점의 속도는

$$-v_t i$$

가 되며, 지면고정 좌표계에 대한 차량고정 좌표계의 속도벡터는

$$vi = v_t(1 - s)i$$

이다. 따라서 지면고정 좌표계에 대한 A점의 속도는

$$v_A i = -v_t i + v_t(1 - s)i = -s v_t i$$

가 된다. A점의 속도는 A점의 변위에 대한 시간변화율이므로

$$\frac{dx_A}{dt} = v_A = -s v_t$$

이고, t시간 동안 A점의 변위는

$$\int_{x_{A0}}^{x_{At}} dx_A = -sv_t \int_0^t dt$$

$$\Delta x_A = x_{At} - x_{A0} = -sv_t t$$

여기서, x_{At} = 시간 t에서 A점의 위치

x_{A0} = 시간 $t = 0$일 때 A점의 위치

가 된다. A점이 지면과 접촉하여 x만큼 이동하는 데 걸리는 시간은 $t = \frac{x}{v_t}$이므로 지면고정 좌표계에 대한 A점의 변위는

$$\Delta x_A = -sv_t \frac{x}{v_t} = -sx$$

가 된다. 이 식은 궤도의 슬립이 s일 때 그림 5-5에서와같이 궤도상의 한 점이 지면과 접촉하여 x만큼 이동하였을 때 이 점의 전단변위를 나다낸다. 즉

$$j_x = -sx \tag{5-21}$$

이다. 식 (5-21)을 식 (5-20)에 대입하면 궤도와 토양 사이의 슬립을 고려한 토양추진력이 된다. 궤도차량은 두 개의 궤도장치로써 구동하므로 궤도차량의 토양추진력은 다음과 같이 표현된다.

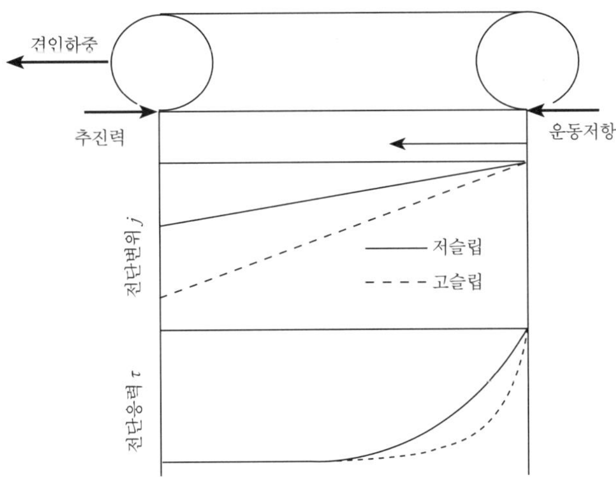

그림 5-5
궤도의 슬립에 의한 전단변위

$$H_t = 2b\int_0^L \tau dx = 2b\int_0^L (c + p\tan\phi)(1 - e^{-\frac{s}{K}x})dx$$

$$= 2bL(c + p\tan\phi)[1 - \frac{K}{sL}(1 - e^{\frac{-sL}{K}})]$$

$$= (Ac + W\tan\phi)[1 - \frac{K}{sL}(1 - e^{\frac{-sL}{K}})] \tag{5-22}$$

여기서, $A = 2bL$, 궤도차량의 총접지면적

$W = 2bLp$, 궤도차량의 중량

b = 궤도의 폭

L = 궤도의 접지 길이

p = 궤도의 접지면에 작용하는 압력

c = 토양의 점성

ϕ = 토양의 내부마찰각

K = 토양변형계수

s = 궤도와 토양 사이의 슬립

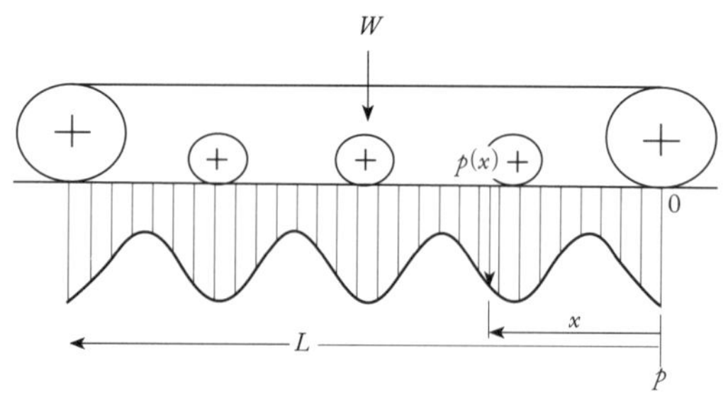

그림 5-6 궤도의 접지압 분포

식 (5-22)는 궤도의 접지압, 즉 p가 일정한 경우의 토양추진력을 예측할 수 있는 식이다. 그러나 궤도의 접지압은 일정하지 않고 지면의 상태, 궤도의 전륜 수 등에 따라서 변한다. 일반적으로 궤도차량의 접지압 분포는 그림 5-6에서와같이 전륜의 접지면에서 피크압력이 나타나는 형태이므로 전륜의 수를 n_w이라 하면 다음과 같이 표현할 수 있다.

$$p(x) = \frac{W}{2bL}[1 + \cos\frac{2(n_w + 1)\pi}{L}x] \tag{5-23}$$

따라서 접지압의 변화를 고려한 궤도차량의 토양추진력은 식 (5-23)을 식 (5-22)에 대입하여 구할 수 있으며 다음과 같이 표현된다.

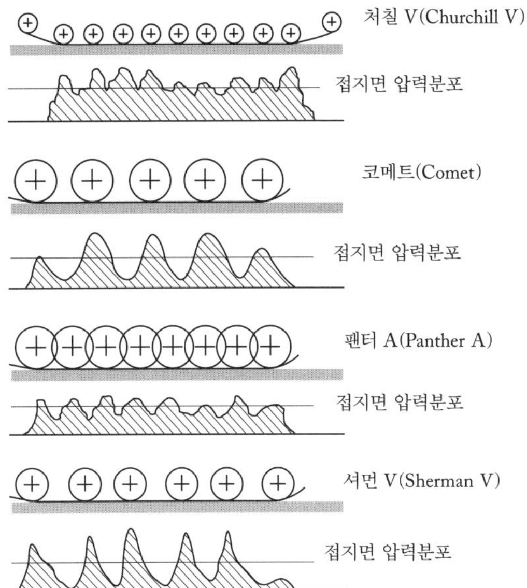

그림 5-7
궤도차량의 접지압 분포(Rowland, 1972)

$$H_t = 2b\int_0^L [c + \frac{W}{2bL}\tan\phi(1+\cos\frac{2(n_w+1)\pi}{L}x)](1-e^{-\frac{s}{K}x})dx \tag{5-24}$$

$$= (2bLc + W\tan\phi)[1 - \frac{K}{sL}(1-e^{-\frac{sL}{K}})] + W\tan\phi[\frac{K(e^{-\frac{sL}{K}}-1)}{sL(1+\frac{4(n_w+1)^2K^2\pi^2}{s^2L^2})}]$$

접지압 분포가 x의 함수로서 $p(x)$인 경우 궤도차량의 토양추진력은 일반식으로서

$$H_t = 2b\int_0^L [c + p(x)\tan\phi](1-e^{-\frac{s}{K}x})dx$$

로 표현된다. 그림 5-7은 각종 궤도차량의 접지압 분포를 나타낸 것이다.

6) 공기타이어

공기타이어의 토양추진력을 예측하기 위해서는 먼저 주어진 지면조건에서 타이어를 강체차륜으로 볼 것인가 또는 탄성차륜으로 볼 것인가를 결정하여야 한다. 타이어의 공기압과 커케스층의 강성이 토양이 지지할 수 있는 최대 압력보다도 크면 타이어는 강체차륜으로 가정할 수 있다. 지면이 충분히 단단한 경우에는 타이어의 일부분이 편편하게 변형되어 탄

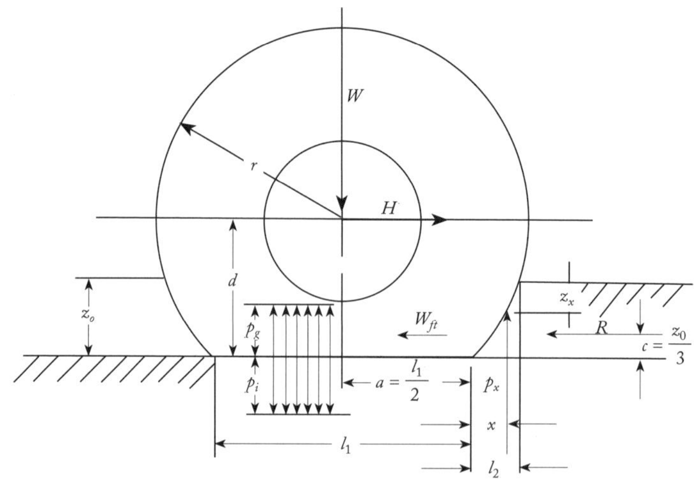

그림 5-8
연약 토양에서 타이어의 변형
(Bekker, 1960)

성차륜으로 가정할 수 있다. 그러나 대부분의 경우 타이어는 완전 탄성차륜도 아니며, 또한 완전 강체차륜도 아니다. 즉 두 가지 경우의 성질을 모두 나타낸다. 편편하게 변형된 부분뿐만 아니라 곡선 부분도 차륜의 하중을 지지하며 이를 무시할 수 없다. 연약한 토양에서 타이어와 토양의 접촉면은 그림 5-8에서와같이 편편하게 변형된 부분 l_1과 곡선 부분 l_2로 나타낼 수 있다. 이때 편편한 지면의 강도는 타이어의 공기압 p_i와 커케스의 강성 p_c의 합, 즉 $p_g = p_i + p_c$를 충분히 지지할 수 있는 강도이다. 만약 $p_i + p_c$가 지면이 지지할 수 있는 최대 압력 p_g보다 크면 차륜은 강체차륜으로 가정된다. 그러나 강성에 의한 타이어 카케스의 p_c는 카케스의 강성뿐만 아니라 타이어의 공기압, 수직하중 등의 영향을 받기 때문에 그 값을 결정하기가 쉽지 않다. 따라서 실제적으로 p_i와 p_c의 합은 단단한 노면에서 타이어의 평균 접지압으로 나타낼 수 있다.

그림 5-8에서 수직방향 힘의 평형조건은

$$W = bl_1(p_i + p_c) + b\int_0^{l_2} p_x dx \tag{5-25}$$

와 같이 표현된다. 또한 베커의 압력-침하식에 의하여

$$p_x = (\frac{k_c}{b} + k_\phi)z_x^n \tag{5-26}$$

이고, 근사적으로

$$\frac{z_0 - z_x}{z_0} = \frac{x}{l_2} \tag{5-27}$$

이므로 평탄부의 전방 끝점에서 모멘트를 취하면

$$Hd - Wa + b(p_i + p_c)\frac{l_1^2}{2} - b\int_0^{l_2} p_x x dx - Rc = 0 \tag{5-28}$$

가 된다. 초기침하 z_0는

$$z_0 = \left(\frac{p_i + p_c}{\frac{k_c}{b} + k_\phi}\right)^{\frac{1}{n}} \tag{5-29}$$

가 되며, 식 (5-27)에서

$$\frac{1}{l_2}dx = -\frac{1}{z_0}dz$$

이므로

$$\begin{aligned} b\int_0^{l_2}\left(\frac{k_c}{b} + k_\phi\right)z_x^n dx &= b\int_{z_0}^{0}\left(\frac{k_c}{b} + k_\phi\right)\left(-\frac{l_2}{z_0}\right)z^n dz \\ &= \frac{bl_2}{n+1}\left(\frac{k_c}{b} + k_\phi\right)z_0^n \\ &= \frac{bl_2}{n+1}(p_i + p_c) \end{aligned}$$

이다. 이를 식 (5-25)에 대입하면

$$W = bl_1(p_i + p_c) + \frac{bl_2}{n+1}(p_i + p_c) = b(p_i + p_c)\left(l_1 + \frac{l_2}{n+1}\right) \tag{5-30}$$

가 된다. 식 (5-28)에서

$$a = \frac{l_1}{2}$$

$$b\int_0^{l_2} p_x x dx = b\int_{z_0}^0 (\frac{k_c}{b} + k_\phi) z^n l_2 (1 - \frac{z}{z_0})(-\frac{l_2}{z_0}) dz$$

$$= b(\frac{k_c}{b} + k_\phi)(-\frac{l_2^2}{z_0})\int_{z_0}^0 (1 - \frac{z}{z_0}) z^n dz$$

$$= b(\frac{k_c}{b} + k_\phi)\frac{l_2^2}{z_0}\int_0^{z_0} (z^n - \frac{1}{z_0} z^{n+1}) dz$$

$$= b(\frac{k_c}{b} + k_\phi)\frac{l_2^2}{z_0}(\frac{z_0^{n+1}}{n+1} - \frac{1}{z_0}\frac{z_0^{n+2}}{n+2})$$

$$= b(\frac{k_c}{b} + k_\phi)\frac{l_2^2}{z_0}\frac{z_0^{n+1}}{(n+1)(n+2)}$$

$$= bl_2^2(\frac{k_c}{b} + k_\phi)\frac{z_0^n}{(n+1)(n+2)}$$

$$= bl_2^2 \frac{p_i + p_c}{(n+1)(n+2)}$$

이므로 이를 식 (5-28)에 대입하면

$$Hd - [b(p_i + p_c)(l_1 + \frac{l_2}{n+1})]\frac{l_1}{2} + \frac{bl_1^2}{2}(p_i + p_c)$$

$$-bl_2^2 \frac{p_i + p_c}{(n+1)(n+2)} - Rc = 0 \qquad (5\text{-}31)$$

가 된다. 그림 5-8에서 $H = R$, $c \approx \frac{z_0}{3}$, $d \cong r$이고, 식 (5-30)에서

$$l_1 = \frac{W}{b(p_i + p_c)} - \frac{l_2}{n+1} \qquad (5\text{-}32)$$

이므로 이를 대입하면 식 (5-31)은 다음과 같이 표현된다.

$$[\frac{b(p_i + p_c)}{2(n+1)^2} - \frac{b(p_i + p_c)}{(n+1)(n+2)}]l_2^2 - \frac{W}{2(n+1)}l_2 + R(r - \frac{z_0}{3}) = 0 \qquad (5\text{-}33)$$

식 (5-33)을 풀어서 l_2를 구하면

$$l_2 = \frac{B \pm \sqrt{B^2 - 4AC}}{2A} \tag{5-34}$$

여기서, $A = \dfrac{b(p_i + p_c)}{2(n+1)^2} - \dfrac{b(p_i + p_c)}{(n+1)(n+2)}$

$$B = \frac{W}{2(n+1)}$$

$$C = R(r - \frac{z_0}{3}) = [\frac{b(p_i + p_c)^{\frac{n+1}{n}}}{(n+1)(\frac{k_c}{b} + k_\phi)^{\frac{1}{n}}} + \frac{Wu}{p_i^a}](r - \frac{z_0}{3})$$

가 된다. 식 (5-32)와 식 (5-34)는 타이어의 공기압과 커케스의 강성이 각각 p_i, p_c일 때 주어진 토양조건에서 타이어가 편편하게 변형되는 부분과 둥근 부분의 길이를 결정하는 식이다. 식 (5-34)의 C에 포함된 u/p_i^a는 타이어의 내부운동저항계수로서, 특히 저공기압에서 타이어 변형에 의한 저항만을 나타내기 위한 것이다. 타이어 변형만에 의한 운동저항 R_t는 내부운동저항계수로써 $R_t = \dfrac{Wu}{p_i^a}$로 표현할 수 있다. u와 a는 타이어의 플라이수, 카케스 두께, 트레드의 형상, 재질 등 타이어의 특성에 따라서 결정되는 상수로서 다음과 같이 구한다. 타이어와 단단한 노면 사이를 윤활 처리하여 침하와 마찰이 없는 상태에서 타이어의 공기압과 하중을 변화시키며 타이어의 운동저항 R_t를 측정하고, 내부운동저항계수 $\dfrac{R_t}{W}$와 공기압 p_i의 관계를 쌍곡선으로 표현한다. 이 쌍곡선을 $\dfrac{R_t}{W} = \dfrac{u}{p_i^a}$의 형식으로 표현하면 p_i의 지수는 a가 되고 상수는 u가 된다.

만약 타이어를 강체라고 하면 $l_1 = 0$이 되므로

$$l_1 = \frac{W}{b(p_i + p_c)} - \frac{l_2}{n+1} = 0$$

이다. 따라서

$$l_2 = \frac{W(n+1)}{b(p_i + p_c)} \tag{5-35}$$

가 된다. 또한 $l_1 = 0$이면, 타이어 모형에서

$$\frac{l_2}{z_0} = \frac{D - z_0}{l_2}$$

이므로 $l_2 = \sqrt{z_0(D - z_0)}$ 가 된다. 이를 식 (5-35)에 대입하면

$$p_i + p_c = \frac{W(n+1)}{b\sqrt{z_0(D - z_0)}} \tag{5-36}$$

이다. 그림 5-8에서 차륜의 침하 z_0은 식 (5-53)으로부터

$$z_0 = [\frac{3W}{(3-n)(k_c + bk_\phi)\sqrt{D}}]^{\frac{2}{2n+1}}$$

이므로, 이를 식 (5-36)에 대입하여 p_i를 구하면

$$p_i = \frac{W(n+1)}{b[\frac{3W}{(3-n)(k_c + bk_\phi)\sqrt{D}}]^{\frac{1}{2n+1}}\sqrt{D - [\frac{3W}{(3-n)(k_c + bk_\phi)\sqrt{D}}]^{\frac{2}{2n+1}}}} - p_c \tag{5-37}$$

가 된다. 식 (5-37)은 타이어가 강체차륜이 되기 위한 한계공기압이다. 타이어의 공기압이 한계공기압 p_i 이상일 때는 주어진 하중 W와 토양조건 k_c, k_ϕ, n에서 타이어를 강체로 가정할 수 있다. 한계공기압을 기준으로 그 이상 또는 이하의 범위에서 타이어의 공기압을 증감시키는 것은 타이어의 변형에 영향을 미치지 않기 때문에 타이어의 성능에도 영향을 미치지 않는다. 타이어의 성능을 변화시키기 위해서는 타이어의 공기압을 한계공기압보다 크거나 또는 작게 변화시켜야 한다. 즉 타이어를 강체화하거나 또는 탄성화함으로써 성능을 변화시킬 수 있다.

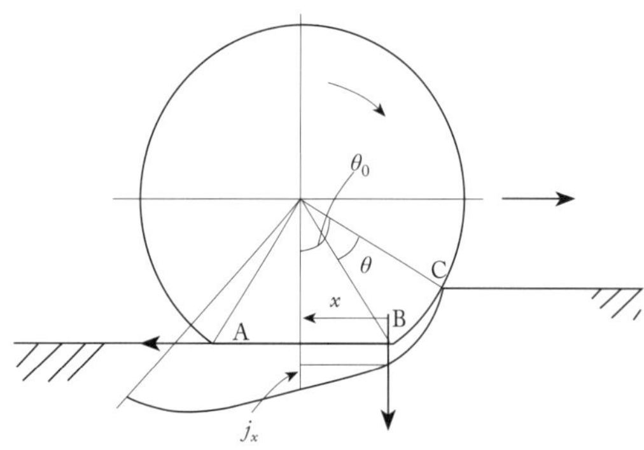

그림 5-9 공기타이어 모형

타이어의 공기압이 한계공기압 p_i 이하일 때 타이어는 탄성차륜으로서 그림 5-9에서와같이 모형화할 수 있다. 이때

타이어의 토양추진력은 곡선 부분 BC와 평탄 부분 BA에 의한 토양추진력의 합으로 나타낼 수 있다. 곡선 부분 BC에 대한 전단변위는 강체차륜에서와같이 식 (5-14)로써 나타낼 수 있으며, 직선 부분 BA에 대한 전단변위는 궤도에서와같이 $j = sx$로써 나타낼 수 있다. 따라서 B점에서 x만큼 떨어진 지점의 전단변위 j_x는 식 (5-38)에서와같이 표현된다.

$$j_x = r\theta + r(1-s)[\sin(\theta_0 - \theta) - \sin\theta_0] + sx \tag{5-38}$$

이 곡선부분의 전단변위에 대응하는 전단응력은 식 (5-15)에서와 같고 수직응력은 식 (5-16)에서와 같다. 따라서 곡선 부분 BC에 의한 토량추진력 H_{BC}는 다음과 같이 표현된다.

$$H_{BC} = rb\int_0^{\theta}[c + (\frac{k_c}{b} + k_\phi)[r\cos(\theta_0 - \theta) - r\cos\theta_0]^n \tan\phi]$$

$$(1 - e^{\frac{-r\theta - r(1-s)[\sin(\theta_0 - \theta) - \sin\theta_0]}{K}})\cos(\theta_0 - \theta)d\theta \tag{5-39}$$

또한 길이가 l인 직선 부분 BA에 의한 토양추진력 H_{BA}는

$$H_{BA} = b\int_0^{\ell}\tau dx = b\int_0^{\ell}(c + \frac{W}{bl}\tan\phi)(1 - e^{\frac{-r\theta - r(1-s)[\sin(\theta_0 - \theta) - \sin\theta_0] - sx}{K}})dx \tag{5-40}$$

가 된다. 따라서 공기타이어의 총투양추진력 H는

$$H = H_{BC} + H_{BA} \tag{5-41}$$

이다.

7) 토양추진력 경험식

토양추진력 예측식에는 차원해석법을 적용하여 토양추진력과 이를 지배하는 변수 사이의 관계를 구명한 경험식도 있다. 차원해석법은 물리적 현상과 이를 지배하는 변수의 관계를 수학적인 함수관계로 나타내기 어려울 때 적용된다. 즉 물리현상 자체가 대단히 복잡하여 그 현상을 변수들의 함수관계로 명확히 구명하기가 어려울 때 적용할 수 있다.

차원해석을 이용하여 토양추진력을 예측한 경험식으로서 가장 널리 알려진 식은 와이스머-루드 식(Wismer and Luth, 1973)이다. 이 식은 차륜형 주행장치에만 적용할 수 있는 식

으로서 다음과 같이 표현된다.

$$H = 0.75W(1 - e^{-0.3C_n s}) \tag{5-42}$$

여기서, W = 차륜에 작용하는 수직하중

C_n = 차륜수(wheel number)

s = 차륜의 슬립

차륜수는 무차원수로서 원추지수를 이용하여 다음과 같이 구한다.

$$C_n = \frac{CIbd}{W} \tag{5-43}$$

여기서, CI = 원추지수

b = 타이어의 폭

d = 타이어의 직경

와이스머-루드 식은 단일 차륜에서 얻을 수 있는 토양추진력으로서 점토 또는 점성 사질토에 적용되며, 차륜의 직경에 대한 폭의 비, 즉 b/d가 0.3 정도이고, 단면 높이에 대한 타이어 변형의 비가 0.2인 경우에 예측이 가장 우수한 것으로 알려져 있다. 원추지수는 차륜의 침하가 76.2 mm 이하인 경우에는 각 침하 깊이에서 측정한 원추지수가 사용되며, 그 이상의 침하에서는 지면에서 150 mm까지의 평균원추지수가 사용된다. 가장 적절한 원추지수의 값을 구하는 것이 와이스머-루드 식을 적용할 때 가장 어려운 점의 하나로 지적되고 있으나, 와이스머-루드 식은 제한된 범위에서 차륜이 얻을 수 있는 토양추진력을 예측하는 데 널리 사용되고 있다.

레비티커스와 라이스((Leviticus and Ryes, 1983)는 네브라스카 트랙터시험 결과를 이용하여 와이스머-루드 식을 트랙터에 적용할 수 있도록 식 (5-44)에서와같이 그 계수를 수정하였다. 트랙터의 출력에 따라 30 kW 이상인 트랙터에 대해서는 0.75 대신 1.0을 적용하고, 30 kW 미만인 트랙터에 대해서는 0.75 대신 1.4를 적용하였다. 또한 k는 와이스머-루드 식에서 $0.3CI$를 나타낸 것으로서 이 값의 범위는 261~1,266 kN/m^{2}로 하였다.

$$H = aW(1 - e^{-k\frac{bd}{W}s}) \tag{5-44}$$

여기서, $a = 1.0$ 출력이 30 kW 이상인 트랙터의 경우

$a = 1.4$ 출력이 30 kW 미만인 트랙터의 경우

$k = 261 \sim 1{,}266$ kN/m^2

이 모형은 레비티커스가 5년간 콘크리트 노면에서 수행한 네브라스카 트랙터시험 결과를 이용하여 가장 적합한 계수를 결정한 것이다. 클라크(Clark, 1985)도 연약지에서 2륜구동 트랙터의 토양추진력을 예측하는 데는 와이스머-루드 식이 적합하지 않다는 점을 확인하고, 트랙터의 견인시험 결과를 이용하여 다음과 같은 토양추진력 예측식을 제시하였다.

$$H = C_3W(1 - e^{0.3C_ns}) \tag{5-45}$$

여기서 C_n은 와이스머-루드 식의 차륜수와 같으며, 적절한 상수 C_3의 값은 구동륜과 지표면의 형태에 따라 표 5-1에서와같이 결정하였다. 표 5-1에서 – 기호는 시험결과와 일치하는 C_3의 값이 없음을 나타낸 것이다. 키가 큰 잔디 표면은 원추지수가 2.5 MPa 이상인 아주 단단한 토양상태이며, 키가 낮은 잔디 또는 나지 표면은 원추지수가 1.5 MPa 정도인 비교적 부드러운 토양상태이다.

미국 농공학회 표준 D497.7(ASABE, 2016)은 바이어스 플라이 타이어의 견인성능을 예측하기 위한 예측식으로서 식 (5-46)을 제시하였다. 이 식은 타이어 직경에 대한 폭의 비, 즉 b/d가 0.1~0.7, 타이어의 반경방향 변형이 무부하 상태에서 단면 높이의 10~30%, 타이어의 접지압이 15~55 kPa 범위일 때 적용할 수 있으며, 브릭시우스(Brixius, 1987)의 예측식을 채택한 것이다.

$$H = W[0.88(1 - e^{-0.1B_n})(1 - e^{-7.5s}) + 0.04] \tag{5-46}$$

여기서, $B_n = (CI\frac{bd}{W})(\frac{1+5\frac{\delta}{h}}{1+3\frac{b}{d}})$

W = 타이어에 작용하는 수직 동하중, kN

CI = 토양의 원추지수, kPa

b = 무부하 상태에서 타이어 단면의 폭, m

표 5-1 적절한 C_3의 값

원추지수의 깊이 범위, cm	전륜구동			후륜구동					
	키가 낮은 잔디	키가 큰 잔디	나지	키가 낮은 잔디		키가 큰 잔디		나지	
				2WD	4WD	2WD	4WD	2WD	4WD
0~2.5	0.75	0.42	0.57	-	-	0.41	0.26	-	-
0~5.0	0.60	0.41	0.52	-	-	0.40	0.26	-	-
0~7.5	0.60	0.41	0.50	-	-	-	0.26	-	-
0~10.0	0.54	0.41	0.48	0.5	0.41	-	0.26	-	-
0~12.5	0.53	0.41	0.47	0.5	0.40	-	0.26	-	-
0~15.0	0.53	0.41	0.45	0.5	0.39	-	0.26	-	0.47

표 5-2 CI와 B_n 값

토양	CI, kPa	B_n
Hard	1,800	80
Firm	1,200	55
Tilled	900	40
Soft, Sandy	450	20

d = 무부하 상태에서 타이어의 지름, m

h = 타이어 단면의 높이, m

δ = 타이어 변형량, m

s = 타이어 슬립, 소수

일반적인 토양의 경우 접지압이 30 kPa 정도인 농업용 구동 타이어에 대한 CI, B_n의 값은 표 5-2에서와 같다.

3. 운동저항

운동저항은 구동장치의 주행에 저항하는 힘으로서 구동장치에 의한 토양다짐, 불도징, 구동장치의 변형 등의 원인으로 발생하며, 구동장치와 토양의 상호 접촉면에서 일어나는 에너지 손실의 원인이 된다. 토양다짐에 의한 운동저항은 운동저항 중 비중이 가장 큰 부분으로서 토양다짐에 소모된 일은 운동저항이 한 일과 같다는 원리를 적용하여 예측한다. 불도징저항은 구동장치의 전면에 밀리는 토양의 저항력으로서 구동장치의 침하가 큰 토양에서는 반드시 고려하여야 한다. 구동장치의 변형은 노면의 변형이 거의 없는 단단한 토양에서 일어나며, 주로 타이어의 변형에 의한 운동저항이 이에 해당된다.

1) 강체차륜

동력이 전달되지 않는 강체차륜, 즉 비구동 강체차륜을 견인할 때 차륜에 작용하는 토양반력은 순수한 반경방향의 반력이며, 반력에 의하여 차륜과 토양 사이에 작용하는 압력은 같은 깊이로 침하된 평판에 작용하는 수직압력과 같다고 가정한다. 그림 5-10에서와같이 차륜에 작용하는 수직하중을 W, 차륜의 반경을 r, 차륜의 폭을 b라고 하면 차륜을 견인하는 데 필요한 힘, 즉 차륜에 작용하는 운동저항 R_c는

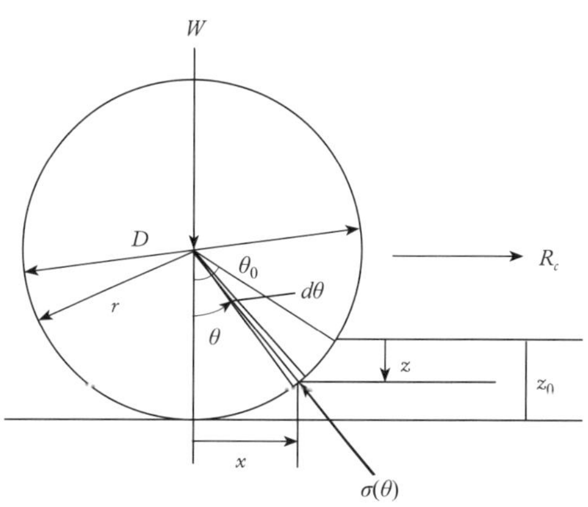

그림 5-10 강체차륜의 운동저항

$$R_c = br\int_0^{\theta_0} \sigma(\theta)\sin\theta d\theta \tag{5-47}$$

와 같이 표현된다. 또한 수직하중 W는 수직방향에 대한 힘의 평형조건으로부터 다음과 같이 표현된다.

$$W = br\int_0^{\theta_0} \sigma(\theta)\cos\theta d\theta \tag{5-48}$$

차륜의 원주상에 있는 한 점의 x, z 좌표는 θ의 함수로서

$$x = r\sin\theta$$

$$z - r\cos\theta - r\cos\theta_0$$

과 같다. 따라서 미소 길이 dx와 dz는 각각 다음과 같이 표현된다.

$$dx = r\cos\theta d\theta$$

$$dz = -r\sin\theta d\theta$$

이를 식 (5-47), (5-48)에 대입하고, 반경방향으로 작용하는 토양압력 $\sigma(\theta)$는 차륜과 같은 깊이의 평판에 작용하는 수직압력과 같다고 하면 식 (5-47)과 식 (5-48)은 각각 다음과 같이 표현된다.

$$R_c = b\int_{z_0}^{0}\left(\frac{k_c}{b} + k_\phi\right)z^n(-dz) = b\int_0^{z_0}\left(\frac{k_c}{b} + k_\phi\right)z^n dz$$

$$= (k_c + bk_\phi)\frac{1}{n+1}z_0^{n+1} \tag{5-49}$$

$$W = b\int_0^{r\sin\theta_0}\left(\frac{k_c}{b} + k_\phi\right)z^n dx \tag{5-50}$$

식 (5-50)을 적분하기 위하여 x 좌표와 z 좌표의 관계를 구하면 그림 5-10에서 다음과 같은 관계식을 구할 수 있다.

$$D^2 = [(D-(z_0 - z))^2 + x^2] + [(z_0 - z)^2 + x^2]$$

이를 정리하면

$$x^2 = D(z_0 - z) - (z_0 - z)^2$$

가 되며, 침하가 작은 경우 $(z_0 - z)^2$을 무시하고 x 좌표와 z 좌표의 관계를 다음과 같이 나타낼 수 있다.

$$x^2 = D(z_0 - z)$$

따라서 $2xdx = -Ddz$

$$dx = -\frac{D}{2x}dz = -\frac{D}{2\sqrt{D(z_0 - z)}}dz = -\frac{\sqrt{D}}{2\sqrt{z_0 - z}}dz$$

이므로 이를 식 (5-50)에 대입하면

$$W = -b\int_{z_0}^{0} (\frac{k_c}{b} + k_\phi) z^n \frac{\sqrt{D}}{2\sqrt{z_0 - z}} dz$$

$$= b(\frac{k_c}{b} + k_\phi)\sqrt{D}\int_0^{z_0} \frac{z^n}{2\sqrt{z_0 - z}} dz \qquad (5\text{-}51)$$

가 된다. $z_0 - z = t^2$이라고 하면 $z = z_0 - t^2$, $dz = -2tdt$가 되므로 이를 식 (5-51)의 적분 부분에 대입하면

$$\int_0^{z_0} \frac{z^n}{2\sqrt{z_0 - z}} dz = \int_{\sqrt{z_0}}^{0} \frac{(z_0 - t^2)^n}{2t}(-2t)dt = \int_0^{\sqrt{z_0}} (z_0 - t^2)^n dt$$

가 된다. $(z_0 - t^2)^n$을 전개하여 처음 2개 항까지 적분하면 다음과 같이 적분된다.

$$\int_0^{\sqrt{z_0}} (z_0 - t^2)^n dt = \int_0^{\sqrt{z_0}} (z_0^n - nz_0^{n-1}t^2 + \ldots)dt$$

$$= z_0^n(\sqrt{z_0} - 0) - \frac{n}{3}z_0^{n-1}(\sqrt{z_0^3} - \sqrt{0^3})$$

$$= z_0^{n+\frac{1}{2}} - \frac{n}{3}z_0^{n-1+\frac{3}{2}}$$

$$= (1 - \frac{n}{3})z_0^{\frac{2n+1}{2}} \qquad (5\text{-}52)$$

식 (5-52)를 식 (5-51)에 대입하여 수직하중 W와 최대 침하 z_0의 관계를 구하면

$$W = b(\frac{k_c}{b} + k_\phi)\sqrt{D}(1 - \frac{n}{3})z_0^{\frac{2n+1}{2}}$$

가 된다. 이 식에서 z_0를 구하면

$$z_0 = [\frac{3W}{(3 - n)(k_c + bk_\phi)\sqrt{D}}]^{\frac{2}{2n+1}} \qquad (5\text{-}53)$$

와 같고 이를 식 (5-49)에 대입하면 강체차륜의 운동저항을 다음과 같이 표현된다.

$$R_c = \frac{1}{n+1}(k_c + bk_\phi)\left[\frac{3W}{b(3-n)(\frac{k_c}{b}+k_\phi)\sqrt{D}}\right]^{\frac{2(n+1)}{2n+1}}$$

$$= \frac{1}{(3-n)^{\frac{2n+2}{2n+1}}(n+1)(k_c+bk_\phi)^{\frac{1}{2n+1}}}\left(\frac{3W}{\sqrt{D}}\right)^{\frac{2n+2}{2n+1}} \qquad (5\text{-}54)$$

식 (5-54)에서와같이 강체차륜의 운동저항은 차륜에 작용하는 수직하중과 차륜의 직경에 큰 영향을 받으며, 하중이 증가할수록 직경이 작을수록 운동저항은 증가하고, 하중이 작을수록 직경이 클수록 운동저항은 감소한다. 차륜의 폭이 운동저항에 미치는 영향은 하중과 직경에 비하여 극히 작다. 식 (5-54)는 차륜의 직경이 최소한 50 cm 이상인 큰 차륜으로서 침하가 직경의 1/6 이하인 작은 경우에 적용할 수 있는 모형이다.

식 (5-54)에서와같이 차륜의 지름이 운동저항에 미치는 영향은 접지면의 폭이 미치는 영향보다 훨씬 크다. 즉 차륜의 직경이 증가할수록 운동저항은 차륜의 폭이 증가할 때보다 훨씬 빠르게 감소한다. 따라서 접지압을 일정하게 유지할 필요가 있는 경우에는 차륜의 폭을 제한하고 직경을 증가시키는 것이 운동저항을 감소시키는 데 유리하다. 특히 사질토의 경우 차륜의 폭이 운동저항에 미치는 영향은 극히 적다. 식 (5-54)에서 b는 차륜의 폭을 나타낸다. 즉 접지면에서 길이가 짧은 변의 길이를 나타낸다. 그러나 테라 타이어에서와같이 타이어의 폭이 접지면의 길이보다 큰 경우에는 폭이 길이가 되며 짧은 길이가 폭이 된다. 즉 b는 항상 접지면에서 길이가 짧은 변의 길이를 나타낸다.

2) 궤도형 구동장치

궤도형 구동장치의 접지면에 작용하는 접지압은 평판-침하시험에서 평판에 작용하는 수직 압력과 유사하다. 따라서 접지면에 작용하는 접지압의 분포가 균등하다고 하면 궤도의 침하 z_0는 평판의 침하식을 이용하여 다음과 같이 구할 수 있다.

$$z_0 = \left(\frac{\frac{W}{bL}}{\frac{k_c}{b}+k_\phi}\right)^{\frac{1}{n}} \qquad (5\text{-}55)$$

여기서, W = 궤도에 작용하는 수직하중

b = 궤도의 접지 폭

L = 궤도의 접지 길이

n = 토양변형지수

k_c = 점성에 의한 토양변형상수

k_ϕ = 마찰에 의한 토양변형상수

폭이 b이고 길이가 L인 지면을 z_0까지 침하시키는 데 한 일, 즉 토양을 다지는 데 한 일은

$$U = bL\int_0^{z_0} p dz$$

$$= bL\int_0^{z_0} (\frac{k_c}{b} + k_\phi) z^n dz$$

$$= bL(\frac{k_c}{b} + k_\phi)\frac{1}{n+1} z_0^{n+1} \qquad (5\text{-}56)$$

와 같다. 식 (5-55)를 식 (5-56)에 대입하면

$$U = \frac{bL}{(n+1)(k_c / b + k_\phi)^{1/n}} (\frac{W}{bL})^{\frac{n+1}{n}} \qquad (5\text{-}57)$$

가 된다. 궤도를 수평으로 접지 길이 L만큼 견인할 때 운동저항 R_c가 한 일은 토양을 다지는 데 한 일과 같다는 원리를 적용하여, 즉

$$R_c L = \frac{bL}{(n+1)(k_c / b + k_\phi)^{1/n}} (\frac{W}{bL})^{\frac{n+1}{n}}$$

을 이용하여 토양다짐으로 인한 궤도형 구동장치의 운동저항 R_c을 구하면 다음과 같이 표현된다.

$$R_c = \frac{1}{(n+1)(k_c + bk_\phi)^{1/n}} (\frac{W}{L})^{\frac{n+1}{n}} \qquad (5\text{-}58)$$

식 (5-58)은 접지면에 작용하는 접지압이 균등한 경우에 적용할 수 있는 운동저항식이다.

궤도형 구동장치의 운동저항도 강체차륜의 경우에서와같이 접지면의 길이가 운동저항에 미치는 영향은 접지면의 폭이 미치는 영향보다 훨씬 크다. 즉 접지면의 길이가 증가할수록 운동저항은 폭이 증가할 때보다 훨씬 빠르게 감소한다.

예제 중량이 140 kN인 궤도차량이 다음과 같은 조건의 토양에서 주행한다. $c = 1$ kPa, $\phi = 19.7°$, $n = 1.6$, $k_c = 4.37\ \text{kN/m}^{2.6}$, $k_\phi = 196.72\ \text{kN/m}^{3.6}$, $K = 5$ cm. 궤도의 접지면 길이와 폭은 각각 4.5 m, 0.4 m이고, 슬립은 13%이다.

1) 토양의 최대 침하량을 구하여라.

2) 토양침하에 의한 운동저항을 구하여라.

3) 이 차량의 최대 견인력을 구하여라.

풀이 접지면에 작용하는 접지압은 $p = \dfrac{W}{2bL} = \dfrac{140}{2 \times 0.4 \times 4.5} = 38.9$ kPa

토양침하는 $z = (\dfrac{p}{k_c / b + k_\phi})^{1/n} = (\dfrac{38.9}{4.37 / 0.8 + 196.72})^{1/1.6} = 0.351$ m

궤도장치가 한 쌍이므로, 운동저항은 $R_c = 2 \times \dfrac{1}{(n+1)(k_c + bk_\phi)^{1/n}}(\dfrac{W}{L})^{\frac{n+1}{n}}$

$$= 2 \times \frac{1}{(1.6+1)(4.37 + 0.4 \times 196.72)^{1/1.6}}(\frac{140/2}{4.5})^{\frac{1.6+1}{1.6}} = 4.2 \text{ kN}$$

토양추진력은 $H = (2bLc + W\tan\phi)[1 - \dfrac{K}{sL}(1 - e^{\frac{-sL}{K}})]$

$$= [(2 \times 0.4 \times 4.5) \times 1 + 140\tan 19.7°][1 - \frac{0.05}{0.13 \times 4.5}(1 - e^{-\frac{0.13 \times 4.5}{0.05}})] = 49.13 \text{ kN}$$

이다. 따라서 최대 견인력은

$DP = H - R = 49.13 - 4.2 = 44.93$ kN이다.

---

3) 공기타이어

타이어를 탄성차륜으로 가정할 경우, 편편하게 변형된 타이어의 접지면에 작용하는 압력은 타이어의 공기압 p_i와 커케스의 강성 p_c의 합과 같다. 이때 타이어의 침하 z_0는 베커의 압력-침하 식을 이용하면

$$z_0 = \left(\frac{p_i + p_c}{\frac{k_c}{b} + k_\phi}\right)^{\frac{1}{n}}$$

이 된다. z_0를 식 (5-49)에 대입하면 토양다짐으로 인한 탄성차륜의 운동저항은

$$R_c = \frac{b(p_i + p_c)^{\frac{n+1}{n}}}{(n+1)(\frac{k_c}{b} + k_\phi)^{\frac{1}{n}}} \tag{5-59}$$

과 같이 표현된다. 그러나 실제 탄성차륜의 운동저항과 식 (5-59)로써 예측한 운동저항 사이에는 차이가 있다. 이 차이를 줄이기 위해서는 타이어 변형에 소모된 일, 특히 저공기압에서 타이어 변형에 소모된 일을 고려하여야 한다. 타이어의 내부운동저항을 R_t라고 하면 내부운동저항계수 f_t는 식 (5-60)과 같이 표현되며 타이어의 플라이수, 카케스층의 두께, 드레드의 형상, 재료 등의 영향을 받는다.

$$f_t = \frac{R_t}{W} = \frac{u}{p_i^a} \tag{5-60}$$

여기서 u와 a는 타이어의 종류와 형태에 따라서 결정되는 상수이다. 타이어의 변형에 의한 내부운동저항을 고려하면 탄성차륜의 운동저항은 다음과 같이 표현된다. 타이어의 특성을 나타내는 u와 a의 값은 식 (5-34)의 C에서와 같다.

$$R_c = \frac{b(p_i + p_c)^{\frac{n+1}{n}}}{(n+1)(\frac{k_c}{b} + k_\phi)^{\frac{1}{n}}} + \frac{Wu}{p_i^a} \tag{5-61}$$

4) 운동저항 경험식

운동저항을 이론적으로 구명한 예측식은 실제 측정한 운동저항과의 차이를 피할 수 없기 때문에 이를 적용하는 데는 한계가 있다. 이론식의 한계를 극복하기 위한 방법으로서는 실제 측정한 값을 이용하여 예측식을 유도하는 방법이 있다. 측정값을 이용하여 개발한 경험식도 적용범위가 극히 제한되는 단점은 있으나 측정을 수행한 조건과 같은 조건에서 운동저항을 예측하는 경우에는 이론식보다 예측값의 신뢰도가 훨씬 높다. 토양추진력을 예측하기 위하여 개발한 경험식과 같이 운동저항을 예측하기 위하여 개발한 경험식도 대부분 차원해석법의 원리를 적용하였다. 차원해석의 원리를 적용하여 개발한 주요 운동저항 예측식에는 다음과 같은 경험식이 있다.

(1) 와이스머-루드 식

와이스머-루드는 트랙터 타이어의 운동저항을 예측하기 위하여 다음과 같은 경험식을 제시하였다.

$$\frac{R}{W} = 0.04 + \frac{1.2}{C_n} \tag{5-62}$$

여기서, R = 운동저항

W = 차륜에 작용하는 수직하중

C_n = 차륜수

식 (5-42)에서와같이 식 (5-62)도 타이어의 직경에 대한 폭의 비, 즉 b/d가 0.3 정도이고 단면의 높이에 대한 타이어 변형의 비가 0.2인 경우에 예측성능이 우수한 것으로 알려져 있다.

(2) 미국 농공학회 표준

미국 농공학회 표준 D497.7에서 제시한 바이어스 플라이 타이어의 운동저항 경험식은 식 (5-63)에서와 같다.

$$R = W\left(\frac{1}{B_n} + 0.04 + \frac{0.5s}{\sqrt{B_n}}\right) \tag{5-63}$$

여기서 B_n은 식 (5-46)에서와 같다. 식 (5-46)에서와같이 이 식은 타이어의 직경에 대한 폭의 비, 즉 b/d가 0.1~0.7, 타이어의 반경방향 변형이 변형되지 않은 타이어 단면 높이의 10~30%, 타이어의 접지압이 15~55 kPa 범위일 때 적용할 수 있다.

4. 불도징저항

주행장치의 불도징저항은 주행장치의 전면에 쌓이는 토양에 의한 저항으로서 표토가 연약한 경우에 발생한다. 불도징저항을 이론적으로 구명하기는 대단히 어려우며, 대부분 실험에 의한 경험식으로써 예측한다. 불도징저항을 예측하기 위한 경험식에는 다음과 같은 예측식이 있다(Bekker, 1960).

$$R_b = \frac{b\sin(\alpha+\phi)}{2\sin\alpha\cos\phi}(2zcK_c + \gamma z^2 K_\gamma) + \frac{\pi t^3\gamma(90-\phi)}{540} + \frac{c\pi t^2}{180} + ct^2\tan(45+\frac{\phi}{2}) \tag{5-64}$$

여기서, $K_c = (N_c - \tan\phi)\cos^2\phi$

$K_\gamma = (\frac{2N_\gamma}{\tan\phi} + 1)\cos^2\phi$

$t = z\tan^2(45 - \frac{\phi}{2})$

α = 주행장치의 접근각

γ = 토양의 단위중량

c = 토양의 점성

ϕ = 토양의 내부마찰각

z = 침하

N_c, N_γ = 토양지지력상수로서 이 책 제3장의 표 3-2에서 구한다.

주행장치의 접근각 α는 궤도형인 경우에는 지면과 전면의 궤도가 이루는 각으로서 쉽게 결정할 수 있으나, 차륜형인 경우에는 타이어의 지면 접촉각으로서 다음과 같이 정의된다.

$$\alpha = \cos^{-1}(1 - \frac{2z}{D})$$

여기서, z = 타이어의 침하

D = 타이어의 직경

불도징저항은 식 (5-64)에서와같이 주행장치의 폭 b가 증가함에 따라 급격히 증가한다. 따라서 같은 토양과 하중조건에서 불도징저항을 감소시키는 데는 폭이 작고 길이가 긴 궤도와 폭이 작고 직경이 큰 차륜이 보다 효과적이다.

5. 차륜의 토양추진력, 견인력, 운동저항

동력이 전달되지 않는 차륜, 즉 비구동륜을 견인할 때 차륜에는 그림 5-11(a)에서와같이 차륜하중(wheel load) W, 견인력(pull) P, 운동저항(motion resistance) R, 토양반력(soil reaction) N이 작용하며, 수평 및 수직 방향에 대한 힘의 평형조건으로부터 이들의 관계는 다음과 같이 표현된다.

$$N = W$$

$$R = P$$

$$Ne = Rr$$

여기서 r은 차륜의 동반경이고 e는 차륜의 회전중심과 지면반력 사이의 수평거리이다. 차륜은 견인력이 운동저항보다 크면 움직인다. 다시 말하면 비구동 상태에서 차륜의 운동저항은 차륜을 견인하는 데 필요한 힘과 같다고 할 수 있다.

엔진의 동력이 차륜으로 전달되는 구동륜의 경우에는 그림 5-11(b)에서와같이 차륜하중 W, 견인력 P, 운동저항 R, 토양반력 N뿐만 아니라 추진력(traction) F와 토크 T가 작용한다. 수직 및 수평방향에 대한 이러한 힘과 차륜의 회전중심에 대한 모멘트의 평형식은 각각 다음과 같이 표현된다.

$$N = W \tag{5-65}$$

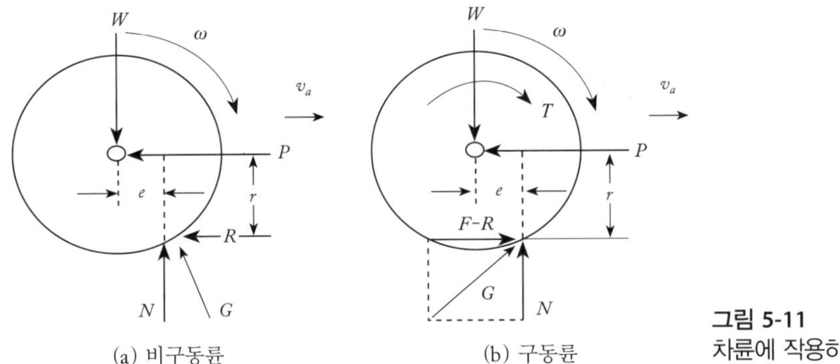

그림 5-11
차륜에 작용하는 힘

$$(F - R) = P \tag{5-66}$$

$$(F - R)r + Ne = T \tag{5-67}$$

차륜의 유동저항은 $Ne = Rr$이므로 위의 식에 이를 대입하면 추진력 F와 차륜토크(wheel torque) T의 관계는 다음과 같이 표현된다.

$$Fr = T$$

추진력 F는 차륜을 구동하는 데 필요한 힘이며, 구동토크 T는 추진력 F를 얻는 데 필요한 토크이다. 차륜을 구동하는 데 필요한 최소한의 추진력 F는 운동저항 R과 같다. 추진력과 운동저항이 같으면 견인력은 0이 되며, 견인력이 0인 상태의 차륜을 자주식(self-propelled) 차륜이라고 한다. 추진력의 최댓값은 토양의 전단강도에 따라 결정되는 토양추진력이며, 강체차륜과 강체노면의 경우에는 차륜과 노면 사이의 최대 마찰력이다. 따라서 차량이 주행할 때 차륜의 추진력은 토양추진력 내에서 부하에 따라 변하는 값이다. 토양추진력과 운동저항의 차이는 최대 견인력으로서 차량은 이 최대 견인력 내에서 견인력을 이용하여 가속하거나 경사지를 오르거나 견인하중을 증가시킬 수 있다. 그림 5-12는 비구동륜, 구동륜, 제동륜에 작용하는 운동저항, 견인력, 추진력 및 구동륜의 슬립 s와 견인력 P의 관계를 나타낸 것이다. G는 차륜에 작용하는 지면반력 N, 운동저항 R, 추진력 F의 벡터합이다.

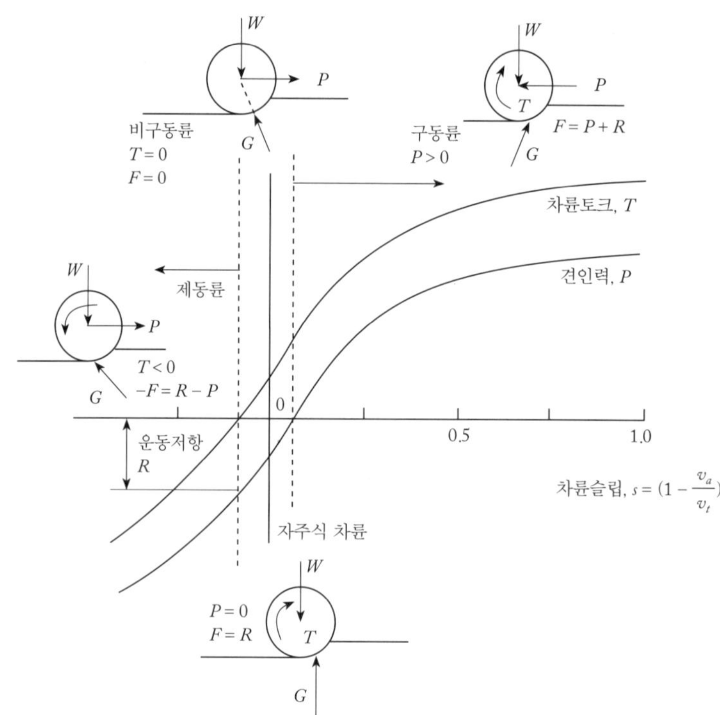

그림 5-12
비구동륜, 구동륜, 제동륜의 차륜 슬립과 견인력

6. 견인계수와 견인효율

차량의 견인성능은 견인계수와 견인효율로써 나타내며 견인계수(traction coefficient)와 견인효율(traction efficiency)은 각각 다음과 같이 정의된다.

$$\text{견인계수} = \frac{\text{견인력}}{\text{구동륜에 작용하는 지면과 수직방향의 동하중}}$$

$$\text{견인효율} = \frac{\text{견인력} \times \text{견인속도}}{\text{구동륜으로 전달된 동력}}$$

견인성능이 우수하다는 것은 견인계수와 견인효율이 높다는 것을 의미한다. 견인계수는 견인력의 크기를 말하며, 견인효율은 견인력의 에너지효율을 나타낸다. 구동륜에 작용하는 동하중은 주행상태에서 구동륜에 작용하는 지면반력과 같으며, 농업용 트랙터와 같이 부착작업기가 있는 경우에는 지면반력에 작업기에 의한 하중전이를 더한 것과 같다. 견인력은 추진력에서 차량의 운동저항을 뺀 값으로서 순수한 견인부하를 극복하기 위하여 차량이 낼 수 있는 힘이다. 즉 피견인 차량 또는 작업기를 견인하는 데 필요한 힘, 작업기에 작용하는 토양과 작물의 저항력, 작업기 자체의 운동저항, 차량을 가속하거나 경사지를 오르는 데 필요한 힘 등을 더한 것과 같고 차량의 진행방향으로 작용한다. 추진력에는 차량 자체의 운동저항이 포함되어 있으므로 추진력에서 이 운동저항을 뺀 힘이 견인력이 된다. 구동륜에 작용하는 지면과 수직방향의 동하중에 대한 추진력의 비를 총견인계수(gross traction coefficient)라 하고, 이와 구별하여 견인력의 비를 순견인계수(net traction coefficient)라고 한다. 마찬가지로 견인효율에 있어서도 견인력만을 고려한 견인효율을, 총견인효율(gross traction efficiency)과 구별하여 순견인효율(net traction efficiency)이라고 한다. 이를 수식으로 나타내면

$$\text{총견인계수: } \mu_g = \frac{F}{N} = \frac{F}{W} \tag{5-68}$$

$$\text{순견인계수: } \mu_n = \frac{P}{W} = \frac{F-R}{W} = \frac{F}{W} - \frac{R}{W} = \mu_g - \rho \tag{5-69}$$

와 같다. 여기서 $\frac{R}{W} = \rho$를 구동륜의 운동저항계수라고 한다.

견인동력은 구동륜을 통하여 지면으로 전달되는 동력으로서 견인력과 견인속도의 곱과 같다. 견인동력은 구동장치의 형식과 지면상태에 따라 다르나 농업용 트랙터의 경우 표 5-3에서와같이 PTO 출력의 55~88% 정도이다. 견인계수와 견인효율은 지면상태와 구동륜의 슬립에 따라 변하며 전통적으로 그림 5-13에서와같이 슬립의 함수로서 나타낸다. 최대 견인효율 얻을 수 있는 타이어의 적정 슬립은 콘크리트 노면의 경우 4~8%, 단단한 토양의 경우 8~10%, 경운 토양의 경우 11~13%, 모래와 연약 토양의 경우 14~16% 정도이고,

표 5-3 PTO 출력의 %로써 나타낸 농업용 트랙터의 견인동력 단위: %

구동장치 형식	지면상태			
	콘크리트	단단한 지면	경운 토양	연약한 지면
2WD	87	72	67	55
MFWD	87	77	73	65
4WD	88	78	75	70
Track	88	88	80	78

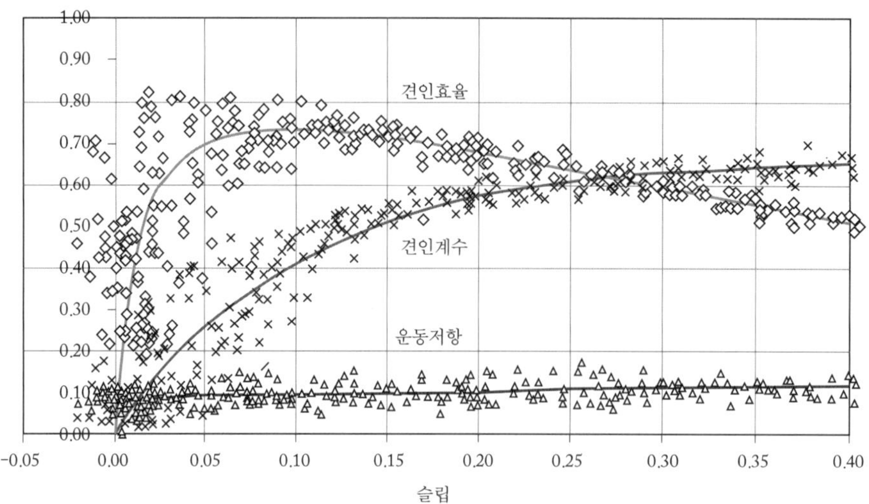

그림 5-13 슬립함수로서 나타낸 견인효율과 견인계수(Zoz et al., 2002)

궤도의 적정 슬립은 6~7% 정도이다.

구동륜의 슬립은 토양의 전단파괴로 인하여 구동륜이 헛도는 현상으로서 동력손실을 초래한다. 구동륜의 슬립 s는 다음과 같이 정의된다.

$$s = \frac{D_n - D_1}{D_n}, \tag{5-70}$$

여기서, D_n = 무부하 상태에서 차륜 또는 궤도가 1회전할 때의 주행거리

D_1 = 부하 상태에서 차륜 또는 궤도가 1회전할 때의 주행거리

따라서 구동륜의 슬립이 s일 때 차량의 실제 주행속도 v_a는 무부하 시 속도, 즉 이론 속도 v_t로써 다음과 같이 표현할 수 있다.

$$v_a = (1 - s)v_t \tag{5-71}$$

견인효율을 견인력과 견인속도로써 표현하면 다음과 같이 나타낼 수 있다.

$$TE = \frac{Pv_a}{T\omega} = \frac{Pv_a}{Fr\frac{v_t}{r}} = \frac{(\frac{P}{W})v_a}{(\frac{F}{W})v_t} = \frac{\mu_n}{\mu_g}(1-s) = (1-\frac{\rho}{\mu_g})(1-s) \tag{5-72}$$

여기서, r = 구동륜의 동반경

v_a = 실제 견인속도

v_t = 이론 견인속도

즉 견인효율은 식 (5-72)에서와같이 구동륜의 운동저항과 슬립으로 인한 견인력과 견인속도의 손실로써 나타낼 수도 있다. 그림 5-14는 각종 토양조건에 따른 구동륜의 견인효율을 나타낸 것이다. 견인효율은 그림 5-14에서와같이 슬립이 5~20%에 이를 때까지 급격히 증가하여 최댓값에 이르며, 이후에는 슬립이 증가함에 따라 감소한다. 토양이 단단할수록 최대 견인효율에 이르는 슬립은 감소한다. 이때 슬립은 주로 차륜 자체와 토양의 변형으로 인한 슬립으로서 구름저항의 원인이 된다. 최대 견인효율 이후의 슬립은 추진력이 부족하여 구동륜이 공회전하기 때문에 발생하는 슬립이다.

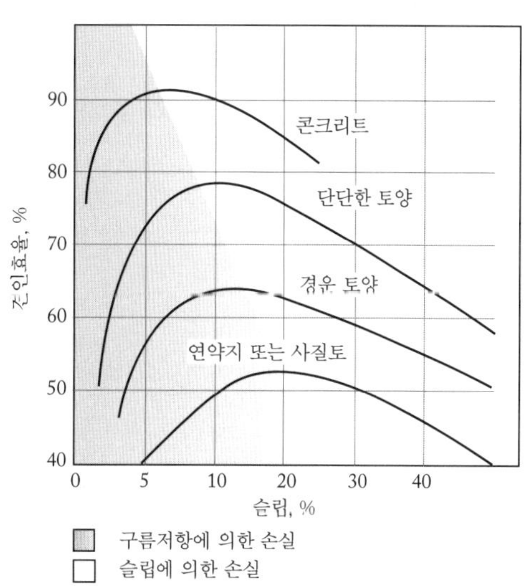

그림 5-14
토양상태에 따른 구동륜의 견인효율(Casady, 1997)

추진력에 대한 견인력의 비를 견인력비, 이론 속도에 대한 실제 견인속도의 비를 견인속도비라고 하면 견인력비와 견인속도비는 순견인계수의 함수로서 그림 5-15에서와같이 나타낼 수 있다. 즉 견인력이 0에 가까워질수록 실제 견인속도는 이론 속도에 접근하고 견인속도비는 1에 가까워지며, 견인력이 증가할수록 슬립은 증가하며 실제 견인속도는 감소한다. 또한 견인력이 0일 때 견인력비는 0이 되며, 견인력이 증가할수록 견인력비는 증가한다. 그러나 운동저항이 존재하는 한 추진력과 견인력은 같지 않기 때문에 견인력비는 1이 될 수 없다. 따라서 견인효율은 견인력비 또는 견인속도비보다 클 수 없으며, 최대 견인효율은 견인력비와 견인속도비 곡선이 교차하는 점에서 얻을 수 있다. 많은 견인시험의 결

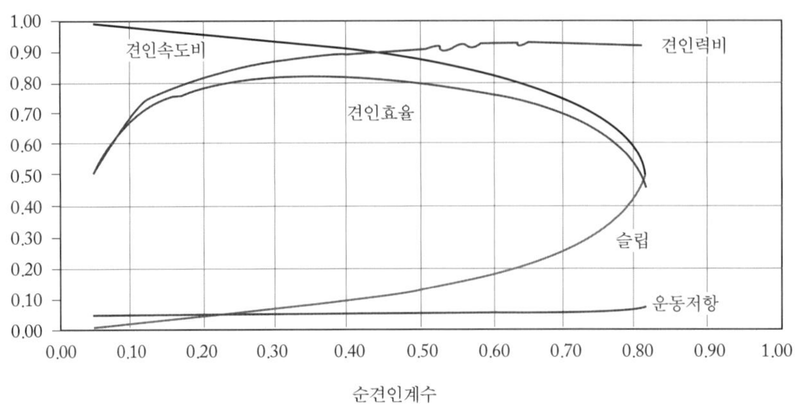

그림 5-15 순견인계수와 슬립, 견인력비, 견인속도비, 견인효율의 관계

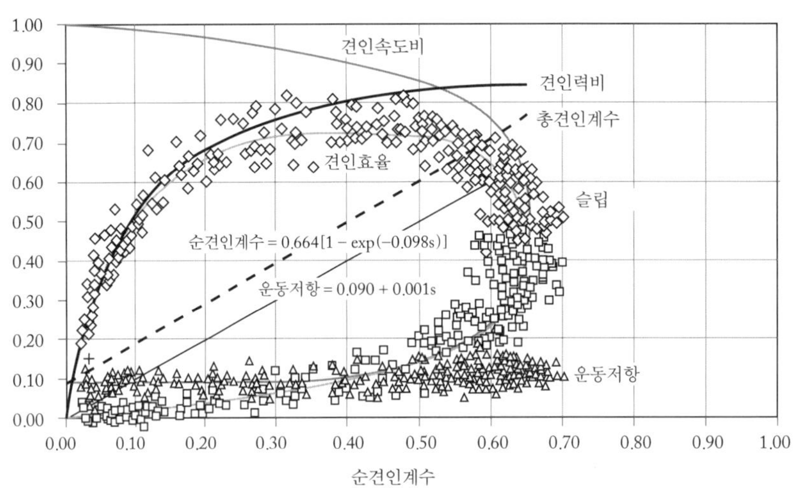

그림 5-16 순견인계수의 함수로서 나타낸 견인계수와 견인효율(Zoz et al., 2002)

과에 의하면 레이디얼 타이어의 경우 최대 견인효율은 순견인계수가 약 0.4일 때 나타났다. 이러한 경향은 토양조건이 변하더라도 크게 변하지 않는 것으로 알려져 있다. 순견인계수의 함수로서 나타낸 견인효율은 광범위한 견인력 범위에서 견인작업의 효율성을 나타낼 수 있기 때문에 최근 각종 견인장치의 성능을 비교하는 데 널리 이용되고 있다. 그림 5-16은 실제 레이디얼 타이어 20.8 R42에 대한 시험결과로서 견인력비, 견인계수비, 견인효율을 순견인계수의 함수로 나타낸 것이다.

연습문제

1. 총질량이 15,400 kg인 트랙터에 폭이 58.7 cm이고 외경이 180.8 cm인 8개의 타이어가 장착되어 있다. 토양의 점성과 내부마찰각이 각각 10 kPa, 25°일 때 트랙터가 얻을 수 있는 토양추진력을 구하여라. 타이어의 접지면의 길이는 타이어 외경의 1/4로 가정한다.

2. 차륜당 수직하중이 20 kN인 트랙터에 장착할 두 종류의 타이어가 있다. 하나는 지름과 폭이 각각 200 cm, 40 cm이고 접지면의 길이가 100 cm이다. 다른 하나는 지름과 폭이 각각 100 cm, 80 cm이고, 접지면의 길이가 50 cm이다. 두 타이어의 접지면적은 모두 0.4 m^2이다. 토양의 점성, 내부마찰각, 전단변형계수가 각각 20 kPa, 30°, K = 7 cm일 때 0~30% 슬립에서 최대 추진력을 얻을 수 있는 타이어는 어느 것인가?

3. 지름과 폭이 각각 172 cm, 46.7 cm인 트랙터 타이어가 k_c = 100 kPa/$m^{1.5}$, k_ϕ = 50 kPa/$m^{2.5}$, n = 0.5, c = 20 kPa, ϕ = 25°인 토양에서 사용된다. 이 타이어가 최대 추진력을 얻는 데 필요한 수직하중을 구하여라. 이때 견인력과 토양침하로 인한 운동저항을 구하여라. 타이어의 접지면 길이는 지름의 1/2로 하며 타이어는 강체로 가정한다.

4. c = 25 kPa, ϕ = 30°, K = 7 cm인 토양이 있다. 출력이 60 kW이고 후륜구동인 트랙터의 질량은 4.8 ton이고, 질량의 75%는 후륜구동 타이어에 작용한다. 후륜의 폭과 접지면의 길이는 각각 47 cm, 86 cm이다. 이 트랙터의 운동저항이 총무게의 8%이면 10%와 16%의 슬립에서 이 트랙터의 견인력은 각각 얼마인가?

5. 총중량이 135 kN인 2대의 궤도차량이 $n = 1.6$, $k_c = 4.37$ kN/m$^{2.6}$, $k_\phi = 196.72$ kN/m$^{3.6}$, $K = 5$ cm, $c = 1.0$ kPa, $\phi = 19.7°$인 토양에서 주행한다. 두 궤도차량의 접지면적은 7.2 m^{2}으로서 같으나 길이와 폭은 각각 다르다. 궤도차량 A의 접지면 폭과 길이는 각각 $b = 1$ m, $L = 3.6$ m이고, 궤도차량 B의 접지면 폭과 길이는 각각 $b = 0.8$ m, $L = 4.5$ m이다. 접지압이 일정하다고 가정하고 토양다짐으로 인한 각 궤도차량의 토양추진력과 운동저항을 구하여라.

6. 지름이 97.5 cm이고 단면의 높이와 폭이 각각 28 cm, 28.4 cm인 공기타이어 11.00R16XL을 노외차량에 장착하려고 한다. 타이어가 지지해야 할 하중은 20 kN이고, 토양에 대한 압력-침하시험의 결과는 $n = 1$, $k_\phi = 680$ kN/m^{3}이다. 타이어의 공기압을 100 kPa, 200 kPa로 할 때 타이어의 침하량과 토양다짐으로 인한 운동저항을 구하여라. 하중에 따른 타이어 공기압과 평균 접지압의 관계는 다음 그림에서와 같다.

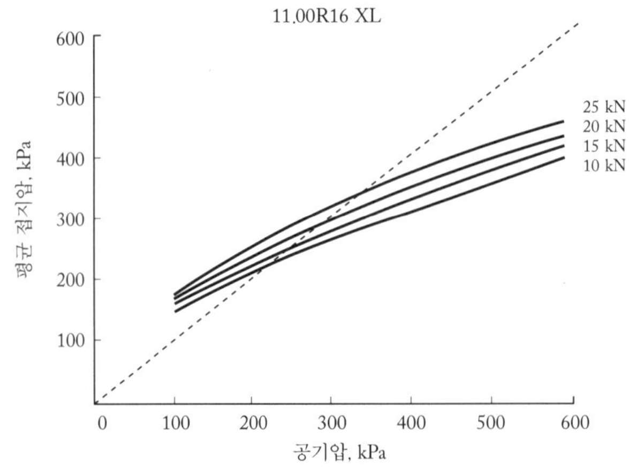

타이어 11.00R16XL의 공기압과 평균 접지압

7. 중량이 90 kN인 4륜구동 트랙터의 차축 중량분포는 앞차축이 42 kN, 뒤 차축이 48 kN이다. 차륜은 바이어스 플라이 타이어로서 전륜은 정하중 상태에서 반경이 650 mm이고 후륜은 846 mm이다. 전륜과 후륜의 규격은 각각 14.9-30, 18.4-42이다.

❶ 전륜과 후륜의 변형량을 구하여라.

❷ 와이스머-루드 식을 이용하여 원추지수가 800 kPa이고 슬립이 10%일 때 최대 추진력을 구하여라.

❸ ASABE의 표준식을 이용하여 최대 추진력을 구하여라.

8. 출력이 97 kW인 4륜구동 트랙터가 경심 10 cm로 경운할 때 견인저항은 30 kN이었다. 토양은 양토로서 $c = 15$ kPa, $\phi = 30°$, $k_c = 50$ kN/m^{n+1}, $k_\phi = 100$ kN/m^{n+2} $n = 0.6$, $K =$ 6 cm였다. 트랙터의 중량은 80 kN이고 전후 차축의 중량분포는 4:6이고, 타이어의 폭과 지름은 각각 46.7 cm, 175.5 cm이다. 강체차륜에 대한 베커 식을 적용하여

❶ 트랙터의 견인속도를 구하여라.

❷ 타이어의 슬립을 구하여라.

9. 다음과 같은 조건의 토양이 있다.

$n = 0.92$, $k_c = 4.37$ kN/m$^{2.6}$, $k_\phi = 196.72$ kN/m$^{3.6}$, $K = 5$ cm, $c = 1.0$ kPa, $\phi = 20°$
$\gamma_s = 2.570$ kN/m^3

이 토양에서 사용되는 4륜구동 트랙터와 궤도형 트랙터가 있다. 4륜구동 트랙터와 궤도형 트랙터의 제원은 각각 다음과 같다. 타이어의 내부운동저항은 무시한다.

4륜구동 트랙터: 총중량: 80 kN,
전후 차축 중량비 1:1
타이어의 직경: 140 cm
타이어의 폭: 50 cm
타이어의 공기압: 60 kPa
카케스층의 강성압력: 10 kPa

궤도형 트랙터: 총중량: 80 kN

궤도의 접지 길이: 180 cm

궤도의 접지 폭: 50 cm

❶ 주어진 토양조건에서 타이어의 상태가 강체차륜인지 또는 변형차륜인지 결정하여라.

❷ 타이어가 모두 동일하다고 가정하고 4륜구동 트랙터의 운동저항을 예측하여라.

❸ 슬립이 10%일 때 4륜구동 트랙터의 최대 견인력을 예측하여라.

❹ 궤도의 접지압이 일정하다고 가정하고 궤도형 트랙터의 운동저항을 구하여라.

❺ 슬립이 10%일 때 궤도형 트랙터의 최대 견인력을 예측하여라.

❻ 4륜구동 트랙터와 궤도형 트랙터의 견인성능을 비교하여라.

참고문헌

ASABE. 2016. ASABE Standard D497.7 Agricultural machinery management data. American Society of Agricultural and Biological Engineers. St. Joseph, Michigan.

Bekker, M. G. 1960. Off-the road locomotion. University of Michigan Press. Ann Arbor, Michigan.

Brixius, W. W. 1987. Traction prediction equations for bias ply tires. ASAE Paper No. 87-1622. American Society of Agricultural Engineers. St. Joseph, Michigan.

Casady, W. W. 1997. Tractor tire and ballast management. University Extension, University of Missouri-Columbia. Columbia, Missouri.

Clark, R. L. 1985. Tractive modeling with modified Wismer-Luth model. ASAE Paper 85-1049. ASAE. St. Joseph, Michigan.

Goering, C. E., K. L. Stone, D. W. Smith, and P. K. Turnquist. 2003. Off-road vehicle engineering principles. ASAE. St. Joseph, Michigan.

Janosi, Z. and B. Hanamoto. 1961. The analytical determination of drawbar pull as a function of slip for tracked vehicle in deformable soils. Proceedings of 1st International Conference on the Mechanics of Soil Vehicle Systems. Edizioni Minerva, Tecnica, Torino. No. 44. P707-735.

Kacigin, V. V. and V. V. Guskov. 1968. The basis of tractor performance theory. Journal of Terramechanics 5(3): 43-66.

Leviticus, L. I. and J. F. Reyes. 1983. Traction on concrete-I-dynamic ratio and tractive quotient. ASAE Paper No. 83-1558. ASAE. St. Joseph, Michigan.

McKyes, E. 1985. Soil cutting and tillage. Elsevier Science Publishers. Amsterdam, The Netherlands.

Rowland, D. 1972. Tracked vehicle ground pressure and its effect on soft ground performance. Proceeding of the 4th International Conference of International Society for Terrain-Vehicle Systems. Stockholm, Sweden. P353-384.

Wismer, R. D and H. J. Luth. 1973. Off-road traction prediction for wheeled vehicles. Journal of Terramechanics 10(2): 49-61.

Wong, J. Y. 2001. The theory of ground vehicles. 3rd Edition. John Wiley and Sons, Inc. New York, New York.

Zoz, F. M., R. J. Turner, and L. R. Shell. 2002. Power delivery efficiency: A valid measure of belt/tire tractive performance. Trans. of the ASAE 45(3): 509-518.

제6장

주행성

주어진 토양과 지형조건에서 차량의 주행성능은 주행가능 여부와 주행이 가능한 경우에는 얼마나 빠른 속도로 수행할 수 있는가에 의하여 평가된다. 차량이 자신의 고유한 임무를 수행하면서 한 지점에서 다른 지점으로 이동할 할 수 있는 능력을 차량의 주행성(vehicle mobility)이라고 하며, 차량의 주행성은 차량 동력원의 출력과 차량의 구동장치와 토양 및 지형 사이의 상호작용에 의하여 결정된다. 차량이 주행하는 토양과 지형의 조건에는 토성, 토양 함수비, 토양강도, 식생(vegetation), 장애물, 하천, 경사도, 지면 거칠기, 시계 등 많은 변수가 포함되며, 그중에서도 토성, 토양 함수비, 토양강도 등 토양조건의 영향이 가장 크다. 차량의 주행을 지지할 수 있는 토양의 능력을 토양주행성(soil trafficability)이라고 한다.

차량 및 토양주행성 연구는 2차 세계대전 후 주로 군사적 목적으로 수행되었다. 광범위한 지형 및 토양조건에서 수행한 다양한 실험결과를 이용하여 차량과 토양의 주행성을 예측하기 위한 경험식을 개발하였으며, 1970년대에는 이러한 경험식을 기반으로 한 주행성 예측프로그램을 개발하였다. 군사용 목적으로 개발된 가장 범용적인 차량기동성 예측프로그램에는 1976부터 개발된 나토기준기동성 모델(NRMM, NATO Reference Mobility Model)이 있으며, 최근에는 NRMM3.0판이 개발되었다(Frankenstein and Richmond, 2016).

1. 주행성 예측의 원리

주행성 모델은 주어진 지형 및 토양조건에서 차량의 주행가능 여부와 최고 속도를 예측하기 위한 것이다. 따라서 주어진 차량과 지형 및 토양조건에서 차량의 추진력과 운동저항을 예측하고, 이를 이용하여 차량의 주행가능 여부와 주행이 가능한 경우에는 최고 주행속도를 예측한다.

차량의 추진력(traction force)은 엔진 토크가 구동장치를 통하여 접지면으로 전달될 때 접지면의 반작용으로 인한 지면과 평행한 지면반력으로서 차량의 구동장치와 지면강도의 상호작용에 의하여 결정되며, 운동저항(motion resistance)은 차량의 주행에 저항하는 힘으로서 차량에 의한 접지면의 파괴 또는 차량과 접지면 사이의 마찰로 인한 구름저항, 전동라인 내부의 마찰로 인한 내부저항, 지면경사로 인한 경사저항, 공기저항 등의 합으로 결정된다. 공기저항은 차량의 속도가 고속일 때 고려하여야 하며 저속인 경우에는 무시할 수 있다. 차량의 추진력은 순추진력(net traction)과 총추진력(gross traction)으로 구분할 수 있으며, 순추진력은 다음과 같이 총추진력에서 운동저항을 뺀 값이다. 즉

$$F_{net} = F_{gross} - R_{terrain} - R_{internal} - R_{slope} - R_{air} \qquad (6\text{-}1)$$

여기서, F_{net} = 차량의 순추진력

F_{gross} = 차량의 총추진력

$R_{terrain}$ = 접지면 파괴로 인한 운동저항

$R_{internal}$ = 마찰로 인한 전동라인의 내부운동저항

R_{slope} = 지면 경사로 인한 경사저항

R_{air} = 공기저항

차량의 주행여부는 순추진력의 크기에 따라 순추진력이 0보다 크거나 같으면 주행이 가능한 상태이고, 0보다 작으면 주행이 불가능한 상태가 된다. 즉

$F_{net} \geq 0$이면 주행 가능

$F_{net} < 0$이면 주행 불가능

차량의 최고 주행속도는 그림 6-1에서와같이 차량의 엔진동력으로써 얻을 수 있는 구동장

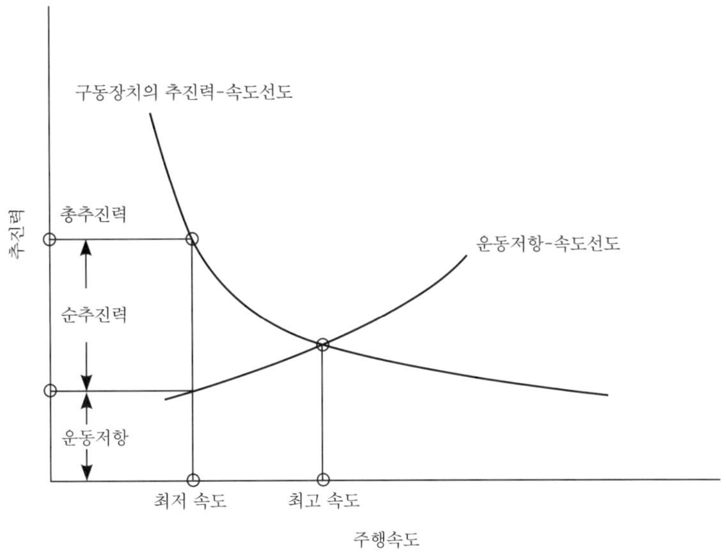

그림 6-1 차량의 최고 속도 예측 원리

치의 추진력-속도선도와 운동저항-속도선도의 교차점으로 결정된다. 또한 최저 주행속도는 추진력-속도선도에서 구동장치의 총추진력에 해당하는 속도로 결정된다. 즉 차량에 총추진력과 같은 견인부하가 작용할 때의 속도가 된다. 총추진력과 운동저항의 차인 순추진력은 차량이 가속하거나 경사지를 오르거나 트레일러를 견인할 때와 같이 견인부하가 증가할 때 이를 극복하기 위한 추진력으로 사용된다. 견인부하가 순추진력 이상으로 증가하면 순추진력은 −값이 되고 차량은 주행이 불가능한 상태가 된다.

차량의 구동장치는 차륜형 차량에서는 주로 공기타이어이며, 궤도형 차량에서는 궤도이다. 차량의 주행성을 예측하기 위한 구동장치의 추진력과 운동저항은 개별 차륜 또는 궤도를 대상으로 예측하고, 차량의 총추진력과 총운동저항은 각 타이어 또는 각 궤도의 추진력과 운동저항을 모두 더하여 결정한다. 타이어는 동력이 전달되는 타이어와 전달되지 않는 타이어로 구별할 수 있으며, 동력이 전달될 때는 추진력과 운동저항을 모두 예측하고, 동력이 전달되지 않을 때는 운동저항만 예측한다.

2. 주행성상수

프라이타그(Freitag, 1966)는 점토, 특히 포화상태의 점토에서 공기타이어의 주행성능을 예측하기 위하여 토양-차륜 상호작용의 변수를 차원해석법으로써 구명하고 공기타이어의 성능을 나타낼 수 있는 무차원 변수로서 주행성상수(mobility number)를 제시하였다. 주행성상수에는 토양의 종류에 따라 점토주행성상수(clay mobility number)와 사토주행성상수(sand mobility number)가 있으며 각각 다음과 같이 정의하였다.

$$\text{점토주행성상수} \quad M_c = \frac{CIbd}{W}\left(\sqrt{\frac{\delta}{h}}\right)\left(\frac{1}{1+\frac{b}{2d}}\right) \tag{6-2}$$

$$\text{사토주행성상수} \quad M_s = \frac{G(bd)^{\frac{3}{2}}}{W}\left(\frac{\delta}{h}\right) \tag{6-3}$$

여기서, CI = 원추지수

W = 차륜에 작용하는 수직하중

d = 타이어 직경

h = 타이어 단면 높이

b = 타이어 단면 폭

δ = 타이어 변형량

G = 원추지수 곡선의 기울기

타이어의 직경, 단면 높이, 단면 폭은 무부하 상태에서 측정한 값이며, 원추지수 곡선의 기울기는 원추의 관입깊이에 따른 원추지수 곡선의 평균 기울기이다. G의 값은 보통 6.9~5.4 MPa/m 정도이며, 원추의 관입속도는 30 mm/s이다.

사토주행성상수는 예측성능이 저조하여 그 유효성이 인정되지 못하였으나 점토주행성상수는 광범위한 토양조건에서 성능예측의 유효성이 인정되었다. 주행성상수는 그 자체로서 타이어의 성능을 예측하기보다는 견인계수, 구름저항계수 등과 같은 다른 성능변수를 결정하기 위한 값으로 사용되고 있다. 주행성상수는 타이어의 유연성에 따라 증가한다. 그러나 강체차륜에서와같이 차륜의 변형이 없으면 주행성상수는 0이 된다. 이는 실제의 타이어 성능과 일치하지 않는 주행성상수의 결함이라고 할 수 있다. 주행성상수를 이용한 성능 예측 방법은 주로 단일 타이어의 성능을 예측하는 데 적용되고 있다.

주행성상수와 유사한 형태로서 브릭시우스(Brixius, 1987)가 개발한 차륜수(wheel numeric)와 롤런드(Rowland, 1972)가 개발한 롤런드상수(Rowland number)가 있다. 차륜수 N_w와 롤런드 상수 N_R은 각각 다음과 같이 정의된다.

$$N_w = \frac{CIbd}{W}\left(\frac{1+5\frac{\delta}{h}}{1+3\frac{b}{d}}\right) \tag{6-4}$$

$$N_R = \frac{CIb^{0.85}d^{1.15}}{W}\sqrt{\frac{\delta}{h}} \tag{6-5}$$

점토주행성상수 M_c와 차륜수 N_w를 이용하여 차륜의 총견인계수와 운동저항계수를 예측한 모형과 각 모형의 적용범위는 표 6-1에서와 같다.

표 6-1 무차원 상수를 이용한 차륜의 성능 예측모형

모형		적용범위	개발자
총 견인계수	$\frac{F}{W} = 0.8 - \frac{1.31}{M_c - 2.45}$	점투에 적용하며, 슬립은 20%로 가정함	Turnage, 1972
	$\frac{F}{W} = 0.88(1 - e^{-0.1N_w})(1 - e^{-7.5S}) + 0.04$	바이어스 플라이 타이어에 적용하며, 슬립 s를 고려함	Brixius, 1987
	$\frac{F}{W} = (0.796 - \frac{0.92}{M_c})(1 - e^{-ks})$	타이어의 직경이 1.45~1.75 m일 때 적용하며, 슬립 s를 고려함. k는 상수	Gee-Clough et al., 1978
운동저항 계수	$\frac{R}{W} = \frac{0.287}{M_c} + 0.049$	타이어의 직경이 1.45~1.75 m일 때 적용	Gee-Clough et al., 1978
	$\frac{R}{W} = \frac{0.323}{M_c} + 0.054$	크로스 플라이 타이어로서 직경이 0.8~0.95 m일 때 적용	McAllister, 1983
	$\frac{R}{W} = \frac{0.321}{M_c} + 0.037$	바이어스 플라이 타이어로서 직경이 0.8~0.95 m일 때 적용	McAllister, 1983
	$\frac{R}{W} = \frac{0.20}{M_c - 2.5} + 0.04$	점토에 적용	Turnage, 1972
	$\frac{R}{W} = \frac{1.0}{N_w} + 0.04 + \frac{0.55}{\sqrt{N_w}}$	바이어스 플라이 타이어에 적용하며, 슬립 s를 고려함	Brixius, 1987

3. 차량원추지수

차량원추지수(vehicle cone index)는 1960년대 미국 육군수로시험소(US Army Waterways Experiment Station)에서 차륜형 차량의 주행성능을 평가하기 위하여 개발한 성능변수로서 WES VCI 모형이라고 한다. 차량원추지수의 개념은 차량이 주행하는 데 필요한 최소한의 토양강도로서, 어떤 차량이 같은 노면을 1회 또는 50회 통과하는 데 필요한 최소한의 정격원추지수(rating cone index)로 정의된다. 따라서 토양의 강도가 차량원추지수보다 크면 차량은 이 토양에서 최소한 1회 또는 50회 통과가 가능하며, 반대로 토양강도가 차량원추지수보다 작으면 1회 또는 50회 통과가 불가능한 상태의 토양이다. 표 6-2는 전형적인 군용차량의 차량원추지수로서 1회 또는 50회 통과하는 데 필요한 차량원추지수를 나타낸 것이다. 차량원추지수는 WES 표준 원추지수와 같이 단위 없이 사용되고 있으나 실제 단위는 압력단위에 해당한다. 차량원추지수의 모형은 견인계수, 구름저항계수의 모형에서와같이 무차원 변수인 주행성지수(mobility index, MI)의 함수로 표현된다. 주행성지수는 차량의 중량, 접지압, 기계적인 특성 등이 차량원추지수에 미치는 영향을 반영하기 위한 것으로서 주행장치의 형태에 따라 다음과 같은 방법으로 구한다(Ahlvin and Haley, 1992).

주행성지수를 예측하기 위한 차량의 모든 제원은 in-lb 단위이고, 통일분류법의 토성에 따라 예측식이 다르므로 유의하여야 한다. 다음 예측식은 세립토에 적용할 수 있는 방법이다.

표 6-2 세립토에서 차량원추지수의 예(Department of Army, 1994)

차량	특징	1회 통과	50회 통과
궤도형 차량			
병력상륙차량 M5	수륙양용, 중량 390.6 kN,	19	45
탱크 M48	90 mm 포 탑재, 중량 440.4 kN	20	47
탱크 M60	105 mm 포 탑재, 중량 489.3 kN	21	48
탱크 M1	120 mm 포 탑재, 중량 511.5 kN	23	54
지휘차량 M577	경량 궤도형, 중량 106.3 kN	17	40
보병전투차량 M2A1	중량 223.3 kN	15	35
차륜형 차량			
트럭 M151	1/4톤 4 × 4, 중량 13.8 kN	19	44
화물트럭 M34	2 1/2톤 6 × 6, 중량 76.5 kN	27	61
화물트럭 M923	5톤 6 × 6, 중량 144.6 kN	30	68
덤프트럭 M47	2 1/2톤 6 × 6, 중량 85.4 kN	28	64
덤프트럭 M51	5톤 6 × 6, 중량 145.5 kN	32	72

1) 자주식 차륜형 차량

$$MI = \left(\frac{\text{접지압계수} \times \text{중량계수}}{\text{타이어계수} \times \text{러그계수}} + \text{차륜하중계수} - \text{클리어런스계수}\right) \times \text{엔진계수} \times \text{변속기계수}$$

여기서, $\text{접지압계수} = \dfrac{W_i}{\text{타이어 폭(in)} \times \text{타이어 반경(in)} \times \text{타이어 수/차축}}$

중량계수 $Y = \dfrac{0.553W_i}{1,000}$ $\quad W_i \leq 2,000\ \text{Ib}$

$Y = \dfrac{0.033W_i}{1,000} + 1.050$ $\quad 2,000\ \text{Ib} < W_i \leq 13,500\ \text{Ib}$

$Y = \dfrac{0.142W_i}{1,000} - 0.420$ $\quad 13,500\ \text{Ib} < W_i \leq 20,000\ \text{Ib}$

$Y = \dfrac{0.278W_i}{1,000} - 3.115$ $\quad W_i > 20,000\ \text{Ib}$

$W_i = \dfrac{\text{총중량(Ib)}}{\text{차축 수}}$

$\text{차륜하중계수} = \dfrac{W_i\,(\text{Ib})}{1,000 \times \text{차륜 수/차축}}$

$\text{타이어계수} = \dfrac{10 + \text{타이어 폭(in)}}{100}$

러그계수 = 1.05 타이어에 체인을 감은 경우

= 1.00 타이어에 체인을 감지 않은 경우

$\text{클리어런스계수} = \dfrac{\text{클리어런스(in)}}{10}$

엔진계수 = 1.00 10 hp/ton 이상인 경우

= 1.05 10 hp/ton 이하인 경우

변속기계수 = 1.00 유압식인 경우

= 1.05 기계식인 경우

$$VCI_1 = (11.48 + 0.2MI - \frac{39.2}{MI + 3.74}) \times \sqrt[4]{\frac{0.15}{\frac{\delta}{h}}} \qquad MI \leq 115 \qquad (6\text{-}6)$$

$$VCI_1 = (4.1 \times MI^{0.446}) \times \sqrt[4]{\frac{0.15}{\frac{\delta}{h}}} \qquad MI > 115 \qquad (6\text{-}7)$$

$$VCI_{50} = (28.23 + 0.43MI - \frac{92.67}{MI + 3.67}) \times \sqrt[4]{\frac{0.15h}{\delta}} \qquad MI \leq 115 \qquad (6\text{-}8)$$

$$VCI_{50} = 9MI^{0.446} \times \sqrt[4]{\frac{0.15h}{\delta}} \qquad MI > 115 \qquad (6\text{-}9)$$

2) 자주식 궤도형 차량

$$MI = (\frac{\text{접지압계수} \times \text{중량계수}}{\text{궤도계수} \times \text{그라우저계수}} + \text{보기륜계수} - \text{클리어런스계수}) \times \text{엔진계수} \times \text{변속기계수}$$

여기서, $\text{접지압계수} = \frac{\text{총중량(Ib)}}{\text{궤도의 총접지면적(in}^2)}$

중량계수 = 1.0 총중량 < 50,000 Ib

= 1.2 50,000 ≤ 총중량 < 70,000 Ib

= 1.4 70,000 ≤ 총중량 < 100,000 Ib

= 1.8 100,000 Ib ≤ 총중량

$$\text{궤도계수} = \frac{\text{궤도의 폭(in)}}{100}$$

그라우저계수 = 1.0 높이가 1.5 in 이하인 경우

= 1.1 높이가 1.5 in 이상인 경우

$$\text{보기륜계수} = \frac{\text{총중량(Ib)}/10}{\text{보기륜 수} \times \text{트랙 슈의 면적(in}^2)}$$

$$\text{클리어런스계수} = \frac{\text{클리어런스(in)}}{10}$$

엔진계수 = 1.00 10 hp/ton 이상인 경우

= 1.05 10 hp/ton 이하인 경우

변속기계수 = 1.00 유압식인 경우

= 1.05 기계식인 경우

$$VCI_1 = 7.0 + 0.2MI - \frac{39.2}{MI + 5.6} \tag{6-10}$$

$$VCI_{50} = 19.27 + 0.43MI - \frac{125.79}{MI + 7.08} \tag{6-11}$$

식 (6-6)~(6-11)에서 VCI_1은 1회 통과하는 데 필요한 차량원추지수이고, VCI_{50}은 50회 통과하는 데 필요한 차량원추지수이다. 주행성지수가 40 이상이면 차량원추지수는 주행성지수에 따라 선형으로 변하며, VCI_{50}은 다음 식으로 구할 수 있다.

$$VCI_{50} = 25.2 + 0.454MI$$

후륜구동 차량의 VCI는 전륜구동 차량의 MI를 1.4배하여 VCI를 구하고, 후륜이 궤도인 반궤도형 차량의 VCI는 궤도를 전륜과 같은 크기의 차륜으로 가정하여 전륜구동 차량의 VCI와 같은 방법으로 구한다. 이상의 차량원추지수는 통일토양분류의 CL, OL, CH, OH에 해당하는 세립토에 적용할 수 있는 식이며 나토기준기동성모델에서 차량의 기동성을 평가하기 위한 기본식으로 사용하고 있다.

예제 4 × 4 차륜형 자동변속 차량의 엔진출력, 총중량, 최저 지상고는 각각 150 hp, 7,500 Ib, 11.3 in이고, 타이어 제원은 다음과 같다. 타이어 단면 폭은 12.5 in, 타이어 단면 높이는 9 in, 타이어 지름은 36.3 in, 타이어 변형량은 1.2 in이고 타이어에는 체인이 없는 상태이다. 이 차량의 차량원추지수 VCI_1과 VCI_{50}을 추정하여라.

풀이 자주식 차륜형 차량의 주행성지수를 결정하기 위한 계수를 구하면

$$W_i = \frac{7,500}{2} = 3,750 \text{ Ib 이므로 접지압계수} = \frac{3,750}{12.5 \times (36.3/2) \times 2} = 8.26,$$

$$중량계수\ Y = \frac{0.033 \times 3,750}{1,000} + 1.050 = 1.1737,\ 타이어계수 = \frac{10 + 12.5}{100} = 0.225$$

$$러그계수 = 1.0,\ 차륜하중계수 = \frac{3,750}{1,000 \times 2} = 1.875,\ 클리어런스계수 = \frac{11.3}{10} = 1.13$$

$$엔진출력/총중량 = \frac{150}{7,500 / 2,000} = 40\ \text{hp/ton}이므로\ 엔진계수 = 1.0,\ 변속기계수 = 1.0$$

이다. 각 계수를 이용하여 주행성지수를 구하면

$$MI = (\frac{8.26 \times 1.1737}{0.225 \times 1.0} + 1.875 - 1.13) \times 1.0 \times 1.05 = 46$$

이다. 따라서 $MI < 115$이므로

$$VCI_1 = (11.48 + 0.2 \times 46 - \frac{39.2}{46 + 3.74}) \times \sqrt[4]{\frac{0.15 \times 9}{1.2}} = 20.5$$

$$VCI_{50} = (28.23 + 0.43 \times 46 - \frac{92.67}{46 + 3.67}) \times \sqrt[4]{\frac{0.15 \times 9}{1.2}} = 47.5$$

이다.

예제 엔진출력이 350 hp, 총중량이 29,763 Ib, 최저 지상고가 16.14 in이고 기계식 변속인 궤도 차량의 제원은 다음과 같다. 궤도의 폭은 14.9 in, 궤도의 길이는 105 in, 궤도 슈의 면적은 16.19 in^2, 그라우저 높이는 1.81 in, 보기륜의 수는 10개이다. 이 궤도차량의 차량원추지수 VCI_1과 VCI_{50}을 추정하여라.

풀이 자주식 궤도차량의 주행성지수를 결정하기 위한 계수를 구하면

$$접지압계수 = \frac{29,763}{2 \times 14.9 \times 105} = 9.51,\ 총중량이\ 50,000\ \text{Ib}\ 이하이므로\ 중량계수 = 1$$

$$궤도계수 = \frac{14.9}{100} = 0.149,\ 그라우저의\ 높이가\ 1.5\ \text{in}\ 이상이므로\ 그라우저계수 = 1.1$$

$$보기륜계수 = \frac{29,763/10}{10 \times 16.19} = 18.38,\ 클리어런스계수 = \frac{16.14}{10} = 1.614,$$

$엔진출력/총중량 = \dfrac{350}{29,763/2,000} = 23.5$ hp/ton이므로 엔진계수 = 1.0, 변속기는 기계식이므로 변속기계수 = 1.05

이다. 각 계수를 이용하여 주행성지수를 구하면

$$MI = (\frac{9.51 \times 1}{0.149 \times 1.1} + 18.38 - 1.614) \times 1.0 \times 1.05 = 78.54$$

이다. 따라서 차량원추지수를 구하면

$$VCI_1 = 7.0 + 0.2 \times 78.54 - \frac{39.2}{78.54 + 5.6} = 22.24$$

$$VCI_{50} = 19.27 + 0.43 \times 78.54 - \frac{125.79}{78.54 + 7.08} = 51.57$$

이다.

---

3) 피견인 차륜형 차량

피견인 차량에 대한 주행성지수는 다음과 같이 구한다.

$$MI = 0.64(\frac{접지압계수 \times 중량계수}{타이어계수} + 차축하중계수 - 클리어런스계수) + 10$$

$$여기서,\ 타이어계수 = \frac{타이어\ 공기압(psi)}{2}$$

중량계수 = 1.0 15,000 Ib ≤ 차축하중

= 0.9 12,500 ≤ 차축하중 < 15,000 Ib

= 0.8 10,000 ≤ 차축하중 < 12,500 Ib

= 0.7 7,500 ≤ 차축하중 < 10,000 Ib

= 0.6 차축하중 < 7,500 Ib

$$\text{타이어계수} = \frac{\text{타이어 폭(in)}}{100} \qquad \text{단일 타이어의 경우}$$

$$= \frac{1.5 \times \text{타이어 폭(in)}}{100} \quad \text{이중 타이어의 경우}$$

$$\text{차축하중계수} = \frac{\text{차축하중(Ib)}}{1{,}000}$$

$$\text{클리어런스계수} = \text{클리어런스(in)}$$

4) 피견인 궤도형 차량

$$MI = \left(\frac{\text{접지압계수} \times \text{중량계수}}{\text{궤도계수}} + \text{보기륜계수} - \text{클리어런스계수}\right) + 30$$

$$\text{여기서, 접지압계수} = \frac{\text{총중량(Ib)}}{\text{궤도의 총접지면적(in}^2)}$$

$$\text{중량계수} = 1.0 \qquad 15{,}000\ \text{Ib} \le \text{총중량}$$

$$= 0.8 \qquad \text{총중량} < 15{,}000\ \text{Ib}$$

$$\text{궤도계수} = \frac{\text{궤도의 폭(in)}}{100}$$

$$\text{보기륜계수} = \frac{\text{총중량(Ib)}/10}{\text{보기륜 수} \times \text{트랙 슈의 면적(in}^2)}$$

$$\text{클리어런스계수} = \text{클리어런스(in)}$$

피견인 차량의 차량원추지수 VCI와 주행성지수 MI의 관계는 그림 6-2에서와 같다. 표 6-3은 차량원추지수에 따른 차량의 특징을 나타낸 것이다.

토양의 정격원추지수가 차량원추지수보다 크면, 즉 토양의 강도가 차량이 통과하는 데 필요한 강도보다 크면 여분의 토양강도 RCI_x는

$$RCI_x = RCI - VCI \tag{6-12}$$

로 주어지며 차량이 추진력으로 전환할 수 있는 토양강도이다. 이 여분의 토양강도로써 차량은 가속하거나, 견인하거나 또는 등판능력을 추가할 수 있다. 주행성지수와 주행성상수가 다른 점은 주행성상수가 차륜의 특성을 반영한 데 비하여 주행성지수는 차륜뿐만 아니

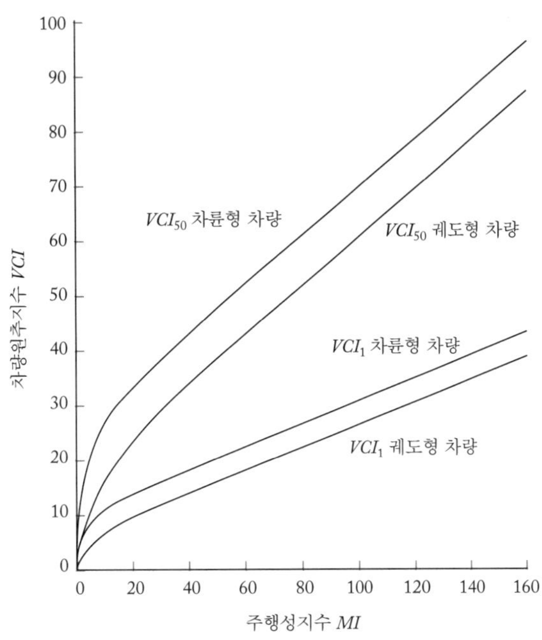

그림 6-2 피견인 차량의 차량원추지수와 주행성지수의 관계

표 6-3 차량원추지수에 따른 차량의 특징(Department of Army, 1994)

카테고리	VCI_1	VCI_{50}	차량의 특징
1	12 이하	29 이하	경량 차량으로서 접지압이 2 psi 이하로 낮은 차량
2	12~21	30~49	고속 공병 트랙터로서 비교적 궤도 폭이 넓고 접지압이 낮은 차량
3	21~26	50~59	접지압이 평균 정도인 공병 트랙터, 접지압이 비교적 낮은 탱크, 접지압이 아주 낮은 피견인 차량
4	26~30	60~69	중형 탱크, 접지압이 높은 공병 트랙터, 전륜구동(all-wheel-drive) 트럭, 접지압이 낮은 피견인 차량
5	31~35	70~79	대부분의 전륜구동(all-wheel-drive) 트럭, 대형 탱크, 대부분의 피견인 차량
6	35~44	80~99	대부분의 고속도로용 전륜구동(all-wheel-drive) 및 후륜구동 트럭, 피견인 차량
7	44 이상	99 이상	후륜구동 차량, 비도로 특히 습지에서 주행할 수 없는 기타 차량

라 차량 전체의 특성을 반영한 점이다. 따라서 차량원추지수는 주행장치보다는 차량 전체의 관점에서 주행성능을 평가하기 위한 모형이다.

예제 VCI_1이 23인 탱크 M1이 원추지수가 50이고 리몰딩지수가 0.6인 세립토 지역을 통과하고자 한다. 통과여부를 확인하여라.

풀이 토양의 정격원추지수는 $RCI = CI \times RI = 50 \times 0.6 = 30$이므로, $RCI > VCI_1 = 30 > 23$이다. 따라서 M1 탱크는 세립토 지역을 통과할 수 있을 것으로 판단된다.

예제 원추지수와 리몰딩지수가 각각 93, 0.98인 사질토에서 차량원추지수가 $VCI_{50} = 58$인 탱크 M1A1이 추가로 활용할 수 있는 여유토양강도를 구하여라.

풀이 $RCI_x = RCI - VCI_{50}$이고 $RCI = CI \times RI$이므로

$$RCI = 93 \times 0.98 = 91.14$$

따라서 여유토양강도는 $RCI_x = RCI - VCI_{50} = 91.14 - 58 = 33.14$이다.

---

4. 차량-지형 상호작용의 모형

차량-지형 상호작용(Vehicle Terrain Interface, VTI)의 모형은 미군의 ERDC(Engineering Research and Development Center)가 실시간 시뮬레이션 환경에서 차량과 지면 사이의 상호작용을 예측하기 위하여 개발한 모형이다(Jones et al., 2007). 이 모형은 ERDC가 장기간 수행한 각종 차량의 성능시험 결과를 반영하여 개발한 경험식으로서 TARDEC(Tank Automotive Research Development and Engineering Center)이 개발한 VDMS(Vehicle Dynamics and Mobility Server)의 기본 알고리즘으로 사용되고 있다.

VTI 모형은 주어진 토양과 지면조건에서 주행장치의 운동저항, 침하, 견인력, 측방력 등을 추정하기 위한 것이다. 주행장치는 구동(powered), 비구동(un-powered), 조향(steered), 비조향(non-steered) 상태로 구별하였으며, 토양은 크게 통일분류법에 의한 세립토(fine grained soil)와 조립토(coarse grained soil)로 구분하였다. 주행장치와 토양의 상호작용으로 발생하는 침하, 운동저항, 추진력, 견인력은 모두 무차원 변수로써 표현하였으며, 토양강도는 조립토의 경우에는 원추지수, 세립토의 경우에는 정격원추지수로써 나타내었다.

1) 세립토용 차륜의 VTI 모형

세립토에서 운용되는 차륜의 슬립, 운동저항, 견인력, 추진력, 측방력, 침하를 추정하기 위한 VTI 모형은 표 6-4에서와 같다.

표 6-4 차륜의 세립토 VTI 모형(Jones et al., 2007)

모형	비조향 차륜	조향 차륜
운동저항	$R = W(\frac{12}{N_c^2} + 0.007)$	$R_\alpha = W_\alpha(\frac{12}{N_{c_\alpha}^2} + 0.007)$
견인력	$P = 0.5W\log(\frac{i}{i_{sp}})$	$P_\alpha = 0.5W_\alpha\log(\frac{i}{i_{sp_\alpha}})$
추진력	$T = P(1+\frac{b}{d})^{1/4} + R$	$T_\alpha = P_\alpha(1+\frac{b}{d})^{1/4} + R_\alpha$
측방력	$S = W[\frac{S_f}{W_\alpha} - 1.7189\|\alpha\|\frac{T_\alpha}{W_\alpha}]$	$S_f = W_\alpha\frac{\sqrt{\frac{(N_c+4)^2}{1975}}\alpha(3.37-4.24\alpha)}{0.46}$
침하	$(\frac{z}{d})_p = \frac{5}{(\frac{N_{c_z}}{i_{sp}^{1/5}})^{5/3}}$ $(\frac{z}{d})_u = \frac{5}{N_{c_z}^2}$ $(\frac{z}{d})_n = (\frac{z}{d})\sqrt{n}$	

여기서, $N_c = \frac{RCI\,bd}{W(1-\frac{\delta}{h})^{3/2}(1+\frac{b}{d})^{3/4}}$ = 세립토용 비조향 차륜의 차륜수

$N_{c_\alpha} = N_c(1-2.26\alpha^{3/2})$ = 세립토용 조향 차륜의 차륜수

$N_{c_z} = N_c(1+\frac{b}{d})^{3/4}$ = 침하 차륜수

$i_{sp} = \frac{21}{N_c^{5/2}} + 0.005$ = 비조향 구동륜의 슬립

$i_{sp_\alpha} = \frac{21}{N_{c_\alpha}^{5/2}} + 0.005$ = 조향 구동륜의 슬립

RCI = 정격원추지수
W = 구동륜의 지면반력
W_α = 조향 구동륜의 지면반력
δ = 타이어 변형량
b = 타이어 단면 폭
d = 타이어 호칭 지름
h = 타이어 단면 높이
α = 타이어 조향각
i_{sp} = 비조향 구동륜의 슬립
i_{sp_α} = 조향 구동륜의 슬립
z = 차륜 침하
n = 통과 횟수
i = 차륜의 슬립
R = 비조향 차륜의 운동저항
R_α = 조향 차륜의 운동저항
P = 비조향 차륜의 견인력
P_α = 조향 차륜의 견인력
T = 비조향 차륜의 추진력
T_α = 조향 차륜의 추진력
S_f = 구동륜의 측방력
S = 측방력
$(z/d)_p$ = 구동륜 침하계수
$(z/d)_u$ = 피구동륜의 침하계수
(z/d) = 1회 통과 차륜침하계수
$(z/d)_n$ – n회 통과 차륜침하계수

2) 세립토용 궤도의 VTI 모형

세립토용 궤도의 VTI 모형은 통일토양분류법에 의한 세립토에 적용할 수 있으며, 토양강도는 여유토양강도 RCI_x로써 나타내었다. 세립토용 궤도장치에 대한 주요 VTI 모형은 다음과 같다.

운동저항 $RCI_x \geq 0$일 때 $R = W(a + \frac{b}{RCI_x} + c)$

$RCI_x < 0$일 때 $R = W(a + \frac{b}{c} - RCI_x \frac{c}{c^2})$

궤도 침하 $z = L(0.00443 e^{\frac{5.887}{\Pi_{tc}}})$

궤도수(numeric for tracked elements) $\Pi_{tc} = RCI \frac{BL}{W}$

반복통과 시 침하 $(\frac{z}{L})_n = (\frac{z}{L})\sqrt{n}$

여기서, R = 운동저항

W = 궤도에 작용하는 지면반력

RCI_x = 여유토양강도, $RCI_x = RCI - VCI$

RCI = 정격원추지수

B = 궤도의 폭

L = 궤도의 길이

z = 궤도의 침하

n = 반복통과 수

a, b, c = 토양과 지면상태에 따라 결정되는 상수로서 다음 표에서와같이 결정한다.

토양	지면상태	a	b	c
SM, SM-SC, GM, GM-GC	보통 상태(normal)	0.062	2.3075	6.5
	미끄러운 상태(slippery)	0.075		
SM, SM-SC, GM, GM-GC를 제외한 세립토	보통 상태(normal)	0.052		
	미끄러운 상태(slippery)	0.062		

3) 조립토용 차륜의 VTI 모형

조립토에서 차륜의 운동저항, 견인력, 차륜침하를 추정하기 위한 VTI 모형은 표 6-5에서와 같다.

표 6-5 차륜의 조립토 VTI 모형

모형	비조향 차륜	조향 차륜
운동저항	$\frac{R}{W} = 1.275\alpha^{1.23} + 0.83 - \frac{46}{N_S + 55.4}$	$\frac{R_\alpha}{W_\alpha} = 1.275\alpha^{1.23} + 0.83 - \frac{46}{N_S + 55.4}$
견인력	$\frac{P}{W} = A - \frac{AB}{N_S - C + B}$	$\frac{P_\alpha}{W_\alpha} = A_\alpha - \frac{A_\alpha B_\alpha}{N_S - C_\alpha + B_\alpha}$
침하	$(\frac{z}{d})_p = \frac{14}{\Pi_z}$ $(\frac{z}{d})_u = \frac{22}{\Pi_z^{9/8}}$ $(\frac{z}{d})_n = (\frac{z}{d})\sqrt{n}$	

여기서, $N_S = \frac{G(bd)^{3/2}}{W}\frac{\delta}{h}$ = 조립토용 비조향 차륜의 차륜수

$\Pi_z = \frac{N_S}{1 + b/d}$ = 조립토용 침하 차륜수

G = 원추지수 곡선의 기울기

다른 기호에 대한 설명은 표 6-4에서와 같다.

4) 조립토용 궤도의 VTI 모형

조립토용 궤도의 VTI 모형은 통일토양분류법에 의한 조립토에 적용할 수 있으며, 토양강도는 여유토양강도 RCI_x로써 나타내었다. 조립토용 궤도장치의 견인력, 운동저항, 침하 등을 예측하기 위한 VTI 모형은 다음과 같다.

운동저항계수 연성궤도의 경우 $\frac{R}{W} = 0.145$

강성궤도의 경우 $\frac{R}{W} = 0.119$

최대 견인계수 연성궤도의 경우 $\frac{P}{W_{max}} = 0.3926$

강성궤도의 경우 $\frac{P}{W_{max}} = 0.5365$

견인계수 $\frac{P}{W} = a + b\log_{10}(\Pi_{ts})$

궤도의 침하 $\frac{z}{L} = 0.030292 + \frac{0.85432}{\Pi_{ts}} - \frac{0.48443}{\Pi_{ts}^2}$

반복통과 시 침하 $(\frac{z}{L})_n = (\frac{z}{L})\sqrt{n}$

여기서, Π_{ts} = 궤도수 = $6G\frac{(BL)^{3/2}}{W}$

G = 원추지수 곡선의 기울기

R = 운동저항

W = 궤도의 지면반력

P = 견인력

W_{max} = 궤도의 최대 지면반력

CI = 원추지수

B = 궤도의 폭

L = 궤도의 길이

z = 궤도의 침하

n = 반복통과 수

a, b = 궤도수에 따라 결정되는 상수로서 다음 표에서와 같다.

궤도수 Π_{ts} 범위	a	b
$\Pi_{ts} \le 25$	0.121	0.258
$25 < \Pi_{ts} \le 100$	0.339	0.109
$100 < \Pi_{ts} \le 1,000$	0.481	0.038
$1,000 < \Pi_{ts}$	0.595	0.0

5. 접지압

접지압은 주행장치의 접지면에 작용하는 토양의 압력으로서 주행장치의 침하와 성능을 결정하는 주요한 변수의 하나이다. 접지압은 원래 궤도형 주행장치에서 평균접지압(nominal ground pressure), 즉 주행장치에 작용하는 수직하중을 접지면적으로 나눈 값으로 사용하였다. 그러나 평균접지압은 궤도에 로드휠(road wheel)이 있는 경우 그림 5-7에서와같이 접지압의 분포가 균등하지 않기 때문에 적절한 성능변수로서 인정되지 못하였다. 그 대신 로드휠 아래에서 일어나는 피크 접지압을 평균한 평균최대접지압(mean maximum pressure, MMP)이 각종 실험에서 신뢰할 수 있는 성능변수로 인정되었다. 평균최대접지압의 개념은 견인력이 같으면 궤도형 주행장치와 차륜형 주행장치의 평균최대접지압이 같다고 가정하여 차륜형 주행장치에도 확대 적용되었다. 평균최대접지압은 사용이 간편하고 큰 제한요인이 없기 때문에 널리 사용되고 있으나, 성능예측을 위한 모형에서는 다음과 같은 점이 실제와 맞지 않기 때문에 큰 오차가 발생할 수 있다.

첫째, 주행장치에 작용하는 수직하중이 모든 차축에 균등하게 분포되었다고 가정한 점
둘째, 토양은 깊이가 깊고, 성질이 균일하다고 가정한 점
셋째, 조향의 영향을 고려하지 않은 점

차륜과 궤도형 주행장치에 대한 평균최대접지압 모형은 각각 다음과 같다(Rowland, 1975).

1) 차륜형 주행장치

점토의 경우: $$MMP = \frac{KW}{2mb^{0.85}d^{1.15}\sqrt{\frac{\delta}{h}}} \quad (6\text{-}13)$$

사질토의 경우: $$MMP = \frac{0.6TW}{2mb^{1.5}d^{1.5}(\frac{\delta}{h})} \quad (6\text{-}14)$$

여기서, MMP = 평균최대접지압, kPa

W = 차량의 최대 중량, kN

m = 차축 수

b = 무부하 상태에서 타이어 폭, m

d = 무부하 상태에서 타이어 지름, m

δ = 타이어 변형량, m

h = 무부하 상태에서 타이어 단면 높이, m

K = 차축계수, 표 6-6에서와같이 구한다.

T = 타이어 트레드계수

= 1.0 매끄러운 타이어

= 1.4 도로 주행용 타이어

= 2.8 비포장 도로용 타이어

= 3.3 건설 장비용 타이어

표 6-6 차축계수

차축 수	구동차축비 = 구동차축 수/총차축 수						
	1	3/4	2/3	3/5	1/2	1/3	1/4
2	3.65	-	-	-	4.40	-	-
3	3.90	-	4.35	-	-	5.25	-
4	4.10	4.44	-	-	4.95	-	6.05
5	4.32	-	-	4.97	-	-	-
6	4.60	-	5.15	-	5.55	6.20	-

2) 궤도형 주행장치

로드휠이 강체륜인 링크 또는 벨트 트랙의 경우

$$MMP = \frac{1.26W}{2mcb\sqrt{pd}} \tag{6-15}$$

로드휠이 공기타이어인 벨트 트랙의 경우

$$MMP = \frac{0.5W}{2mb\sqrt{d\delta}} \tag{6-16}$$

여기서, W = 차량의 중량, kN

m = 한 쪽 궤도의 로드휠 수

b = 로드휠의 폭, m

d = 로드휠의 지름, m

p = 궤도 링크의 피치, m

c = 궤도 링크의 측면계수(접지면적/pb)

δ = 타이어의 변형량, m

표 6-7은 각종 토양조건에서 주행성능을 유지하는 데 필요한 주행장치의 평균최대접지압 수준을 나타낸 것이다.

평균접지압에 대한 평균최대접지압의 비는 보통 1.5~5.0의 범위에서 차량의 형태에 따라 변하며, 궤도형 트랙터는 1.5, 벨트 궤도형 차량은 5.0 정도이다. 군용차량은 대부분 2~3의 범위에서 차량의 형태에 따라 변한다. 연약지에서 궤도차량의 성능은 궤도의 피치에 큰 영향을 받으며, 궤도 피치는 가능하면 큰 피치일수록 좋다. 피치의 상한값은 링크의 휨과 속도가 증가함에 따라 링크 충격에 의한 소음과 진동에 의하여 제한된다. 연약지에서 궤도차량의 성능과 속도는 반비례 관계가 있으며 속도가 빠르면 성능이 떨어지고, 속도가 느리면 상대적으로 성능이 향상된다. 따라서 최대 속도는 p/d, 즉 로드휠의 지름에 대한 궤도 피치의 비에 의하여 제한된다.

롤런드(Rowland, 1972)는 젖은 세립토에서 링크-궤도형 차량의 주행성과 평균최대접지압의 관계를 구명하여 다음과 같은 선형관계를 제시하였다. 따라서 평균최대접지압도 차량

표 6-7 주행에 필요한 평균최대접지압

토양조건	평균최대접지압, kPa		
	이상적	만족	최대 한계
온순 지대, 점토	150	200	300
열대 습지, 점토	90	140	240
유럽 습지	5	10	15
눈	10	25~30	40

원추지수와 같이 연약지에서 차량의 주행성을 비교할 수 있는 지표로서 사용할 수 있다고 하였다.

$$VCI_1 = \frac{0.096MMP}{1,000} \tag{6-17}$$

$$VCI_{50} = \frac{0.27MMP}{1,000} \tag{6-18}$$

식 (6-17)과 식 (6-18)에서 MMP는 Pa 단위의 값이다. 또한 점토와 사질토에 대한 궤도의 침하 z와 구름저항계수 R/W를 평균최대접지압으로써 식 (6-19), 식 (6-20), 식 (6-21), 식 (6-22)와같이 표현하였다. 그러나 이러한 경험식은 침하 또는 구름저항의 절대적인 값을 예측하기보다는 상대적으로 차량의 성능을 비교하기 위한 값으로서 활용하는 것이 바람직하다. 표 6-8은 차량의 구조적 형태에 따라 평균최대접지압의 정도를 나타낸 것이다.

$$\text{점토: } z = 0.176mn\frac{MMP^{3.2}}{CI^{2.5}} \tag{6-19}$$

$$\text{사질토: } z = 0.16m^{0.57}(\frac{MMP}{N_\gamma} - 0.4\sqrt{pd}) \tag{6-20}$$

$$\text{점토: } \frac{R}{W} = 3.16 \times 10^{-12}\frac{MMP^{2.5}}{CI^{1.95}(pd)^{0.39}} \tag{6-21}$$

$$\text{사질토: } \frac{R}{W} = 3.45[\frac{0.16MMP}{\gamma N_\gamma m^{0.43}\sqrt{pd}} - \frac{0.063}{m^{0.43}}]^{1.63} \tag{6-22}$$

여기서, R = 차량의 구름저항, N

W = 차량의 중량, N

MMP = 평균최대접지압, Pa

m = 한 쪽 궤도의 로드휠 수 또는 차축 수

n = 차량의 통과횟수

CI = 원추지수, psi

p = 궤도 피치, m

d = 궤도의 로드휠 또는 타이어 외경, m

γ = 토양의 단위중량, N/m^3

N_γ = 토양의 내부마찰각에 따른 테르자기의 토양지지력상수

식 (6-19)와 식 (6-21)에서 원추지수 CI의 단위는 Ib/in^2이므로 유의하여야 한다.

표 6-8 차량의 주요 형태별 평균최대접지압(Rowland, 1975)

차량의 형태	주요 제원	평균최대접지압, kPa
	4 × 2 공기타이어 $W = 15.3/7.6$ kN $b = 0.15$[illegible] [illegible]1/1 $d = 0.76, 1.47$ $\delta/h = 0.25$	$MMP = 180$
	링크 트랙 $W = 36$ kN $b - 0.335$ $m = 4$ $d = 0.67$ $p = 0.12$	$MMP = 60$
	[illegible]크 트랙 W [illegible] kN $b - 0.37$[illegible] $m = 5$ $d = 0.72$ $p = 0.16$	$MMP = 134$
	4 × 2 공기타이어 $W = 30$ kN $b = 0.23$ $m = 2$ $d = 0.81$ $\delta/h = 0.18$	MM[illegible]47
	링크 트랙 $W = 190$ kN $b = 0.36$ $m = 6$ $d = 0.52$ $p = 0.12$	$MMP = 220$

6. 동계기동성 모델

적설지, 빙판, 해동지와 같은 노면조건에서 차량의 기동성을 예측하기 위한 연구는 주로 미육군 한랭지연구소(Cold Region Research and Engineering Laboratory, CRREL)를 중심으로 이루어졌으며, CRREL은 각종 형태의 적설지에서 차륜형 및 궤도형 차량의 총추진력과 운동저항을 예측하기 위한 프로그램을 개발하였다(Richmond et al., 1995). 이러한 프로그램은 다수의 실험결과에서 도출한 경험식을 기본으로 하였기 때문에 시험조건과 다른 적설지 조건에서는 예측식의 유효성이 제한될 수밖에 없다. 그러나 CRREL의 동계기동성 모델은 NRMM II 등 각종 군용장비의 동계기동성을 예측하기 위한 프로그램의 기본 모델로 사용되고 있다.

1) 한랭지의 구분

한랭지는 그림 6-3에서와같이 적설지, 결빙지, 해동지, 빙판으로 구분하고, 적설지는 그림 6-4에서와같이 차량의 최저 지상고와 차량에 의한 눈의 침하에 따라 잔설지와 심설지로 구분하며, 잔설지는 다시 눈의 밀도에 따라 미주행잔설지와 기주행잔설지로 구분하고, 미주행잔설지는 다시 적설지반의 강도에 따라 강지반 미주행잔설지, 연약지반 미주행잔설지, 미주행 빙판잔설지로 구분할 수 있다.

구체적으로 잔설지는 차량에 의한 눈의 침하가 차륜 반경의 2/3보다 작거나 차량

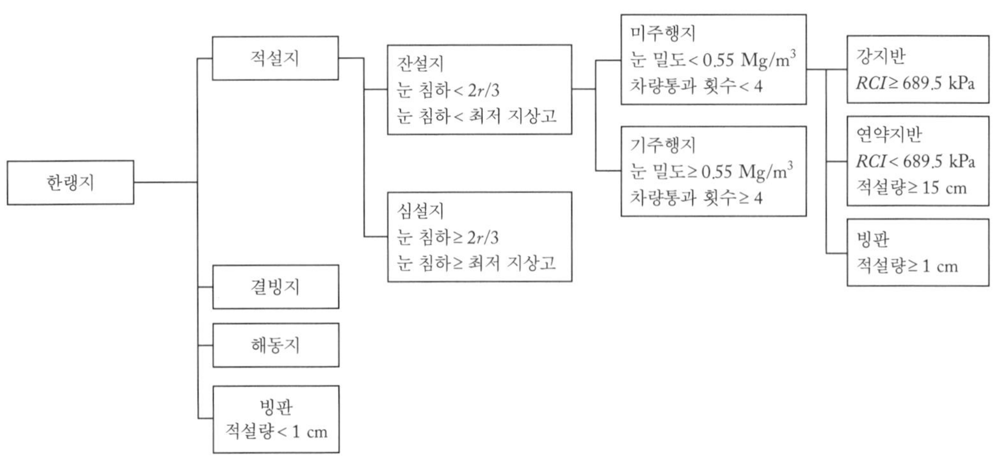

그림 6-3 동계기동성 모델의 한랭지 구분

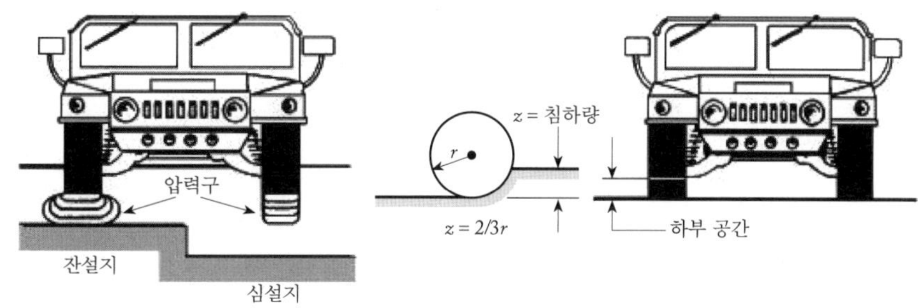

그림 6-4 잔설지와 심설지의 구분(Richmond et al., 1995)

의 최저 지상고보다 작을 때로 정의하며, 심설지는 차량에 의한 눈의 침하가 차륜 반경의 2/3 이상이거나 차량의 최저 지상고보다 클 때로 정의한다. 미주행잔설지는 눈의 밀도가 0.55 Mg/m^3 미만이거나 차량의 통과횟수가 4회 미만인 잔설지이며, 기주행잔설지는 눈의 밀도가 0.55 Mg/m^3 이상이거나 차량의 통과횟수가 4회 이상인 잔설지로 정의한다. 강지반 미주행잔설지는 적설지반의 강도가 $RCI \geq 689.5$ kPa인 적설지로서 차량에 의한 지반침하가 없는 잔설지이며, 연약지반 미주행잔설지는 적설지반의 강도가 $RCI < 689.5$ kPa인 적설지로서 차량에 의한 지반침하가 있는 잔설지이다. 결빙지는 하천 또는 호수가 결빙된 곳이며, 해동지는 언 땅의 표면이 녹아 있는 곳이다. 일반적으로 차량의 기동성은 결빙지에서는 증가하며 해동지에서는 감소한다.

2) 기동성 모델

기동성 모델은 차륜 또는 궤도의 총추진력과 운동저항을 예측하기 위한 모델로서 차륜 또는 궤도의 접지압과 접지면적을 변수로 한 경험식이다. 따라서 차량의 총추진력과 운동저항을 예측하기 위해서는 먼저 차량의 차륜 또는 궤도에 대한 접지압과 접지면적을 예측하여야 한다.

(1) 접지압 모델

가) 차륜형 차량

차축이 두 개인 일반적인 차륜형 차량의 각 차축에 작용하는 지면과 수직방향의 차축하중은 힘의 평형조건을 이용하여 용이하게 구할 수 있다. 차축에 작용하는 차축하중이 결정되

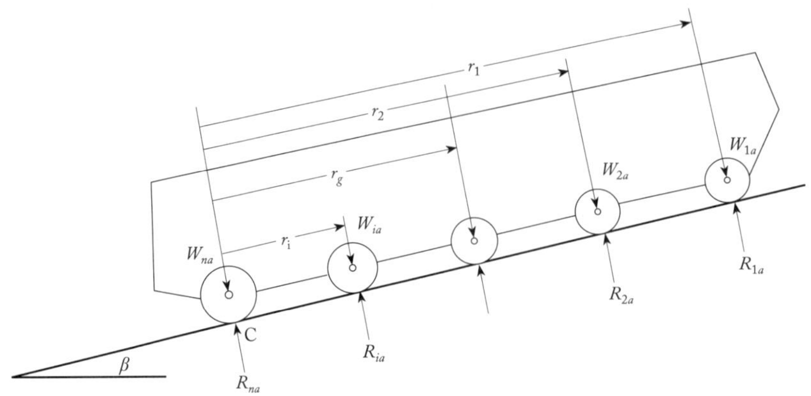

그림 6-5 다차축 차량의 차축하중 계산

면 차축에 설치된 각 차륜의 지면반력은 모두 동일하다고 가정하고 각 차륜의 지면반력을 구한다.

차축이 세 개 이상인 다차축 차량의 경우에는 차축 현가장치의 강성, 즉 스프링상수가 모두 같다고 가정하여 각 차축의 차축하중을 구한다. 그림 6-5에서와같이 차축이 n개인 다차축 차량이 경사각이 β인 경사지에서 주행할 때 각 차축에 작용하는 지면과 수직방향의 차축하중은 다음과 같이 구할 수 있다. 이때 차량은 차축의 중심을 지나는 종방향 연직평면에 대하여 좌우대칭이고, 각 차축하중은 각 차축의 차륜에 작용하는 지면반력의 합과 같다고 가정한다.

차량의 전면으로부터 차례로 차축 1, 차축 2, ⋯ 차축 n에 작용하는 차축하중을 각각 W_{1a}, W_{2a}, ⋯ W_{na}, 차량의 총중량을 W, 마지막 차축 n에서 각 차축까지의 수평거리를 각각 r_1, r_2, ⋯ $r_n(r_n = 0)$, 무게중심까지의 수평거리를 r_g라고 하면 힘과 모멘트의 평형조건으로부터 $R_{ia} = W_{ia}$, $i = 1, 2, \cdots n$이고,

$$W_{1a} + W_{2a} + \cdots + W_{na} - W\cos\beta = 0 \qquad (6\text{-}23)$$

$$W_{1a}r_1 + W_{2a}r_2 + \cdots W_{na-1}r_{n-1} - Wr_g\cos\beta = 0 \qquad (6\text{-}24)$$

가 된다. 또한 차축하중에 의한 차축 현가장치의 처짐을 선형이라고 하면 각 현가장치의 처짐 δ_1, δ_2, ⋯ δ_n은 다음과 같은 관계식을 만족한다.

$$\frac{\delta_1-\delta_n}{r_1}=\frac{\delta_1-\delta_2}{r_1-r_2}:\ \delta_2=\delta_1\frac{r_2}{r_1}+\delta_n\frac{r_1-r_2}{r_1}$$

$$\frac{\delta_1-\delta_n}{r_1}=\frac{\delta_1-\delta_3}{r_1-r_3}:\ \delta_3=\delta_1\frac{r_3}{r_1}+\delta_n\frac{r_1-r_3}{r_1}$$

$$\vdots$$

$$\frac{\delta_1-\delta_n}{r_1}=\frac{\delta_1-\delta_i}{r_1-r_i}:\ \delta_i=\delta_1\frac{r_i}{r_1}+\delta_n\frac{r_1-r_i}{r_1}$$

$$\vdots$$

$$\frac{\delta_1-\delta_n}{r_1}=\frac{\delta_1-\delta_{n-1}}{r_1-r_{n-1}}:\ \delta_{n-1}=\delta_1\frac{r_{n-1}}{r_1}+\delta_n\frac{r_1-r_{n-1}}{r_1}$$

차축 현가장치의 스프링상수 k는 모두 같으므로 각 차축하중은 $W_{1a}=k\delta_1$, $W_{2a}=k\delta_2$, … $W_{na}=k\delta_n$로 나타낼 수 있다. 따라서 위의 식에 스프링상수 k를 곱하여 이를 차축하중으로 정리하면

$$k\delta_1 r_2-k\delta_2 r_1+k\delta_n(r_1-r_2)=0:\ W_{1a}r_2-W_{2a}r_1+W_{na}(r_1-r_2)=0$$

$$k\delta_1 r_3-k\delta_3 r_1+k\delta_n(r_1-r_3)=0:\ W_{1a}r_3-W_{3a}r_1+W_{na}(r_1-r_3)=0$$

$$\vdots$$

$$k\delta_1 r_i-k\delta_i r_1+k\delta_n(r_1-r_i)=0:\ W_{1a}r_i-W_{ia}r_1+W_{na}(r_1-r_i)=0 \qquad (6\text{-}25)$$

$$\vdots$$

$$k\delta_1 r_{n-1}-k\delta_{n-1}r_1+k\delta_n(r_1-r_{n-1})=0:\ W_{1a}r_{n-1}-W_{na-1}r_1+W_{na}(r_1-r_{n-1})=0$$

가 된다. 식 (6-23), (6-24)와 $(n-2)$개의 식 (6-25)는 n개의 미지수와 n개의 식으로 구성된 연립방정식이 된다. 즉 연립방정식은

$$W_{1a}+W_{2a}+\cdots+W_{na}=\mathrm{W}\cos\beta$$

$$W_{1a}r_i-W_{ia}r_1+W_{na}(r_1-r_i)=0,\ i=2,\cdots n-1$$

$$W_{1a}r_1+W_{2a}r_2+\cdots\ W_{na-1}r_{n-1}=Wr_g\cos\beta$$

가 되며, 이를 행렬로 나타내면 다음과 같다.

$$\begin{bmatrix} 1 & 1 & 1 & 1 & 1 & \cdots & 1 \\ r_2 & r_1 & 0 & 0 & 0 & \cdots & r_1 - r_2 \\ r_3 & 0 & r_1 & 0 & 0 & \cdots & r_1 - r_3 \\ r_4 & 0 & 0 & r_1 & 0 & \cdots & r_1 - r_4 \\ & & & & & \vdots & \\ r_{n-1} & 0 & 0 & 0 & \cdots & r_{n-1} & r_1 - r_{n-1} \\ r_1 & r_2 & 0 & 0 & \cdots & r_{n-1} & 0 \end{bmatrix} \begin{bmatrix} W_{1a} \\ W_{2a} \\ W_{3a} \\ W_{4a} \\ \vdots \\ W_{na-1} \\ W_{na} \end{bmatrix} = \begin{bmatrix} W\cos\beta \\ 0 \\ 0 \\ 0 \\ \vdots \\ 0 \\ Wr_g \cos\beta \end{bmatrix}$$

이 연립방정식을 풀어 차축하중을 결정하면 차륜에 작용하는 지면과 수직방향의 차륜하중과 접지압은 각각 다음과 같이 구할 수 있다.

$$W_i = R_i = \frac{W_{ia}}{n_{tire_i}}$$

$$p_i = \frac{W_i}{bl} \tag{6-26}$$

여기서, W_i = 차축 i의 차륜에 작용하는 지면과 수직방향의 차륜하중, kN

R_i = 차축 i의 차륜에 작용하는 지면반력, kN

n_{tire_i} = 차축 i에 장착된 차륜의 수

b = 차륜 접지면의 폭, m

l = 차륜의 접지면의 길이, m

p_i = 차축 i에 있는 차륜의 접지압, kPa

나) 궤도형 차량

궤도형 차량의 구동장치는 궤도이다. 궤도형 차량은 두 개의 궤도로써 구동장치를 구성하므로 궤도에 작용하는 지면과 수직방향의 궤도하중과 접지압은 각각 다음 식으로 구할 수 있다.

$$W_i = R_{track_i} = \frac{W\cos\beta}{2}$$

$$p_i = \frac{W_i}{bL} \tag{6-27}$$

여기서, W = 궤도차량의 총중량, kN

β = 지면의 경사도, °

W_i = 궤도 i에 작용하는 지면과 수직방향의 궤도하중, kN

R_{track_i} = 궤도 i에 작용하는 지면반력, kN

b = 궤도의 접지면 폭, m

L = 궤도의 접지면 길이, m

p_i = 궤도 i의 접지압, kPa

(2) 적설지 모델

가) 강지반 미주행잔설지

강지반 미주행잔설지에서 구동 차륜과 궤도 i의 총추진력 F_{gross_i}와 구름저항 $R_{terrain_i}$는 각각 다음과 같은 경험식을 이용하여 예측할 수 있다.

$$F_{gross_i} = 0.851 p_i^{0.823} A_i,\ \text{kN}, \tag{6-28}$$

$$R_{terrain_i} = 68.083(\rho_0 ba)^{0.9135},\ \text{kN} \tag{6-29}$$

여기서, p_i = 구동 차륜 또는 궤도 i에 작용하는 접설압, kPa

A_i = 구동 차륜 또는 궤도 i의 접설면적, m^2

ρ_0 = 눈의 밀도, Mg/m^3

a = 눈과 차륜 또는 궤도의 접촉길이, m

b = 차륜 또는 궤도의 최대 폭, m

눈과 접촉하는 차륜 또는 궤도의 접촉길이 a는 다음 식으로 구한다.

차륜인 경우 $a = r\cos^{-1}\frac{r-z}{r}$, cm

궤도인 경우 $a = \dfrac{z}{\sin\theta}$, cm

여기서, r = 차륜의 반경, cm

θ = 궤도의 진입각

z = 눈의 침하량, cm

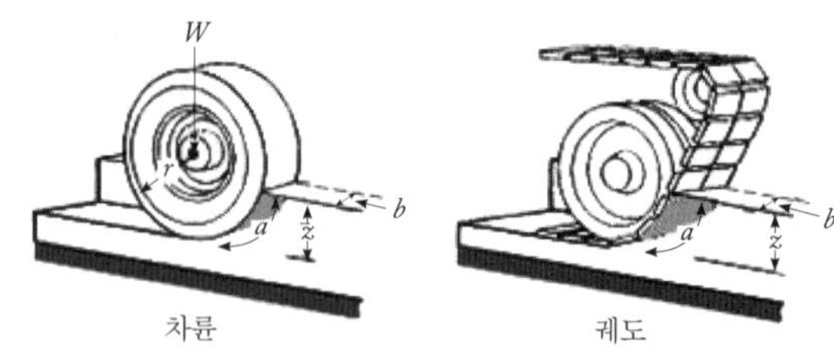

그림 6-6 눈과 차륜 또는 궤도의 접촉길이

궤도차량의 진입각은 차량에 따라 차이가 있으나 CRREL의 동계기동성 모델에서는 모두 26°를 취하고 있으며, 눈의 침하량은 다음 식으로 예측할 수 있다.

$$z_{snow} = h(1 - \frac{\rho_0}{\rho_f})$$

여기서, z_{snow} = 최대 접설압 $p_{\max}$에서 차륜 또는 궤도에 의한 눈의 침하량, cm

h = 초기 적설량, cm

ρ_0, ρ_f = 눈의 초기 밀도와 최종 이론밀도, Mg/m^3

눈의 최종 이론밀도는 차륜과 궤도의 최대 접설압에 따라 다음 식으로 결정하며, 최대 접설압은 차륜 또는 궤도의 접설압 중 최댓값으로 결정한다. 즉

$$p_{\max} = \max[p_i]$$

$$p_{\max} \leq 210 \text{ kPa} \quad \rho_f = 0.50 \text{ Mg/m}^3$$

$$\rho_{\max} > 210 \text{ kPa} \quad \rho_f = 0.55 \text{ Mg/m}^3$$

$$p_{\max} > 350 \text{ kPa} \quad \rho_f = 0.60 \text{ Mg/m}^3$$

$$p_{\max} > 700 \text{ kPa} \quad \rho_f = 0.65 \text{ Mg/m}^3$$

적설량 h, 눈의 침하 z_{snow}, 눈의 초기 밀도 ρ_0, 최종 이론밀도 ρ_f의 관계는 그림 6-7에서와 같다.

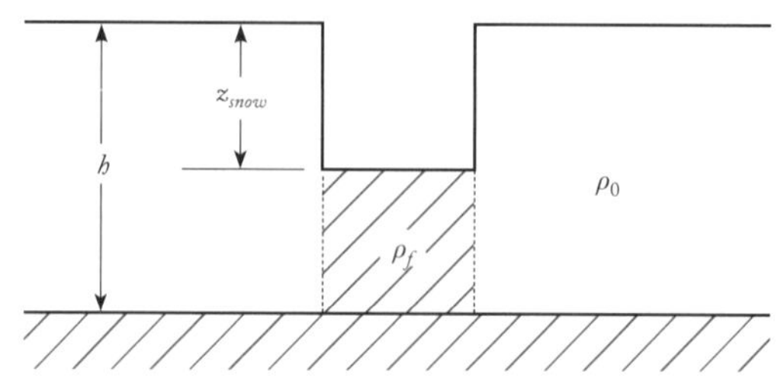

그림 6-7 적설량, 눈의 침하와 밀도의 관계

나) 연약지반 미주행잔설지

연약지반 미주행잔설지는 차량에 의한 눈

의 침하뿐만 아니라 연약지반에서 토양침하가 일어나므로 차량의 침하는 눈의 침하와 토양침하의 합이 된다. 따라서 차륜 또는 궤도의 침하 z는

$$z = z_{snow} + z_{soil}$$

로 표현되며, 토양침하는 다음 식으로 추정할 수 있다.

$$\text{차륜의 경우} \quad z_{soil} = \frac{10r_i}{\left[\dfrac{RCI\,2r_i b_i}{W_i\left(1-\dfrac{\delta_i}{h_i}\right)^{3/2} s^{1/5}}\right]^{5/3}}$$

$$\text{궤도의 경우} \quad z_{soil} = 0.00443 L_i e^{\left(\frac{5.889W_i}{RCI b_i L_i}\right)}$$

여기서, RCI = 정격원추지수, kPa

L_i = 궤도의 길이, m

b_i = 변형 전 타이어 폭 또는 궤도 폭, m

r_i = 타이어 반경, m

W_i = 지면에 수직인 차륜하중 또는 궤도하중, kN

δ_i = 타이어 변형량, m

h_i = 변형 전 타이어 단면 높이, m

s = 슬립으로서 0.05

연약지반 미주행잔설지의 기동성 모델은 눈의 침하가 토양침하에 미치는 영향을 무시하고 눈의 침하와 토양침하를 모두 차량의 중량으로써 예측하며, 적설량이 15 cm 이상이고 토양침하가 10 cm 이하인 적설지에 적용할 수 있다.

연약지반 미주행잔설지에는 토양침하가 있으므로 토양침하에 의한 구름저항이 증가한다. 그러나 적설지반의 강도가 $RCI < 689.5$ kPa로서 연약하여 토양침하가 발생하더라도 눈의 침하와 토양침하의 합이 적설량과 같거나 적설량보다 적은 경우에는, 즉

$$z = z_{snow} + z_{soil} \le h, \quad RCI < 689.5\ \text{kPa}$$

인 경우에는 구동 차륜과 궤도의 총추진력과 구름저항을 강지반 미주행잔설지에서와같이

모형화한다. 이때 구름저항은 모두 눈에 의한 것으로 가정한다. 즉

$$F_{gross_i} = 0.851 p_i^{0.823} A_i,\ \text{kN}, \tag{6-30}$$

$$R_{terrain_i} = 68.083(\rho_0 ba)^{0.9135},\ \text{kN} \tag{6-31}$$

이다. 침하의 합이 적설량보다 많은 경우, 즉 $z > h$인 경우에는 토양침하에 의한 구름저항을 반드시 포함하여야 한다. 따라서 이때 구름저항은 눈과 토양 사이의 상호작용과 전단현상을 고려하여 예측하여야 한다. 그러나 이를 고려한 총추진력과 구름저항의 모델은 아직 개발되지 않았다.

다) 미주행 빙판잔설지

미주행 빙판잔설지는 결빙된 강 또는 호수 위에 눈이 내린 곳과 눈이 오기 전에 진눈깨비 등으로 언 상태의 노면에 눈이 내린 곳이다. 이때 눈과 얼음 사이의 전단강도는 눈의 내부 전단강도보다 약한 편이다. 미주행 빙판잔설지에서 구동 차륜과 궤도의 총추진력과 구름저항은 다음과 같이 경험식으로써 모형화할 수 있으며, 빙판 위의 적설량이 1 cm 이상인 곳에 적용할 수 있다.

$$F_{grossi_i} = 0.127 p_i^{1.06} A_i,\ \text{kN} \tag{6-32}$$

$$R_{terrain_i} = 68.083(\rho_0 ba)^{0.9135},\ \text{kN} \tag{6-33}$$

라) 기주행잔설지 또는 다져진 잔설지

보통 동일한 차량이 네 번 통과한 후의 눈은 다져진 상태의 눈이라고 할 수 있으며, 이때 눈의 밀도는 한계밀도인 0.55 Mg/m^3 이상에 이른다. 이러한 상태의 적설지는 대부분 지반이 단단한 경우에 형성된다. 기주행잔설지 또는 다져진 잔설지에서 구동 차륜과 궤도의 총추진력과 구름저항은 다음 식으로써 모형화할 수 있으며, 이 모형은 빙판 위의 적설량이 1 cm 이상이고 얼음과 눈 사이가 얼어붙은 경우에 적용할 수 있다.

$$F_{gross_i} = 0.32 p_i^{0.97} A_i,\ \text{kN} \tag{6-34}$$

$$R_{terrain_i} = 0 \tag{6-35}$$

마) 심설지

심설지에서 구동 차륜과 궤도의 추진력은 일반적으로 잔설지에서보다 작다. 그러나 눈의 침하가 크기 때문에 구름저항도 크며, 차량의 전면 또는 하부가 눈과 접촉하는 경우에는 눈의 저항이 증가한다. 심설지에서 구동 차륜과 궤도의 총추진력 및 구름저항은 다음과 같이 모형화할 수 있다.

$$F_{gross_i} = 0.851 p_i^{0.823} A_i,\ \text{kN} \tag{6-36}$$

$$R_{terrain} = k68.083(\rho_0 ba)^{0.9135},\ \text{kN} \tag{6-37}$$

여기서, k는 눈의 밀도와 눈의 침하에 따라 다음과 같이 결정한다.

차륜형 차량의 경우

$\rho_0 < 0.15\ \text{Mg/m}^3$이고, 침하 $\geq$ 차륜 반경이면 $k = 1.5$

$\rho_0 < 0.15\ \text{Mg/m}^3$이고, 침하 $\geq$ 최저 지상고이면 $k = 3.0$

$\rho_0 \geq 0.15\ \text{Mg/m}^3$이고, $\frac{2}{3} \times$차륜 반경 $\leq$ 침하 $<$ 차륜 반경이면 $k = 1.5$

$\rho_0 \geq 0.15\ \text{Mg/m}^3$이고, 침하 $\geq$ 차륜 반경이면 $k = 2.5$

$\rho_0 \geq 0.15\ \text{Mg/m}^3$이고, 침하 $\geq$ 최저 지상고이면 $k = 4.0$

궤도형 차량의 경우

$\rho_0 < 0.15\ \text{Mg/m}^3$이고, 침하 $\geq$ 최저 지상고이면 $k = 2.5$

$\rho_0 \geq 0.15\ \text{Mg/m}^3$이고, 침하 $\geq$ 최저 지상고이면 $k = 4.0$

(3) 빙판 모델

빙판에서 구동 차륜과 궤도의 추진력은 빙판 표면의 거칠기, 주위 온도, 구동장치의 형상, 차량의 속도 등의 영향을 받는다. 빙판에서 구동 차륜과 궤도의 총추진력과 구름저항은 다음과 같이 모형화할 수 있다.

$$F_{gross_i} = 0.1 p_i A_i,\ \text{kN} \tag{6-38}$$

$$R_{terrain_i} = 0$$

(4) 결빙지 모델

결빙지에서는 일반적으로 차량의 기동성이 증가된다. 그러나 CRREL의 동계기동성 모델은 결빙지의 파괴를 고려하여 동결깊이에 따라 차량의 주행여부만 예측하도록 하였다. 즉 동결깊이가 0.5 m 이상이면 항상 주행이 가능한 상태이고, 동결깊이가 0.5 m 미만일 때는 다음과 같이 결빙지가 지지할 수 있는 한계하중과 차량의 주행여부만 예측하도록 하였다. 이 모형은 차량의 중량이 12톤 이하일 때 적용할 수 있다.

$W_t \geq P$이면 주행 불가능

$W_t < P$이면 주행 가능

여기서, W_t = 차량의 총중량, MN

P = 결빙지의 한계하중, MN

이고, 결빙지의 한계하중은 다음과 같이 구한다.

표면이 건조한 상태일 때 $P = 0.35t^2$

표면이 습한 상태일 때 $P = 0.86t^2$

여기서, t = 동결깊이, m

(5) 해동지 모델

해동지에서는 일반적으로 차량의 기동성이 약화된다. CRREL의 동계기동성 모델은 해동지에서 구동 차륜과 궤도의 총추진력을 다음과 같이 모형화하였다.

$$F_{thaw_i} = fF_{gross_i}, \text{ kN} \tag{6-39}$$

여기서, F_{gross_i} = 얼지 않은 토양에서 구동 차륜 또는 궤도 i의 총추진력, kN

F_{thaw_i} = 해동지에서 구동 차륜 또는 궤도 i의 총추진력, kN

f는 토양상태와 해동깊이 s에 따라 다음과 같이 결정한다.

습한 토양: $f = 1.0$ $s \leq 2.5$ cm

$$f = \frac{2.379}{s^2} + 0.619 \quad 2.5 < s < 15 \text{ cm}$$

$$f = 0.63 \qquad 15 \le s \text{ cm}$$

젖은 토양: $f = 1.0$

건조한 토양: $f = 1.0$

또한 차륜과 궤도의 구름저항은 해동깊이에 따라 다음과 같이 모형화하였다.

$$R_{thaw_i} = gR_{terrain_i}, \text{ kN} \tag{6-40}$$

여기서, $R_{terrain_i}$ = 얼지 않은 토양에서 차륜 또는 궤도 i의 구름저항, kN

R_{thaw_i} = 해동지에서 차륜 또는 궤도 i의 구름저항, kN

g는 토양상태와 해동깊이 s에 따라 다음과 같이 결정한다.

습한 토양: $g = 1.0 \qquad s \le 2.5$ cm

$g = 2.883s - 6.056 \qquad 2.5 < s < 4$ cm

$g = -0.22s^2 + 3.54s - 5.24 \qquad 4 \le s \le 8$ cm

$g = 0.225s + 7.2167 \qquad 8 < s < 12$ cm

$g = 10.0 \qquad 12 \le s$ cm

젖은 또는 건조한 토양: $g = 1.0$

해동지에 대한 구동 차륜과 궤도의 총추진력과 구름저항 모델은 점토와 강한 소성토양을 제외한 대부분의 토양에 적용할 수 있다.

식 (6-39)와 식 (6-40)에서 사용한 얼지 않은 토양에 대한 차륜 또는 궤도 i의 총추진력 F_{gross_i}와 구름저항 $R_{terrain_i}$는 각종 토양조건과 구동장치에 따른 총견인계수와 구름저항계수를 이용하여 다음과 같이 구한다.

$$F_{gross_i} = W_i C_t$$

$$R_{terrain_i} = W_i C_r$$

여기서, C_t = 총견인계수

C_r = 구름저항계수

W_i = 지면에 수직인 차축하중 또는 궤도하중

(6) 차량의 슬립

CRREL의 동계기동성 모델은 적설지에서 차량의 최대 추진력을 슬립이 20%일 때의 추진력으로 결정하였으며, 추진력과 슬립은 슬립의 범위가 0~20%일 때 선형적이라고 하였다. 또한 적설지에서 차량의 슬립과 속도의 관계를 다음과 같이 모형화하였다.

$$s_{snow} = \frac{0.2(R_{terrain} + R_{internal})}{F_{gross}} \tag{6-41}$$

$$v_s = \frac{\omega_s}{s_{snow} + 1} \tag{6-42}$$

여기서, s_{snow} = 적설지에서 차량의 슬립

v_s = 차량의 속도

ω_s = 차륜의 속도

(7) 내부운동저항

차량의 내부운동저항을 결정하기 위한 내부운동저항계수는 지면상태와 구동장치의 접지압에 따라 표 6-9에서와같이 결정한다.

표 6-9 차량의 내부운동저항계수

$R_{internal}/W$		지면상태
차륜	궤도	
0.0150	0.0375	고속도로, 일반도로, 빙판
0.0250	0.0450	비포장도로
0.0175	0.0525	오솔길, 산길($p_{fg} \geq 27.6$ kPa)
0.0150	0.0525	오솔길, 산길($P_{fg} < 27.6$ kPa)

$P_{fg} = \frac{W}{nbr}$, kPa

W = 지면에 수직인 차축하중, kN
n = 차축상의 차륜 수
b = 차륜 폭, m
r = 차륜 반경, m

예제 중량이 104 kN이고 최저 지상고가 0.43 m인 궤도차량이 적설량이 15 cm인 평지 아스팔트 도로에 진입한다. 궤도차량의 순추진력을 추정하여라. 눈의 밀도는 0.2 g/cm^{3}이고, 궤도의 폭, 길이, 진입각은 각각 0.381 m, 2.667 m, 26°이다.

풀이 적설지의 지반이 아스팔트이므로 적설지 형태는 강지반 미주행적설지로 분류할 수 있다. 궤도의 접설압은 $p_i = \dfrac{W}{2bL} = \dfrac{104}{2 \times 0.381 \times 2.667} = 51.2$ kPa이고, $p_i \leq 210$ kPa이므로 눈의 최종 이론밀도는 $\rho_f = 0.50$ g/cm^{3}으로 설정한다.
눈의 침하량을 구하면 $z_{snow} = 0.15(1 - \dfrac{0.2}{0.5}) = 0.09$ m이고, 강지반이므로 토양의 침하 $z_{soil} = 0$이다. 따라서 $z = 0.09 + 0 = 0.09$ m이고 궤도의 전방이 눈과 접촉하는 길이는

$$a = \frac{z}{\sin\theta} = \frac{0.09}{\sin 26°} = 0.2 \text{ m}$$

가 된다. 또한 눈의 침하량이 최저 지상고보다 작으므로 추진력과 운동저항은 식 (6-28)과 (6-29)를 적용하여 구한다. 따라서

$$F_{gross} = 0.85 p_i^{0.823} A_i = 0.85 \times 51.2^{0.823} \times (2 \times 0.381 \times 2.667) = 44 \text{ kN}$$
$$R_{terrain} = 2 \times 68.083(\rho_0 ba)^{0.9135} = 2 \times 68.083(0.2 \times 0.381 \times 0.2)^{0.9135} = 3.05 \text{ kN}$$

이다. 표 6-9에서 내부운동저항계수 0.0375를 적용하여 내부운동저항을 구하면

$$R_{internal} = 0.0375 \times 104 = 3.9 \text{ kN}$$

이다. 따라서 궤도차량의 순추진력은

$$F_{net} = F_{gross} - R_{terrain} - R_{internal} = 44 - 3.05 - 3.9 = 37.1 \text{ kN}$$

이 된다.

7. 토양주행성

토양주행성은 2차 세계대전 중 군사작전의 중요한 요소로서 특정 토양과 지형에 대한 차량의 통과 여부를 판단하기 위하여 관심의 대상이 되었으며, 오늘날에는 군용차량뿐만 아니라 노외차량(off-the-road vehicles) 분야에서도 지형과 토양조건에 따라 차량의 주행성능과 작업성능을 예측하기 위한 기술요소로서 관심의 대상이 되고 있다.

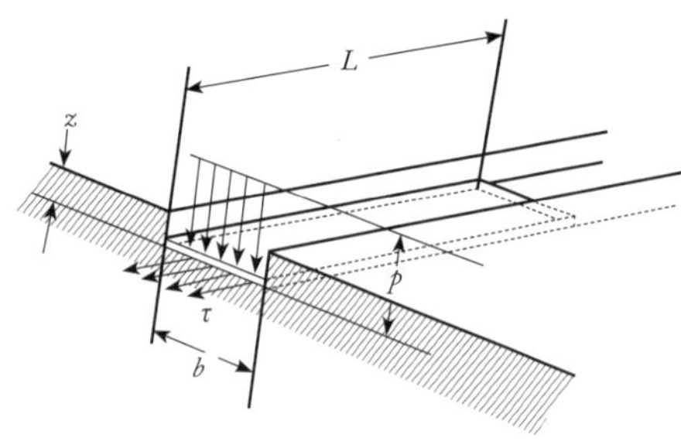

그림 6-8
접지면의 토양주행성 예측(Bekker, 1960)

토양주행성은 간단히 차량의 주행을 지지할 수 있는 토양의 능력으로 정의할 수 있다. 토양은 수직방향으로는 차량의 중량을 지지하며, 수평방향으로는 차량이 주행하는 데 필요한 추진력을 지지한다. 토양의 수직방향 지지력을 수직지지력(floatation)이라 하고 수평방향 지지력을 토양추진력(soil thrust)이라 한다. 토양주행성은 이러한 두 지지력으로써 나타낼 수 있으며, 두 지지력은 토양 변수뿐만 아니라 차량 변수의 상호작용에 의하여 결정된다.

그림 6-8에서와같이 궤도 또는 차륜의 접지면에 작용하는 접지압이 일정할 때 토양이 지지할 수 있는 단위 접지면적당 수평지지력은 다음과 같이 나타낼 수 있다.

$$\tau = c + p\tan\phi - \frac{(\frac{k_c}{b} + k_\phi)z^{n+1}}{L(n+1)} \qquad (6\text{-}43)$$

여기서 $-\frac{(\frac{k_c}{b} + k_\phi)z^{n+1}}{L(n+1)}$은 운동저항을 극복하는 데 소비한 단위 면적당 수평지지력으로서 식 (5-58)로부터 다음과 같이 구할 수 있다.

$$\frac{R_c}{bL} = \frac{1}{bL(n+1)(k_c + bk_\phi)^{1/n}}\left(\frac{bLp}{L}\right)^{\frac{n+1}{n}} = \frac{1}{bL(n+1)(k_c + bk_\phi)^{1/n}}\left[bL\left(\frac{k_c}{b} + k_\varphi\right)\frac{z^n}{L}\right]^{\frac{n+1}{n}}$$

$$= \frac{(\frac{k_c}{b} + k_\phi)z^{n+1}}{L(n+1)}$$

접지압 $p = (\frac{k_c}{b} + k_\phi)z^n$을 대입하면 식 (6-43)은 다음과 같이 표현된다.

$$\tau = c + p\tan\phi - \frac{p^{\frac{n+1}{n}}}{L(n+1)(\frac{k_c}{b} + k_\phi)^{1/n}} \tag{6-44}$$

식 (6-44)는 차량의 접지면에서 얻을 수 있는 토양추진력 τ와 수직지지력 p의 기본 관계를 나타낸 것으로서 가장 일반적으로 토양추진력을 구할 수 있는 식이다. 이 식을 접지면에 대한 토양추진력함수(trafficability function) 또는 주행성함수(mobility function)라고 한다. 식 (6-44)에서 τ가 −이면 차량의 주행은 불가능한 상태이다. 그러나 τ값이 크면 클수록 차량을 가속하거나, 경사지를 오르거나, 더 큰 하중을 견인할 수 있다.

식 (6-44)를 접지압 p의 함수로서 나타내면 그림 6-9에서와 같다. 그림 6-9에서 직선의 기울기 ϕ는 토양의 내부마찰각을 나타내며, 수직축의 절편 c는 토양의 점성을 나타낸다. 직선과 토양주행성 곡선의 차이는 토양침하에 의한 토양추진력의 감소를 나타내며 $\frac{1}{L}\int_0^z p\,dz$가 된다. 그림 6-9(a)와 그림 6-9(b)에서와같이 점토와 사질토의 토양추진력은 일정 한계에 이를 때까지 접지압이 증가함에 따라 증가하지만, 일정 한계를 지나면 토양침하로 인한 운동저항이 증가하여 감소한다. 그러나 포화점토에서는 그림 6-9(c)에서와같이 접지압이 0일 때의 최댓값에서 접지압이 증가함에 따라 계속 감소한다. 즉 토양추진력은 주어진 토양조건에 따라 차량의 중량에 의하여 결정되며, 주어진 토양조건에서 최대 토양추진력을 얻기 위한 접지압의 적정값은 식 (6-44)로부터

$$\frac{d\tau}{dp} = 0$$

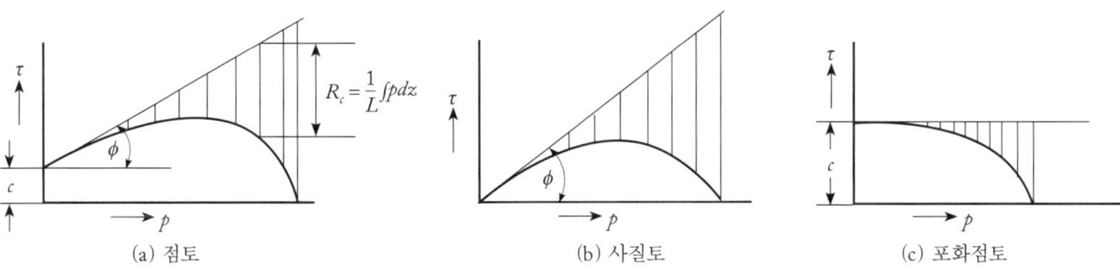

그림 6-9 점토와 사질토의 토양주행성(Bekker, 1960)

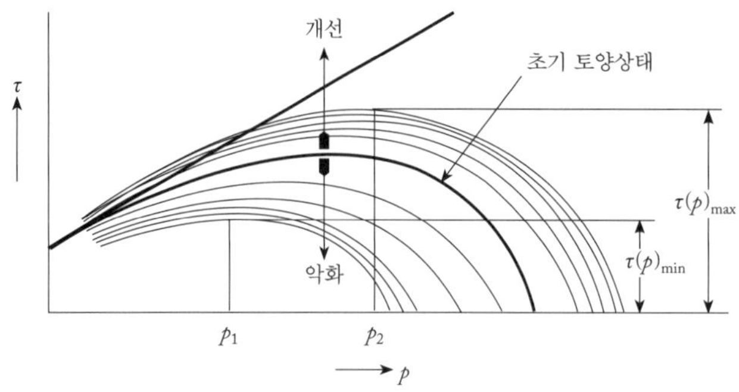

그림 6-10 반복하중에 의한 토양주행성의 변화(Bekker, 1960)

을 만족하는 접지압이 된다.

차량의 주행 횟수가 증가하면 토양주행성은 토양조건에 따라 그림 6-10에서와같이 개선되거나 악화된다. 사질토에서는 주로 토양주행성이 개선되고, 점토에서는 악화되며, 수분 함량이 높을수록 악화 정도는 크다. 반복주행에 의한 토양주행성은 주행 후 안정된 상태에서 최댓값 $\tau(p)_{max}$ 또는 최솟값 $\tau(p)_{min}$으로써 나타낼 수 있다.

참고문헌

Ahlvin, R. B. and P. W. Haley. 1992. NATO reference mobility model edition II, NRMM II user's guide. US Army Corps of Engineers, Waterways Experiment Station., Geotechnical Laboratory. Technical Report GL-92-19. Vicksburg, Mississippi.

Bekker, M. G. 1960. Off-the-road locomotion, Research and development in Terramechanics. The University of Michigan Press. Ann Arbor, Michigan.

Brixius, W. W. 1987. Traction prediction equations for bias ply tires. ASAE Paper No. 87-1622. American Society of Agricultural Engineers. St. Joseph, Michigan.

Department of Army. 1994. FM 5-430-00-1 Vol. 1, Planning and design of roads, airfields, and heliports in the theater of operations-road design. Department of Army. Washington, D.C.

Frankenstein S. and P. W. Richmond. 2016. Code enhancements, upgrades and bug fixes-NRMM3.0. Proceedings of the 8th ISTVS Americas Regional Conference. Troy, Michigan. September 12-14, 2016.

Freitag, D. R. 1966. A dimensional analysis of the performance of pneumatic tires on clay. Journal of Terramechanics 3(3): 51-68.

Gee-Clough, D., M. McAllister, G. Pearson, and D. W. Evernden. 1978. The empirical prediction of tractor implement field performance. Journal of Terramechanics 15(2): 81-94.

Jones, R. A., G. B. McKinley, P. W. Richnond, D. C. Creighton, R. B. Ahlvin, and P. Nunez. 2007. A vehicle terrain interface. Proceedings of the Joint-North America, Asia-Pacific ISTVS Conference and Annual Meeting of Japanese Society for Terramechanics Fairbanks, Alaska. June 23-28.

Larminie, J. C. 1992. The value of cross-country mobility. Proceedings of the ISTVS Conference held in conjunction with FISITA 92. London, UK, June 10-11, 1992. P90-111.

McAllister, M. 1983. Reducing rolling resistance of tyres for trailed agricultural machinery. Journal of Agricultural Engineering Research 28: 127-137.

Richmond. P. W., S. A. Shoop, and G. L. Blaisdell. 1995. Cold region mobility models. CRREL Report 95-1. US Army Cold Regions Research and Engineering Laboratory. Hanover, New Hampshire.

Rowland, D. 1972. Tracked vehicle ground pressure and its effect on soft ground performance. Proceeding of the 4th International Conference of International Society for Terrain-Vehicle Systems. Stockholm, Sweden. P353-384.

Rowland, D. 1975. A review of vehicle design for soft ground operation. Proceeding of the 5th International Conference of International Society for Terrain-Vehicle Systems. Detroit, Michigan. P179-219.

Turnage, G. W. 1972. Using dimensionless prediction terms to describe off-road wheel vehicle performance. ASAE Paper 72-634. American Society of Agricultural Engineers. St. Joseph, Michigan.

Wismer, R. D and H. J. Luth. 1973. Off-road traction prediction for wheeled vehicles. Journal of Terramechanics 10(2): 49-61.

제7장

토양 절삭

토양을 절삭하는 데 필요한 힘은 절삭기구로써 토양을 파괴할 때 절삭기구에 작용하는 토양반력이다. 이러한 토양반력은 절삭기구와 지면이 이루는 각, 절삭기구의 곡률반경, 절삭기구와 토양 사이의 마찰력과 점착력, 토양의 비중, 토양의 점성, 토양의 내부마찰각 등의 영향을 받는다. 절삭기구의 성능을 향상시키기 위해서는 주어진 토양조건에서 절삭기구에 작용하는 토양의 반력을 최소화하여야 한다. 즉 절삭기구를 견인하는 데 필요한 힘을 최소화하여야 한다. 본 장에서는 각종 형태의 절삭기구를 견인하는 데 필요한 힘을 예측할 수 있는 이론을 제시한다.

1. 매끄러운 수직날

그림 7-1에서와같이 지면과 수직을 이루는 수직날이 수평으로 토양을 밀 때 수직날 전방에 있는 토양은 지면으로 솟아오르며 수동파괴의 형태를 나타낸다. 지면을 X축, 지면과 수직이고 땅속을 향하는 방향을 Z축이라고 하면 X-Z 평면상에서 토양 내부의 응력상태는 Z방향의 최소 주응력 σ_3와 X방향의 최대 주응력 σ_1으로 표현된다. 또한 수직날의 표면은 매끄러운 상태로서 토양과 수직날 사이에 마찰이 없다고 가정하면 최대 주응력의 방향은 항상 지면과 평행한 수평방향이 된다. 이러한 상태에서 수동파괴에 의한 전단파괴면의 방향, 즉 그림 7-1에서 슬립라인 ξ와 η의 방향은 몰-쿨롱의 파괴이론에 의하면 식 (3-15)에서와같

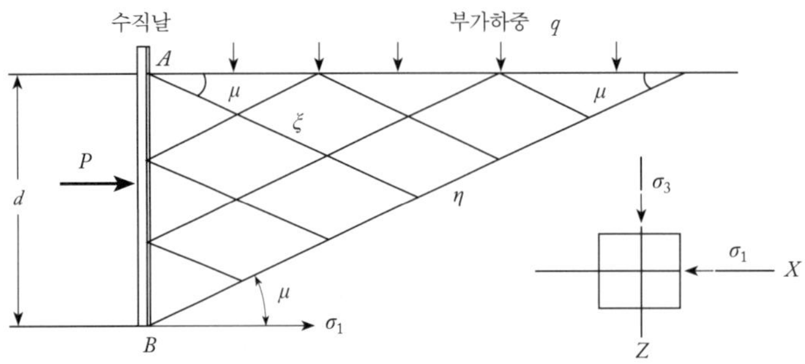

그림 7-1 매끄러운 수직날

이 지면과 μ 각을 이룬다. 즉

$$\mu = \frac{\pi}{4} - \frac{\phi}{2} \tag{7-1}$$

가 된다.

일반적으로 최대 주응력의 방향과 지면이 이루는 각을 θ라고 하면 슬립라인 ξ, η가 지면과 이루는 각은 각각 $\theta + \mu$, $\theta - \mu$가 된다. 여기서 +방향은 시계방향이다. X-Z 좌표계에서 임의의 한 점 (x, z)의 응력상태는 응력변수 $\sigma(x, z)$와 위치변수 $\theta(x, z)$로써 나타낼 수 있으며 σ와 θ의 변화는 식 (3-28)에서와같이 편미분방정식으로 표현된다. 또한 주응력 σ_1과 σ_3은 식 (3-25)를 이용하여 σ로부터 구할 수 있다.

수직날로써 토양을 수평으로 밀 때 필요한 힘은 슬립라인의 방향으로 수직날에 작용하는 응력 σ를 구하고, 이로부터 주응력 σ_1을 구하여 수직날의 토양 접촉면에 작용하는 σ_1의 적분값으로서 구할 수 있다.

슬립라인 ξ와 η방향에 대한 σ와 θ의 변화는 X와 Z방향에 대한 σ와 θ의 변화, 즉 식 (3-28)의 ξ방향 성분과 η방향 성분으로 구할 수 있다. 소코로프스키(Sokolovski, 1956)는 식 (3-28-1)과 $\sin(\theta \pm \mu)$의 곱과 식 (3-28-2)와 $-\cos(\theta \pm \mu)$의 곱을 더하여 ξ와 η방향에 대한 σ와 θ의 관계식을 유도하였다. 먼저 ξ방향의 편미분방정식을 구하기 위하여 식 (3-28-1)에 $\sin(\theta - \mu)$를, 식 (3-28-2)에 $-\cos(\theta - \mu)$를 곱하여 두 식을 더하면

$$[\sin(\theta - \mu)(1 + \sin\phi\cos 2\theta) - \cos(\theta - \mu)\sin\phi\sin 2\theta]\ \frac{\partial\sigma}{\partial x}$$

$$+[\sin(\theta-\mu)\sin\phi\sin 2\theta-\cos(\theta-\mu)(1-\sin\phi\cos 2\theta)]\ \frac{\partial\sigma}{\partial z}$$

$$-[2\sigma\sin(\theta-\mu)\sin\phi\sin 2\theta-2\sigma\cos(\theta-\mu)\sin\phi\cos 2\theta]\frac{\partial\theta}{\partial x}$$

$$+[2\sigma\sin(\theta-\mu)\sin\phi\cos 2\theta-2\sigma\cos(\theta-\mu)\sin\phi\sin 2\theta]\ \frac{\partial\theta}{\partial z}=-\gamma g\cos(\theta-\mu)$$

$$[\sin(\theta-\mu)+\sin\phi\{\sin(\theta-\mu)\cos 2\theta-\cos(\theta-\mu)\sin 2\theta\}]\frac{\partial\sigma}{\partial x}$$

$$+[-\cos(\theta-\mu)+\sin\phi\{\cos(\theta-\mu)\cos 2\theta+\sin(\theta-\mu)\sin 2\theta\}]\frac{\partial\sigma}{\partial z}$$

$$-2\sigma\sin\phi[\sin(\theta-\mu)\sin 2\theta+\cos(\theta-\mu)\cos 2\theta]\frac{\partial\theta}{\partial x}$$

$$+2\sigma\sin\phi[\sin(\theta-\mu)\cos 2\theta-\cos(\theta-\mu)\sin 2\theta]\ \frac{\partial\theta}{\partial z}=-\gamma g\cos(\theta-\mu)$$

$$[\sin(\theta-\mu)+\sin\phi\sin(\theta-\mu-2\theta)]\frac{\partial\sigma}{\partial x}+[-\cos(\theta-\mu)+\sin\phi\cos(\theta-\mu-2\theta)]\frac{\partial\sigma}{\partial z}$$

$$-2\sigma\sin\phi\cos(\theta-\mu-2\theta)\frac{\partial\theta}{\partial x}+2\sigma\sin\phi\sin(\theta-\mu-2\theta)\frac{\partial\theta}{\partial z}=-\gamma g\cos(\theta-\mu)$$

$$[-\sin(\mu-\theta)-\sin\phi\sin(\theta+\mu)]\frac{\partial\sigma}{\partial x}+[-\cos(\mu-\theta)-\sin\phi\cos(\theta+\mu)]\frac{\partial\sigma}{\partial z}$$

$$-2\sigma\sin\phi\cos(\theta+\mu)\frac{\partial\theta}{\partial x}-2\sigma\sin\phi\sin(\theta+\mu)]\frac{\partial\theta}{\partial z}=-\gamma g\cos(\theta-\mu)$$

$$[-\cos(\frac{\pi}{2}-\mu+\theta)-\frac{1}{2}\cos(\ \phi-\theta-\mu)+\frac{1}{2}\cos(\ \phi+\theta+\mu)]\ \frac{\partial\sigma}{\partial x}$$

$$+[-\sin(\frac{\pi}{2}-\mu+\theta)+\frac{1}{2}\sin(\phi+\theta+\mu)+\frac{1}{2}\sin(\phi-\theta-\mu)]\frac{\partial\sigma}{\partial z}$$

$$-2\sigma\sin\phi\cos(\theta+\mu)\frac{\partial\theta}{\partial x}-2\sigma\sin\phi\sin(\theta+\mu)\frac{\partial\theta}{\partial z}=-\gamma g\cos(\theta-\mu)$$

가 되고, $\mu=\frac{\pi}{4}-\frac{\phi}{2}$ 이므로 위의 식에서

$$\frac{\pi}{2}-\mu+\theta=\frac{\pi}{2}-\frac{\pi}{4}+\frac{\phi}{2}+\theta=\frac{\pi}{4}+\frac{\phi}{2}+\theta=\phi+\theta+\mu$$

가 된다. 이를 대입하여 정리하면

$$[-\cos(\phi+\theta+\mu)-\frac{1}{2}\cos(\phi-\theta-\mu)+\frac{1}{2}\cos(\phi+\theta+\mu)]\ \frac{\partial\sigma}{\partial x}$$
$$+[-\sin(\phi+\theta+\mu)+\frac{1}{2}\sin(\phi+\theta+\mu)+\frac{1}{2}\sin(\phi-\theta-\mu)]\ \frac{\partial\sigma}{\partial z}$$
$$-2\ \sigma\sin\phi\cos(\theta+\mu)\frac{\partial\theta}{\partial x}-2\sigma\sin\phi\sin(\theta+\mu)\ \frac{\partial\theta}{\partial z}=-\gamma g\cos(\theta-\mu)$$

$$-[\frac{1}{2}\cos(\phi+\theta+\mu)+\frac{1}{2}\cos(\phi-\theta-\mu)]\frac{\partial\sigma}{\partial x}-[\frac{1}{2}\sin(\ \phi+\theta+\mu)-\frac{1}{2}\sin(\ \phi-\theta-\mu)]\frac{\partial\sigma}{\partial z}$$
$$-2\sigma\sin\phi\cos(\theta+\mu)\frac{\partial\theta}{\partial x}-2\sigma\sin\phi\sin(\theta+\mu)\frac{\partial\theta}{\partial z}=-\gamma g\cos(\theta-\mu)$$

$$-[\frac{1}{2}\cos(\phi+\theta+\mu)+\frac{1}{2}\cos(\phi-\theta-\mu)]\frac{\partial\sigma}{\partial x}-[\frac{1}{2}\sin(\theta+\mu+\phi)+\frac{1}{2}\sin(\theta+\mu-\phi)]\ \frac{\partial\sigma}{\partial z}$$
$$-2\sigma\sin\phi\cos(\theta+\mu)\frac{\partial\theta}{\partial x}-2\sigma\sin\phi\sin(\theta+\mu)\frac{\partial\theta}{\partial z}=-\gamma g\cos(\theta-\mu)$$

$$-\cos\phi\cos(\theta+\mu)\frac{\partial\sigma}{\partial x}-\sin(\theta+\mu)\cos\phi\frac{\partial\sigma}{\partial z}$$
$$-2\sigma\sin\phi\cos(\theta+\mu)\frac{\partial\theta}{\partial x}-2\sigma\sin\phi\sin(\theta+\mu)\frac{\partial\theta}{\partial z}=-\gamma g\cos(\theta-\mu)$$

가 된다. 또한 위의 식에서 우변의 $-\gamma g\cos(\theta-\mu)$는

$$\gamma g\cos(\theta-2\mu+\mu)=-\gamma g\cos[\theta-2(\frac{\pi}{4}-\frac{\phi}{2})+\mu]$$

이므로

$$\gamma g\cos[\frac{\pi}{2}-(\phi+\theta+\mu)]=\gamma g\sin[\phi+(\theta+\mu)]=\gamma g[\sin\phi\cos(\theta+\mu)+\cos\phi\sin(\theta+\mu)]$$

가 된다. 따라서 유도한 ξ방향의 편미분방정식은 식 (7-2)와 같이 표현된다.

$$[\frac{\partial\sigma}{\partial x}\cos(\theta+\mu)+\frac{\partial\sigma}{\partial z}\sin(\theta+\mu)]+2\sigma\tan\phi[\frac{\partial\theta}{\partial x}\cos(\theta+\mu)+\frac{\partial\theta}{\partial z}\sin(\theta+\mu)]$$

$$=\frac{\gamma g}{\cos\phi}[\sin\phi\cos(\theta+\mu)+\cos\phi\sin(\theta+\mu)] \qquad (7\text{-}2)$$

같은 방법으로 η방향의 편미분방정식을 구하기 위하여 식 (3-28-1)에 $\sin(\theta+\mu)$를, 식 (3-28-2)에 $-\cos(\theta+\mu)$를 곱하여 두 식을 더하면

$$[\sin(\theta+\mu)(1+\sin\phi\cos 2\theta)-\cos(\theta+\mu)\sin\phi\sin 2\theta]\frac{\partial\sigma}{\partial x}$$
$$+[\sin(\theta+\mu)\sin\phi\sin 2\theta-\cos(\theta+\mu)(1-\sin\phi\cos 2\theta)]\frac{\partial\sigma}{\partial z}$$
$$-[2\sigma\sin(\theta+\mu)\sin\phi\sin 2\theta-2\sigma\cos(\theta+\mu)\sin\phi\cos 2\theta]\ \frac{\partial\theta}{\partial x}$$
$$+[2\sigma\sin(\theta+\mu)\sin\phi\cos 2\theta-2\sigma\cos(\theta+\mu)\sin\phi\sin 2\theta]\frac{\partial\theta}{\partial z}=-\gamma g\cos(\theta+\mu)$$

$$[\sin(\theta+\mu)+\sin\phi(\sin(\theta+\mu)\cos 2\theta-\cos(\theta+\mu)\sin 2\theta)]\frac{\partial\sigma}{\partial x}$$
$$+[-\cos(\theta+\mu)+\sin\phi(\cos(\theta+\mu)\cos 2\theta+\sin(\theta+\mu)\sin 2\theta)]\frac{\partial\sigma}{\partial z}$$
$$-2\sigma\sin\phi\ [\sin(\theta+\mu)\sin 2\theta+\cos(\theta+\mu)\cos 2\theta]\frac{\partial\theta}{\partial x}$$
$$+2\sigma\sin\phi[\sin(\theta+\mu)\cos 2\theta-\cos(\theta+\mu)\sin 2\theta]\frac{\partial\theta}{\partial z}=-\gamma g\cos(\theta+\mu)$$

$$[\sin(\theta+\mu)+\sin\phi\sin(\theta+\mu-2\theta)]\frac{\partial\sigma}{\partial x}+[-\cos(\theta+\mu)+\sin\phi\cos(\theta+\mu-2\theta)]\frac{\partial\sigma}{\partial z}$$
$$-2\sigma\sin\phi\cos(2\theta-\theta-\mu)\frac{\partial\theta}{\partial x}+2\sigma\sin\phi\sin(\theta+\mu-2\theta)\frac{\partial\theta}{\partial z}=-\gamma g\cos(\theta+\mu)$$

$$[\sin(\theta+\mu-\sin\phi\sin(\theta-\mu)]\frac{\partial\sigma}{\partial x}+[-\cos(\theta+\mu)+\sin\phi\cos(\theta-\mu)]\frac{\partial\sigma}{\partial z}$$
$$-2\sigma\sin\phi\cos(\theta-\mu)\frac{\partial 0}{\partial x}-2\sigma\sin\phi\sin(\theta-\mu)\frac{\partial\theta}{\partial z}=-\gamma g\cos(\theta+\mu)$$

$$[\cos(\frac{\pi}{2}-\theta-\mu)-\frac{1}{2}\cos(\phi-\theta+\mu)+\frac{1}{2}\cos(\phi+\theta-\mu)]\frac{\partial\sigma}{\partial x}$$

$$+[-\sin(\frac{\pi}{2}-\theta-\mu)+\frac{1}{2}\sin(\phi+\theta-\mu)+\frac{1}{2}\sin(\phi-\theta+\mu)]\frac{\partial\sigma}{\partial z}$$

$$-2\sigma\sin\phi\cos(\theta-\mu)\frac{\partial\theta}{\partial x}-2\sigma\sin\phi\sin(\theta-\mu)\frac{\partial\theta}{\partial z}=-\gamma g\cos(\theta+\mu)$$

가 된다. 마찬가지로 $\mu=\frac{\pi}{4}-\frac{\phi}{2}$ 이므로

$$\frac{\pi}{2}-\theta-\mu=\frac{\pi}{2}-\theta-\frac{\pi}{4}+\frac{\phi}{2}=\frac{\pi}{4}-\theta+\frac{\phi}{2}=\phi-\theta+\mu$$

가 되고 이를 위의 식에 대입하여 정리하면

$$[\cos(\phi-\theta+\mu)-\frac{1}{2}\cos(\phi-\theta+\mu)+\frac{1}{2}\cos(\phi+\theta-\mu)]\frac{\partial\sigma}{\partial x}$$

$$+[\sin(\theta-\mu-\phi)+\frac{1}{2}\sin(\theta-\mu+\phi)-\frac{1}{2}\sin(\theta-\mu-\phi)]\frac{\partial\sigma}{\partial z}$$

$$-2\sigma\sin\phi\cos(\theta-\mu)\frac{\partial\theta}{\partial x}-2\sigma\sin\phi\sin(\theta-\mu)\frac{\partial\theta}{\partial z}=-\gamma g\cos(\theta+\mu)$$

$$[\frac{1}{2}\cos(\phi-\theta+\mu)+\frac{1}{2}\cos(\phi+\theta-\mu)]\frac{\partial\sigma}{\partial x}+[\frac{1}{2}\sin(\theta-\mu+\phi)+\frac{1}{2}\sin(\theta-\mu-\phi)]\frac{\partial\sigma}{\partial z}$$

$$-2\sigma\sin\phi\cos(\theta-\mu)\frac{\partial\theta}{\partial x}-2\sigma\sin\phi\sin(\theta-\mu)\frac{\partial\theta}{\partial z}=-\gamma g\cos(\theta+\mu)$$

$$\cos\phi\cos(\theta-\mu)\frac{\partial\sigma}{\partial x}+\sin(\theta-\mu)\cos\phi\frac{\partial\sigma}{\partial z}-2\sigma\sin\phi\cos(\theta-\mu)\frac{\partial\theta}{\partial x}$$

$$-2\sigma\sin\phi\sin(\theta-\mu)\frac{\partial\theta}{\partial z}=-\gamma g\cos(\theta+\mu)$$

가 된다. 위의 식에서 우변의 $-\gamma g\cos(\theta+\mu)$는

$$-\gamma g\cos(\theta+2\mu-\mu)=-\gamma g\cos[\theta+2(\frac{\pi}{4}-\frac{\phi}{2})-\mu]$$

가 되므로

$$-\gamma g \cos[\frac{\pi}{2} - (\phi - \theta + \mu)] = -\gamma g \sin[\ \phi - (\theta - \mu)] = \gamma g[-\sin\phi\cos(\theta - \mu) + \cos\phi\sin(\theta - \mu)]$$

가 된다. 따라서 η방향의 편미분방정식은 식 (7-3)과 같이 표현된다.

$$[\frac{\partial\sigma}{\partial x}\cos(\theta - \mu) + \frac{\partial\sigma}{\partial z}\sin(\theta - \mu)] - 2\sigma\tan\phi[\frac{\partial\theta}{\partial x}\cos(\theta - \mu) + \frac{\partial\theta}{\partial z}\sin(\theta - \mu)]$$
$$= \frac{\gamma g}{\cos\phi}[-\sin\phi\cos(\theta - \mu) + \cos\phi\sin(\theta - \mu)] \tag{7-3}$$

슬립라인 ξ방향과 η방향의 기울기는 각각

$$\xi\text{방향: } \frac{dz}{dx} = \tan(\theta + \mu) \tag{7-4}$$

$$\eta\text{방향: } \frac{dz}{dx} = \tan(\theta - \mu) \tag{7-5}$$

이므로, 그림 7-2에서 슬립라인 ξ와 η방향에 대한 $\sigma(x, z)$의 전미분 $d\sigma$는 각각 다음과 같이 나타낼 수 있다.

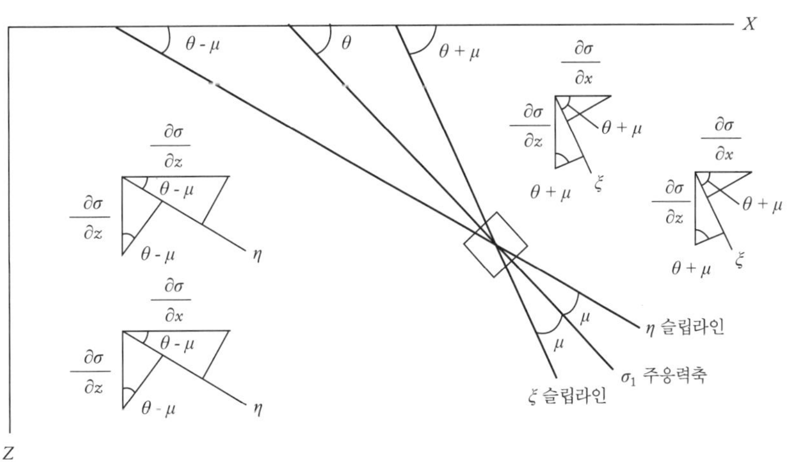

그림 7-2 σ와 θ의 슬립라인 ξ, η 방향 전미분

$$\xi\text{방향: } d\sigma = \frac{\partial \sigma}{\partial x}\cos(\theta+\mu) + \frac{\partial \sigma}{\partial z}\sin(\theta+\mu) \tag{7-6}$$

$$\eta\text{방향: } d\sigma = \frac{\partial \sigma}{\partial x}\cos(\theta-\mu) + \frac{\partial \sigma}{\partial z}\sin(\theta-\mu) \tag{7-7}$$

같은 방법으로 슬립라인 ξ와 η방향에 대한 $\theta(x, z)$의 전미분 $d\theta$는 각각 다음과 같이 나타낼 수 있다.

$$\xi\text{방향: } d\theta = \frac{\partial \theta}{\partial x}\cos(\theta+\mu) + \frac{\partial \theta}{\partial z}\sin(\theta+\mu) \tag{7-8}$$

$$\eta\text{방향: } d\theta = \frac{\partial \theta}{\partial x}\cos(\theta-\mu) + \frac{\partial \theta}{\partial z}\sin(\theta-\mu) \tag{7-9}$$

또한 X-Z 좌표계에서 슬립라인 ξ와 η의 기울기는 각각 식 (7-4)와 (7-5)로부터

$$\xi\text{ 슬립라인: } \tan(\theta+\mu) = \frac{\sin(\theta+\mu)}{\cos(\theta+\mu)} = \frac{dz}{dx} \tag{7-10}$$

$$\eta\text{ 슬립라인: } \tan(\theta-\mu) = \frac{\sin(\theta-\mu)}{\cos(\theta-\mu)} = \frac{dz}{dx} \tag{7-11}$$

이므로 식 (7-6), (7-8), (7-10)을 식 (7-2)에 대입하면

$$d\sigma + 2\sigma\tan\phi d\theta = \gamma g[\tan\phi\cos(\theta+\mu) + \sin(\theta+\mu)]$$

$$d\sigma + 2\sigma\tan\phi d\theta = \gamma g[\tan\phi dx + dz) \tag{7-12}$$

가 되고, 식 (7-7), (7-9), (7-11)을 식 (7-3)에 대입하면

$$d\sigma - 2\sigma\tan\phi d\theta = \gamma g[-\tan\phi\cos(\theta-\mu) + \sin(\theta-\mu)]$$

$$d\sigma - 2\sigma\tan\phi d\theta = \gamma g[dz - \tan\phi dx) \tag{7-13}$$

가 된다.

주응력의 방향이 지면과 이루는 각 θ가 변하지 않는 경우, 즉 $d\theta = 0$인 경우 식 (7-12)와 식 (7-13)은 각각 다음과 같이 표현된다.

$$\xi\text{방향: } d\sigma = \gamma g(dz + \tan\phi dx) \tag{7-14}$$

$$\eta\text{방향: } d\sigma = \gamma g(dz - \tan\phi dx) \tag{7-15}$$

식 (7-15)를 dz로 나누면 η방향의 응력 변화는 수직날에서 $\theta = 0°$이므로

$$\frac{d\sigma}{dz} = \gamma g(1 - \tan\phi \frac{dx}{dz}) = \gamma g(1 + \frac{\tan\phi}{\tan\mu})$$

$$d\sigma = \gamma g(1 + \frac{\tan\phi}{\tan\mu})dz$$

와 같다. 이를 적분하면 다음과 같이 표현된다.

$$\sigma = \int \gamma g(1 + \frac{\tan\phi}{\tan\mu})dz$$

$$= \gamma gz\,(1 + \frac{\tan\phi}{\tan\mu}) + C$$

적분상수 C는 $z = 0$에서, 즉 지면에서 σ을 구하여 결정한다. 지면의 부가하중을 q라고 하면 지면에서 응력함수 σ는 다음과 같이 표현된다.

$$\sigma\,|_{z=0} = \frac{\sigma_3 + \psi}{1 - \sin\phi} = \frac{q + \psi}{1 - \sin\phi} = C$$

여기서 $\psi = c\cot\phi$이다. 따라서 σ는 z의 함수로서 다음과 같이 표현된다.

$$\sigma = \frac{q + \psi}{1 - \sin\phi} + \gamma g(1 + \frac{\tan\phi}{\tan\mu})z \tag{7-16}$$

또한 토양 깊이 z에서 주응력 σ_1은 다음과 같이 σ의 함수로서 표현할 수 있다.

$$\sigma_1 = \sigma(1 + \sin\phi) - \psi$$

$$= [\frac{q + \psi}{1 - \sin\phi} + \gamma gz(1 + \frac{\tan\phi}{\tan\mu})](1 + \sin\phi) - c\cot\phi$$

$$= (q+\psi)\frac{(1+\sin\phi)}{(1-\sin\phi)} + \gamma g z(1+\frac{\tan\phi}{\tan\mu})(1+\sin\phi) - c\cot\phi \quad (7\text{-}17)$$

단위 폭의 수직날을 미는 데 필요한 힘 P는 지면에서 토양 깊이 d까지 주응력을 적분하여 구한다. 즉

$$P = \int_0^d \sigma_1 dz$$

$$= \int_0^d [(q+\psi)\frac{(1+\sin\phi)}{(1-\sin\phi)} + \gamma g z(1+\frac{\tan\phi}{\tan\mu})(1+\sin\phi) - c\cot\phi]dz \quad (7\text{-}18)$$

$$= \gamma g d^2 \frac{1}{2}(1+\sin\phi)(1+\frac{\tan\phi}{\tan\mu}) + cd\cot\phi(\frac{1+\sin\phi}{1-\sin\phi} - 1) + qd(1+\frac{1+\sin\phi}{1-\sin\phi})$$

이다. 식 (7-18)은 다음과 같이 γ, c, q만을 포함한 항으로써 간단히 표현할 수 있다.

$$P = \gamma g d^2 N_\gamma + cdN_c + qdN_q \quad (7\text{-}19)$$

여기서, $N_\gamma = \frac{1}{2}(1+\sin\phi)(1+\frac{\tan\phi}{\tan\mu})$

$$N_c = (\frac{1+\sin\phi}{1-\sin\phi} - 1)\cot\phi$$

$$N_q = \frac{1+\sin\phi}{1-\sin\phi}$$

N_γ, N_c, N_q는 모두 토양의 내부마찰각에 의하여 결정되는 상수이다.

2. 경사날

지면과 α각을 이룬 경사날이 경심 d로써 토양을 절삭할 때 경사날을 견인하는 데 필요한 힘은 다음과 같은 방법으로 구한다. 먼저 수직날에서와같이 경사날의 표면은 매끄러운 상태로서 토양과 경사날 사이에는 마찰이 없는 것으로 가정한다. 또한 지면에는 부가하중 q가 작용한다고 가정한다. 그림 7-3에서와같이 경사날을 수평으로 밀 때 토양에 작용하는 주응

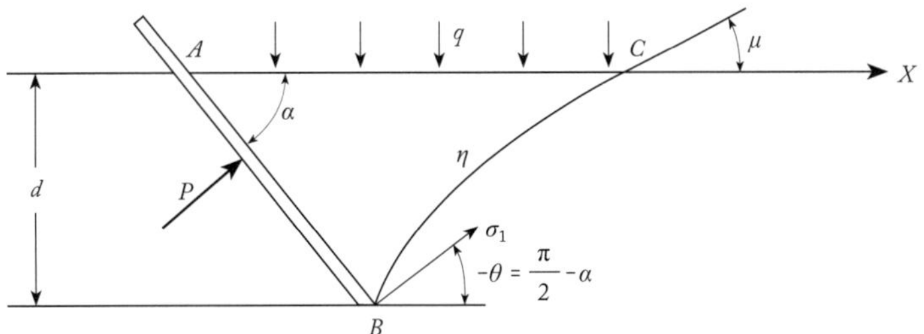

그림 7-3 표면이 매끄러운 경사날

력 σ_1은 마찰이 없기 때문에 경사날의 표면과 직각을 이룬다. + X축 방향을 지면의 오른쪽 방향, + Z축 방향을 지면의 아래쪽 방향이라고 하면 지면을 기준으로 한 주응력 σ_1의 방향 θ는 반시방향으로 $\frac{\pi}{2}-\alpha$이므로 $-\theta=\frac{\pi}{2}-\alpha$가 된다.

경사날 주위의 토양은 주응력축을 기준으로 각각 시계방향과 반시계방향으로 μ만큼 회전한 슬립라인 η와 ξ를 따라 전단파괴가 일어난다. 또한 주응력의 작용점에서 η 슬립라인이 지면과 평행한 수평선과 이루는 각은 $\theta-\mu$가 되며, ξ 슬립라인이 수평선과 이루는 각은 $\theta+\mu$가 된다. 즉 주응력의 작용점에서 η 슬립라인과 ξ 슬립라인이 지면과 평행한 수평선과 이루는 각은 각각

$$\theta-\mu=\frac{\pi}{2}-\alpha-(\frac{\pi}{4}-\frac{\phi}{2})=\frac{\pi}{4}+\frac{\phi}{2}-\alpha$$

$$\theta+\mu=\frac{\pi}{2}-\alpha+(\frac{\pi}{4}-\frac{\phi}{2})=\frac{3\pi}{4}-\frac{\phi}{2}-\alpha$$

가 된다. 그러나 전단파괴 부분이 경사날에서 멀어지면 멀어질수록 전단파괴선의 방향은 θ의 영향이 감소되어 지면에서는 $\theta=0$이 된다. 즉 주응력의 방향은 슬립라인을 따라 변하며, 지면에서는 슬립라인과 주응력의 방향이 일치한다. 따라서 식 (7-12)와 (7-13)에서 $d\theta\neq 0$이며, 지면과 슬립라인 η가 이루는 각 μ는 $\mu=\frac{\pi}{4}-\frac{\phi}{2}$가 된다.

슬립라인 η방향의 전미분 $d\sigma$는 식 (7-13)에서와같이 표현되나, 이를 풀기 위해서는 $d\theta\neq 0$이기 때문에 토양의 단위중량 γ는 $\gamma=0$이 되어야 한다. 즉 토양의 무게가 응력함수 σ에 미치는 영향은 없다고 가정하여야 한다. 이러한 가정은 점토 성분이 많은 토양이나 경심이 얕은 경우에는 비교적 유효한 것으로 인정되고 있다. $\gamma=0$이면 슬립라인 η방향의 전미분 $d\sigma$는 다음과 같이 표현된다.

$$d\sigma - 2\sigma\tan\phi d\theta = 0$$

또는 $$\frac{d\sigma}{\sigma} = 2\tan\phi d\theta \quad (7\text{-}20)$$

가 된다. 식 (7-20)을 적분하면

$$\int\frac{d\sigma}{\sigma} = \int 2\tan\phi d\theta$$

$$\ln\sigma = 2\theta\tan\phi + C_1$$
$$\sigma = C_2 e^{2\theta\tan\phi}$$

가 되고, 적분상수 C_1과 C_2는 경계조건에 의하여 결정된다. $\theta = 0$일 때의 σ, 즉 지면 AC에서 σ는 지면의 부가하중 q와 주응력 σ_3가 같으므로

$$\sigma = C_2 e^0 = \frac{q+\psi}{1-\sin\phi}$$

가 되고, 적분상수 C_2는

$$C_2 = \frac{q+\psi}{1-\sin\phi}$$

가 된다. 따라서 슬립라인 η방향의 응력함수는 다음과 같이 표현된다.

$$\sigma = \frac{q+\psi}{1-\sin\phi}e^{2\theta\tan\phi} \quad (7\text{-}21)$$

경사날 표면 AB에서 $\theta = -(\frac{\pi}{2} - \alpha)$ 이므로 응력함수는

$$\sigma = \frac{q+\psi}{1-\sin\phi}e^{2(\alpha-\pi/2)\tan\phi} \quad (7\text{-}22)$$

가 되며, 식 (7-22)을 이용하여 경사날에 작용하는 주응력 σ_1을 구하면

$$\sigma_1 = \sigma(1+\sin\phi) - \psi$$

$$= (q+\psi)\left(\frac{1+\sin\phi}{1-\sin\phi}\right)e^{(2\alpha-\pi)\tan\phi} - c\cot\phi \qquad (7\text{-}23)$$

가 된다. 이 주응력은 식 (7-23)에서와같이 토양 깊이에 따라 변하지 않고 모든 깊이에서 같은 값이다. 따라서 단위 폭의 경사날을 미는 데 필요한 힘 P는 주응력과 경사날의 길이를 곱하여 구할 수 있다. 즉

$$P = \sigma_1 \frac{d}{\sin\alpha}$$

$$= cd\frac{\cot\phi}{\sin\alpha}\left[\left(\frac{1+\sin\phi}{1-\sin\phi}\right)e^{(2\alpha-\pi)\tan\phi} - 1\right] + qd\left(\frac{1+\sin\phi}{1-\sin\phi}\right)\frac{e^{(2\alpha-\pi)\tan\phi}}{\sin\alpha}$$

또는 $P = cdN_c + qdN_q$

여기서, $N_c = \frac{\cot\phi}{\sin\alpha}\left[\left(\frac{1+\sin\phi}{1-\sin\phi}\right)e^{(2\alpha-\pi)\tan\phi} - 1\right]$

$$N_q = \left(\frac{1+\sin\phi}{1-\sin\phi}\right)\frac{e^{(2\alpha-\pi)\tan\phi}}{\sin\alpha}$$

이다. 따라서 경사날과 토양 사이에 마찰이 없을 때 폭이 w인 경사날을 견인하는 데 필요한 수평력 H와 수직력 V는 각각 다음과 같이 표현된다.

$$H = Pw\sin\alpha \qquad (7\text{-}24\text{-}1)$$

$$V = Pw\cos\alpha \qquad (7\text{-}24\text{-}2)$$

경사날의 표면이 거칠어서 토양과 경사날 사이에 마찰이 존재하는 경우에는 그림 7-4(a)에서와같이 경사날의 표면에 마찰력이 발생한다. 경사날과 토양 사이의 마찰각을 토양의 내부마찰각과 같다고 하면 토양이 파괴될 때 전단파괴선, 즉 슬립라인은 경사날의 표면과 일치한다. 또한 경사날의 표면에 작용하는 수직응력을 σ_b라고 하면 경사날의 표면에 작용하는 전단응력 τ_b는 몰-쿨롱의 토양파괴 이론에 의하여 다음과 같이 표현된다.

$$\tau_b = c + \sigma_b\tan\phi$$

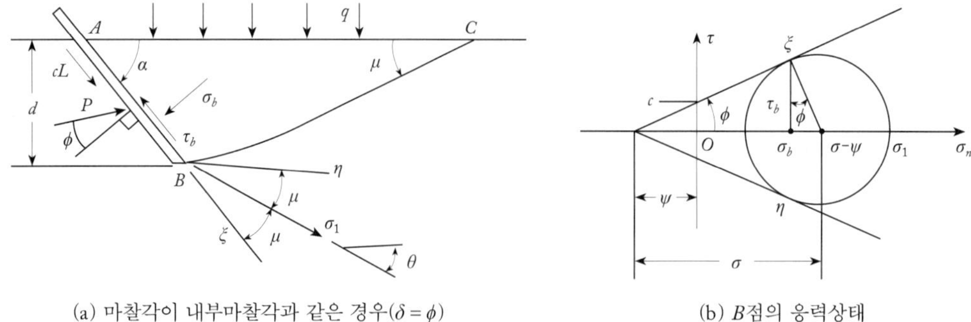

(a) 마찰각이 내부마찰각과 같은 경우($\delta = \phi$)

(b) B점의 응력상태

그림 7-4 표면이 거친 경사날

슬립라인 ξ가 경사날의 표면과 일치하면 최대 주응력 σ_1이 지면과 이루는 각은 $\theta = \alpha - \mu$가 되며, 최대 주응력 σ_1의 방향과 경사날에 수직한 수직응력 σ_b 사이의 각은 그림 7-4(b)에서 와같이 $\frac{\pi}{4} + \frac{\phi}{2}$가 된다. 또한 σ_b의 작용점에서 η 슬립라인과 ξ 슬립라인이 지면과 평행한 수평선과 이루는 각은 각각

$$\theta - \mu = (\alpha - \mu) - \mu = \alpha - 2\mu = \alpha - 2(\frac{\pi}{4} - \frac{\phi}{2}) = \alpha - \frac{\pi}{2} + \phi$$

$$\theta + \mu = (\alpha - \mu) + \mu = \alpha$$

가 된다. 그러나 수직날에서와같이 전단파괴 부분이 경사날에서 멀어지면 멀어질수록 전단파괴선의 방향은 θ의 영향이 감소하여 지면에서는 $\theta = 0$이 된다. 따라서 경사날 AB에서 슬립라인 η방향의 응력함수는 식 (7-21)에 의하여 다음과 같이 표현된다.

$$\sigma = (\frac{q + \psi}{1 - \sin\phi})e^{2(\alpha - \mu)\tan\phi} \tag{7-25}$$

그림 7-4(b)의 몰원을 이용하여 경사면에 대한 수직응력과 전단응력을 응력함수로서 표현하면

$$\sigma_b = \sigma\cos^2\phi - \psi \tag{7-26}$$

$$\tau_b = \sigma\sin\phi\cos\phi \tag{7-27}$$

와 같다. 토양의 무게를 무시하면 수직응력과 전단응력은 모두 토양의 깊이에는 영향을 받지 않으며, 단위 폭의 경사날에 작용하는 수직하중은 수직응력과 경사날 길이의 곱과 같다.

또한 단위 폭의 경사날에 작용하는 전단하중은 전단응력과 경사날 길이의 곱과 같다. 이제 경사날에 작용하는 수직하중과 전단하중의 합 P는 경사날의 길이를 L이라 하면

$$P = \frac{\sigma_b L}{\cos\phi} \tag{7-28}$$

로 나타낼 수 있다. 여기서 ϕ는 경사날과 토양 사이의 마찰각으로서 토양의 내부마찰각과 같다고 가정한 것이다. 식 (7-26)을 식 (7-28)에 대입하여 정리하면 $L = \dfrac{d}{\sin\alpha}$ 이므로

$$P = \frac{L}{\cos\phi}[(\frac{q+\psi}{1-\sin\phi})e^{2(\alpha-\mu)\tan\phi}\cos^2\phi - \psi]$$

$$= \frac{L}{\cos\phi}\psi(\frac{\cos^2\phi}{1-\sin\phi}e^{2(\alpha-\mu)\tan\phi} - 1) + \frac{L}{\cos\phi}(\frac{q\cos^2\phi}{1-\sin\phi})e^{2(\alpha-\mu)\tan\phi}$$

$$= \frac{L}{\cos\phi}c\cot\phi(\frac{\cos^2\phi}{1-\sin\phi}e^{2(\alpha-\mu)\tan\phi} - 1) + \frac{L}{\cos\phi}(\frac{q\cos^2\phi}{1-\sin\phi})e^{2(\alpha-\mu)\tan\phi}$$

$$= \frac{cL\sin\alpha}{\sin\phi\sin\alpha}(\frac{\cos^2\phi}{1-\sin\phi}e^{2(\alpha-\mu)\tan\phi} - 1) + \frac{L\cos\phi\sin\alpha}{\sin\alpha}(\frac{q}{1-\sin\phi})e^{2(\alpha-\mu)\tan\phi}$$

$$= cd(\frac{1}{\sin\phi\sin\alpha})(\frac{\cos^2\phi e^{2(\alpha-\mu)\tan\phi}}{1-\sin\phi} - 1) + qd\frac{\cos\phi}{\sin\alpha}(\frac{e^{2(\alpha-\mu)\tan\phi}}{1-\sin\phi})$$

가 된다. 이는 간단히 다음과 같이 표현할 수 있다.

$$P = cdN_c + qdN_q \tag{7-29}$$

여기서, $N_c = (\dfrac{1}{\sin\phi\sin\alpha})(\dfrac{\cos^2\phi e^{2(\alpha-\mu)\tan\phi}}{1-\sin\phi} - 1)$

$$N_q = \frac{\cos\phi}{\sin\alpha}(\frac{e^{2(\alpha-\mu)\tan\phi}}{1-\sin\phi})$$

점성에 의한 단위 폭의 점착력 S는 점성과 경사날의 길이를 곱한 것과 같다. 즉

$$S = cL = \frac{dc}{\sin\alpha}$$

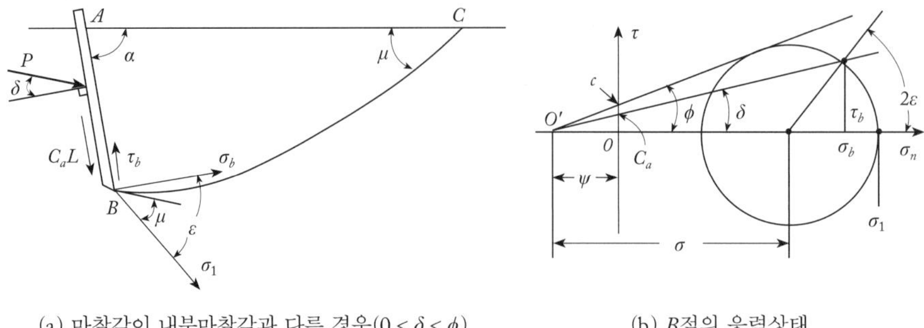

(a) 마찰각이 내부마찰각과 다른 경우($0 < \delta < \phi$)　　(b) B점의 응력상태

그림 7-5 마찰각과 토양파괴

이다. 따라서 경사날과 토양 사이의 마찰각이 $\delta = \phi$일 때 폭이 w인 경사날을 견인하는 데 필요한 수평력 H와 수직력 V는 각각 다음과 같이 표현된다.

$$H = [P\sin(\alpha+\phi) + cL\cos\alpha]w = Pw\sin(\alpha+\phi) + cdw\cot\alpha \tag{7-30-1}$$

$$V = [P\cos(\alpha+\phi) - cL\sin\alpha]w = Pw\cos(\alpha+\phi) - cdw \tag{7-30-2}$$

일반적으로 경사날과 토양 사이의 마찰각은 토양의 내부마찰각과 같지 않으며 내부마찰각보다 작은 것으로 알려지고 있다. 경사날이 금속인 경우 마찰각은 내부마찰각의 1/2~7/8배의 범위에 있으며 콘크리트인 경우에는 7/8 정도이다.

경사날과 토양 사이의 마찰각 δ가 0과 내부마찰각 ϕ 사이인 경우, 즉 $0 < \delta < \phi$인 경우 경사날에 의한 토양파괴는 그림 7-5에서와 같다. 그림 7-5(a)에서 σ_b와 τ_b를 각각 토양이 파괴될 때 경사날의 표면에 작용하는 수직응력과 전단응력이라고 하면

$$\tau_b = C_a + \sigma_b\tan\delta \tag{7-31}$$

여기서, C_a = 경사날과 토양 사이의 점착계수
δ = 경사날과 토양 사이의 마찰각

의 관계가 성립한다. 이를 몰원으로써 나타내면 그림 7-5(b)에서와 같다. 이때 최대 주응력 σ_1의 방향은 그림 7-5(b)에서와같이 σ_b의 방향에서 시계방향으로 ε각을 이룬다. 만약 식 (7-31)과 몰-쿨롱의 전단파괴선 $\tau = c + \sigma\tan\phi$가 몰원의 수평축과 같은 점 O'에서 만난다고 하면 각 ε은 다음과 같이 결정된다.

$$\sigma\sin\delta = (\sigma\sin\phi)\sin\rho$$

$$\rho = \sin^{-1}\frac{\sin\delta}{\sin\phi}$$

이므로

$$\varepsilon = \frac{1}{2}[\delta + \sin^{-1}(\frac{\sin\delta}{\sin\phi})] \tag{7-32}$$

이고, 또한

$$\psi = c\cot\phi = C_a\cot\delta$$

가 되며, 최대 주응력 σ_1의 방향과 경사날에 수직으로 작용하는 응력 σ_b 사이의 각은 그림 7-5(b)에서와같이 ε이고, σ_b의 작용점에서 최대 주응력 σ_1의 방향과 수평선이 이루는 각은

$$\theta = \alpha + \varepsilon - \frac{\pi}{2} \tag{7-33}$$

가 된다. 따라서 σ_b의 작용점에서 η 슬립라인과 ξ 슬립라인이 지변과 평행한 수평선과 이루는 각은 각각

$$\theta - \mu = \alpha + \varepsilon - \frac{\pi}{2} - (\frac{\pi}{4} - \frac{\phi}{2}) = \alpha + \varepsilon + \frac{\phi}{2} - \frac{3\pi}{4}$$

$$\theta + \mu = \alpha + \varepsilon - \frac{\pi}{2} + (\frac{\pi}{4} - \frac{\phi}{2}) = \alpha + \varepsilon - \frac{\phi}{2} - \frac{\pi}{4}$$

가 된다. 그러나 전단파괴 부분이 경사날에서 멀어지면 멀어질수록 전단파괴선의 방향은 θ의 영향이 감소하여 지면에서는 $\theta = 0$이 된다.

토양의 중량을 무시하면 경사날 AB에서 슬립라인의 응력함수는 식 (7-21)에 따라 다음과 같이 표현된다.

$$\sigma = (\frac{q + \psi}{1 - \sin\phi})e^{2(\alpha + \varepsilon - \frac{\pi}{2})\tan\phi}$$

몰원을 이용하여 경사날의 표면에 수직으로 작용하는 수직응력을 응력함수로서 나타내면

$$\sigma_b = \sigma(1 + \sin\phi\cos2\varepsilon) - \psi$$

$$= (\frac{q+\psi}{1-\sin\phi})e^{2(\alpha+\varepsilon-\frac{\pi}{2})\tan\phi}(1+\sin\phi\cos2\varepsilon) - \psi \quad (7\text{-}34)$$

이다. 이제 단위 폭의 경사날에 작용하는 수직하중과 마찰에 의한 마찰력의 합은 다음과 같이 표현된다.

$$P = \frac{\sigma_b L}{\cos\delta} = \frac{\sigma_b d}{\cos\delta\sin\alpha} \quad (7\text{-}35)$$

식 (7-34)를 식 (7-35)에 대입하여 정리하면 힘 P는 다음과 같이 표현된다.

$$P = cdN_c + qdN_q$$

여기서, $N_c = (\frac{\cot\phi}{\cos\delta\sin\alpha})[(\frac{1+\sin\phi\cos2\varepsilon}{1-\sin\phi})e^{2(\alpha+\varepsilon-\frac{\pi}{2})\tan\phi} - 1]$

$$N_q = [\frac{1+\sin\phi\cos2\varepsilon}{(1-\sin\phi)\cos\delta\sin\alpha}]e^{2(\alpha+\varepsilon-\frac{\pi}{2})\tan\phi}$$

또한 단위 폭의 경사날과 토양 사이의 점착력 S는

$$S = C_a L$$

이 된다. 따라서 경사날과 토양 사이의 마찰각이 δ일 때 폭이 w인 경사날을 견인하는 데 필요한 수평력 H와 수직력 V는 각각 다음과 같이 표현된다.

$$H = Pw\sin(\alpha+\delta) + C_a wd\cot\alpha \quad (7\text{-}36\text{-}1)$$

$$V = Pw\cos(\alpha+\delta) + C_a wd \quad (7\text{-}36\text{-}2)$$

3. 토양의 무게를 고려한 예측모형

경사날에 의하여 토양이 수동파괴될 때 실제 슬립라인은 그림 7-6에서와같이 곡선이 된다. 그러나 경사날이 토양을 절삭하는 데 필요한 힘은 이 슬립라인을 지면과 β각을 이루는 직선으로 가정하여 근사적으로 구할 수 있다. 경사날이 토양을 밀 때 토양은 절삭되어 지면으로 솟아오르며 이때 삼각형 모양의 토양에 작용하는 힘은 지면의 부가하중 Q, 토양의 무게 W, 경사날의 표면에 작용하는 점착저항 $C_a L$, 마찰을 고려한 접촉면의 반력 P, 슬립라인의 점착저항 cL_1, 토양의 내부마찰각을 고려한 슬립라인의 토양반력 R이다. 여기서 경사날과 토양 사이의 마찰각과 점착계수는 각각 δ, C_a이고, 토양의 내부마찰각과 점성은 각각 ϕ, c이다. 또한 경사날의 길이와 슬립라인의 길이는 각각 L, L_1이다. 삼각형 모양의 절삭 토양에 작용하는 이러한 힘을 각각 수평방향과 수직방향의 성분으로 분해하여 힘의 평형조건을 적용하면

$$\Sigma F_h = P\sin(\alpha+\delta) + C_a L\cos\alpha - R\sin(\beta+\phi) - cL_1\cos\beta = 0 \tag{7-37}$$

$$\Sigma F_v = -P\cos(\alpha+\delta) + C_a L\sin\alpha - R\cos(\beta+\phi) + cL_1\sin\beta + W + Q = 0 \tag{7-38}$$

가 된다. 식 (7-37)과 (7-38)에서 슬립라인의 토양반력 R을 소거하고 단위 폭의 경사날에 작용하는 힘 P를 구하면

$$P = \frac{W + Q + cd[1+\cot\beta\cot(\beta+\phi)] + C_a d[1-\cot\alpha\cot(\beta+\phi)]}{\cos(\alpha+\delta)+\sin(\alpha+\delta)\cot(\beta+\phi)} \tag{7-39}$$

가 된다. 또한 단위 폭의 지면에 작용하는 부가하중과 토양의 무게는 각각 다음과 같이 표현된다.

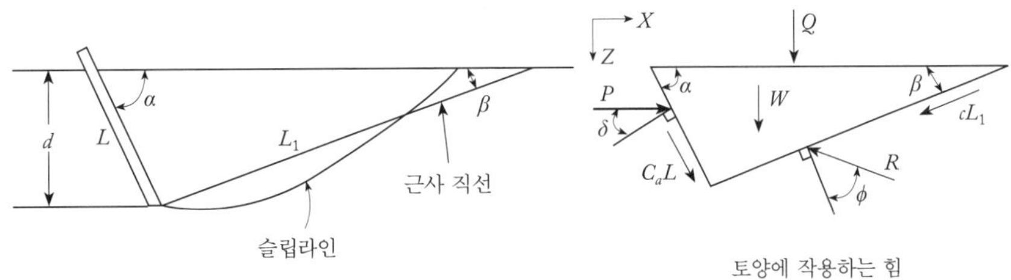

그림 7-6 수동파괴 이론을 적용한 토양 절삭

$$Q = qd(\cot\alpha + \cot\beta) \tag{7-40}$$

$$W = \gamma g \frac{d^2}{2}(\cot\alpha + \cot\beta) \tag{7-41}$$

여기서, q = 지면에 작용하는 압력

식 (7-40)과 (7-41)을 식 (7-39)에 대입하여 정리하면 단위 폭의 경사날에 작용하는 힘 P는 다음과 같이 간단히 표현된다.

$$P = \gamma g d^2 N_\gamma + qdN_q + cdN_c + C_a dN_{ca} \tag{7-42}$$

여기서, $N_\gamma = \dfrac{\frac{1}{2}(\cot\alpha + \cot\beta)}{\cos(\alpha+\delta) + \sin(\alpha+\delta)\cot(\beta+\phi)}$

$$N_q = 2N_\gamma$$

$$N_c = \frac{1 + \cot\beta\cot(\beta+\phi)}{\cos(\alpha+\delta) + \sin(\alpha+\delta)\cot(\beta+\phi)}$$

$$N_{ca} = \frac{1 - \cot\alpha\cot(\beta+\phi)}{\cos(\alpha+\delta) + \sin(\alpha+\delta)\cot(\beta+\phi)}$$

식 (7-42)에서 N_γ, N_c, N_{ca}, N_q는 모두 α, β, ϕ, δ의 함수이고 α, ϕ, δ는 절삭날과 토양조건에 따라 결정되는 값이다. 따라서 직선으로 가정한 슬립라인이 지면과 이루는 각 β는 N_γ를 최소화하는 각으로 결정된다. 즉 토양파괴에 대한 저항력이 최소가 되는 직선이 슬립라인이 된다. β값을 0에서 90°로 증가시킬 때 N_γ은 그림 7-7에서와같이 변한다. N_γ의 값이 최소일 때 β값을 β_{cr}이라고 하면 N_γ, N_c, N_q, N_{ca}의 값은 β_{cr}과 α, ϕ, δ의 값을 이용하여 구한다.

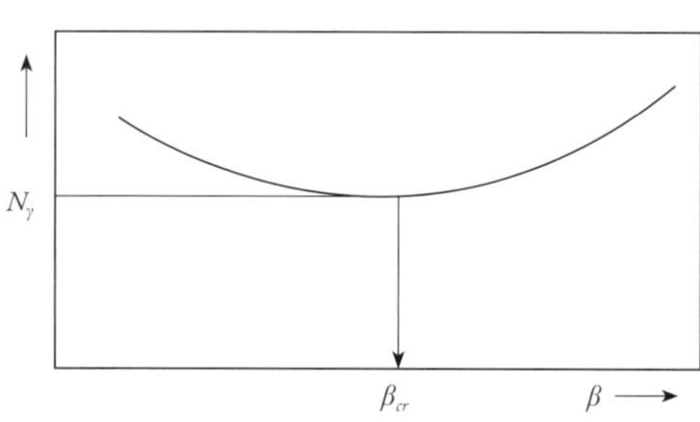

그림 7-7 β와 N_γ의 변화

4. 수동토압을 이용한 예측모형

경사날로써 토양을 수평으로 밀 때 토양의 전단저항은 몰-쿨롱의 파괴이론에 따라

$$\tau = c + \sigma \tan\phi$$

로 결정되며, 실제 토양의 전단 슬립라인은 그림 7-8에서와같이 곡선과 직선 부분으로 구분된다. 곡선 bd는 원호 또는 대수나선(logarithmic spiral)으로 나타낼 수 있으며, 직선 de는 수동파괴의 슬립라인과 같다. 따라서 직선 de와 지면이 이루는 각은 $\pi/4 - \phi/2$가 되며, d점에서 직선 de는 곡선 bd의 접선이 된다. 곡선 bd를 대수나선으로 가정하고 경사날 ab로써 토양을 절삭하는 데 필요한 힘을 구하여 보자. 이때 경사날의 표면과 토양 사이의 마찰계수는 δ이고 점착력은 S_{ca}로 가정한다. 또한 지면은 수평으로 가정한다. 대수나선 bd와 슬립라인 de가 점 d에서 접하므로 나선의 중심 O는 지면과 $\pi/4 - \phi/2$ 각을 이루는 직선 aD 상에 존재한다. 따라서 2등변 삼각형 ade에 포함되는 토양은 수동토압 상태가 되며, 연직면 df에 작용하는 전단응력은 0이 된다. 또한 연직면 df에 작용하는 압력 P_d는 연직면에 직각으로 작용하며 식 (3-42)를 이용하여 구할 수 있다. 이제 토양 $abdf$에 작용하는 힘은 토양의 무게 W, 수동토압 P_d, 슬립라인 bd에 작용하는 점착력 S_c, 경사날의 표면에 작용하는 점착력 S_{ca}, 슬립라인 bd에 작용하는 수직반력과 마찰저항의 합력 F, 경사날의 표면에 작용하는 수직반력과 마찰저항의 합력 P_p가 된다. 힘 P_p를 결정하기 위하여 이를 토양 $abdf$의 무게만을 고려한 반력, 즉 $c=0$일 때의 반력 P_p'과 슬립라인의 점착력만을 고려한 반력, 즉 토양의 무게를 무시한 경우의 반력 P_p''으로 구분하였다. 반력 P_p'과 P_p''은 모두 경사날 표면의 마찰에 의하여 경사날 표면의 수직선과 δ각을 이루며, P_p'의 작용점은 그림 3-12에서와같이 b점에서

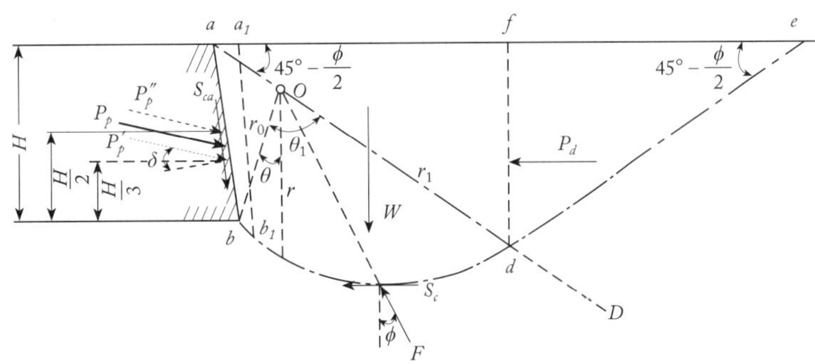

그림 7-8 경사날에 작용하는 수동토압(Terzaghi et al., 1996)

경사날 길이의 1/3 되는 지점이 되고 P_p''의 작용점은 b점에서 경사날 길이의 1/2 되는 지점이 된다.

일반적으로 대수나선은 식 (7-43)과 같이 표현되며, 모든 나선의 반경은 나선과의 교점에서 나선에 수직인 직선과 ϕ 각을 이룬다. 토양의 내부마찰각이 ϕ이므로 슬립라인 bd의

$$r = r_0 e^{\theta \tan\phi} \tag{7-43}$$

미소 부분에 작용하는 토양의 수직응력과 마찰저항의 합력도 나선에 수직인 직선과 ϕ 각을 이룬다. 즉 나선의 반경방향과 미소 부분에 작용하는 합력의 방향이 일치한다. 모든 나선의 반경이 중심 O를 지나므로 슬립라인 bd 전체에 작용하는 수직응력과 마찰저항의 합력 F도 O점을 지나게 된다.

반력 P_p'의 크기를 구하기 위하여 그림 7-9(a)에서와같이 임의의 슬립라인 bd_1e_1을 가정하고 곡선 부분 bd_1은 중심이 O_1인 대수나선으로, 직선 부분 d_1e_1은 지면과 $\pi/4 - \phi/2$ 각을 이루는 수동파괴의 슬립라인으로 가정하였다. 첫 번째 슬립라인인 이 슬립라인으로 토양을 절삭하는 데 필요한 힘 P_1'은 다음과 같이 결정된다. 토양 $d_1f_1e_1$의 중량에 의하여 연직면 f_1d_1에 작용하는 수동토압 P_{d1}'은

$$P_{d1}' = \frac{1}{2}\gamma H_{d1}^2 N_\phi \tag{7-44}$$

가 되며, O_1점에 대한 힘 P_1', P_{d1}', W_1, F_1'의 모멘트를 취하면 O_1점에 대한 F_1'의 모멘트는 0이 되므로

$$P_1' l_1 = W_1 l_2 + P_{d1}' l_3 \tag{7-45}$$

가 된다. 따라서 P_1'을 구하면

$$P_1' = \frac{1}{l_1}(W_1 l_2 + P_{d1}' l_3) \tag{7-46}$$

이다. P_1'의 값을 그림 7-9(a)의 f_1 위에 C_1'으로 나타내었다. 제2, 제3의 다른 슬립라인에 대해서도 같은 방법으로 P_2', P_3'의 값을 구할 수 있으며, 이를 지표면 ae_1 위에 나타내면 P'과 같은 곡선이 된다. P_p'은 곡선 P'의 최솟값, 즉 C'에서의 값이 된다. 이때 토양의 슬립라인

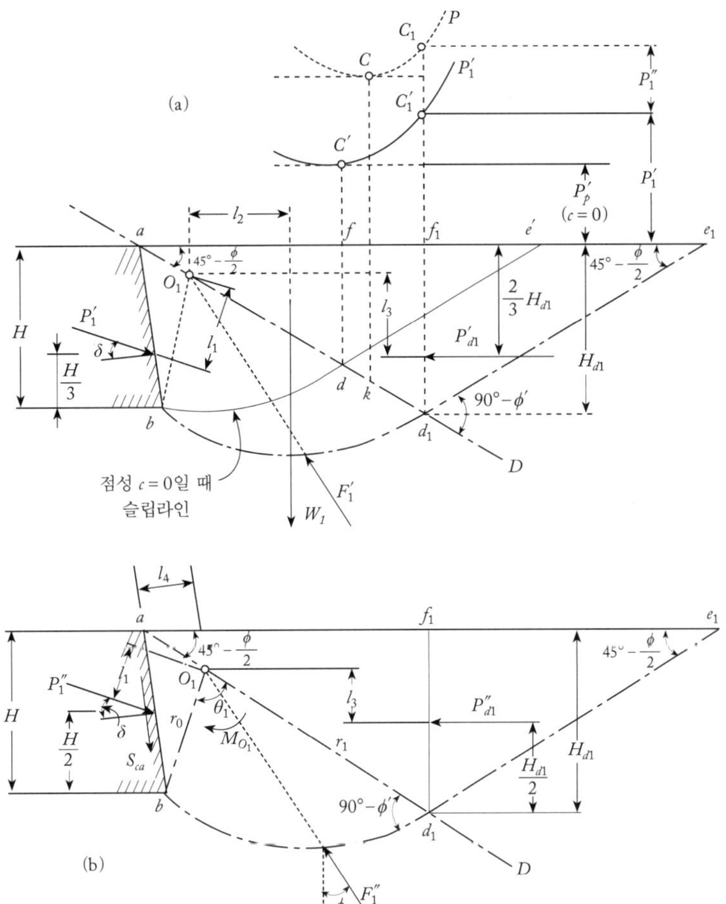

그림 7-9 수동토압 결정을 위한 대수나선법(Terzaghi et al., 1996)

은 aD 선상의 d점을 지나는 슬립라인이 된다.

P_p''은 토양의 무게를 무시하고 점착력만을 고려하여 구한다. 그림 7-9(b)에서와같이 P_1'을 결정하였을 때와 같은 첫 번째 슬립라인 bd_1e_1을 이용하여 이 슬립라인으로 토양을 절삭하는 데 필요한 힘 P_1''은 다음과 같이 결정된다. d_1f_1의 연직면에 작용하는 수동토압 P_{d1}''은 토양의 무게를 무시하므로, 즉 $\gamma=0$, $q=0$이므로

$$P_{d1}'' = 2cH_{d1}\sqrt{N_\phi} \tag{7-47}$$

가 되며, 슬립라인 bd_1의 미소 길이 ds에 작용하는 점착력은 cds가 된다. 나선의 중심 O_1에 대한 점착력 cds의 모멘트는 그림 7-10에서와같이

$$dM_{O_1} = rcds\cos\phi = rc\frac{rd\theta}{\cos\phi}\cos\phi = cr^2 d\theta$$

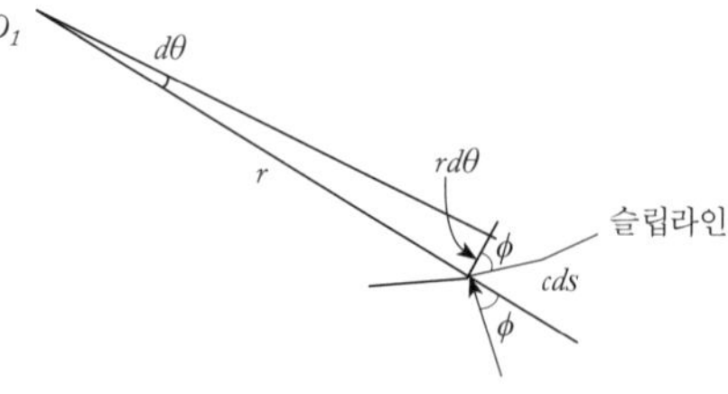

그림 7-10 점착력에 의한 모멘트

이므로 슬립라인 bd_1에 작용하는 총점착력의 모멘트는

$$M_{O_1} = \int_0^{\theta_1} cr^2 d\theta = \int_0^{\theta_1} c(r_0 e^{\theta\tan\phi})^2 d\theta$$

$$= \int_0^{\theta_1} cr_0^2 e^{2\theta\tan\phi} d\theta = \frac{cr_0^2}{2\tan\phi}e^{2\theta_1\tan\phi} - \frac{cr_0^2}{2\tan\phi}$$

$$= \frac{c}{2\tan\phi}[(r_0 e^{\theta_1\tan\phi})^2 - r_0^2] = \frac{c}{2\tan\phi}(r_1^2 - r_0^2) \tag{7-48}$$

가 된다. 또한 슬립라인 bd_1에 작용하는 수직응력과 마찰저항의 합력 F_1''의 작용선은 O_1을 지나므로 O_1점에 대한 모멘트의 합은

$$M_{O_1} + P_{d1}''l_3 - P_1''l_1 = 0$$

이다. 따라서

$$P_1'' = \frac{1}{l_1}(M_{O_1} + P_{d1}''l_3) \tag{7-49}$$

가 된다. P_1''의 값을 그림 7-9(a)의 P_1'에 더하여 C_1으로 나타내었다. P_1'과 P_1''의 합은 슬립라인 bd_1e_1을 따라 토양을 전단하는 데 필요한 힘이 된다. 제2, 제3의 다른 슬립라인에 대해서도 같은 방법으로 P_2'', P_3''을 구할 수 있으며, 이를 각각 P_2', P_3'에 더하면 P와 같은 곡선이 된다. 이제 수동토압 P_p는 곡선 P의 최솟값으로 결정되며, 이때 슬립라인은 P의 최소점 C에서 내린 수선과 aD선의 교점 k를 지나는 슬립라인이 된다. 따라서 토양을 절삭하는 데 필요한 힘은 수동토압 P_p와 점착력 S_{ca}의 합력이 된다.

실제 슬립라인의 곡선 부분은 원호와 나선의 중간 형태이나 이 두 곡선의 차이는 크지 않다. 따라서 곡선 부분을 원호로 하는 경우와 나선으로 하는 경우의 수동토압의 차이는 무시할 수 있는 정도인 것으로 알려져 있다.

5. 협폭 절삭날

절삭날의 폭이 절삭 깊이에 비하여 큰 광폭날의 경우에는 앞에서 제시한 토양의 절삭모형과 실제 현상은 비교적 잘 일치한다. 즉 이러한 모형을 이용하여 예측한 힘과 실제 측정한 힘은 큰 차이가 없는 것으로 알려져 있다. 그러나 절삭날의 폭이 좁은 경우에는 광폭날의 절삭 모형을 적용할 수 없다. 절삭날의 폭이 좁으면 절삭된 토양의 대부분은 절삭날의 측면으로 이동한다. 이는 절삭 토양이 주로 전방으로 솟아오르는 광폭날의 경우와 다른 점이다.

고드윈과 스푸어(Godwin and Spoor, 1977)는 협폭날을 수평으로 밀 때 날 전방의 좌우측 지면에는 부채꼴의 토양 파괴선이 나타나며, 이는 그림 7-11에서와같이 근사적인 원호 또는 타원과 같다고 하였다. 전방의 좌우측 지면상에 나타나는 부채꼴의 반경은 지면과 절삭날의 접촉선 모서리에서 절삭날 전방의 토양 파괴선까지 거리와 같다. 또한 부채꼴의 최대폭 s는 그림 7-11에서와같이 절삭날의 전방하단을 지나는 연직선이 지면과 만나는 점에서 날의 진행방향과 직각인 방향으로 부채꼴 원호까지 거리와 같다. 부채꼴의 폭이 최대일 때 좌우측 부채꼴 반경을 r, 날의 진행방향과 부채꼴 반경 r 사이의 각을 ρ', 절삭날이 지면과 이루는 경사각을 α, 절삭날 하단과 지면 사이의 수직거리, 즉 경심을 d라고 하면 부채꼴의 사이각 ρ'은 다음과 같이 표현된다.

$$\frac{d}{\tan\alpha} = r\cos\rho' \quad \text{또는} \quad \rho' = \cos^{-1}\left(\frac{d}{r}\cot\alpha\right) \tag{7-50}$$

협폭날을 수평으로 미는 데 필요한 힘은 두 가지 힘의 합력으로 결정한다. 첫 번째 힘은 절삭날이 전방의 토양을 미는 데 필요한 힘으로서 이 힘은 광폭날에서와 같은 방법으로

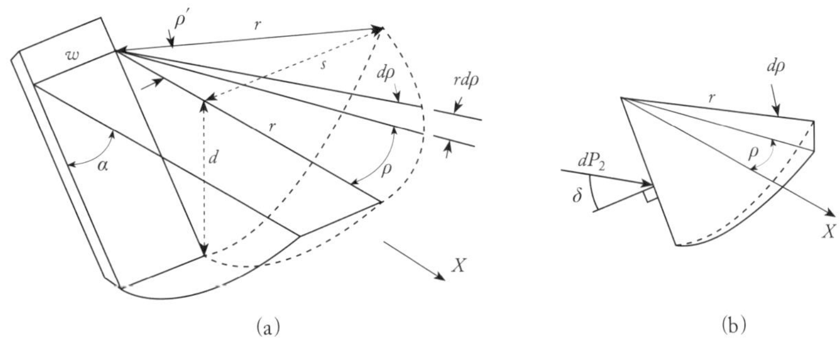

그림 7-11 협폭날의 절삭모형(Godwin and Spoor, 1977)

구한다. 즉 식 (7-42)를 이용하여 구할 수 있다. 협폭날의 폭을 w, 날과 토양 사이의 마찰각을 δ, 날과 지면 사이의 경사각을 α라고 하면 협폭날을 전방으로 미는 데 필요한 수평력 H_1은 다음과 같이 표현된다.

$$H_1 = (\gamma g d^2 N_\gamma + c d N_c + q d N_q + C_a d N_{ca}) w \sin(\alpha + \delta) \tag{7-51}$$

두 번째 힘은 절삭날의 좌우측 토양을 미는 데 필요한 힘으로서 그림 7-11(b)에서와같이 미소 부채꼴의 토양을 미는 데 필요한 힘을 적분하여 구한다. 사이각이 $d\rho$인 미소 부채꼴의 토양을 미는 데 필요한 힘을 dP_2라고 하면, dP_2는 부채꼴의 원주길이 $r d\rho$의 1/2을 유효폭으로 하는 절삭날을 미는 데 필요한 힘과 같다고 가정하여 구한다. 이 힘은 식 (7-42)를 이용하여 구할 수 있다. 따라서 dP_2는 다음과 같이 표현된다.

$$dP_2 = (\gamma g d^2 N_\gamma + c d N_c + q d N_q + C_a d N_{ca}) \frac{r d\rho}{2}$$

절삭날과 토양 사이의 마찰각을 δ라고 하면 힘 dP_2의 X방향 성분, 즉 절삭날의 수평전방을 향하는 힘의 성분 dH_2는

$$dH_2 = dP_2 \cos\rho \sin(\alpha + \delta)$$

로 주어진다. 이제 적분을 취하여 부채꼴 전체의 토양을 미는 데 필요한 X방향의 힘을 구하면

$$\begin{aligned} H_2 &= \int_o^{\rho'} (\gamma g d^2 N_\gamma + c d N_c + q d N_q + C_a d N_{ca}) \frac{r}{2} \sin(\alpha + \delta) \cos\rho \, d\rho \\ &= (\gamma g d^2 N_\gamma + c d N_c + q d N_q + C_a d N_{ca}) \frac{r}{2} \sin(\alpha + \delta) \sin\rho' \end{aligned}$$

와 같다. 부채꼴의 토양 파괴선은 협폭날의 좌우 측면에 모두 나타나므로 좌우 측면을 모두 고려하면 H_2는

$$H_2 = (\gamma g d^2 N_\gamma + c d N_c + q d N_q + C_a d N_{ca}) r \sin\rho' \sin(\alpha + \delta) \tag{7-52}$$

가 된다. 따라서 협폭날을 수평으로 미는 데 필요한 총힘 H는 다음과 같이 표현된다.

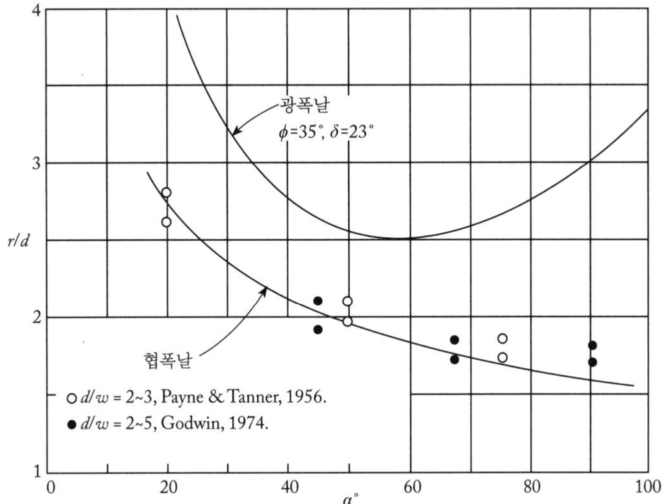

그림 7-12 절삭날의 경사각과 경심 대 부채꼴의 반경비(McKyes, 1985)

$$H = H_1 + H_2 = (\gamma g d^2 N_\gamma + cdN_c + qdN_q + C_a dN_{ca})(w + r\sin\rho')\sin(\alpha + \delta) \quad (7\text{-}53)$$

식 (7-50)에서 주어진 경심 d와 협폭날의 경사각 α에 대한 부채꼴의 반경 r과 사이각 ρ'은 유일한 값이 없으며, 반경에 따라 무한히 많은 사이각이 존재할 수 있다. 그러나 실험에 의하면 부채꼴의 반경 r은 협폭날의 폭에 대한 경심의 비, 즉 $\frac{d}{w}$와 토양의 강도에 따라 변한다. 따라서 식 (7-52)를 이용하기 위해서는 주어진 협폭날의 경사각, 폭에 대한 경심비, 토양강도에 따라 반경 r을 결정할 수 있는 실험 데이터가 필요하다. 그림 7-12는 사질토를 대상으로 한 실험결과로서 협폭날의 경사각 α와 경심 대 부채꼴의 반경비 $\frac{r}{d}$의 관계를 나타낸 것이다. 일반적으로 경심 d는 절삭조건으로 주어지기 때문에 이 비를 이용하여 부채꼴의 반경을 구할 수 있다.

협폭날의 좌우 측면이 부채꼴로 파괴되는 현상을 모형화한 절삭 모형에는 맥카이스의 모형도 있다(McKyes, 1985). 맥카이스의 모형은 그림 7-13에서와같이 절삭날의 전방에는 삼각 프리즘 형상의 토양이 지면과 β각으로 솟아오르고, 절삭날의 좌우 측면에는 고드윈 모형에서와같이 반경이 r인 부채꼴의 파괴선이 형성된다고 가정하였다. 부채꼴의 반경 r과 그림 7-13에서 s는 β각에 따라 변하며, β각은 절삭날의 경사각 α, 토양강도, 절삭날의 폭과 길이의 비 등에 따라서 변한다.

절삭날 전방에 있는 삼각 프리즘 형상의 토양을 미는 데 필요한 힘 P_1은 식 (7-42)를

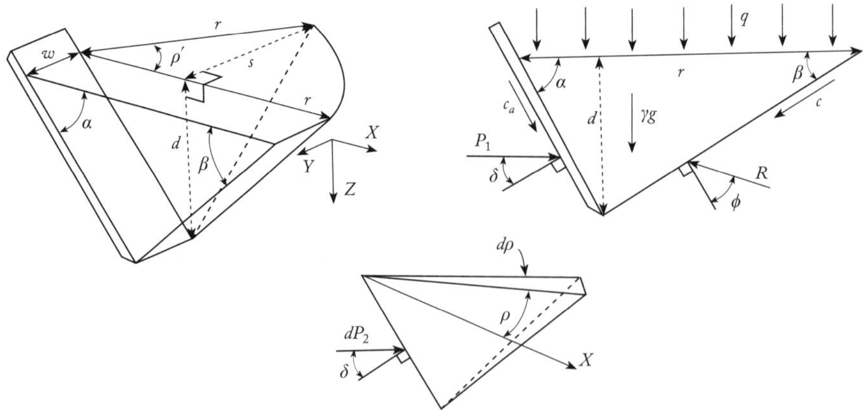

그림 7-13 맥카이스의 절삭모형

이용하여 구할 수 있다. 즉

$$P_1 = (\gamma g d^2 N_\gamma + q d N_q + c d N_c + C_a d N_{ca}) w$$

이다. 그림 7-13에서와같이 좌우 측면의 미소 부채꼴의 토양 $d\rho$를 미는 데 필요한 힘 dP_2는 식 (7-39)를 이용하여 다음과 같이 표현할 수 있다.

$$dP_2 = \frac{W + Q + cd[1 + \cot\beta \cot(\beta + \phi)] + C_a d[1 - \cot\alpha \cot(\beta + \phi)]}{\cos(\alpha + \delta) + \sin(\alpha + \delta)\cot(\beta + \phi)}$$

여기서 쐐기형 미소 부채꼴 토양의 중량은 체적이 r, $rd\rho$, d로 이루어지는 직육면체의 1/6이므로 $W = \frac{1}{6}\gamma g d r^2 d\rho$가 되며, 부가하중은 표면의 삼각형 면적에 작용하는 하중이므로 $Q = \frac{1}{2} q r^2 d\rho$가 된다. 또한 미소 부채꼴의 평균 폭은 $\frac{1}{2} r d\rho$이고, 절삭날과 부채꼴 토양 사이에 작용하는 점착력은 없으므로, 즉 $C_a d = 0$이므로 이를 식 (7-39)에 대입하면 dP_2는 다음과 같이 표현된다.

$$dP_2 = \frac{[\frac{1}{6}\gamma g d r^2 + \frac{1}{2} c r d(1 + \cot\beta \cot(\beta + \phi)) + \frac{1}{2} q r^2] d\rho}{\cos(\alpha + \delta) + \sin(\alpha + \delta)\cot(\beta + \phi)}$$

절삭날 전방으로 전체 부채꼴 토양을 미는 데 필요한 힘 P_2는 이 힘의 X 방향 성분을 $\rho = 0$에서 $\rho = \rho'$ 까지 적분하여 구한다. 즉

$$P_2 = \int_0^{\rho'} \frac{[\frac{1}{6}\gamma g d r^2 + \frac{1}{2} c r d(1 + \cot\beta\cot(\beta+\phi)) + \frac{1}{2} q r^2]\cos\rho d\rho}{\cos(\alpha+\delta) + \sin(\alpha+\delta)\cot(\beta+\phi)}$$

$$= \frac{[\frac{1}{6}\gamma g d r^2 + \frac{1}{2} c r d(1 + \cot\beta\cot(\beta+\phi)) + \frac{1}{2} q r^2]\sin\rho'}{\cos(\alpha+\delta) + \sin(\alpha+\delta)\cot(\beta+\phi)} \qquad (7\text{-}54)$$

가 된다. 이제 폭이 w인 절삭날을 미는 데 필요한 힘 P는 절삭날 전방의 토양을 미는 데 필요한 힘 P_1과 좌우 측면의 부채꼴 토양을 미는 데 필요한 힘 $2P_2$의 합과 같다. 즉

$$P = P_1 + 2P_2$$

$$= w[\gamma g d^2 \frac{r}{2d}(1 + \frac{2s}{3w}) + cd(1 + \cot\beta\cot(\beta+\phi))(1 + \frac{s}{w}) + qd\frac{r}{d}(1 + \frac{s}{w})$$

$$+ C_a d(1 - \cot\alpha\cot(\beta+\phi))]/[\cos(\alpha+\delta) + \sin(\alpha+\delta)\cot(\beta+\phi)] \qquad (7\text{-}55)$$

이다. 여기서 $s = r\sin\rho'$이고 $r = d(\cot\alpha + \cot\beta)$이다. 식 (7-55)를 N 계수로써 나타내면 다음과 같이 표현된다.

$$P = (\gamma g d^2 N_\gamma + cdN_c + qdN_q + C_a dN_{ca})w \qquad (7\text{-}56)$$

여기서, $N_\gamma = \dfrac{\frac{r}{2d}(1 + \frac{2s}{3w})}{\cos(\alpha+\delta) + \sin(\alpha+\delta)\cot(\beta+\phi)}$

$$N_c = \frac{[1 + \cot\beta\cot(\beta+\phi)](1 + \frac{s}{w})}{\cos(\alpha+\delta) + \sin(\alpha+\delta)\cot(\beta+\phi)}$$

$$N_q = \frac{\frac{r}{d}(1 + \frac{s}{w})}{\cos(\alpha+\delta) + \sin(\alpha+\delta)\cot(\beta+\phi)}$$

$$N_{ca} = \frac{1 - \cot\alpha\cot(\beta+\phi)}{\cos(\alpha+\delta) + \sin(\alpha+\delta)\cot(\beta+\phi)}$$

절삭날과 토양 사이의 점착력을 고려하여 폭이 w인 절삭날을 수평으로 미는 데 필요한 힘 H와 수직방향의 힘 V는 각각 다음과 같이 표현된다.

$$H = P\sin(\alpha + \delta) + C_a d w \cot\alpha \tag{7-57}$$

$$V = P\cos(\alpha + \delta) - C_a d w \tag{7-58}$$

식 (7-56)에서와같이 N_{ca}를 제외한 N 계수는 토양의 내부마찰각, 절삭날의 경사각, 토양 파괴선이 지면과 이루는 각뿐만 아니라 $\frac{s}{w}$와 $\frac{r}{d}$의 영향을 받는다. 실제 토양 파괴선이 지면과 이루는 각 β는 N_γ를 최소화하는 값으로 결정된다. N_γ을 β로 표현하면

$$\frac{r}{d} = \cot\alpha + \cot\beta$$

$$s = r\sin\rho' = d(\cot\alpha + \cot\beta)\sqrt{1 - (\frac{\cot\alpha}{\cot\alpha + \cot\beta})^2}$$

이므로

$$N_\gamma = \frac{\frac{1}{2}(\cot\alpha + \cot\beta)[1 + \frac{2d}{3w}(\cot\alpha + \cot\beta)\sqrt{1 - (\frac{\cot\alpha}{\cot\alpha + \cot\beta})^2}\,]}{\cos(\alpha + \delta) + \sin(\alpha + \delta)\cot(\beta + \phi)} \tag{7-59}$$

가 된다. 식 (7-59)에서와같이 N_γ는 절삭날의 폭에 대한 경심비 $\frac{d}{w}$의 영향을 받는다. 절삭

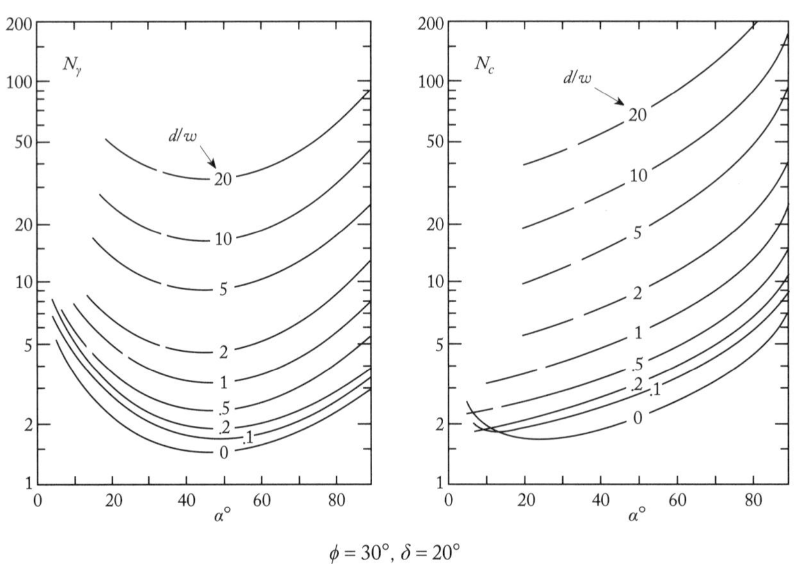

그림 7-14 협폭날의 N_γ과 N_c(McKyes, 1985)

날의 폭이 좁아질수록 N_γ가 증가하여 절삭날을 견인하는 데 필요한 힘은 증가한다. 그림 7-14는 주어진 토양조건에서 절삭날의 경사각과 폭에 대한 경심비에 따라 N_γ과 N_c를 나타낸 것이다.

6. 관성의 영향

절삭날의 속도가 증가하면 토양을 절삭하는 데 필요한 힘도 증가한다. 이는 절삭한 토양을 계속 가속시키는 데 필요한 힘과 절삭날에 의하여 전단속도가 증가함에 따라 전단저항을 극복하는 데 필요한 힘이 증가하기 때문이다. 사질토의 경우에는 전단속도가 전단저항에 미치는 영향이 크지 않기 때문에 증가된 힘은 대부분 절삭된 토양을 가속하는 데 이용된다. 그러나 점토의 경우에는 전단속도의 영향이 크기 때문에 증가된 힘은 대부분 전단저항을 극복하는 데 이용된다.

토양에 작용하는 관성력은 그림 7-15에서와같이 절단된 쐐기형 토양을 이용하여 용이하게 추정할 수 있다. 절삭날이 전방으로 x만큼 이동하면 토양은 절삭날의 경사각 α와 지면과 β각을 이루는 전단파괴선을 따라 지면으로 올라간다. 이때 절삭날의 전진속도 v와 쐐기형 토양의 속도는 같지 않다. 실제 토양은 절삭날에 대하여 거리 a만큼 후진하기 때문에 t시간 동안에 토양이 전진한 거리 x'은 절사날이 전진한 거리 x보다 짧다. 따라서

$$x = x' + a = x'(1 + \tan\beta\cot\alpha)$$

가 되며, 전단파괴선을 따라 올라가는 토양의 속도 v'은

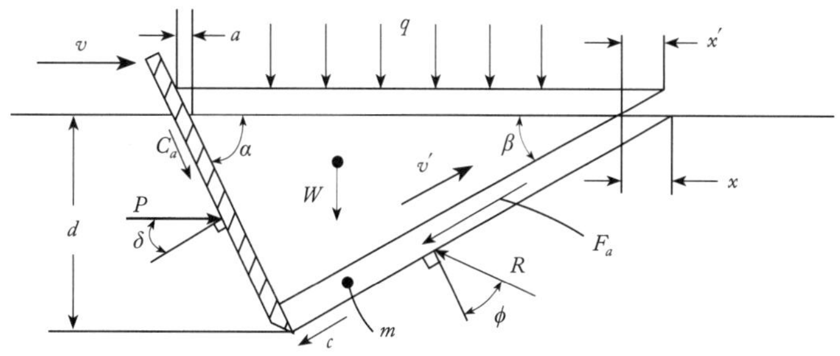

그림 7-15 절삭 토양의 관성력

$$v' = \frac{x'}{t\cos\beta} = \frac{x}{t\cos\beta(1+\tan\beta\cot\alpha)} = \frac{v}{\cos\beta(1+\tan\beta\cot\alpha)} \tag{7-60}$$

가 된다. t시간마다 질량이 m인 토양이 새로 절삭되므로 이 토양을 속도 v'까지 가속하는데 필요한 힘 F_a는

$$F_a = ma = m\frac{v'-0}{t} = \gamma x d w\frac{v'}{t} = \gamma d w v v' = \frac{\gamma d w v^2}{\cos\beta(1+\tan\beta\cot\alpha)} \tag{7-61}$$

가 된다. 이 힘의 –값, 즉 관성력을 식 (7-37)의 좌변에 더하여 P를 구하면 P는 절삭 토양의 관성력을 고려하여 절삭날을 고속으로 밀 때 필요한 힘이 된다. 즉

$$P = (\gamma g d^2 N_\gamma + c d N_c + q d N_q + C_a d N_{ca} + \gamma v^2 d N_a)w \tag{7-62}$$

여기서, $N_a = \dfrac{\tan\beta + \cot(\beta+\phi)}{[\cos(\alpha+\delta)+\sin(\alpha+\delta)\cot(\beta+\phi)](1+\tan\beta\cot\alpha)}$

w = 절삭날의 폭

가 된다. 점토의 경우 절삭날을 미는 데 필요한 힘에서 절삭 토양의 관성력이 차지하는 비중은 크지 않다. 오히려 속도가 증가함에 따라 증가하는 전단저항, 점착력 등의 영향이 더 크다.

7. 한계경심

협폭날이 토양을 지면으로 솟아오르게 할 수 있는 경심은 토양에 따라서 다르다. 그림 7-16에서와같이 절삭날을 지면에 대하여 수직으로 이동시키면 일정한 깊이까지는 토양이 절삭되어 지면으로 솟아오르나, 일정한 깊이 이상에서는 토양이 솟아오르지 않고 절삭날의 측면으로 밀리거나

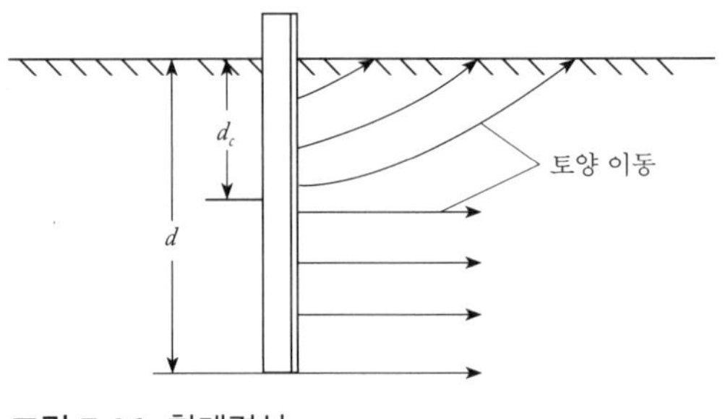

그림 7-16 한계경심

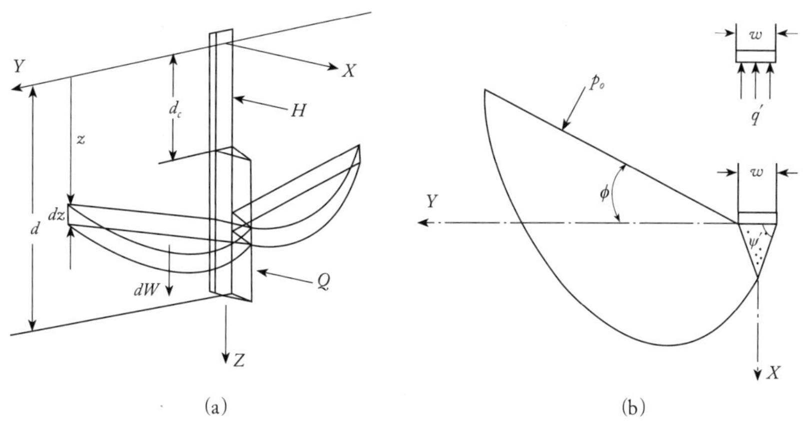

그림 7-17 한계경심 아래의 토양이동(McKyes, 1985)

수평으로 이동한다. 이때 절삭된 토양이 지면으로 솟아오를 수 있는 최대 깊이를 한계경심(critical depth)이라고 한다. 그림 7-16에서 한계경심은 d_c이다.

한계경심은 절삭날의 형상과 토양의 강도에 따라 변하며, 한계경심 아래의 토양을 절삭날 주위로 수평 이동시키는 데 소요되는 에너지는 한계경심 위의 토양을 지면으로 솟아오르게 하는 데 소요되는 에너지보다 적다.

고드윈은 한계경심 아래의 토양이동에 대한 모형을 그림 7-17(a)에서와같이 설정하였다. 절삭날이 앞으로 이동하면 절삭날에는 토양반력이 작용하고 토양반력의 방향은 최대 주응력의 방향이 된다. 따라서 절삭날의 전방에는 최대 주응력에 의한 슬립이 일어나고, 최대 주응력을 기준으로 한 좌우 슬립라인 $\mu = \frac{\pi}{4} - \frac{\phi}{2}$와 $-\mu = \frac{\pi}{4} - \frac{\phi}{2}$에 의하여 쐐기형 토양이 형성된다. 즉 한계경심 아래의 절삭날 전방에는 그림 7-17(b)에서와같이 경사각이 $\psi' = 45° + \frac{\phi}{2}$인 쐐기형 토양이 형성되고, 토양은 절삭날의 측면으로 한계각 $90° + \phi$에 이를 때까지 대수나선을 따라 파괴된다. 파괴선을 따라 형성된 나선형 쐐기의 후면에는 토압 p_o가 작용한다. 정지상태에서 지압계수의 근사값은 $K_o = 1 - \sin\phi$이고 경심 z에서 수직응력은 γgz이므로 수평방향의 토압 p_o는

$$p_o = \gamma gzK_o = \gamma gz(1 - \sin\phi)$$

가 된다. 또한 토압 p_o가 작용하는 연직면의 전단응력은 무시할 정도이고 절삭날에 작용하는 주응력 q'가 이 연직면과 이루는 각은 $\theta = 90° + \phi$이다. 따라서 식 (7-21)과 (7-23)을 적용하면 주응력 q'는 다음과 같이 나타낼 수 있다.

$$q' = cN_c' + p_oN_q' = cN_c' + \gamma gzK_oN_q' \tag{7-63}$$

여기서, $N_q' = (\frac{1+\sin\phi}{1-\sin\phi})e^{(\pi+2\phi)\tan\phi}$

$$N_c' = \cot\phi[(\frac{1+\sin\phi}{1-\sin\phi})e^{(\pi+2\phi)\tan\phi} - 1]$$

이제 한계경심 아래의 절삭날에 작용하는 힘 Q는 다음 식에서와같이 구할 수 있다.

$$Q = w\int_{d_c}^{d} q'dz = w\int_{d_c}^{d}(cN_c' + \gamma gzK_oN_q')dz$$

$$= [cN_c'(d-d_c) + \frac{1}{2}\gamma gK_oN_q'(d^2 - d_c^2)]w \tag{7-64}$$

한계경심은 힘 Q와 식 (7-57)의 H, 즉 한계경심 윗부분의 절삭날에 작용하는 힘 H의 합력이 최소가 되는 경심으로 결정된다. 고드윈과 스푸어는 경심 d에 대한 $(H+Q)$의 도함수를 0으로 설정하여 이를 만족하는 경심을 한계경심으로 결정하였다. 즉

$$\frac{d(H+Q)}{dd} = 0$$

을 만족하는 한계경심을 다음과 같이 제시하였다.

$$d_c = \frac{-b \pm \sqrt{b^2 - 4ac'}}{2a} \tag{7-65}$$

여기서, $a = 3\gamma\frac{r}{d_c}N_\gamma\sin(\alpha+\delta)\sin[\cos^{-1}(\frac{d_c}{r}\cot\alpha)]$

$$b = 2(cN_c + qN_q)\frac{r}{d_c}\sin[\cos^{-1}(\frac{d_c}{r}\cot\alpha)]\sin(\alpha+\delta)$$

$$+ [2\gamma N_\gamma\sin(\alpha+\delta) - (1-\sin\phi)\gamma N_q']w$$

$$c' = w[(cN_c + C_aN_{ca} + qN_q)\sin(\alpha+\delta) + C_a\cos\alpha - cN_c']$$

식 (7-65)의 해는 좌변과 우변이 모두 d_c를 포함하고 있기 때문에 반복법으로 풀어야 한다.

실험에 의하면 절삭날의 폭에 대한 한계경심의 비, 즉 한계경심비는 토양의 컨시스턴시

에 따라 변한다. 코스트리친(Kostritsyn)은 한계경심비를 7~8, 밀러(Miller)는 사질토에서 수직날의 경우 12~14, 고드윈(Goodwin)은 절삭날의 경사각 범위가 45~90°일 때 사양토의 경우 10~16이라고 하였으며, 오칼라한(O'Callaghan)은 소성 사질토와 점양토의 경우 1.0 정도라고 하였다. 또한 건조한 취성토양일수록 한계경심은 깊고, 내부마찰각이 작은 소성토양일수록 한계경심은 얕다.

한계경심이 깊을수록 경운한 토양의 체적이 증가하기 때문에 경운 토양의 체적이 절삭날의 성능을 평가하는 기준이 되는 경우에는 한계경심의 존재를 보다 정확하게 확인하여야 한다. 주어진 한계경심비에서 절삭날의 폭을 증가시키면 한계경심이 증가하고, 경운 토양의 체적도 증가한다.

8. 곡선형 절삭날

절삭날의 형태가 평판이 아닌 경우에는 평판날의 절삭모형을 이용하여 근사적으로 절삭에 필요한 힘을 결정할 수 있다. 아직까지 곡선날에 대한 정확한 절삭모형은 개발되지 못하였다. 가장 널리 적용되는 원리는 토양의 파괴선을 결정하는 절삭날 끝부분의 경사각을 이용하는 것이다. 많은 실험에 의하면 절삭날 끝부분의 경사각이 같으면 절삭날의 형상은 경운저항에 큰 영향을 미치지 않는 것으로 나타났다. 일반적으로 절삭날의 끝부분은 전체 길이의 약 1/6 정도이며, 경사각은 45~90° 범위이다.

치즐플라우, 로터베이터, 불도저의 절삭날은 그림 7-18에서와같이 주로 곡선형으로서 절삭날이 좌우대칭인 경우에는 끝부분의 경사각과 같은 경사각을 가진 평판 절삭날을 이용하여 근사적으로 경운저항을 구할 수 있다.

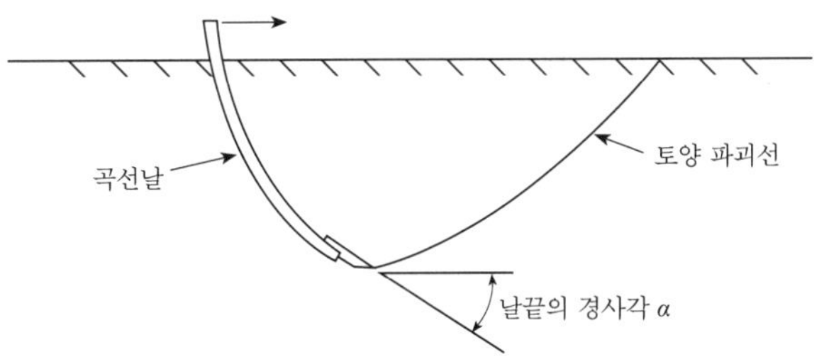

그림 7-18 곡선형 절삭날

연습문제

1. 폭이 25 cm인 수직 블레이드를 이용하여 깊이 15 cm의 표토를 수평으로 절삭하기 위한 힘을 구하여라. 토양의 점성, 내부마찰각, 단위중량은 각각 20 kPa, 6°, 1.6 ton/m^{3}이다.

2. 그림과 같이 폭이 150 cm인 광폭 블레이드 AB가 지면과 30°로 토양을 절삭할 때 B에 작용하는 응력을 기준으로 지면과 평행한 수평선과 슬립라인이 이루는 각과 토양의 수평 저항력 H를 구하여라. 토양의 점성, 내부마찰각은 각각 20 kPa, 30°이고 점착계수 C_a = 12.6 kPa이다. 토양의 무게는 무시한다.

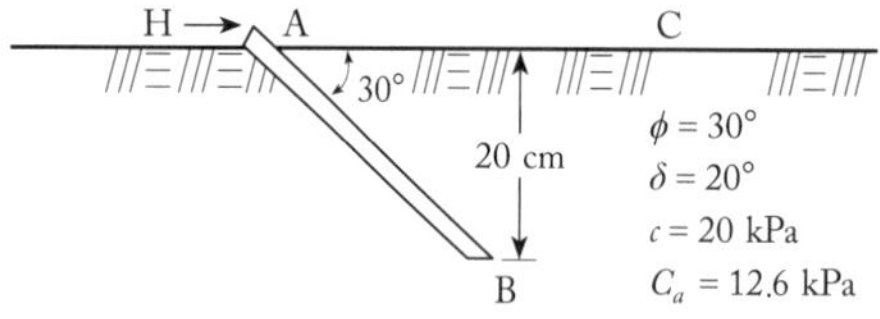

❶ 토양과 블레이드 사이에 마찰이 없을 때

❷ 토양과 블레이드 사이의 마찰각이 30°일 때

❸ 토양과 블레이드 사이의 마찰각이 20°일 때

3. 지면과 이루는 경사각이 35°이고 폭이 50 cm인 평판날이 깊이 100 cm의 표토를 절삭한다. 토양은 내부마찰각이 35°, 절삭날과 토양 사이의 마찰각이 20°, 점성이 20 kPa, 절삭날과 토양 사이의 점착계수가 12 kPa이고, 단위중량이 1.2 ton/m^{3}인 사양토이다. 지면의 부가하중은 없다.

❶ 고드윈과 맥카이스의 절삭모형을 이용하여 평판날을 미는 데 필요한 힘을 구하여라.

❷ 각각의 경운 단면적을 구하여라.

❸ 각각의 경운 비저항을 구하여라.

4. 내부마찰각이 35°, 절삭날과 토양 사이의 마찰각이 20°, 점성이 10 kPa, 토양과 절삭날 사이의 점착계수가 6.2 kPa이고, 단위중량이 1.2 ton/m^3인 토양에 사용할 평판 절삭날을 설계하려고 한다. 절삭날의 폭을 10 cm, 경심을 25 cm로 하면 최소의 경운저항을 얻기 위한 경사각은 몇 도인가?

5. 내부마찰각이 35°, 절삭날과 토양 사이의 마찰각이 20°, 점성이 0, 단위중량이 1.2 ton/m^3인 토양이 있다. 한계경심을 구하여라. 절삭날의 폭이 2 cm, 경심이 20 cm, 절삭날의 경사각이 60°이면 총경운저항을 얼마인가?

6. 트랙터가 견인하는 곡선형 블레이드의 폭은 244 cm이고 블레이드 끝부분의 경사각은 70°이다. 경심 5 cm로서 디져진 토양을 경운할 때 필요한 견인력을 구하여라. 토양은 내부마찰각이 30°, 토양과 블레이드 사이의 마찰각이 20°, 점성이 40 kPa, 토양과 블레이드 사이의 점착계수가 25 kPa이고, 단위중량은 2 ton/m^3이다. 또한 경심을 5 cm로 유지하는 데 필요한 블레이드의 중량을 구하여라.

7. 다음 그림에서와같이 폭이 2.5 m인 불도저의 블레이드가 지면을 절삭하고 있다. 지면에는 절삭된 토양이 평균 45 cm 높이로 쌓여 있다. 토양을 절삭하는 데 필요한 힘 H를 구하여라. 토양의 점성, 내부마찰각, 단위중량은 각각 12 kPa, 35°, 20 kN/m^3이고, 블레이드와 토양 사이의 마찰각과 점착계수는 각각 23°, 점성의 0.6배이다.

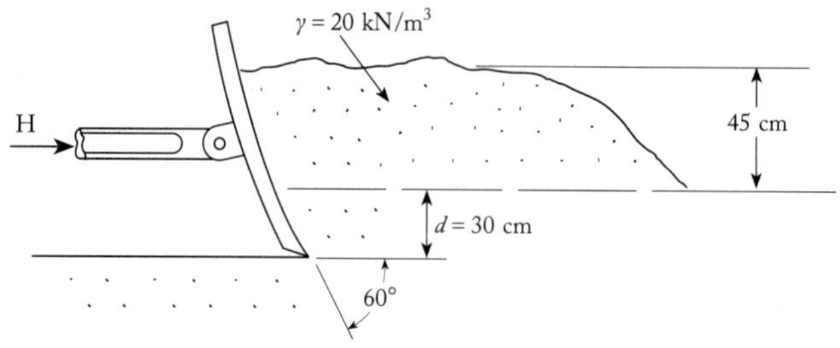
γ = 20 kN/m³
H
45 cm
d = 30 cm
60°

참고문헌

Godwin, R. J. and G. Spoor. 1977. Soil failure with narrow tines. Journal of Agricultural Engineering Researches 22: 213-228.

McKyes, E. 1985. Soil cutting and tillage. Elsevier Science Publishers B. V. Amsterdam, The Netherlands.

McKyes, E. 1989. Agricultural engineering soil mechanics. Elsevier Science Publishers B. V. Amsterdam, The Netherlands.

Sokolovski, V. V. 1956. Statics of soil media. Butterworth, London.

Terzaghi, K., R. B. Peck, and G. Mersi. 1996. Soil mechanics in engineering practice, 3rd Edition. John Wiley & Sons, Inc. New York, New York.

제8장

토공기계

토목 또는 건설공사에는 각종 토공기계(earth-moving machines)가 사용된다. 굴착, 토운반, 집토 등에 사용되는 토공기계에는 트랙터, 굴착기, 불도저, 로더, 모터 그레이더, 스크레이퍼, 덤프트럭 등이 있다. 토공기계의 작업능력, 작업능률, 선택방법 등을 알아본다.

1. 작업능력

토공기계의 작업능력은 토공기계의 추진력과 토공기계에 작용하는 운동저항에 의하여 결정된다. 추진력은 엔진이 구동장치, 즉 차륜 또는 궤도를 통하여 지면으로 전달할 수 있는 지면과 평행한 방향의 힘으로서 토공기계가 작업을 수행하는 데 필요한 힘이다. 추진력 중에서 실제 유용하게 활용할 수 있는 추진력을 견인력(drawbar pull) 또는 림풀(rimpull)이라고 한다. 추진력은 구동장치에 작용하는 수직하중, 구동장치의 접지상태, 지면조건 등에 따라 변하며 구동장치와 접지면의 상호작용에 의하여 결정된다. 견인력은 식 (5-69)로부터

$$P = W(\mu_g - \rho) = W\mu_n$$

와 같이 구동장치에 작용하는 수직하중과 순견인계수의 곱으로서 구할 수 있다. 지면의 토양상태에 따라 토공기계에 적용할 수 있는 순견인계수는 표 8-1에서와 같다.

토공기계에 작용하는 운동저항에는 구름저항과 경사저항이 있다. 구름저항은 토공기계

표 8-1 토공기계의 순견인계수(Caterpillar, 2016)

노면/토양 상태	순견인계수	
	공기타이어	궤도
콘크리트	0.90	0.45
점양토(clay loam), 건조한 상태	0.55	0.90
점양토(clay, loam), 젖은 상태	0.45	0.70
바퀴 자국이 있는 점토	0.40	0.70
건조한 모래	0.20	0.30
젖은 모래	0.40	0.50
채석장	0.65	0.55
자갈길	0.36	0.50
다진 눈	0.20	0.27
빙판	0.12	0.12
단단한 토양	0.55	0.90
흐트러진 토양	0.45	0.60
석탄 집하장	0.45	0.60

가 주행하거나 견인할 때 이에 저항하는 힘으로서 차량의 중량과 노면상태에 따라 변하며, 구동장치의 침하가 크면 클수록 증가한다. 구동장치의 내부저항과 타이어의 변형도 구름저항에 영향을 미친다. 구름저항의 최솟값은 보통 차량 중량의 1~1.5% 정도이나 토공기계의 구름저항을 산정할 때는 2%를 기준으로 하며, 타이어가 침하할 때는 침하 1 cm당 차량 중량의 0.6%를 추가하여 산정한다. 따라서 구름저항은 다음 식으로 추정한다.

$$R_r = 0.02W + 0.006Wz \tag{8-1}$$

여기서, R_r = 구름저항

W = 토공기계의 중량

z = 타이어의 침하, cm

경사저항은 토공기계가 경사지를 오를 때 중력으로 인하여 차량에 작용하는 저항력으로서 이를 산정할 때는 경사도가 1% 증가할 때마다 톤 단위의 차량 중량당 10 kg의 저항이 증가하는 것으로 산출한다. 즉 경사저항은 다음 식으로 추정한다.

$$R_s = 10W \times \%G \tag{8-2}$$

여기서, R_s = 경사저항, kg

W = 차량의 중량, ton

%G = 경사도, %

경사지를 내려갈 때는 경사저항만큼 추진력이 증가하는 것과 같다.

토공기계의 작업능력은 견인력, 즉 추진력에서 운동저항을 뺀 값으로서 결정되며, 추진력이 0보다 작으면 작업은 불가능하고 크면 클수록 작업능력이 크다고 할 수 있다.

예제 적재상태에서 중량이 46톤인 스크레이퍼가 경사도가 6%인 거친 운반로를 따라 토운반 작업을 수행하고 있다. 이때 타이어의 침하는 5 cm였다. 작업에 필요한 최소한의 추진력을 구하여라.

풀이 타이어 침하가 5 cm일 때 구름저항과 경사도가 6%일 때 경사저항은 각각

$$R_r = 0.02W + 0.006Wz = 0.02 \times 46 + 0.006 \times 46 \times 5 = 2.3 \text{ ton}$$

$$R_s = 10W \times \%G = 10 \times 46 \times 6 = 2760 \text{ kg} = 2.76 \text{ ton}$$

이다. 따라서 운동저항은 $R = R_r + R_s = 2.3 + 2.76 = 5.06$ ton이고,
스크레이퍼에서 필요한 최소한의 추진력은 5.06 ton이다.

예제 스크레이퍼를 부착한 트랙터의 중량분포는 트랙터 23.6 ton, 스크레이퍼 21.8 ton이다. 단단한 토양과 흐트러진 토양에서 트랙터의 견인력을 구하여라.

풀이 구동장치는 트랙터뿐이므로 표 8-1의 순견인계수를 이용하면

단단한 토양에서 견인력은 $DP = 0.55 \times 23.6 = 12.98$ ton

흐트러진 토양에서 견인력은 $DP = 0.45 \times 23.6 = 10.62$ ton

이다. 따라서 단단한 토양에서는 12.98 ton의 견인력을 얻을 수 있으며, 흐트러진 토양에서는 10.62 ton의 견인력을 얻을 수 있다.

---

2. 작업능률

토공기계의 작업능률은 시간당 이동한 토의 체적으로써 나타낼 수 있으며, 한 사이클당 차량의 적재체적과 시간당 작업 사이클 수로써 다음과 같이 산출한다.

$$\text{작업능률}(\text{m}^3/\text{h}) = \frac{\text{적재체적}(\text{m}^3)}{\text{사이클}} \times \frac{\text{작업 사이클 수}}{\text{시간}(\text{h})} \qquad (8\text{-}3)$$

시간당 작업 사이클 수는 한 작업 사이클을 수행하는 데 소요되는 시간의 역수로서 토공기계의 기능과 작업의 종류에 따라 다르나 일반적으로 대기, 적재, 지연, 이동, 덤프, 귀환 등 한 작업 사이클을 수행하는 데 필요한 평균 시간의 역수라고 할 수 있다.

토의 체적은 토양상태에 따라 자연상태의 체적(bank cubic meters), 흐트러진 상태의 체적(loose cubic meters), 다진 상태의 체적(compacted cubic meters)으로 구별하며, 각 체적 간의 관계는 체적환산계수를 이용하여 나타낼 수 있다. 자연상태의 토양을 절토하면 토양은 작은 덩어리로 파괴되고 토입자 사이의 간극이 증가하여 단위 체적당 중량은 감소한다. 절토한 토양의 체적은 같은 중량일 때 자연상태의 토양보다 약 30% 증가한다. 동일한 중량에서 자연상태의 체적에 대한 흐트러진 상태의 체적 증가를 부풀기(swell)라고 하며, 같은 중량의 자연상태, 흐트러진 상태, 다진 상태의 토양 체적 간에는 다음과 같은 관계가 있다.

$$1 + s = \frac{V_L}{V_B} \qquad (8\text{-}4)$$

여기서, s = 부풀기, 소수

V_L = 흐트러진 상태의 체적

V_B = 자연상태의 체적

이를 단위중량으로 표현하면

$$1 + s = \frac{\frac{W_L}{w_L}}{\frac{W_B}{w_B}} = \frac{W_L}{w_L}\frac{w_B}{W_B} = \frac{w_B}{w_L} \tag{8-5}$$

여기서, W_L = 흐트러진 상태의 중량
W_B = 자연상태의 중량
w_L = 흐트러진 상태의 단위중량
w_B = 자연상태의 단위중량

가 된다. 또한 동일한 중량에서 자연상태의 토양 체적에 대한 다진 상태의 토양 체적의 비를 수축계수(shrinkage factor)라고 한다. 같은 체적일 경우에도 토양의 중량은 토양상태에 따라 다르다. 토양의 중량계수(load factor)는 부풀기를 s라고 하면 다음과 같이 정의할 수 있다.

$$LF = \frac{1}{1+s} \tag{8-6}$$

여기서, LF = 중량계수
s = 부풀기, 소수

따라서 동일한 체적일 때 흐트러진 상태의 토양 중량은 자연상태의 토양 중량과 중량계수의 곱으로 구할 수 있다. 즉

$$W_L = LF \times W_B \tag{8-7}$$

여기서, W_B = 자연상태의 중량
W_L = 흐트러진 상태의 중량

이다.

토공기계가 버킷, 볼(bowl) 등으로 이동할 수 있는 실제 체적은 이들의 정격체적(rated volume)보다 작다. 정격체적에 대한 실제 체적의 비를 채움계수(fill factor)라고 하며, 채움계수는 버킷의 형상, 토양상태 등에 따라서 변한다. 돌과 흙이 혼합된 경우에는 채움계수가

표 8-2 버킷의 채움계수(Caterpillar, 2016)

채움 재료	채움계수, %
흐트러진 재료	
습기가 있는 혼합 골재	95~100
크기가 3 mm까지 균일한 골재	95~100
3~9 mm의 균일한 골재	90~95
12~20 mm의 균일한 골재	85~90
24 mm 이상의 균일한 골재	85~90
파쇄석	
고운 파쇄석	80~95
평균 파쇄석	75~90
거친 파쇄석	60~75
기타	
돌과 흙의 혼합물	100~120
습한 양토	100~110
흙, 자갈, 뿌리	80~100
시멘트된 재료	85~95

100% 이상인 경우도 있다. 표 8-2는 채움 재료에 따른 버킷의 채움계수를 나타낸 것이다.

토목공사에서 토운반에 적절한 토공기계를 선택할 때는 운반거리, 지면상태, 경사도, 토양상태, 필요한 작업능률 등의 조건을 만족할 수 있고, 운반비용이 최소인 기계를 선택하여야 한다. 그림 8-1은 운반거리에 따라 적절한 토공기계를 나타낸 것이다.

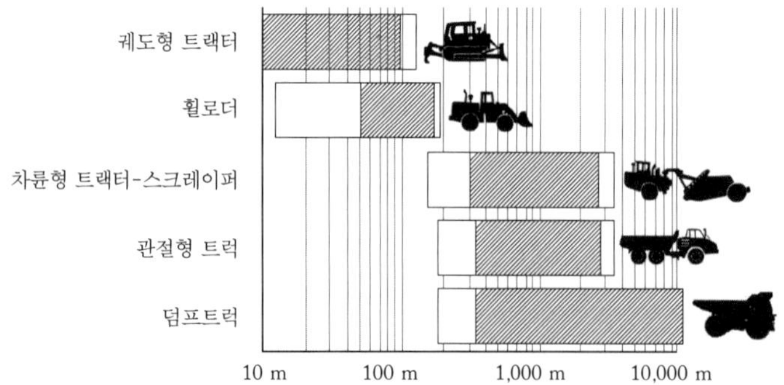

그림 8-1 적정 운반거리에 따른 토공기계(Caterpillar, 2016)

예제 토양의 부풀기가 20%이면 체적이 1,000 m^3인 자연상태의 토양을 이동하는 데 필요한 적재체적은 얼마인가?

풀이 적재체적은 흐트러진 상태의 체적이므로

$$V_L = (1+s)V_B = (1+0.2) \times 1{,}000 = 1{,}200 \text{ m}^3$$

가 된다.

예제 정격체적이 10.7 m^3이고 채움계수가 105%인 버킷으로 자연상태의 사암을 굴착하고 있다. 사암의 단위중량은 2,520 kg/m^3이고 부풀기는 35%이다.

1) 흐트러진 상태의 단위중량은 얼마인가?

2) 버킷의 실제 체적은 얼마인가?

3) 자연상태의 체적으로서 버킷의 적재체적은 얼마인가?

4) 자연상태의 체적으로서 버킷의 적재하중은 몇 톤인가?

풀이 1) 식 (8-5)로부터 $w_L = \dfrac{w_B}{(1+s)} = \dfrac{2,520}{(1+0.35)} = 1,866.7 \text{ kg/m}^3$

2) 버킷의 실제 체적은 버킷의 정격체적과 채움계수의 곱이므로

$$V_L = \text{정격체적} \times \text{채움계수} = 10.7 \times 1.05 = 11.23 \text{ m}^3$$

3) 버킷의 적재체적은 실제 체적과 같고, 흐트러진 상태의 체적이므로, 자연상태의 체적은

$$V_B = \frac{V_L}{1+s} = \frac{11.23}{1+0.35} = 8.32 \text{ m}^3$$

이고,

4) 자연상태의 중량은

$$W_B = w_B V_B = 2{,}520 \times 8.32 = 20{,}966.4 \text{ kg}$$

이므로 약 21톤이다.

예제 트랙터-스크레이퍼가 한 작업 사이클을 수행하는 데 필요한 작업과 각 작업의 평균 소요시간은 다음과 같다. 적재하지 않은 스크레이퍼의 중량은 22,000 kg이고 단위중량이 1,854 kg/m^{3}인 자연상태의 토양을 적재한 중량은 41,000 kg이다.

대기시간: 0.28분

적재시간: 0.65분

지연시간: 0.25분

운반시간: 4.26분

덤프시간: 0.5분

귀환시간: 2.09분

이 토공기계의 작업능률을 구하여라.

풀이 적재량은 41,000 − 22,000 = 19,000 kg이고, 적재체적은

$$V_B = \frac{W_B}{w_B} = \frac{19,000}{1,854} = 10.25 \text{ m}^3$$

이다. 한 작업 사이클을 수행하는 데 필요한 시간은

$$t = 0.28 + 0.65 + 0.25 + 4.26 + 0.5 + 2.09 = 8.03\text{분} = 0.134\text{시간}$$

이다. 따라서 시간당 작업 사이클 수는 1/0.134 = 7.47 사이클/시간이고,

$$\text{작업능률} = 10.25 \times 7.47 = 76.6 \text{ m}^3/\text{시간}$$

이 된다.

3. 주요 토공기계

1) 트랙터

트랙터는 주로 하중을 견인하거나 미는 데 사용하지만 전방삽(front-end shovel), 리퍼(ripper), 블레이드(blade), 측면붐(side booms), 호(hoe), 트렌처(trencher) 등 각종 작업기를 부착하여 작업을 수행할 수 있다. 트랙터에는 차륜형과 궤도형이 있으며, 차륜형에는 2륜 구동형과 4륜 구동형이 있다. 토목공사에 사용할 트랙터를 선정할 때는 다음 사항을 고려하여야 한다.

(1) 작업에 적합한 중량과 출력

(2) 작업의 종류: 토양이동, 개간, 작업기 견인 등

(3) 작업지의 형태: 경사도, 토성, 식생상태, 배수상태 등

(4) 운반로의 단단한 정도

(5) 운반로의 평탄한 정도

(6) 운반로의 경사도

(7) 운반로의 길이

(8) 작업 후 수행할 일의 종류

트랙터의 크기는 보통 중량과 출력으로 구분한다. 중량은 추진력을 결정하기 때문에 대단히 중요한 제원이다. 출력은 정격출력과 최대 출력으로 구별한다. 정격출력은 트랙터가 연속적으로 전달할 수 있는 동력이며, 최대 출력은 순간적으로 전달할 수 있는 동력이다. 트랙터 변속기에는 주로 기어변속기, 파워시프트 변속기, 유압변속기가 사용된다. 그림 8-2는 전부하상태에서 3단 변속 파워시프트 변속기를 장착한 트랙터의 추진력-속도선도이다. 222 kN의 추진력이 필요한 경우 이 트랙터는 1단 기어로써 최대 2.1 km/h의 속도로 작업할 수 있다. 필요한 추진력이 44.5 kN인 경우에는 모든 변속단수, 즉 1단, 2단, 3단에서 모두 작업이 가능하다. 그러나 작업능률을 높이기 위해서는 가장 빠른 속도로 작업하여야 한다. 즉 3단에서 8 km/h로 작업하는 것이 가장 좋다. 일반적으로 토공기계는 필요한 추진력을 낼 수 있는 가장 빠른 속도로써 작업하여야 한다. 트랙터의 소요 추진력은 견인하중, 경사저항, 구름저항을 극복하는 데 필요한 최소한의 힘이다.

차륜형 트랙터는 궤도형 트랙터에 비하여 빠른 속도로 작업할 수 있다. 그러나 트랙터

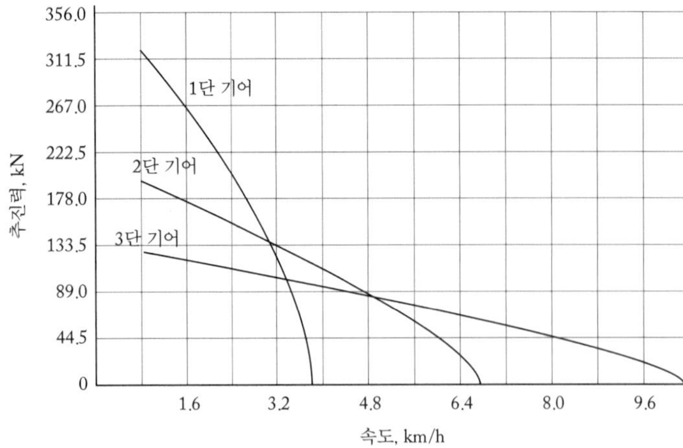

궤도형 트랙터, 파워시프트
엔진 출력 235 hp
중량 211 kN

속도, km/h

기어	전진	후진
1단	0.0~3.84	0.0~4.48
2단	0.0~6.72	0.0~7.68
3단	0.0~10.4	0.0~12.0

그림 8-2 트랙터의 추진력-속도선도

의 작업속도가 증가하면 추진력은 감소하고 구동륜에는 슬립이 발생하며, 기관이 정격출력으로 작동하면 작업속도와 추진력의 곱은 항상 일정한 값을 유지한다.

예제 중량이 211 kN인 궤도형 트랙터가 작업기를 견인하는 데 필요한 견인부하는 53.4 kN이고, 작업로의 구름저항과 경사도는 각각 40 N/kN, 6%이다. 작업에 필요한 트랙터의 추진력과 그림 8-2를 이용하여 최대 작업속도를 구하여라.

풀이 견인부하는 53.4 kN이고, 경사저항과 구름저항을 구하면 각각

경사저항: 211 kN × 0.06 = 12.66 kN

구름저항: 211 kN × 40 N/kN = 8,440 N = 8.44 kN

이다. 따라서 필요한 추진력은 53.4 + 12.66 + 8.44 = 74.5 kN이고, 그림 8-2에서 74.5 kN의 추진력을 얻을 수 있는 최대 속도는 3단 기어에서 6 km/h이다.

예제 견인저항이 35 kN이고 총중량이 40 kN인 트랙터-스크레이퍼가 구름저항이 40 N/kN이고 경사도가 5%인 토양에서 작업할 때 필요한 추진력과 최대 작업속도를 구하여라.

풀이 필요한 추진력을 구하면

견인저항: 35 kN

경사저항: 40 kN × 0.05 = 2 kN

구름저항: 40 kN × 40 N/kN = 1600 N = 1.6 kN

이므로 소요 추진력은 35 + 2 + 1.6 = 38.6 kN이다.

트랙터-스크레이퍼 장비의 추진력-속도선도인 그림 8-3에서 38.6 kN의 추진력은 세 변속 단수에서 모두 가능하므로 최대 속도인 2단 변속에서 12.8 km/h로 작업할 수 있다.

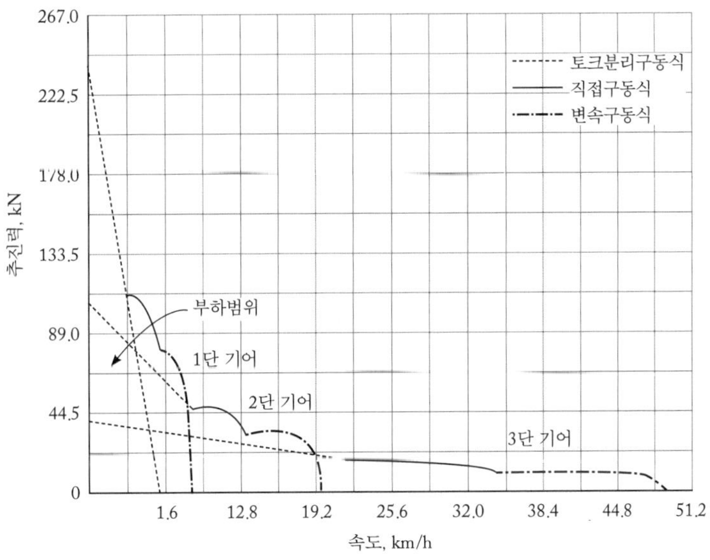

그림 8-3 트랙터-스크레이퍼의 추진력-속도선도

트랙터의 등판능력은 일정한 속도로써 주행할 수 있는 경사지의 최대 경사도이며 %로써 나타낸다. 등판능력은 적재 여부, 변속단수에 따라 모두 다르다. 트랙터의 추진력은 다음과 같은 요인에 의하여 제한된다.

(1) 기관의 출력

(2) 작업 노면의 구름저항

(3) 본기의 총중량과 부하

(4) 작업지의 경사도

트랙터의 등판능력은 총추진력에서 부하와 구름저항을 극복하는 데 필요한 추진력을 제하고 구한다. 이때 남는 여분의 추진력이 경사지를 주행하는 데 사용된다. 일반적으로 제조업자가 제원으로 제시한 궤도형 차량의 추진력은 55 N/kN의 구름저항을 기준으로 한 경우가 많다. 구름저항이 이 기준보다 크거나 작을 때는 그 차이를 가감하여야 한다. 안전을 고려하여 정격 추진력의 85% 이상으로 등판능력을 결정해서는 안 된다.

예제 고압 타이어의 스크레이퍼를 견인하는 궤도형 트랙터의 등판능력을 결정하여라. 트랙터와 스크레이퍼의 제원은 다음과 같다.

트랙터: 출력: 135 kW

중량: 180 kN

1단 기어에서 정격 추진력: 150 kN

구름저항: 80 N/kN

스크레이퍼: 적재 시 중량: 350 kN

구름저항: 100 N/kN

풀이 안전을 고려하여 가용 추진력은 0.85×150 kN = 127.5 kN으로 결정한다. 트랙터와 스크레이퍼의 구름저항은

기준 구름저항을 고려한 트랙터의 구름저항: $180 \text{ kN} \times (80 - 55) \text{ N/kN} = 4{,}500 \text{ N}$

스크레이퍼의 구름저항: $350 \text{ kN} \times 100 \text{ N/kN} = 35{,}000 \text{ N}$

이므로 여유 추진력은 $127.5 \text{ kN} - (4.5 + 35) \text{ kN} = 88 \text{ kN}$이다.

트랙터와 스크레이퍼의 총중량은 $180 \text{ kN} + 350 \text{ kN} = 530 \text{ kN}$이고

등판능력 1%를 위하여 필요한 추진력은 $530 \text{ kN} \times 0.01 = 5.3 \text{ kN}$이므로

최대 등판능력은 $\frac{88}{5.3} = 16.6\%$이다.

---

2) 불도저

불도저는 불도저(bulldozer)와 앵글도저(angledozer)를 포함한 광범위한 의미로 사용된다. 불도저의 블레이드 또는 토공판은 주행 방향과 직각으로 설치하며, 앵글도저의 블레이드는 주행 방향과 일정한 각을 이루도록 설치한다. 따라서 불도저는 흙을 전방으로 밀며 앵글도저는 측방으로 민다. 일반적으로 불도저의 크기는 블레이드의 폭과 길이로써 나타낸다. 불도저는 블레이드를 차륜형 트랙터에 설치한 것과 궤도형 트랙터에 설치한 것이 있다.

불도저의 기본 작업은 굴착, 운반, 매립, 정지 작업으로서 다음과 같은 작업을 수행하는 데 널리 사용된다.

(1) 나무와 그루터기가 있는 지역의 개간

(2) 산악 및 암석 지역의 도로 개설

(3) 80~100 m 거리의 토양이동

(4) 흙 고르기

(5) 구덩이 매립

(6) 건설 장소의 개간

불도저로 흙을 밀 때는 가능한 저속으로 많은 흙을 미는 것이 좋고, 후진할 때는 고속으로 후진하는 것이 좋다. 경사지에서는 흙을 경사 아래쪽으로 운반하여야 하며, 부득이한 경우가 아니면 흙을 경사 위쪽으로 미는 것은 피해야 한다.

불도저의 블레이드로 흙을 운반할 때 작업능률은 다음 식으로 구한다.

$$Q = \frac{60q\,f_s\eta}{t_c} \tag{8-8}$$

여기서, Q = 작업능률, m^3/시간

q = 1회 운반량, m^3

f_s = 토량환산계수

η = 작업효율

t_c = 한 사이클의 작업을 수행하는 데 필요한 시간, 분

표 8-3 운반거리에 의한 체감률(한국건설기술연구원, 2017)

운반거리	10 m	20 m	30 m	40 m	50 m	60 m	70 m	80 m
체감률	1.00	0.96	0.92	0.88	0.84	0.80	0.76	0.72

표 8-4 운반로의 경사도와 흙의 안식각을 고려한 보정계수(대우건설기술연구소, 1988)

작업조건	안식각 / 경사도	30°	35°	40°
평탄	0%	1.00	0.82	0.69
하향	5%	1.13	0.92	0.76
	10%	1.28	1.03	0.85
	15%	1.47	1.16	0.94
상향	5%	0.89	0.74	0.62
	10%	0.80	0.67	0.56
	15%	0.72	0.61	0.51

1회 운반량 q는 토공판의 형식, 토질, 작업조건에 따라 다르나 보통 토공판의 용량, 운반거리, 지면 경사도, 흙의 안식각을 이용하여 다음과 같이 계산한다.

$$q = q_o dp \tag{8-9}$$

여기서, q_o = 토공판의 용량, m^3

d = 운반거리에 의한 체감률

p = 운반로의 경사도와 흙의 안식각으로 결정되는 보정계수

토공판의 용량은 평균 용량으로서 제작사가 제공하는 값을 사용하거나 토공판의 폭과 높이로 결정되는 체적의 60~70% 정도를 취할 수 있다. 운반거리에 의한 체감률과 운반로의 경사도 및 흙의 안식각으로 결정되는 보정계수는 각각 표 8-3과 8-4에서와 같다.

토량환산계수 f_s는 어떤 상태의 흙을 다른 상태로 변화시켰을 때 흙의 양을 환산하기 위한 계수로서 흙의 종류나 작업상태에 따라서 변한다. 작업현장에서 직접 측정하여 결정하거나 근사적으로 표 8-5의 값을 이용할 수 있다. 작업효율은 작업장에서 장비의 정비, 고장 등으로 인한 시간 손실, 토공판의 이론용량과 실제 용량의 차이, 사이클 시간의 이론값과 실제값의 차이 등을 고려하기 위한 것으로서, 작업조건과 흙의 종류에 따른 작업효율은 다음과 같이 결정한다.

표 8-5 토량환산계수(대우건설기술연구소, 1988)

토질	원래 상태	환산해야 할 상태			토질	원래 상태	환산해야 할 상태		
		본바닥대로	파헤쳤을 때	다졌을 때			본바닥대로	파헤쳤을 때	다졌을 때
모래	A	1.00	1.11	0.95	고결된 자갈	A	1.00	1.42	1.29
	B	0.90	1.00	0.86		B	0.70	1.00	0.91
	C	1.05	1.17	1.00		C	0.77	1.10	1.00
보통흙	A	1.00	1.25	0.90	석회암 사암	A	1.00	1.65	1.22
	B	0.80	1.00	0.72		B	0.61	1.00	0.74
	C	1.11	1.39	1.00		C	0.82	1.35	1.00
점토	A	1.00	1.43	0.90	화강암 현무암	A	1.00	1.70	1.31
	B	0.70	1.00	0.63		B	0.59	1.00	0.77
	C	1.11	1.59	1.00		C	0.76	1.30	1.00
모래 섞인 자갈	A	1.00	1.18	1.08	잘게 부순 암석 조각	A	1.00	1.75	1.40
	B	0.85	1.00	0.91		B	0.57	1.00	0.80
	C	0.93	1.09	1.00		C	0.71	1.24	1.00
자갈	A	1.00	1.13	1.03	폭파한 암석의 파편	A	1.00	1.08	1.30
	B	0.88	1.00	0.91		B	0.56	1.00	0.72
	C	0.97	1.10	1.00		C	0.77	1.38	1.00

A=본바닥대로, B=파헤쳤을 때, C=다졌을 때

작업이 순조롭게 진행될 때 $\eta = 0.9$

작업이 보통으로 진행될 때 $\eta = 0.83$

작업이 순조롭지 못할 때 $\eta = 0.75$

모래 $\eta = 0.50 \sim 0.80$

보통 흙 $\eta = 0.35 \sim 0.70$

암괴 $\eta = 0.20 \sim 0.30$

자갈이 섞인 흙 $\eta = 0.30 \sim 0.55$

점성토 $\eta = 0.25 \sim 0.50$

사이클 시간 t_c는 1회의 불도저 작업, 즉 절삭, 운반, 후진을 수행하는 데 소요되는 시간을 말하며 다음 식을 이용하여 구할 수 있다.

$$t_c = \frac{L}{v_f} + \frac{L}{v_r} + t_g \qquad (8\text{-}10)$$

L = 운반거리, m

v_f = 전진 속도, m/분

v_r = 후진 속도, m/분

t_g = 변속 시간, 분

예제 다음과 같은 작업조건에서 토공판의 용량이 2.29 m^3인 불도저의 작업능률을 구하여라. 운반거리 = 40 m, 작업효율 = 75%, 운반속도 = 3.7 km/h, 후진 속도 = 8.2 km/h, 하향 지면 경사도 = 15%, 토양 안식각 = 30°

풀이 토공판의 1회 운반량은 표 8-3과 표 8-4의 체감률, 경사도와 안식각을 고려한 보정계수를 적용하면

$$q = 2.29 \times 0.88 \times 1.47 = 2.96\ \text{m}^3$$

이고, 변속 시간을 0.05분으로 가정하여 사이클 시간을 구하면

$$\text{사이클 시간 } t_c = \frac{40\ \text{m}}{\frac{3{,}700}{60}\ \text{m/분}} + \frac{40\ \text{m}}{\frac{8{,}200}{60}\ \text{m/분}} + 0.05\text{분} = 0.991\text{분}$$

이 된다. 따라서 토량환산계수를 1.0으로 하여 작업능률을 구하면

$$Q = \frac{60 \times 2.96 \times 1.0 \times 0.75}{0.991} = 134\ \text{m}^3/\text{시간}$$

이다.

---

3) 프론트 로더

프론트 로더(front-end loader)는 건설현장에서 흙, 암석 등과 같은 산물을 트럭에 적재하거나 이동할 때 널리 사용한다. 프론트 로더는 주행장치의 형식에 따라 차륜형과 궤도형으로 구별할 수 있으며, 버킷의 용량 또는 버킷이 들어 올릴 수 있는 중량에 따라 구별된다. 토공장비로서는 전용기가 널리 사용되나 트랙터의 전방에 로더를 부착하여 사용하는 경우도 있다.

프론트 로더의 주요 제원은 그림 8-4와 그림 8-5에서와같이 버킷의 상승높이, 버킷의 덤프각, 버킷의 롤백각, 버킷 용량, 버킷의 지지하중 등으로써 나타낼 수 있으며, 버킷의 최대 작업용량은 취급할 대상물의 중량에 따라 결정된다.

프론트 로더의 작업능률은 한 작업 사이클을 수행하는 데 필요한 시간과 버킷의 실제 용량으로써 결정된다. 한 사이클의 작업을 수행하는 데 필요한 시간은 버킷채움, 변속, 조향, 덤프, 이동, 복귀 등 작업 사이클의 모든 과정을 수행하는 데 필요한 시간을 모두 합한 시간이다. 버킷의 실제용량은 정격산적용량의 90%를 취할 수 있다. 따라서 프론트 로더의 작업능률은 다음 식을 이용하여 구할 수 있다.

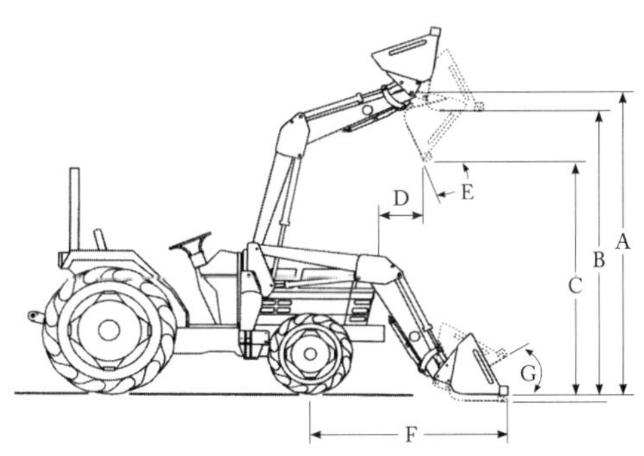

A = 최대 상승높이, B = 최대 힌지핀 높이, C = 최대 덤프높이, D = 최대 상승 시 버킷까지 도달거리, E = 최대 덤프각, F = 최저 하강 시 버킷까지 도달거리, G = 버킷 롤백각

그림 8-4 프론트 로더를 부착한 트랙터

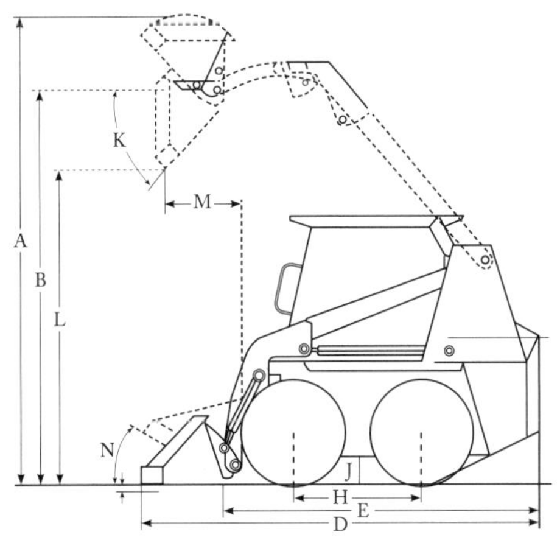

A = 최대 상승높이, B = 최대 힌지핀 높이, D = 버킷 부착 시 전장, E = 버킷 탈거 시 전장, H = 축간거리, J = 지상고, K = 최대 덤프각, L - 최대 덤프높이, M - 최대 상승 시 버킷까지 도달거리, N = 버킷 롤백각

그림 8-5 프론트 로더

그림 8-6
동력삽(https://images.search.yahoo.com)

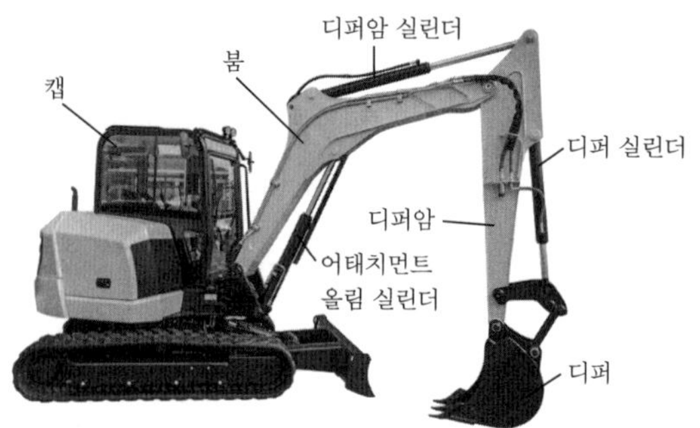

그림 8-7
백호의 구조(https://images.search.yahoo.com)

$$Q = \frac{60 \times 0.9C\eta}{t_c + t_f + t_r} \tag{8-11}$$

여기서, Q = 프론트 로더의 작업능률, m^3/시간

C = 버킷의 산적용량, m^3

η = 작업효율

t_c = 버킷채움, 변속, 조향, 덤프에 소요되는 시간, 분

t_f = 적재 장소에서 덤프 장소로 이동하는 데 소요되는 시간, 분

t_r = 적재 장소로 돌아오는 시간, 분

4) 굴착장비

굴착장비(excavating equipment)는 원래 땅을 파서 적재하는 기능을 가진 장비이나 광의로는 굴착, 적재 기능과 함께 운반 기능을 가진 장비도 포함할 수 있다. 땅을 파서 적재하는 기능을 가진 굴착장비에는 백호(back hoe), 동력삽(power shovel) 등이 있으며, 운반 기능까지 가진 굴착장비에는 불도저, 스크레이퍼(scraper) 등이 있다.

백호(back hoe)는 흔히 굴착기라고 하며 땅을 파서 흙을 트럭 또는 컨베이어 벨트에 적재하는 데 널리 사용된다. 백호는 암석을 제외하면 모든 형태의 토양을 팔 수 있는 강력한 굴착력을 가지고 있다. 백호는 원래 본체의 위치보다 낮은 땅을 파는 데 적합한 것으로 개발되었으나 본체의 위치보다 높은 곳의 땅을 긁어 내리는 데에도 널리 활용된다. 본체의 위치보다 높은 곳의 흙을 굴착하기 위하여 개발된 굴착장비는 동력삽으로서 그림 8-6에서와같다.

동력삽, 백호의 구조는 그림 8-7에서와같이 본체, 캡, 붐, 디퍼(dipper), 디퍼암, 유압실린

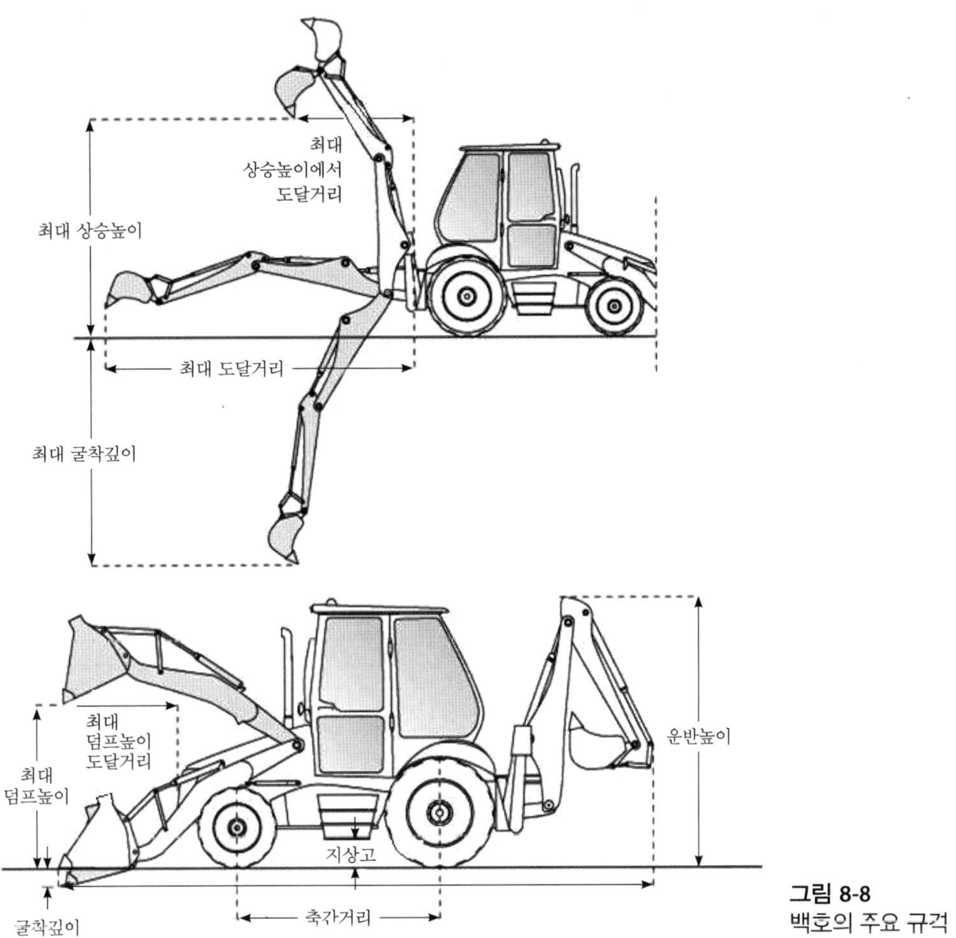

그림 8-8
백호의 주요 규격

더로 구성되어 있으며, 주요 치수는 그림 8-8에서와같이 최대 굴착높이, 최대 굴착깊이, 최대 굴착반경, 전폭, 디퍼 용량 등이 포함된다.

백호와 동력삽의 작업능률은 굴착 대상의 토질, 디퍼의 크기, 작업조건 등 여러 가지 조건에 따라 변한다. 그러나 일반적으로 다음 식을 이용하여 구할 수 있다.

$$Q = \frac{3,600q\eta}{t_c} \tag{8-12}$$

여기서, Q = 작업능률, m^3/시간

q = 사이클당 작업량, m^3

η = 작업효율

표 8-6 굴착 정도와 흙의 상태에 따른 디퍼계수(대우건설기술연구소, 1988)

굴착 정도	흙의 상태	백호	동력삽
용이	느슨하고 완만한 토질로서 디퍼에 만재하여 수북이 담을 수 있는 흙	0.84~1.05	0.9~1.1
보통	약간 단단한 토질로서 디퍼로 거의 만재할 수 있는 흙	0.85~0.95	0.9~1.0
거의 곤란	디퍼로 거의 담기 어렵고 만재하기 어려운 흙	0.75~0.85	0.8~0.9
곤란	부피가 커서 디퍼에 담기 어렵고 불규칙한 공간이 생기는 흙	0.65~0.75	0.7~0.8

표 8-7 한 작업 사이클을 수행하는 데 소요되는 시간(한국건설기술연구원, 2017)

회전각 / 디퍼 용량, m^3	45°	90°	135°	180°
0.12~0.4	13	15	18	20
0.6~0.8	16	18	20	22
1.0~1.2	17	19	21	23
2.0	22	25	27	30

시간 단위: 초

t_c = 한 사이클의 작업을 수행하는 데 소요되는 시간, 초

한 작업 사이클당 굴착, 적재 작업량 q는 다음 식을 이용하여 구한다.

$$q = q_o K f \tag{8-13}$$

여기서, q_o = 디퍼의 공칭용량

K = 디퍼계수

f = 토량환산계수

디퍼계수는 디퍼의 공칭용량을 1.0으로 하여 디퍼가 만재되지 않았을 때를 고려하기 위한 것으로서 굴착하는 토양과 작업의 난이도에 따라 다르다. 표 8-6은 굴착 정도와 흙의 상태에 따라서 디퍼계수를 나타낸 것이다. 토량환산계수는 불도저에서와같이 표 8-5의 값을 이용한다.

한 사이클의 굴착, 적재 작업을 수행하는 데 소요되는 시간은 운전자의 숙련도, 캡의 회전각 등에 따라서 다르다. 표 8-7은 캡의 회전각에 따라 한 사이클의 작업을 수행하는 데 필요한 시간을 나타낸 것이다.

표 8-8 굴착 장비의 작업효율(대우건설기술연구소, 1988)

토질 / 장비	모래	사질토	돌이 섞인 흙	점성토	파쇄암
백호	0.40~0.80	0.40~0.80	0.40~0.80	0.40~0.80	0.40~0.80
동력삽	0.55~0.95	0.35~0.65	0.20~0.55	0.15~0.40	0.15~0.40

작업효율은 흙의 고결도, 함수비, 작업 장소의 경사도, 작업방식, 굴착깊이, 운전자의 숙련도, 휴식시간, 기계 점검 및 고장 시간 등을 고려하기 위한 것으로서 표 8-8에서와같이 결정할 수 있다.

예제 디퍼의 용량이 0.7 m^{3}인 백호를 사용하여 토사의 굴착, 적재 작업을 하고 있다. 적재 시 캡의 회전각은 180°이고 작업효율은 0.75로 한다. 백호의 작업능률을 구하여라.

풀이 백호의 작업능률은 식 (8-12)와 식 (8-13)으로부터

$$Q = \frac{3,600 q_o K f \eta}{t_c}$$

이다. $q_o = 0.7$ m^3, $\eta = 0.75$이고, K는 표 8-6으로부터 0.9, f는 표 8-5로부터 0.9, t_c는 표 8-7로부터 22초를 취하면, 작업능률은

$$Q = \frac{3600 \times 0.7 \times 0.9 \times 0.9 \times 0.75}{22} = 69.58 \text{ m}^3/\text{시간}$$

이 된다.

---

5) 스크레이퍼

스크레이퍼(scraper)는 절단날(cutting edge)을 이용하여 토양을 수평으로 전단하며, 전단된 흙을 적재함(bowl)에 담아 일정한 거리를 운반하여 다시 배출하는 토공장비이다. 스크레이퍼는 자주식(motor scraper)과 피견인식으로 구분할 수 있으며, 피견인식은 이를 견인하는 본기

(a) 피견인식

(b) 자주식

그림 8-9 스크레이퍼(https://images.search.yahoo.com)

의 형태에 따라 궤도차량 견인형 스크레이퍼, 차륜형 차량 견인형 스크레이퍼로 구분할 수 있다. 불도저보다 운반거리가 먼 경우에 사용되며, 운반거리가 100~300 m인 경우에는 피견인식 스크레이퍼가 효과적이고, 운반거리가 300 m 이상일 때는 자주식 스크레이퍼가 효과적이다. 스크레이퍼의 주요 구조는 그림 8-9에서와 같고 토양을 전단하는 전단날(cutting edge), 전단된 흙을 적재하는 적재함(bowl), 적재함을 열고 닫는 에이프론(apron), 배출장치(ejector) 등으로 구성되어 있다. 전단날을 내리고 스크레이퍼가 주행하면 토양이 전단된다.

적재함의 에이프론을 올리면 전단된 토양은 적재함에 채워지고 일정한 수준까지 적재함이 채워지면 전단날을 올리면서 에이프론을 내려 토양 전단을 중지하고 적재함의 흙이 흘러내리지 않도록 한다. 일정한 거리를 이동한 후 에이프론을 다시 올린 후 배출장치를 이용하여 적재함의 흙을 배출한다. 스크레이퍼의 크기는 적재함의 용량으로써 나타낸다.

스크레이퍼의 작업능률은 다음 식을 이용하여 구할 수 있다.

$$Q = \frac{60 q_o K f \eta}{t_c} \tag{8-14}$$

여기서, Q = 스크레이퍼의 작업능률, m^3/시간

q_o = 적재함의 평적용량, m^3

K = 적재계수

f = 토량환산계수

η = 작업효율

t_c = 한 사이클의 작업을 수행하는 데 필요한 시간, 분

스크레이퍼의 적재계수는 토양의 종류에 따라 다르며 작업효율은 작업조건에 따라 결정된

표 8-9 스크레이퍼의 적재계수(한국건설기술연구원, 2017)

흙의 종류	적재계수
조건이 좋은 보통 흙	1.13
조건이 좋은 모래	1.00
자갈이 섞인 점토, 모래	1.00
조건이 좋은 점토	0.90
조건이 나쁜 점토, 암괴	0.80

표 8-10 스크레이퍼의 작업효율(대우건설기술연구소, 1988)

작업조건	작업의 난이도	작업효율
양호	작업현장이 넓고 지형이 단조로운 곳으로서 흙이 양호하고 균일하여 작업을 순조롭게 진행할 수 있는 경우	0.85~0.90
보통	작업현장이 대단히 넓고, 함수비에 따라 토성의 변화가 심한 곳으로서 작업이 보통으로 진행되는 경우	0.80~0.85
나쁘다	작업현장이 넓지 않고, 다른 기계와 교차되는 경우가 많고 토양상태가 나빠 작업 진행이 느린 경우	0.70~0.80
아주 나쁘다	작업현장이 좁고 토양상태가 나빠 작업이 아주 느리게 진행되는 경우	0.60~0.70

다. 표 8-9와 표 8-10은 각각 토양의 종류와 작업조건에 따라 적재계수와 작업효율을 나타낸 것이다. 스크레이퍼가 한 사이클의 작업을 수행하는 데 소요되는 시간은 고정시간과 변동시간으로 구분할 수 있다. 고정시간은 운반시간과 덤프 후 돌아오는 시간을 제외한 시간으로서 적재, 배출, 선회, 가속, 감속에 소요되는 시간이다. 작업조건이 일정한 경우 이러한 시간은 보통 일정한 값으로 나타낼 수 있다. 표 8-11은 작업조건에 따라 한 사이클의 작업시간 중 고정시간을 나타낸 것이다. 가속과 감속 시간은 스크레이퍼의 운반 및 귀환 속도에 따라 변한다.

예제 스크레이퍼의 운반속도와 귀환속도는 각각 20 km/h, 40 km/h이고 운반거리가 600 m일 때 스크레이퍼의 작업 사이클 시간을 구하여라. 작업조건은 보통이고 일정하다고 가정한다.

풀이 고정시간은 표 8-11에서 2.3분이고, 운반시간과 귀환시간을 구하면 각각

표 8-11 차륜형 스크레이퍼의 고정시간(대우건설기술연구소, 1988)

작업	운반속도 범위								
	8~13 km/h			13~24 km/h			24~48 km/h		
	양호	보통	열악	양호	보통	열악	양호	보통	열악
적재, 분	0.8	1.0	1.4	0.8	1.0	1.4	0.8	1.0	1.4
배출-선회, 분	0.4	0.5	0.6	0.4	0.5	0.6	0.4	0.5	0.6
가속-감속, 분	0.3	0.4	0.6	0.6	0.8	1.0	1.0	1.5	2.0
총시간, 분	1.5	1.9	2.6	1.8	2.3	3.0	2.2	3.0	4.0

$$\text{운반시간} = \frac{600}{20,000/60} = 1.8\text{분}$$

$$\text{귀환시간} = \frac{600}{40,000/60} = 0.9\text{분}$$

이다. 따라서 작업 사이클 시간은 2.3 + 1.8 + 0.9 = 5분이다.

참고문헌

대우건설기술연구소. 1988. 『품질관리 지도서, 건설장비 편(상)』. 기술지도서 DEG-MOO 1-88. 대우건설기술연구소.

한국건설기술연구원. 2017. 『건설공사 표준품셈, 토목·건축·기계설비』. 한국건설기술연구원.

Caterpillar. 2016. Caterpillar performance handbook, Edition 46. Caterpilla. Peoria, Illinois.

Peurifory, R. L. 1979. Construction planning, equipment, and methods, 3rd Edition. McGraw-Hill Book Company. New York, New York.

https://images.search.yahoo.com

제9장

토양-기계 시스템의 상사이론

상사이론은 실제 시스템과 유사한 거동을 구현할 수 있는 모형의 조건을 구명하고, 모형의 거동을 통하여 실제 시스템의 거동을 예측하는 데 필요한 이론이다. 즉 실제 시스템의 거동을 정확하게 예측하기 위한 모형의 설계, 제작, 모형시험의 방법, 결과 해석 등에 관한 이론이다.

새로운 기계 또는 구조물을 개발할 때는 일반적으로 시작기(proto-type)를 제작하여 개발한 제품의 성능과 특성을 시험하고, 그 결과를 설계에 반영하여 시작기를 양산 모델로 발진시킨다. 그러나 시작기를 이용한 양산 모델의 개발은 많은 시간과 비용이 소요되기 때문에 시작기를 제작하기 이전에 축소 모형을 제작하여 시험, 재설계, 재시험 등의 과정을 수차례 반복하는 경우가 많다. 이러한 방법은 주로 대형 또는 구조가 복잡한 고가의 장치를 개발하는 데 적용된다.

모형을 통하여 시작기의 성능과 특성을 예측하기 위해서는 모형의 거동이 시작기의 거동과 질적으로 유사하고, 이들의 관계를 정량적으로 표현하여야 한다. 본 장에서는 모형의 설계와 제작, 시험방법과 결과의 해석 등에 관한 기본 이론을 소개한다.

1. 차원해석법

모형의 설계와 해석에 관한 상사이론은 차원해석법(dimensional analysis)을 기본으로 한 것이다. 차원해석법은 어떤 현상에 영향을 미치는 주요 변수의 차원을 이용하여 그 현상을 해석하는 해석적 방법의 하나로서, 모든 현상은 차원이 동일한 식으로써 표현할 수 있다는 가정에 기초하고 있다. 차원해석법은 장점과 취약점이 있다. 장점은 어떤 현상도 부분적으로는 이를 지배하는 변수 간의 관계를 구명할 수 있다는 점이고, 취약점은 그 현상에 대한 완전한 해석은 불가능하고, 현상이 발생하는 일련의 과정도 명확히 구명할 수 없다는 점이다.

물리량을 측정하고 평가하는 방법에는 두 가지의 기본원리가 적용된다. 첫째는 두 개의 물리량은 그 차원이 같은 경우에만 일반적인 함수관계가 성립할 수 있다는 것이다. 예를 들면 어떤 물리량의 차원이 힘이면 이 물리량과 상관관계가 존재하는 다른 물리량의 차원도 반드시 힘이 되어야 하며, 차원이 길이 또는 시간인 물리량, 즉 차원이 다른 물리량과는 상관관계가 존재할 수 없다는 것이다. 둘째는 차원이 같은 두 개의 물리량을 비율로 나타내었을 때 이 비율은 같은 단위를 사용하여 측정한 경우에는 측정단위와 관계없이 항상 일정하다는 것이다. 예를 들면 어떤 테이블의 폭에 대한 길이의 비는 측정단위, 즉 인치, 센티미터, 밀리미터 등과 관계없이 같은 단위로 측정한 경우에는 모두 같다는 것이다. 이러한 두 가지 원리를 기본으로 한 차원해석법은 어떤 현상을 지배하는 주요 변수의 조합들 사이에 존재하는 상관관계를 구명하기 위한 방법으로서, 각각의 변수들 사이에 존재하는 명확한 함수관계를 구명하기 위한 해석적 방법과는 차이가 있다. 또한 차원해석법은 정량적인 관계보다는 정성적인 관계를 구명하는 데 더 적합하다. 그러나 다수의 실험을 통하여 보다 정확한 예측식을 유도할 수도 있다.

1) 차원동질성

수식의 모양이 측정단위에 따라 변하지 않을 때 이 수식을 차원동질성(dimensionally homogeneous) 수식이라고 한다. 예를 들면 단진자의 주기는 $T = 2\pi\sqrt{L / g}$ 로 표현된다. 이 수식은 측정단위가 미터계 단위이든 파운드-인치계 단위이든 같은 단위계를 적용하였을 때는 항상 같은 모양으로 표현된다. 즉 차원동질성 수식이다. 그러나 중력가속도 g를 특정 상수로 표현하면 이 식은 차원비동질성 수식이 된다. 즉 g 대신 9.81 m/s^{2}을 대입하면 수식은 $T = 2.0\sqrt{L}$ 로 변하며, 길이의 단위를 m, 시간의 단위를 초로 하였을 때만 성립하는 차원비동질성 수식이 된다. 어떤 문제에 대한 차원해석법의 적용가능 여부는 그 문제가 특정 변수의 차원동질성 수식으로서 표현이 가능한가에 달려 있다.

2) 무차원 변수

차원해석법을 적용하기 위해서는 먼저 대상 현상을 지배하는 주요 변수를 확인하고 결정하여야 한다. 일반적으로 어떤 현상의 외형적 변화는 쉽게 관찰할 수 있으나 어떤 변수가 어떤 영향을 미치는지, 어떤 변수가 주요 변수인지는 쉽게 알 수가 없다. 즉 어떤 현상을 지배하는 변수에는 영향이 큰 변수와 적은 변수가 함께 존재한다. 따라서 모든 변수를 고려하는 경우에는 분석과 시험에 많은 시간과 비용이 소요되며, 영향이 큰 변수가 포함되지 않는 경우에는 결과에서 오류가 발생하게 된다. 일반적으로 어떤 현상을 지배하는 주요 변수는 관련 문헌을 통하여 어느 정도 결정할 수 있으나, 고려해야 할 변수의 적절한 수를 결정하는 데는 많은 경험과 그 현상에 대한 충분한 이해가 요구된다. 관련 변수가 결정되면 이러한 변수로부터 무차원 변수를 결정한다.

일정한 수의 변수에서 유도할 수 있는 무차원 변수는 대단히 많다. 그러나 서로 독립된 무차원 변수의 수는 제한되어 있다. 일정한 수의 변수로부터 유도할 수 있는 모든 독립무차원변수를 완전무차원변수세트(complete set of dimensionless terms)라고 하며, 다른 무차원 변수는 독립무차원변수의 곱으로서 나타낼 수 있다. 완전무차원변수세트는 다음과 같이 결정한다.

3) 버킹엄의 정리

무차원 변수 간의 관계식은 차원동질성 수식이다. 즉 모든 차원동질성 수식은 완전무차원변수세트에 포함된 독립무차원변수 간의 관계식으로 표현할 수 있다. 이를 버킹엄의 정리(Buckingham's theorem)라고 한다. n개의 변수가 포함된 어떤 현상에서 완전무차원변수세트에 포함되는 독립무차원변수의 수는 $n - r$개이다. 이때 r값은 그 현상에 포함된 기본차원의 수로서 사용하고 있는 기본차원에 따라 다르다. 예를 들면 응력분석 문제에 포함된 기본차원은 힘 $[F]$와 길이 $[L]$로서 기본차원의 수는 2개라고 할 수 있다. 그러나 이 문제에 질량 $[M]$을 기본차원에 포함시키면 기본차원의 수는 3개가 된다. 일반적으로 물리량의 기본차원으로는 질량 $[M]$, 길이 $[L]$, 시간 $[T]$ 또는 힘 $[F]$, 길이 $[L]$, 시간 $[T]$가 사용된다.

4) 독립무차원변수

독립무차원변수를 결정하는 데는 변수의 차원을 표로써 나타내는 것이 편리하다. 예로서 어떤 현상에 포함된 변수를 속도 V, 길이 L, 힘 F, 밀도 ρ, 동점도 μ, 중력가속도 g라고 하면 다음 표에서와같이 각 변수의 차원을 행으로써 나타낼 수 있다.

	V	L	F	ρ	μ	g
M	0	0	1	1	1	0
L	1	1	1	−3	−1	1
T	−1	0	−2	0	−1	−2

이러한 수의 행렬을 차원행렬이라고 한다. 이 차원행렬의 계수(rank)를 r이라고 하면, 완전무차원변수세트에 포함될 독립무차원변수의 수는 다음과 같이 결정된다.

$$n = v - r \tag{9-1}$$

여기서, n = 독립무차원변수의 수

v = 변수의 수

r = 차원행렬의 계수

위의 예에서 변수의 수는 6이고 차원행렬의 계수는 3이므로 독립무차원변수의 수는 6 − 3 = 3이 된다. 이제 변수 V, L, F, ρ, μ, g에서 독립무차원변수를 구하여 보자. 완전무차원변수세트에서 하나의 독립무차원변수 π는 다음과 같이 나타낼 수 있다.

$$\pi = V^{k_1} L^{k_2} F^{k_3} \rho^{k_4} \mu^{k_5} g^{k_6}$$

이를 차원으로 표현하면

$$\begin{aligned} \pi &= [LT^{-1}]^{k_1}[L]^{k_2}[MLT^{-2}]^{k_3}[ML^{-3}]^{k_4}[ML^{-1}T^{-1}]^{k_5}[LT^{-2}]^{k_6} \\ &= [M^{(k_3 + k_4 + k_5)} L^{(k_1 + k_2 + k_3 - 3k_4 - k_5 + k_6)} T^{(-k_1 - 2k_3 - k_5 - 2k_6)}] \end{aligned}$$

가 된다. π가 무차원 변수이므로 차원 L, M, T의 지수는 모두 0이 되어야 한다. 즉

$$k_3 + k_4 + k_5 = 0$$
$$k_1 + k_2 + k_3 - 3k_4 - k_5 + k_6 = 0$$
$$-k_1 - 2k_3 - k_5 - 2k_6 = 0$$

이 되어야 한다.

이 식은 3개의 식으로 구성된 미지수 6개의 연립방정식이다. 이 연립방정식의 해는 먼

저 3개의 미지수에 임의의 값을 대입하고 나머지 3개 미지수의 값을 구하여 결정한다. 따라서 연립방정식의 해는 3개의 미지수에 대입하는 임의의 값에 따라 결정되며, 그 수는 무한히 많다. 예로서 k_1, k_2, k_3에 각각 −2, −2, 1을 대입하여 k_4, k_5, k_6의 값을 구하면 $k_4 = -1$, $k_5 = 0$, $k_6 = 0$가 된다. 따라서 독립무차원변수는 다음과 같이 표현된다.

$$\pi = V^{-2}L^{-2}F^{1}\rho^{-1}\mu^{0}g^{0}$$

$$\text{또는} \quad \pi = V^{-2}L^{-2}F^{1}$$

이다. 그러나 k_1, k_2, k_3에 임의의 값을 지정하여 연립방정식의 해를 구하고, 이를 이용하여 독립무차원변수를 결정하는 방법으로는 완전무차원변수세트의 모든 독립무차원변수를 구하기가 어렵다. 보다 체계적으로 완전무차원변수세트의 모든 독립무차원변수를 구할 수 있는 방법이 필요하다.

다음과 같은 차원행렬을 가진 7개 변수 P, Q, R, S, T, U, V의 완전무차원변수세트를 구하여 보자.

	P	Q	R	S	T	U	V
M	2	−1	3	0	0	−2	1
L	1	0	−1	0	2	1	2
T	0	1	0	3	1	−1	2

먼저 차원행렬의 계수를 결정하기 위하여 오른쪽 3 × 3 정방행렬의 행렬식을 구한다. 즉

$$\begin{vmatrix} 0 & -2 & 1 \\ 2 & 1 & 2 \\ 1 & -1 & 2 \end{vmatrix} = 1$$

이 된다. 정방행렬의 행렬식이 0이 아니므로 차원행렬의 계수는 3이 된다. 차원행렬의 계수를 결정할 때 반드시 오른쪽의 3 × 3 정방행렬을 선택할 필요는 없다. 차원행렬 내에서 임의의 3 × 3 정방행렬을 선택하여 그 행렬식이 0이 아니면 차원행렬의 계수는 3이 된다. 따라서 7개 변수에서 유도할 수 있는 완전무차원변수세트에 포함될 독립무차원변수는 7 − 3 = 4개가 된다. 이제 독립무차원변수의 지수를 결정하기 위한 연립방정식은 차원행렬과 지수

벡터를 곱하여 구한다. 즉

$$\begin{bmatrix} 2 & -1 & 3 & 0 & 0 & -2 & 1 \\ 1 & 0 & -1 & 0 & 2 & 1 & 2 \\ 0 & 1 & 0 & 3 & 1 & -1 & 2 \end{bmatrix} \begin{bmatrix} k_1 \\ k_2 \\ k_3 \\ k_4 \\ k_5 \\ k_6 \\ k_7 \end{bmatrix} = \begin{bmatrix} 0 \\ 0 \\ 0 \end{bmatrix}$$

가 된다. 연립방정식의 해를 구하기 위하여 먼저 $k_1 = 1$, $k_2 = 0$, $k_3 = 0$, $k_4 = 0$로 하여 k_5, k_6, k_7의 값을 구한다. 다음에는 $k_1 = 0$, $k_2 = 1$, $k_3 = 0$, $k_4 = 0$로 하여 k_5, k_6, k_7의 값을 구한다. 같은 방법으로 $k_1 = 0$, $k_2 = 0$, $k_3 = 1$, $k_4 = 0$일 때 k_5, k_6, k_7의 값을 구하고, $k_1 = 0$, $k_2 = 0$, $k_3 = 0$, $k_4 = 1$일 때 k_5, k_6, k_7의 값을 구한다. 이러한 방법으로 위의 연립방정식의 해를 구하면 다음과 같은 행렬로 나타낼 수 있다.

	k_1 P	k_2 Q	k_3 R	k_4 S	k_5 T	k_6 U	k_7 V
π_1	1	0	0	0	−11	5	8
π_2	0	1	0	0	9	−4	−7
π_3	0	0	1	0	−9	5	7
π_4	0	0	0	1	15	6	−12

4개의 해는 행렬에서 보는 바와 같이 서로 독립된 해가 되며, 이로써 구성되는 4개의 독립 무차원변수 π_1, π_2, π_3, π_4는 다음과 같이 표현된다.

$$\pi_1 = P^1 Q^0 R^0 S^0 T^{-11} U^5 V^8 = PT^{-11} U^5 V^8$$

$$\pi_2 = P^0 Q^1 R^0 S^0 T^9 U^{-4} V^{-7} = QT^9 U^{-4} V^{-7}$$

$$\pi_3 = P^0 Q^0 R^1 S^0 T^{-9} U^5 V^7 = RT^{-9} U^5 V^7$$

$$\pi_4 = P^0 Q^0 R^0 S^1 T^{15} U^{-6} V^{-12} = ST^{15} U^{-6} V^{-12}$$

차원행렬의 계수가 차원행렬의 열보다 작은 경우 차원행렬은 싱귤러(singular)가 되며, 다음과 같은 방법으로 계수를 결정한다. 예로서 4개 변수 P, Q, R, S의 차원행렬을

	P	Q	R	S
M	2	1	3	4
L	−1	6	−3	0
T	1	20	−3	8

이라고 하면, 이 차원행렬에 존재하는 모든 3 × 3 정방행렬의 행렬식이 0이 되므로 차원행렬의 계수는 3이 아니다. 그러나 행렬식이 0이 아닌 2 × 2 정방행렬이 존재하므로 차원행렬의 계수는 2가 된다. 따라서 변수의 수는 4이고 차원행렬의 계수는 2이므로 4개의 변수로써 구성되는 독립무차원변수의 수는 2가 된다. 일반적으로 차원행렬의 계수 r이 차원행렬의 열보다 작을 때는 차원행렬의 모든 열을 고려할 필요가 없다. 위의 예에서와같이 차원행렬의 계수가 2이면 2개의 열만 고려하고 1개의 열은 무시할 수 있다. 처음 2개의 열을 이용하여 변수의 지수를 결정하기 위한 연립방정식을 유도하면 다음과 같다.

$$2k_1 + k_2 + 3k_3 + 4k_4 = 0$$
$$-k_1 + 6k_2 - 3k_3 = 0$$

따라서 2개의 독립무차원변수를 구하기 위한 행렬은 다음과 같이 표현된다.

	k_1 P	k_2 Q	k_3 R	k_4 S
π_1	1	0	−1/3	−1/4
π_2	0	1	2	−7/4

이제 완전무차원변수세트에 포함되는 2개의 독립무차원변수는

$$\pi_1 = P^1 Q^0 R^{-1/3} S^{-1/4} = PR^{-1/3} S^{-1/4}$$
$$\pi_2 = P^0 Q^1 R^2 S^{-7/4} = QR^2 S^{-7/4}$$

이 된다.

주어진 변수로부터 유도할 수 있는 완전무차원변수세트는 무한히 많다. 그러나 수많은

완전무차원변수세트가 모두 유용한 것은 아니다. 어떤 완전무차원변수세트는 다른 완전무차원변수세트보다 훨씬 유용한 경우도 있고 또 그렇지 못한 경우도 있다. 완전무차원변수세트의 유용성은 독립무차원변수 간에 어떤 상관관계가 존재하는가 또는 독립무차원변수를 실험에서 용이하게 변화시킬 수 있는가에 달려 있다. 독립무차원변수의 변화는 독립무차원변수에 포함된 변수의 변화에 달려 있다. 따라서 쉽게 변화시킬 수 있는 변수가 완전무차원변수세트의 한 독립무차원변수에만 포함될 수 있도록 하는 것이 독립무차원변수의 유용성을 높이는 방법이다. 이러한 독립무차원변수의 유용성은 입력 독립무차원변수에서 뿐만 아니라 출력 독립무차원변수에서도 요구된다. 즉 출력 독립무차원변수도 변화가 용이한 변수를 하나만 포함하는 것이 좋다.

차원행렬에서 처음 $n - r$(총변수 수 – 차원행렬의 계수)개의 변수는 단 한 번만 독립무차원변수에 포함되어야 하므로 가장 유용한 완전무차원변수세트를 얻는 방법은 차원행렬에서 변수를 다음과 같은 방법으로 배열하는 것이다.

(1) 차원행렬에서 첫 번째 변수는 종속변수로 한다.

(2) 두 번째 변수는 실험에서 가장 변화시키기 쉬운 변수로 한다.

(3) 차례로 다음 변수는 실험에서 다음으로 변화시키기 쉬운 변수로 한다.

가장 유용한 완전무차원변수세트를 찾아내는 일은 간단한 일이 아니다. 위에서와 같은 변수의 배열로써 구한 완전무차원변수세트의 독립무차원변수 간에도 어떤 상관관계를 구명하기가 어려울 때도 있다. 결국 차원해석법은 가장 유용한 완전무차원변수세트를 구하고, 이에 포함된 독립무차원변수 간의 상관관계 구하여 부분적으로 어떤 현상의 실체를 구명하고자 하는 방법이다.

예제 부피 V, 가속도 a, 속도 v, 동력 P, 운동량 G로써 구성할 수 있는 완전무차원변수세트를 구하여라.

풀이 5개의 변수로써 만든 차원행렬과 독립무차원변수의 지수를 결정하기 위한 연립방정식은 다음과 같다.

	G	v	P	V	a
M	1	0	1	0	0
L	1	1	2	3	1
T	–1	–1	–3	0	–2

	G	v	P	V	a
M	1	0	0	3	–1
L	0	1	0	6	0
T	0	0	1	–3	1

$$\begin{bmatrix} 1 & 0 & 0 & 3 & -1 \\ 0 & 1 & 0 & 6 & 0 \\ 0 & 0 & 1 & -3 & 1 \end{bmatrix} \begin{bmatrix} k_1 \\ k_2 \\ k_3 \\ k_4 \\ k_5 \end{bmatrix} = \begin{bmatrix} 0 \\ 0 \\ 0 \end{bmatrix}$$

연립방정식을 풀기 위하여

1) $k_1 = 1,\ k_2 = 0$일 때 $k_3,\ k_4,\ k_5$의 값을 구한다.

$$1 + 3k_4 - k_5 = 0$$

$$6k_4 = 0$$

$$k_3 - 3k_4 + k_5 = 0$$

따라서 $k_1 = 1,\ k_2 = 0,\ k_3 = -1,\ k_4 = 0,\ k_5 = 1$이다.

2) $k_1 = 0,\ k_2 = 1$일 때 $k_3,\ k_4,\ k_5$의 값을 구한다.

$$3k_4 - k_5 = 0$$

$$1 + 6k_4 = 0$$

$$k_3 - 3k_4 + k_5 = 0$$

따라서 $k_1 = 1,\ k_2 = 0,\ k_3 = 0,\ k_4 = -\frac{1}{6},\ k_5 = -\frac{1}{2}$이다.

독립무차원변수의 수는 $5 - 3 = 2$이고, 독립무차원변수는 다음과 같다.

$$\pi_1 = GP^{-1}a$$

$$\pi_2 = vV^{-\frac{1}{6}}a^{-\frac{1}{2}}$$

2. 모형이론

모형을 이용한 실험은 고비용의 실수를 미연에 방지할 수 있고, 시작기 제작에 필요한 유용한 정보를 얻을 수 있기 때문에 널리 시행되고 있다. 모형실험은 비교적 적은 비용으로써 모형을 제작하고 변경할 수 있기 때문에 다양한 실험을 수행할 수 있다는 장점이 있다. 그러나 모형실험으로써 모든 문제를 해결할 수는 없으며, 모형실험을 수행하고 그 결과를 바르게 해석하기 위해서는 실험대상에 대한 확실한 이해가 필요하다. 모형실험이 시작기의 현상을 정확하게 구현할 수 없을 때는 모형실험도 많은 시간적 경제적 손실을 초래할 수 있다. 실험대상에 대한 일반적인 이해가 있다 하더라도 모형실험에서 필요한 정보를 얻을 수 없는 경우도 있다. 그러나 이러한 제한적인 요소에도 불구하고 모형실험은 대단히 유용한 방법으로 인정되고 있으며 공학 분야에 널리 이용되고 있다.

1) 모형의 특징

모형과 시작기의 모양이 서로 같을 때, 즉 모든 치수가 일정한 비율로 축소되었을 때 모형과 시작기는 기하학적으로 상사라고 한다. 동일한 단품으로 조립한 모든 구조물은 기하학적 상사성(geometric similarity)이 유지된다. 그러나 가로와 세로의 길이를 서로 다른 비율로 축소한 경우에는 이를 왜곡모형(distorted model)이라고 한다. 모형실험에 사용되는 모형은 모든 점에서 시작기와 서로 일치하여야 하며, 이러한 점대점의 일치를 상동(homologous)이라고 한다. 점상동의 개념은 면상동, 부품상동으로 확대할 수 있다. 모형과 시작기가 점상동이면 이 모형과 시작기를 서로 상동이라고 한다. 시간에 따라 변하는 현상이 있을 때는 모형과 시작기 사이에 시간에 대한 상동이 요구된다. 주기적인 현상에서 모형과 시작기가 시간상동이면 모든 현상의 발생시점을 동일한 비율의 사이클로써 표현할 수 있다.

차원해석으로 결정한 완전무차원변수세트의 독립무차원변수들은 다음과 같은 함수관계로 나타낼 수 있다.

$$\pi_1 = F(\pi_2, \pi_3, \cdots \pi_n) \tag{9-2}$$

독립무차원변수 $\pi_2, \cdots \pi_n$의 값이 모형과 시작기에서 모두 같다고 하면 모형실험을 통하여 시작기의 π_1 값을 예측할 수 있으며, 모형과 시작기는 완전한 상사상태가 된다. 완전상사성이 존재할 때 모형과 시작기의 독립무차원변수는 같은 값을 가진다. 즉 시작기의 독립무차원변수를 $\pi_1, \pi_2, \cdots \pi_n$이라 하고, 모형에서 해당 독립무차원변수를 각각 $\pi_{1m}, \pi_{2m}, \cdots \pi_{nm}$이라고 하면

$$\begin{aligned} \pi_1 &= \pi_{1m} \\ \pi_2 &= \pi_{2m} \\ &\vdots \\ \pi_n &= \pi_{nm} \end{aligned} \tag{9-3}$$

이 된다. 그러나 모형실험에서 모형과 시작기의 완전상사성을 만족하기는 어렵다. 따라서 완전무차원변수세트에서 일부 독립무차원변수는 상사조건을 만족하지 못하는 경우도 있다. 상사조건을 만족하지 못하는 독립무차원변수는 가능하면 시작기의 현상에 큰 영향을 미치지 않는 변수가 되도록 하는 것이 좋다. 그러나 때에 따라서는 시작기의 현상에 큰 영향을 미치는 않는 독립무차원변수가 모형의 현상에서는 큰 영향을 미칠 수 있다는 점에 유의하여야 한다.

2) 상사의 일반적 개념

모형과 시작기에 설정한 상동 직교좌표계 o'-x'-y'-z'과 o-x-y-z에서 모형과 시작기의 상동점과 상동시간을 각각 다음과 같이 정의하면

$$x' = K_x x,\ y' = K_y y,\ z' = K_z z,\ t' = K_t t \tag{9-4}$$

상수 K_x, K_y, K_z는 각각 x, y, z 방향의 축척계수(scale factor)가 된다. 모형과 시작기가 상사이면 축척계수는 모두 같으므로 다음과 같이 표현할 수 있다.

$$K_x = K_y = K_z = K_L \tag{9-5}$$

모형이 왜곡일 때는 보통 $K_x = K_y \neq K_z$인 경우가 많다. 이때 K_z/K_x를 왜곡계수라고 한다. 상수 K_t는 시간축척계수(time scale factor)라고 하며, 이는 주기현상에서 시작기 주기에 대한 모형 주기의 비를 나타낸다. 상동점과 상동시간에서 구한 시작기와 모형의 스칼라 함수 $f(x, y, z, t)$와 $f'(x', y', z', t')$의 비 f'/f가 일정할 때 모형의 함수 f'은 시작기의 함수 f와 상사가 된다. 이때 일정한 비 $f'/f = K_f$를 함수 f의 축적계수라고 한다.

3) 운동상사

운동상사(kinematic similarity)는 모형과 시작기의 운동이 상사일 때를 말한다. 모형과 시작기의 상동 부분이 상동시간에 상동점에 위치할 때 모형과 시작기는 서로 운동상사라고 한다. 운동상사가 존재하면 같은 부품의 속도와 가속도도 상사가 된다.

모형에서 한 질점이 dt 시간 동안에 점 (x', y', z')에서 점 $(x' + dx', y' + dy', z' + dz')$으로 이동하였다고 하면, x, y, z 방향의 속도는 각각

$$u' = \frac{dx'}{dt'},\ v' = \frac{dy'}{dt'},\ w' = \frac{dz'}{dt'} \tag{9-6}$$

이 된다. 식 (9-4)의 관계식을 적용하면 식 (9-6)은 다음과 같이 표현할 수 있다.

$$u' = (\frac{K_x}{K_t})u,\ v' = (\frac{K_y}{K_t})v,\ w' = (\frac{K_z}{K_t})w \tag{9-7}$$

따라서 x, y, z 방향의 속도축척계수는 각각

$$\frac{K_x}{K_t},\ \frac{K_y}{K_t},\ \frac{K_z}{K_t} \tag{9-8}$$

가 된다. 또한 x, y, z 방향의 가속도축척계수는 식 (9-6)을 미분하여 구할 수 있으며 각각 다음과 같이 표현된다.

$$\frac{K_x}{K_t^2},\ \frac{K_y}{K_t^2},\ \frac{K_z}{K_t^2} \tag{9-9}$$

만약 모형과 시작기 사이에 운동상사가 존재하면, 속도 및 가속도 축척계수 K_v, K_a는 각각 다음과 같이 표현된다.

$$K_v = \frac{K_L}{K_t}, \tag{9-10}$$

$$K_a = \frac{K_v}{K_t} = K_v(\frac{K_v}{K_L}) = \frac{K_v^2}{K_L} \tag{9-11}$$

4) 동상사

모형과 시작기의 상동 부분에 같은 힘이 작용할 때 두 시스템을 동적으로 상사(dynamic similarity)라고 한다. 질량분포가 같은 모형과 시작기에서 상동 부분의 질량을 각각 m', m이라고 하면

$$m' = K_m m \tag{9-12}$$

의 관계가 성립하며, 이때 K_m을 질량축척계수라고 한다. 뉴턴의 운동법칙에 의하면 질량이 m'인 모형의 질점에 작용하는 힘은

$$F'_x = m' a'_x,\ \ F'_y = m' a'_y,\ \ F'_z = m' a'_z \tag{9-13}$$

이 된다. 또한 시작기의 질점 m에 작용하는 힘은

$$F_x = ma_x,\ \ F_y = ma_y,\ \ F_z = ma_z \tag{9-14}$$

가 된다. 따라서 x, y, z 방향의 힘축척계수는 각각 다음과 같이 표현된다.

$$\frac{F'_x}{F_x} = \frac{K_m K_x}{K_t^2},\ \ \frac{F'_y}{F_y} = \frac{K_m K_y}{K_t^2},\ \ \frac{F'_z}{F_z} = \frac{K_m K_z}{K_t^2} \tag{9-15}$$

식 (9-15)는 모형과 시작기 사이에 운동상사가 존재하고, 질량분포가 같은 경우에는 동상사도 존재한다는 것을 나타낸다. 또한 운동상사가 존재할 때 식 (9-15)는 다음과 같이 표현된다.

$$K_F = \frac{K_m K_L}{K_t^2} \tag{9-16}$$

예로서 1/10로 축소한 엔진 모형이 시작기보다 초당 3배나 많은 사이클로 작동한다고 하면 이 모형의 시간축척계수는 1/3이 된다. 즉 시작기 주기에 대한 모형 주기의 비는 1/3이 된다. 길이축척계수가 1/10이므로 모형의 속도축적계수, 가속도축척계수는 각각 3/10, 9/10가 된다. 이는 상동시간에 모형의 속도와 가속도는 각각 시작기 속도와 가속도의 3/10,

9/10가 된다는 것을 나타낸다. 또한 모형과 시작기의 재료가 같다고 하면 질량축척계수는

$$K_m = K_L^3 = \frac{1}{1,000}$$

이 된다. 식 (9-16)을 이용하여 힘축척계수를 구하면

$$K_F = \frac{9}{10,000}$$

가 된다. 이는 모형의 피스톤에 작용하는 힘은 시작기의 피스톤에 작용하는 힘의 $\frac{9}{10,000}$ 가 된다는 것을 나타낸다.

예제 중량이 28,000 N인 기계를 스프링상수가 100,000 N/m인 10개의 스프링으로써 지지하고 있다. 기계에는 크기가 최대 6,000 N이고 주기가 0.2초인 수직 동하중이 8초 간격으로 사인곡선과 같이 작용한다. 길이축적계수가 1/12인 모형을 이용하여 기계의 수직진동 특성을 구명하고자 한다. 모형의 설계조건을 수립하여라.

풀이 기계의 진동에 영향을 미치는 변수는 다음과 같이 9개의 변수를 선정할 수 있으며 각 변수의 차원은 다음과 같다.

y: 수직변위	[L]
h: 하중의 높이	[L]
λ_i: 기타 관련 길이	[L]
W: 기계의 중량	[F]
n: 스프링의 수	-
k: 스프링 상수	[F/L]
P: 작용 하중	[F]
t: 시간	[T]
g: 중력가속도	[LT^{-2}]

버킹엄의 파이정리에 따라 독립무차원변수는 6개가 된다. 독립무차원변수를 결정하기 위하여 먼저 다음과 같이 9개의 변수를 정렬하여 차원행렬과 독립무차원변수의 지수를 결정하기 위한 연립방정식을 만든다.

	y	λ_i	P	k	g	n	h	W	t
L	1	1	0	–1	1	0	1	0	0
F	0	0	1	1	0	0	0	1	0
T	0	0	0	0	–2	0	0	0	1

$$\begin{bmatrix} 1 & 1 & 0 & -1 & 1 & 0 & 1 & 0 & 0 \\ 0 & 0 & 1 & 1 & 0 & 0 & 0 & 1 & 0 \\ 0 & 0 & 0 & 0 & -2 & 0 & 0 & 0 & 1 \end{bmatrix} \begin{bmatrix} k_1 \\ k_2 \\ k_3 \\ k_4 \\ k_5 \\ k_6 \\ k_7 \\ k_8 \\ k_9 \end{bmatrix} = \begin{bmatrix} 0 \\ 0 \\ 0 \end{bmatrix}$$

6개의 독립무차원변수를 결정하기 위하여 각 변수의 지수는 다음과 같이 결정한다.

1) $k_1 = 1,\ k_2 = 0,\ k_3 = 0,\ k_4 = 0,\ k_5 = 0,\ k_6 = 0$일 때 $k_7,\ k_8,\ k_9$의 값을 구하면,

$$k_1 + k_7 = 0,\ k_8 = 0,\ k_9 = 0$$

따라서 $k_1 = 1,\ k_2 = 0,\ k_3 = 0,\ k_4 = 0,\ k_5 = 0,\ k_6 = 0,\ k_7 = -1,\ k_8 = 0,\ k_9 = 0$

2) $k_1 = 0,\ k_2 = 1,\ k_3 = 0,\ k_4 = 0,\ k_5 = 0,\ k_6 = 0$일 때 $k_7,\ k_8,\ k_9$의 값을 구하면,

$$k_2 + k_7 = 0,\ k_8 = 0,\ k_9 = 0$$

따라서 $k_1 = 0,\ k_2 = 1,\ k_3 = 0,\ k_4 = 0,\ k_5 = 0,\ k_6 = 0,\ k_7 = -1,\ k_8 = 0,\ k_9 = 0$

3) $k_1 = 0,\ k_2 = 0,\ k_3 = 1,\ k_4 = 0,\ k_5 = 0,\ k_6 = 0$일 때 $k_7,\ k_8,\ k_9$의 값을 구하면,

$$k_7 = 0,\ 1 + k_8 = 0,\ k_9 = 0$$

따라서 $k_1 = 0,\ k_2 = 0,\ k_3 = 1,\ k_4 = 0,\ k_5 = 0,\ k_6 = 0,\ k_7 = 0,\ k_8 = -1,\ k_9 = 0$

4) $k_1 = 0,\ k_2 = 0,\ k_3 = 0,\ k_4 = 1,\ k_5 = 0,\ k_6 = 0$일 때 $k_7,\ k_8,\ k_9$의 값을 구하면,

$$-1 + k_7 = 0,\ 1 + k_8 = 0,\ k_9 = 0$$

따라서 $k_1 = 0,\ k_2 = 0,\ k_3 = 0,\ k_4 = 1,\ k_5 = 0,\ k_6 = 0,\ k_7 = 1,\ k_8 = -1,\ k_9 = 0$

5) $k_1 = 0,\ k_2 = 0,\ k_3 = 0,\ k_4 = 0,\ k_5 = 1,\ k_6 = 0$일 때 $k_7,\ k_8,\ k_9$의 값을 구하면,

$$k_7 = 0,\ k_8 = 0,\ -2 + k_9 = 0$$

따라서 $k_1 = 0,\ k_2 = 0,\ k_3 = 0,\ k_4 = 0,\ k_5 = 1,\ k_6 = 0,\ k_7 = -1,\ k_8 = 0,\ k_9 = 2$

6) $k_1 = 0,\ k_2 = 0,\ k_3 = 0,\ k_4 = 0,\ k_5 = 0,\ k_6 = 1$일 때 $k_7,\ k_8,\ k_9$의 값을 구하면,

$$k_7 = 0,\ k_8 = 0,\ k_9 = 0$$

따라서 $k_1 = 0,\ k_2 = 0,\ k_3 = 0,\ k_4 = 1,\ k_5 = 0,\ k_6 = 1,\ k_7 = 0,\ k_8 = 0,\ k_9 = 0$

위의 방법으로 결정한 6개의 독립무차원변수는 다음과 같다.

$$\pi_1 = \frac{y}{h},\ \pi_2 = \frac{\lambda_i}{h},\ \pi_3 = \frac{P}{W},\ \pi_4 = \frac{kh}{W},\ \pi_5 = \frac{gt^2}{h},\ \pi_6 = n$$

시작기와 모형의 독립무차원변수 간의 관계는

$$\frac{y_m}{h_m} = \frac{y}{h},\ \frac{\lambda_{im}}{h_m} = \frac{\lambda_i}{h},\ \frac{P_m}{W_m} = \frac{P}{W},\ \frac{k_m h_m}{W_m} = \frac{kh}{W},\ \frac{g_m t_m^2}{h_m} = \frac{gt^2}{h},\ n_m = n$$

이다. 길이축적계수와 시작기의 제원을 적용하면 모형의 설계조건은 다음과 같이 설정할 수 있다.

$$\lambda_{im} = \frac{h_m}{h}\lambda_i = \frac{\lambda_i}{12}$$

$$\frac{P_m}{W_m} = \frac{P}{28,000}$$

$$n_m = n = 10$$

$$\frac{k_m}{W_m} = \frac{h}{h_m}\frac{k}{W} = 12\left(\frac{100,000}{28,000}\right) = 42.85$$

$$t_m = \sqrt{(\frac{h_m}{h})(\frac{g_m}{g})t^2} = \sqrt{(\frac{1}{12})(\frac{9.81}{9.81})}t = 0.289t$$

중력가속도는 모형과 시작기에서 모두 같은 것으로 하였다. 모형과 시작기에 작용하는 동하중의 형태는 하중의 크기와 시간함수로서 각각

$$P_m = p_m f_m(t_m)$$

$$P = pf(t)$$

와 같이 표현할 수 있고, 이와 관련한 모형과 시작기의 무차원 변수는 같아야 하므로

$$\frac{p_m f_m(t_m)}{W_m} = \frac{pf(t)}{W}$$

가 된다. 이 조건이 항상 만족되기 위해서는 $f_m(t_m)$과 $f(t)$가 같아야 한다. 즉 모형과 시작기에서 시간의 변화형태는 같아야 한다. 따라서

$$\frac{p_m}{W_m} = \frac{p}{W} = \frac{6,000}{28,000} = 0.214$$

이다. 모형의 설계조건에서 길이축적계수는 $K_L = 1/12$이고, 스프링은 모형과 시작기에서 모두 10개로 결정되었다. 모형의 스프링상수 k_m, 하중의 그기 p_m, 중량 W_m은 앞에서 결정한 다음 식을 이용하여 결정할 수 있다.

$$\frac{k_m}{W_m} = 42.85$$

$$\frac{p_m}{W_m} = 0.214$$

즉 k_m, p_m, W_m 중 한 변수의 값을 결정하면 다른 두 변수의 값은 위의 식을 이용하여 구할 수 있다. 하중의 작용간격과 작용시간은 각각

$8 \times 0.289 = 2.312$초

$0.2 \times 0.289 = 0.0578$초

가 되며, 시간축척계수는 $K_t = \dfrac{8}{2.312} = 3.46$이 된다. 속도축적계수와 가속도축적계수는 각각 다음과 같이 결정할 수 있다.

$$K_v = \frac{v}{v_m} = \frac{\lambda_i / t}{\lambda_{im} / t_m} = (\frac{\lambda_i}{\lambda_{im}})(\frac{t_m}{t}) = (12)(0.289) = 3.468$$

$$K_a = \frac{a}{a_m} = \frac{v / t}{v_m / t_m} = (\frac{v}{v_m})(\frac{t_m}{t}) = (3.468)(0.289) = 1.0$$

3. 독립무차원 함수

완전무차원변수세트에 포함된 독립무차원변수 사이의 함수관계는 구성함수의 곱 또는 합으로서 나타낼 수 있다. 식 (9-2)로부터 독립무차원변수 사이의 일반적인 함수관계는

$$\pi_1 = F(\pi_2, \pi_3, \cdots \pi_n)$$

로 표현되며, 이는 독립무차원변수 $\pi_1, \pi_2, \cdots \pi_n$의 곱 또는 합으로서 나타낼 수 있다. 그러나 이러한 곱 또는 합이 존재하기 위한 조건은 독립무차원변수의 결합방식에 따라 다르며 각 결합방식에 따른 필요충분조건은 다음과 같다.

1) 독립무차원변수의 곱이 되기 위한 조건

독립무차원변수 중 π_2만을 변화시키며 나머지 독립무차원변수 $\pi_3, \pi_4, \cdots \pi_n$을 상수로 하였을 때의 함수관계는

$$(\pi_1)_{\pi_2} = f_1(\pi_2,\ \overline{\pi_3},\ \overline{\pi_4} \cdots \overline{\pi_n})$$

로 표현되며, π_3만을 변화시키며 나머지 독립무차원변수 $\pi_2, \pi_4, \cdots \pi_n$을 상수로 하였을 때의 함수관계는

$$(\pi_1)_{\pi_3} = f_2(\overline{\pi_2},\ \pi_3,\ \overline{\pi_4} \cdots \overline{\pi_n})$$

로 표현된다. 여기서 $\overline{\pi_i}$, $i = 2, 3, 4, \cdots n$은 π_i가 상수임을 나타낸다. n개의 독립무차원변수

중 1개의 독립무차원변수만을 변화시키고 다른 독립무차원변수는 모두 상수로 하였을 때 각각의 함수를 구성함수라고 한다.

만약 일반 함수관계를 구성함수의 곱으로서 나타낼 수 있다고 하면 일반 함수관계는

$$F(\pi_2, \pi_3, \pi_4, \cdots \pi_n) = f_1(\pi_2, \overline{\pi_3}, \overline{\pi_4}, \cdots \overline{\pi_n}) f_2(\overline{\pi_2}, \pi_3, \overline{\pi_4}, \cdots \overline{\pi_n}) \cdots f_{n-1}(\overline{\pi_2}, \overline{\pi_3}, \overline{\pi_4}, \cdots \pi_n) \tag{9-17}$$

가 된다. π_2를 제외한 모든 독립무차원변수를 상수로 하였을 때의 일반 함수관계는

$$F(\pi_2, \overline{\pi_3}, \overline{\pi_4}, \cdots \overline{\pi_n}) = f_1(\pi_2, \overline{\pi_3}, \overline{\pi_4}, \cdots \overline{\pi_n}) f_2(\overline{\pi_2}, \overline{\pi_3}, \overline{\pi_4}, \cdots \overline{\pi_n}) \cdots f_{n-1}(\overline{\pi_2}, \overline{\pi_3}, \overline{\pi_4}, \cdots \overline{\pi_n})$$

가 되고, 구성함수 f_1을 구하면

$$f_1(\pi_2, \overline{\pi_3}, \overline{\pi_4}, \cdots \overline{\pi_n}) = \frac{F(\pi_2, \overline{\pi_3}, \overline{\pi_4}, \cdots \overline{\pi_n})}{f_2(\overline{\pi_2}, \overline{\pi_3}, \overline{\pi_4}, \cdots \overline{\pi_n}) f_3(\overline{\pi_2}, \overline{\pi_3}, \overline{\pi_4}, \cdots \overline{\pi_n}) \cdots f_{n-1}(\overline{\pi_2}, \overline{\pi_3}, \overline{\pi_4}, \cdots \overline{\pi_n})} \tag{9-18}$$

가 된다. π_3를 제외한 모든 독립무차원변수를 상수로 하였을 때의 일반 함수관계는

$$F(\overline{\pi_2}, \pi_3, \overline{\pi_4}, \cdots \overline{\pi_n}) = f_1(\overline{\pi_2}, \overline{\pi_3}, \overline{\pi_4}, \cdots \overline{\pi_n}) f_2(\overline{\pi_2}, \pi_3, \overline{\pi_4}, \cdots \overline{\pi_n}) \cdots f_{n-1}(\overline{\pi_2}, \overline{\pi_3}, \overline{\pi_4}, \cdots \overline{\pi_n})$$

가 되고, 구성함수 f_2을 구하면

$$f_2(\overline{\pi_2}, \pi_3, \overline{\pi_4}, \cdots \overline{\pi_n}) = \frac{F(\overline{\pi_2}, \pi_3, \overline{\pi_4}, \cdots \overline{\pi_n})}{f_1(\overline{\pi_2}, \overline{\pi_3}, \overline{\pi_4}, \cdots \overline{\pi_n}) f_3(\overline{\pi_2}, \overline{\pi_3}, \overline{\pi_4}, \cdots \overline{\pi_n}) \cdots f_{n-1}(\overline{\pi_2}, \overline{\pi_3}, \overline{\pi_4}, \cdots \overline{\pi_n})} \tag{9-19}$$

가 된다. 같은 방법으로 구성함수 $f_3, f_4, \cdots f_{n-1}$을 구하면

$$f_3(\overline{\pi_2}, \overline{\pi_3}, \pi_4, \cdots \overline{\pi_n}) = \frac{F(\overline{\pi_2}, \overline{\pi_3}, \pi_4, \cdots \overline{\pi_n})}{f_1(\overline{\pi_2}, \overline{\pi_3}, \overline{\pi_4}, \cdots \overline{\pi_n}) f_2(\overline{\pi_2}, \overline{\pi_3}, \overline{\pi_4}, \cdots \overline{\pi_n}) \cdots f_{n-1}(\overline{\pi_2}, \overline{\pi_3}, \overline{\pi_4}, \cdots \overline{\pi_n})} \tag{9-20}$$

$$f_4(\overline{\pi_2},\overline{\pi_3},\cdots\pi_5,\cdots\overline{\pi_n})=\frac{F(\overline{\pi_2},\overline{\pi_3},\cdots\pi_5,\cdots\overline{\pi_n})}{f_1(\overline{\pi_2},\overline{\pi_3},\overline{\pi_4},\cdots\overline{\pi_n})f_2(\overline{\pi_2},\overline{\pi_3},\overline{\pi_4},\cdots\overline{\pi_n})\cdots f_{n-1}(\overline{\pi_2},\overline{\pi_3},\overline{\pi_4},\cdots\overline{\pi_n})}\tag{9-21}$$

$$\vdots$$

$$f_{n-1}(\overline{\pi_2},\overline{\pi_3},\overline{\pi_4},\cdots\pi_n)=\frac{F(\overline{\pi_2},\overline{\pi_3},\overline{\pi_4},\cdots\pi_n)}{f_1(\overline{\pi_2},\overline{\pi_3},\overline{\pi_4},\cdots\overline{\pi_n})f_2(\overline{\pi_2},\overline{\pi_3},\overline{\pi_4},\cdots\overline{\pi_n})\cdots f_{n-2}(\overline{\pi_2},\overline{\pi_3},\overline{\pi_4},\cdots\overline{\pi_n})}\tag{9-22}$$

이다. 식 (9-18)~(9-22)을 식 (9-17)에 대입하면

$$F(\pi_2,\pi_3,\pi_4,\cdots\pi_n)=\frac{F(\pi_2,\overline{\pi_3},\overline{\pi_4},\cdots\overline{\pi_n})F(\overline{\pi_2},\pi_3,\overline{\pi_4},\cdots\overline{\pi_n})\cdots F(\overline{\pi_2},\overline{\pi_3},\overline{\pi_4},\cdots\pi_n)}{[f_2(\overline{\pi_2},\overline{\pi_3},\overline{\pi_4},\cdots\overline{\pi_n})f_3(\overline{\pi_2},\overline{\pi_3},\overline{\pi_4},\cdots\overline{\pi_n})\cdots f_{n-1}(\overline{\pi_2},\overline{\pi_3},\overline{\pi_4},\cdots\overline{\pi_n})]^{n-2}}$$

가 된다. 이 식의 분모에서

$$f_2(\overline{\pi_2},\overline{\pi_3},\overline{\pi_4},\cdots\overline{\pi_n})f_3(\overline{\pi_2},\overline{\pi_3},\overline{\pi_4},\cdots\overline{\pi_n})\cdots f_{n-1}(\overline{\pi_2},\overline{\pi_3},\overline{\pi_4},\cdots\overline{\pi_n})=F(\overline{\pi_2},\overline{\pi_3},\overline{\pi_4},\cdots\overline{\pi_n})$$

이므로 식 (9-17)은 다음과 같이 표현된다.

$$\begin{aligned}\pi_1&=F(\pi_2,\pi_3,\pi_4,\cdots\pi_n)\\&=\frac{F(\pi_2,\overline{\pi_3},\overline{\pi_4},\cdots\overline{\pi_n})F(\overline{\pi_2},\pi_3,\overline{\pi_4},\cdots\overline{\pi_n})\cdots F(\overline{\pi_2},\overline{\pi_3},\overline{\pi_4},\cdots\pi_n)}{[F(\overline{\pi_2},\overline{\pi_3},\overline{\pi_4},\cdots\overline{\pi_n})]^{n-2}}\end{aligned}\tag{9-23}$$

π_2를 다른 상수 $\overline{\overline{\pi_2}}$로 하여 같은 방법으로 위의 과정을 반복하면 식 (9-23)은

$$\begin{aligned}\pi_1&=F(\pi_2,\pi_3,\pi_4,\cdots\pi_n)\\&=\frac{F(\pi_2,\overline{\pi_3},\overline{\pi_4},\cdots\overline{\pi_n})F(\overline{\overline{\pi_2}},\pi_3,\overline{\pi_4},\cdots\overline{\pi_n})\cdots F(\overline{\overline{\pi_2}},\overline{\pi_3},\overline{\pi_4},\cdots\pi_n)}{[F(\overline{\overline{\pi_2}},\overline{\pi_3},\overline{\pi_4},\cdots\overline{\pi_n})]^{n-2}}\end{aligned}\tag{9-24}$$

가 된다. 식 (9-23)과 식 (9-24)가 같은 함수관계가 되기 위해서는

$$\frac{F(\bar{\pi}_2, \pi_3, \bar{\pi}_4, \cdots \bar{\pi}_n)F(\bar{\pi}_2, \bar{\pi}_3, \pi_4, \bar{\pi}_5, \cdots \bar{\pi}_n)\cdots F(\bar{\pi}_2, \bar{\pi}_3, \bar{\pi}_4, \cdots \pi_n)}{[F(\bar{\pi}_2, \bar{\pi}_3, \bar{\pi}_4, \cdots \bar{\pi}_n)]^{n-2}} =$$

$$\frac{F(\bar{\bar{\pi}}_2, \pi_3, \bar{\pi}_4, \cdots \bar{\pi}_n)F(\bar{\bar{\pi}}_2, \bar{\pi}_3, \pi_4, \bar{\pi}_5, \cdots \bar{\pi}_n)\cdots F(\bar{\bar{\pi}}_2, \bar{\pi}_3, \bar{\pi}_4, \cdots \pi_n)}{[F(\bar{\bar{\pi}}_2, \bar{\pi}_3, \bar{\pi}_4, \cdots \bar{\pi}_n)]^{n-2}} \quad (9\text{-}25)$$

가 되어야 한다. $\pi_3, \pi_4, \ldots\pi_n$에 대해서도 상수를 각각 $\bar{\bar{\pi}}_3, \bar{\bar{\pi}}_4, \ldots\bar{\bar{\pi}}_n$로 하여 위의 과정을 반복하면

$$\frac{F(\pi_2, \bar{\pi}_3, \bar{\pi}_4, \cdots \bar{\pi}_n)F(\bar{\pi}_2, \bar{\pi}_3, \pi_4, \bar{\pi}_5, \cdots \bar{\pi}_n)\cdots F(\bar{\pi}_2, \bar{\pi}_3, \bar{\pi}_4, \cdots \pi_n)}{[F(\bar{\pi}_2, \bar{\pi}_3, \bar{\pi}_4, \cdots \bar{\pi}_n)]^{n-2}} =$$

$$\frac{F(\pi_2, \bar{\bar{\pi}}_3, \bar{\pi}_4, \cdots \bar{\pi}_n)F(\bar{\pi}_2, \bar{\bar{\pi}}_3, \pi_4, \bar{\pi}_5, \cdots \bar{\pi}_n)\cdots F(\bar{\pi}_2, \bar{\bar{\pi}}_3, \bar{\pi}_4, \cdots \pi_n)}{[F(\bar{\pi}_2, \bar{\bar{\pi}}_3, \bar{\pi}_4, \cdots \bar{\pi}_n)]^{n-2}} \quad (9\text{-}26)$$

$$\frac{F(\pi_2, \bar{\pi}_3, \bar{\pi}_4, \cdots \bar{\pi}_n)F(\bar{\pi}_2, \pi_3, \bar{\pi}_4, \bar{\pi}_5, \cdots \bar{\pi}_n)F(\bar{\pi}_2, \bar{\pi}_3, \bar{\pi}_4, \pi_5, \bar{\pi}_6, \cdots \bar{\pi}_n)\cdots F(\bar{\pi}_2, \bar{\pi}_3, \bar{\pi}_4, \cdots \pi_n)}{[F(\bar{\pi}_2, \bar{\pi}_3, \bar{\pi}_4, \cdots \bar{\pi}_n)]^{n-2}} =$$

$$\frac{F(\pi_2, \bar{\pi}_3, \bar{\bar{\pi}}_4, \cdots \bar{\pi}_n)F(\bar{\pi}_2, \pi_3, \bar{\bar{\pi}}_4, \bar{\pi}_5, \cdots \bar{\pi}_n)\cdots F(\bar{\pi}_2, \bar{\pi}_3, \bar{\bar{\pi}}_4, \cdots \pi_n)}{[F(\bar{\pi}_2, \bar{\pi}_3, \bar{\bar{\pi}}_4, \cdots \bar{\pi}_n)]^{n-2}} \quad (9\text{-}27)$$

$$\vdots$$

$$\frac{F(\pi_2, \bar{\pi}_3, \bar{\pi}_4, \cdots \bar{\pi}_n)F(\bar{\pi}_2, \pi_3, \bar{\pi}_4, \bar{\pi}_5, \cdots \bar{\pi}_n)F(\bar{\pi}_2, \bar{\pi}_3, \pi_4, \bar{\pi}_5, \cdots \bar{\pi}_n)\cdots F(\bar{\pi}_2, \bar{\pi}_3, \bar{\pi}_4, \cdots \pi_{n-1})}{[F(\bar{\pi}_2, \bar{\pi}_3, \bar{\pi}_4, \cdots \bar{\pi}_n)]^{n-2}} =$$

$$\frac{F(\pi_2, \bar{\pi}_3, \bar{\pi}_4, \cdots \bar{\bar{\pi}}_n)F(\bar{\pi}_2, \pi_3, \bar{\pi}_4, \bar{\pi}_5, \cdots \bar{\bar{\pi}}_n)\cdots F(\bar{\pi}_2, \bar{\pi}_3, \bar{\pi}_4, \cdots \pi_{n-1})}{[F(\bar{\pi}_2, \bar{\pi}_3, \bar{\pi}_4, \cdots \bar{\bar{\pi}}_n)]^{n-2}} \quad (9\text{-}28)$$

가 된다. 따라서 식 (9-25)~(9-28)은 일반 함수관계를 구성함수의 곱으로 나타내기 위한 필요충분조건이다. 즉 식 (9-25)~(9-28)을 만족하면 일반 함수관계는 구성함수의 곱으로 나타낼 수 있다.

2) 독립무차원변수의 합이 되기 위한 조건

일반 함수관계인 식 (9-17)을 구성함수의 합으로서 나타낼 수 있으면, 즉

$$F(\pi_2, \pi_3, \pi_4, \cdots \pi_n) = f_1(\pi_2, \overline{\pi_3}, \overline{\pi_4}, \cdots \overline{\pi_n}) + f_2(\overline{\pi_2}, \pi_3, \overline{\pi_4}, \cdots \overline{\pi_n}) \cdots$$
$$+ f_{n-1}(\overline{\pi_2}, \overline{\pi_3}, \overline{\pi_4}, \cdots \pi_n) \qquad (9\text{-}29)$$

라고 하면 π_2를 제외한 모든 독립무차원변수를 상수로 하였을 때 일반 함수관계는

$$F(\pi_2, \overline{\pi_3}, \overline{\pi_4}, \cdots \overline{\pi_n}) = f_1(\pi_2, \overline{\pi_3}, \overline{\pi_4}, \cdots \overline{\pi_n}) + f_2(\overline{\pi_2}, \overline{\pi_3}, \overline{\pi_4}, \cdots \overline{\pi_n}) \cdots$$
$$+ f_{n-1}(\overline{\pi_2}, \overline{\pi_3}, \overline{\pi_4}, \cdots \overline{\pi_n})$$

가 된다. 구성함수 f_1을 구하면

$$f_1(\pi_2, \overline{\pi_3}, \overline{\pi_4}, \cdots \overline{\pi_n}) = F(\pi_2, \overline{\pi_3}, \overline{\pi_4}, \cdots \overline{\pi_n}) - f_2(\overline{\pi_2}, \overline{\pi_3}, \overline{\pi_4}, \cdots \overline{\pi_n}) \cdots$$
$$- f_{n-1}(\overline{\pi_2}, \overline{\pi_3}, \overline{\pi_4}, \cdots \overline{\pi_n}) \qquad (9\text{-}30)$$

가 된다. 같은 방법으로 구성함수 $f_2, f_3, \cdots f_{n-1}$을 구하면

$$f_2(\overline{\pi_2}, \pi_3, \overline{\pi_4}, \cdots \overline{\pi_n}) = F(\overline{\pi_2}, \pi_3, \overline{\pi_4}, \cdots \overline{\pi_n}) - f_1(\overline{\pi_2}, \overline{\pi_3}, \overline{\pi_4}, \cdots \overline{\pi_n}) \cdots$$
$$- f_{n-1}(\overline{\pi_2}, \overline{\pi_3}, \overline{\pi_4}, \cdots \overline{\pi_n}) \qquad (9\text{-}31)$$

$$f_3(\overline{\pi_2}, \overline{\pi_3}, \pi_4, \cdots \overline{\pi_n}) = F(\overline{\pi_2}, \overline{\pi_3}, \pi_4, \cdots \overline{\pi_n}) - f_1(\overline{\pi_2}, \overline{\pi_3}, \overline{\pi_4}, \cdots \overline{\pi_n}) \cdots$$
$$- f_{n-1}(\overline{\pi_2}, \overline{\pi_3}, \overline{\pi_4}, \cdots \overline{\pi_n}) \qquad (9\text{-}32)$$

$$\vdots$$

$$f_{n-1}(\overline{\pi_2}, \overline{\pi_3}, \overline{\pi_4}, \cdots \pi_n) = F(\overline{\pi_2}, \overline{\pi_3}, \overline{\pi_4}, \cdots \pi_n) - f_1(\overline{\pi_2}, \overline{\pi_3}, \overline{\pi_4}, \cdots \overline{\pi_n}) \cdots$$
$$- f_{n-2}(\overline{\pi_2}, \overline{\pi_3}, \overline{\pi_4}, \cdots \overline{\pi_n}) \qquad (9\text{-}33)$$

가 된다. 식 (9-30)~(9-33)을 식 (9-29)에 대입하면

$$F(\pi_2, \pi_3, \pi_4, \cdots \pi_n) = F(\pi_2, \overline{\pi_3}, \overline{\pi_4}, \cdots \overline{\pi_n}) + F(\overline{\pi_2}, \pi_3, \overline{\pi_4}, \cdots \overline{\pi_n}) \cdots$$
$$+F(\overline{\pi_2}, \overline{\pi_3}, \overline{\pi_4}, \cdots \pi_n) - (n-2)[f_1(\overline{\pi_1}, \overline{\pi_2}, \overline{\pi_3}, \cdots \overline{\pi_n})$$
$$+f_2(\overline{\pi_1}, \overline{\pi_2}, \overline{\pi_3}, \cdots \overline{\pi_n}) \cdots + f_{n-1}(\overline{\pi_1}, \overline{\pi_2}, \overline{\pi_3}, \cdots \overline{\pi_n})] \qquad (9\text{-}34)$$

가 되며,

$$\begin{aligned}&f_1(\overline{\pi_2},\ \overline{\pi_3},\ \overline{\pi_4},\ \cdots\ \overline{\pi_n})+f_2(\overline{\pi_2},\ \overline{\pi_3},\ \overline{\pi_4},\ \cdots\ \overline{\pi_n})\cdots+f_{n-1}(\overline{\pi_2},\ \overline{\pi_3},\ \overline{\pi_4},\ \cdots\ \overline{\pi_n})\\&\quad=F(\overline{\pi_2},\ \overline{\pi_3},\ \overline{\pi_4},\ \cdots\ \overline{\pi_n})\end{aligned}$$

이므로 식 (9-34)는 다음과 같이 표현된다.

$$\begin{aligned}\pi_1&=F(\pi_2,\pi_3,\pi_4,\cdots\pi_n)=F(\pi_2,\overline{\pi_3},\overline{\pi_4},\cdots\overline{\pi_n})+F(\overline{\pi_2},\pi_3,\overline{\pi_4},\cdots\overline{\pi_n})\\&+F(\overline{\pi_2},\overline{\pi_3},\pi_4,\overline{\pi_5},\cdots\overline{\pi_n})+F(\overline{\pi_2},\overline{\pi_3},\overline{\pi_4},\pi_5,\overline{\pi_6},\cdots\overline{\pi_n})\cdots\\&F(\overline{\pi_2},\overline{\pi_3},\overline{\pi_4},\overline{\pi_5},\pi_6,\overline{\pi_7},\cdots\pi_n)\cdots-(n-2)F(\overline{\pi_2},\overline{\pi_3},\overline{\pi_4},\cdots\overline{\pi_n})\end{aligned}\qquad(9\text{-}35)$$

π_2를 다른 상수 $\overline{\overline{\pi_2}}$로 하여 같은 방법으로 위의 과정을 반복하면 식 (9-35)는 다음과 같이 표현된다.

$$\begin{aligned}F(\pi_2,\pi_3,\pi_4,\cdots\pi_n)&=F(\pi_2,\overline{\pi_3},\overline{\pi_4},\cdots\overline{\pi_n})+F(\overline{\overline{\pi_2}},\pi_3,\overline{\pi_4},\cdots\overline{\pi_n})\\&+F(\overline{\overline{\pi_2}},\overline{\pi_3},\pi_4,\overline{\pi_5},\cdots\overline{\pi_n})\cdots+F(\overline{\overline{\pi_2}},\overline{\pi_3},\overline{\pi_4},\cdots\pi_n)\\&-(n-2)F(\overline{\overline{\pi_2}},\overline{\pi_3},\overline{\pi_4},\cdots\overline{\pi_n})\end{aligned}\qquad(9\text{-}36)$$

식 (9-35)와 (9-36)이 같은 함수관계가 되기 위해서는

$$\begin{aligned}F(\overline{\pi_2},\pi_3,\overline{\pi_4},\cdots\overline{\pi_n})&+F(\overline{\pi_2},\overline{\pi_3},\pi_4,\cdots\overline{\pi_n})\cdots+F(\overline{\pi_2},\overline{\pi_3},\overline{\pi_4},\cdots\pi_n)\\&-(n-2)F(\overline{\pi_2},\overline{\pi_3},\overline{\pi_4},\cdots\overline{\pi_n})=F(\overline{\overline{\pi_2}},\pi_3,\overline{\pi_4},\cdots\overline{\pi_n})\\&+F(\overline{\overline{\pi_2}},\overline{\pi_3},\pi_4,\cdots\overline{\pi_n})\cdots+F(\overline{\overline{\pi_2}},\overline{\pi_3},\overline{\pi_4},\cdots\pi_n)\\&-(n-2)F(\overline{\overline{\pi_2}},\overline{\pi_3},\overline{\pi_4},\cdots\overline{\pi_n})\end{aligned}\qquad(9\text{-}37)$$

가 되어야 한다. π_3, π_4, $\cdots$ π_n에 대해서도 상수를 각각 $\overline{\overline{\pi_3}}$, $\overline{\overline{\pi_4}}$, $\cdots$ $\overline{\overline{\pi_n}}$로 하여 위의 과정을 반복하면

$$\begin{aligned}F(\pi_2,\overline{\pi_3},\overline{\pi_4},\cdots\overline{\pi_n})&+F(\overline{\pi_2},\overline{\pi_3},\pi_4,\cdots\ \overline{\pi_n})\cdots+F(\overline{\pi_2},\overline{\pi_3},\overline{\pi_4},\cdots\pi_n)\\&-(n-2)F(\overline{\pi_2},\overline{\pi_3},\overline{\pi_4},\cdots\overline{\pi_n})=F(\overline{\pi_2},\overline{\overline{\pi_3}},\overline{\pi_4},\cdots\overline{\pi_n})\\&+F(\overline{\pi_2},\overline{\overline{\pi_3}},\pi_4,\cdots\overline{\pi_n})\cdots+F(\overline{\pi_2},\overline{\overline{\pi_3}},\overline{\pi_4},\cdots\pi_n)\end{aligned}$$

$$-(n-2)F(\overline{\pi_2}, \overline{\overline{\pi_3}}, \overline{\pi_4}, \cdots \overline{\pi_n}) \tag{9-38}$$

$$\begin{aligned} F(\pi_2, \overline{\pi_3}, \overline{\pi_4}, \cdots \overline{\pi_n}) + F(\overline{\pi_2}, \pi_3, \overline{\pi_4}, \cdots \overline{\pi_n}) \cdots + F(\overline{\pi_2}, \overline{\pi_3}, \overline{\pi_4}, \cdots \pi_n) \\ -(n-2)F(\overline{\pi_2}, \overline{\pi_3}, \overline{\pi_4}, \cdots \overline{\pi_n}) = F(\overline{\pi_2}, \overline{\pi_3}, \overline{\overline{\pi_4}}, \cdots \overline{\pi_n}) \\ +F(\overline{\pi_2}, \overline{\pi_3}, \overline{\overline{\pi_4}}, \cdots \overline{\pi_n}) \cdots + F(\overline{\pi_2}, \overline{\pi_3}, \overline{\overline{\pi_4}}, \cdots \pi_n) \\ -(n-2)F(\overline{\pi_2}, \overline{\pi_3}, \overline{\overline{\pi_4}}, \cdots \overline{\pi_n}) \end{aligned} \tag{9-39}$$

$$\vdots$$

$$\begin{aligned} F(\pi_2, \overline{\pi_3}, \overline{\pi_4}, \cdots \overline{\pi_n}) + F(\overline{\pi_2}, \pi_3, \overline{\pi_4}, \cdots \overline{\pi_n}) \cdots + F(\overline{\pi_2}, \overline{\pi_3}, \overline{\pi_4}, \cdots \overline{\pi_n}) \\ -(n-2)F(\overline{\pi_2}, \overline{\pi_3}, \overline{\pi_4}, \cdots \overline{\pi_{n-1}}) = F(\overline{\pi_2}, \overline{\pi_3}, \overline{\pi_4}, \cdots \overline{\overline{\pi_n}}) \\ +F(\overline{\pi_2}, \overline{\pi_3}, \overline{\pi_4}, \cdots \overline{\overline{\pi_n}}) \cdots + F(\overline{\pi_2}, \overline{\pi_3}, \overline{\pi_4}, \cdots \overline{\overline{\pi_{n-1}}}) \\ -(n-2)F(\overline{\pi_2}, \overline{\pi_3}, \overline{\pi_4}, \cdots \overline{\overline{\pi_n}}) \end{aligned} \tag{9-40}$$

가 된다. 따라서 식 (9-37)~(9-40)은 일반 함수관계를 구성함수의 합으로 나타내기 위한 필요충분조건이다. 즉 식 (9-37)~(9-40)을 만족하면 일반 함수관계는 구성함수의 합으로 나타낼 수 있다.

4. 차원해석법의 응용

구동 타이어와 토양의 상호작용은 대단히 복잡하여 이를 명확히 구명하기는 어렵다. 그러나 차원해석법을 적용하면 타이어와 토양 사이의 상호작용 현상을 독립무차원변수의 상관관계로써 나타낼 수 있다. 타이어와 토양의 상호작용으로 인한 현상에는 타이어의 슬립, 견인력, 침하, 운동저항 등이 있으며, 이러한 현상에 영향을 미치는 변수에는 타이어의 크기와 형상, 타이어에 작용하는 하중, 타이어로 전달된 토크, 토양의 성질 등이 있다. 여기서 타이어와 토양 변수가 타이어 성능에 미치는 영향을 구명하기 위하여 차원해석법을 적용한 예를 보자.

차원해석법을 적용하기 위해서는 먼저 종속변수로서 타이어의 성능을 나타내기 위한 변수와 이에 영향을 미치는 독립변수로서 타이어와 토양과 관련된 변수를 결정하여야 한다. 독립변수는 경험 또는 기존의 연구 결과를 이용하여 결정할 수 있다. 여기서는 13개의 독립변수를 선정하였으며 각 독립변수의 기호와 차원은 다음과 같다.

토양관련 변수:	토양의 내부마찰각	ϕ
	원추지수	C [$ML^{-1}T^{-2}$]
	단위 체적당 무게	γ [$ML^{-2}T^{-2}$]
	스피시튜드	β [$M^{-1}LT^{-1}$]
타이어관련 변수:	지름	d [L]
	단면 폭	b [L]
	단면 높이	h [L]
	변형량	δ [L]
	하중	W [MLT^{-2}]
시스템관련 변수:	주행 속도	v [LT^{-1}]
	타이어와 토양 사이의 마찰계수	μ
	중력가속도	g [LT^{-2}]

스피시튜드(spissitude)는 원추의 침하속도에 따라 변하는 토양의 성질로서 점도와 유사한 성질이나. 종속변수는 다음과 같이 견인력, 운동저항, 입력 토크, 침하, 슬립으로 결정하였다.

성능변수	견인력	P [MLT^{-2}]
	운동저항	P_T [MLT^{-2}]
	입력 토크	Q [ML^2T^{-2}]
	침하	z [L]
	슬립	s

시스템 관련 변수는 타이어와 토양의 상호작용과 관련된 변수이며, 성능변수는 상호작용의 결과를 나타낸 변수라고 할 수 있다.

완전무차원변수세트에 포함된 독립무차원변수의 수는 버킹엄의 정리에 따라 총 17개의 변수에서 기본차원의 수 3을 빼면 17 – 3 = 14가 된다. 14개의 독립무차원변수로써 구성할 수 있는 완전무차원변수세트는 무한히 많다. 그중에서 가장 적절한 완전무차원변수세트는 분석 목적, 실험조건 등에 따라서 결정한다. 위의 예에서는 5개의 종속변수가 있으므로 완전무차원변수세트는 5개의 종속변수가 하나씩 포함된 독립무차원변수와 실험에서 그 값을 쉽게 조정할 수 있는 독립무차원변수로써 구성할 수 있다. 프라이타그(Freitag, 1966)는 14개의 독립무차원변수를 다음과 같이 결정하였다.

$$\pi_1 = \frac{P}{W},\ \pi_2 = \frac{P_T}{W},\ \pi_3 = \frac{Q}{dW},\ \pi_4 = \frac{z}{d},\ \pi_5 = \mu,\ \pi_6 = \phi,\ \pi_7 = s,\ \pi_8 = \frac{b}{d},$$

$$\pi_9 = \frac{h}{d},\ \pi_{10} = \frac{\delta}{h},\ \pi_{11} = \frac{Cd^2}{W},\ \pi_{12} = \frac{\gamma d^3}{W},\ \pi_{13} = \frac{\beta v d}{W},\ \pi_{14} = \frac{gd}{v^2}$$

14개의 독립무차원변수 중에서 $\pi_1, \pi_2, \pi_3, \pi_4, \pi_7$은 종속변수가 하나씩 포함된 독립무차원변수이다. 나머지 9개의 독립무차원변수 중에서 일부는 실험조건에 따라서 무시할 수도 있다. 만약 토양을 순수한 점토로 가정하면 토양의 단위중량과 내부마찰각은 무시할 수 있다. 따라서 점토인 경우에는 독립무차원변수 중에서 토양변수를 포함한 독립무차원변수는 $\pi_{11} = \frac{Cd^2}{W}$과 $\pi_{13} = \frac{\beta v d}{W}$뿐이다. 타이어 변수를 포함한 독립무차원변수는 $\pi_8 = \frac{b}{d}$, $\pi_{10} = \frac{\delta}{h}$이다. 독립무차원변수 $\pi_9 = \frac{h}{d}$는 타이어의 단면을 원형으로 가정하면 그 값은 대개 일정한 값이 되기 때문에 그 영향을 무시할 수 있으며, 주행 속도도 속도가 일정한 경우에는 그 영향을 무시할 수 있다.

타이어와 토양 변수가 타이어 성능에 미치는 영향을 구명하기 위해서는 타이어와 토양 변수를 포함한 독립무차원변수를 독립변수로 하고 성능변수를 포함한 독립무차원변수를 종속변수로 하여 이들의 상관관계를 실험적으로 구명하여야 한다. 따라서 실험에서 사용할 수 있는 독립변수와 종속변수로서 독립무차원변수는 다음과 같이 7개가 된다.

독립변수로서 독립무차원변수: $\frac{Cd^2}{W}, \frac{b}{d}, \frac{\delta}{h}$

종속변수로서 독립무차원변수: $\frac{P_T}{W}, \frac{P}{W}, \frac{Q}{dW}, \frac{z}{d}$

프라이타그가 수행한 실험에 의하면 $\frac{z}{d}$와 $\frac{P}{W}$가 일정할 때 $\frac{b}{d}$의 역수와 $\frac{Cd^2}{W}$는 일정한 상관관계가 있는 것으로 나타났다. 즉

$$\frac{d}{b} = k\frac{Cd^2}{W}$$

로 표현되었다. 여기서 k는 비례상수를 나타낸다. 이를 다시 표현하면

$$\frac{1}{k} = \frac{Cbd}{W}$$

가 된다. 또한 $\frac{z}{d}$와 $\frac{P}{W}$가 일정할 때 $\frac{\delta}{b}$와 $\frac{Cbd}{W}$의 관계는 다음과 같이 나타났다.

$$\frac{b}{\delta} = (\frac{Cbd}{W})^2$$

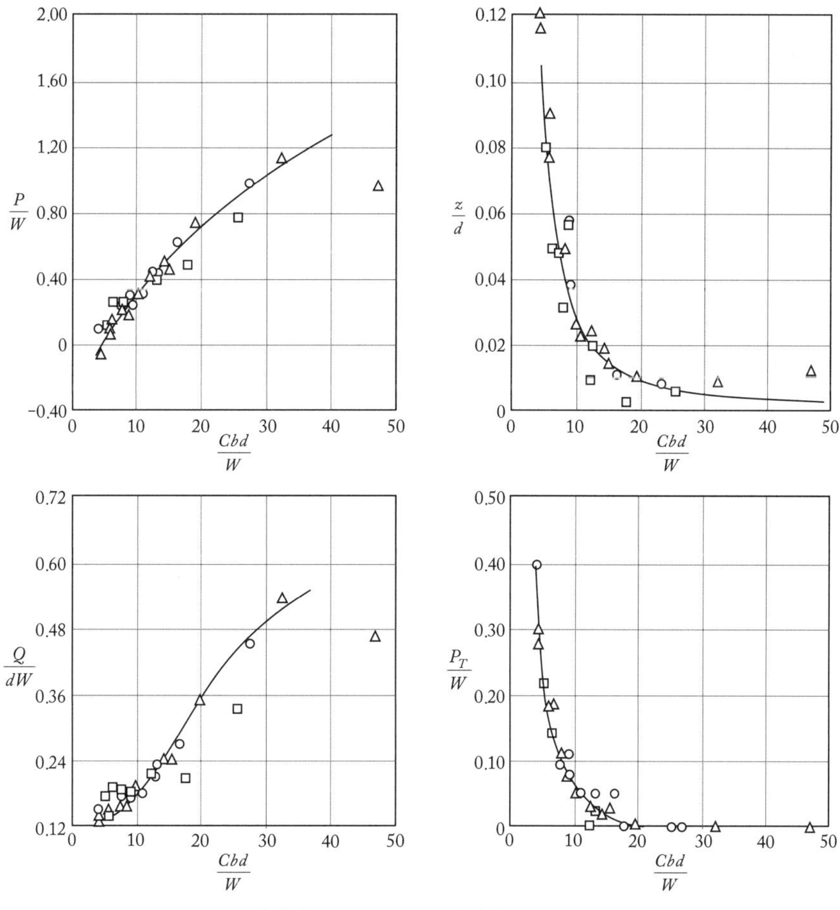

그림 9-1 $\frac{\delta}{b}$ = 0.250일 때 점토상수와 성능변수를 포함한 독립무차원변수의 관계(Freitag, 1966)

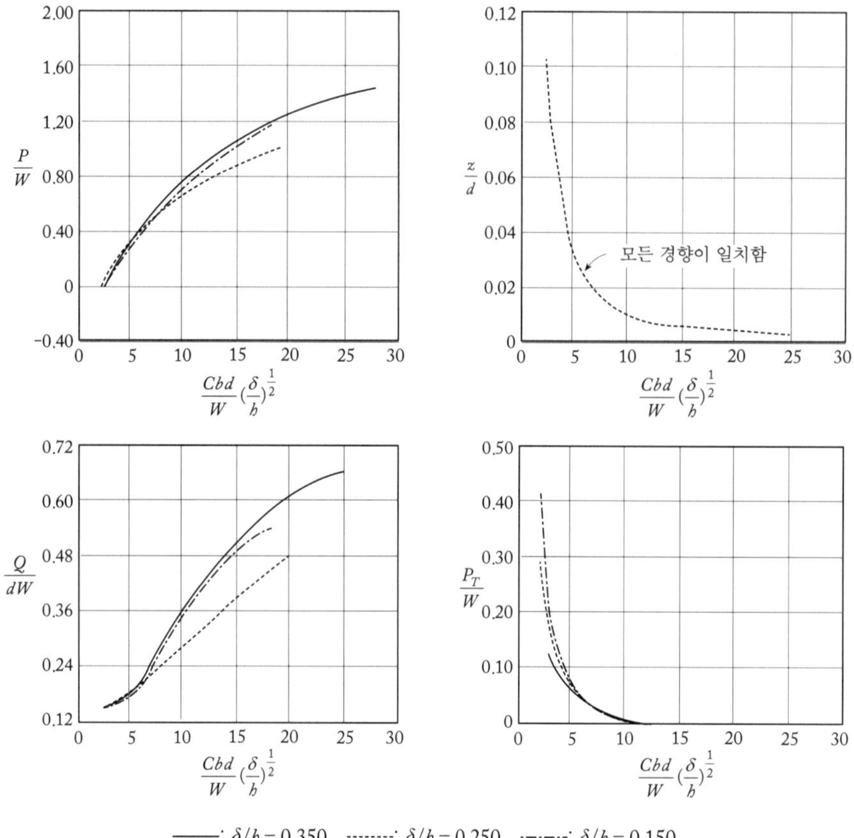

그림 9-2 점토주행성상수와 성능변수를 포함한 독립무차원변수의 관계(Freitag, 1966)

이를 다시 표현하면

$$(\frac{1}{k})^2 = \frac{Cbd}{W}(\frac{\delta}{h})^{\frac{1}{2}}$$

가 된다. 프라이타그는 $\frac{Cbd}{W}$와 $\frac{Cbd}{W}(\frac{\delta}{h})^{\frac{1}{2}}$을 각각 점토상수(clay number)와 점토주행성상수(clay mobility number)로 명명하였다. 실험으로써 구명한 이 점토상수, 점토주행성상수와 타이어의 성능을 나타내는 독립무차원변수와의 상관관계는 그림 9-1과 그림 9-2에서와 같다.

위의 예에서와같이 차원해석법을 실제 문제에 적용하였을 때 가장 어려운 점은 적절한 완전무차원변수세트를 결정하는 것과 완전무차원변수세트에서 독립무차원변수 사이에 존재하는 합리적인 상관관계를 실험적으로 도출하는 것이다.

연습문제

1. 다음 차원행렬에서 완전무차원변수세트에 포함된 독립무차원변수의 수를 구하여라.

	A	B	C	D	E	F	G	H
M	1	1	0	−2	0	1	−1	2
L	2	2	0	1	4	−2	−3	5
T	−3	2	0	−1	−4	3	1	4

	A	B	C	D
M	1	−1	2	0
L	−3	0	1	−2
T	−1	−2	5	−2
θ	4	−1	1	2

2. 다음 변수에 대한 완전무차원변수세트를 구하여라.

체적 V, 가속도 a, 속도 v, 동력 P, 운동량 M, 각속도 ω

3. 식 $y = f(x_1, x_2, x_3)$는 차원농질성 식이고, 변수의 차원행렬은 다음과 같다. 변수 x_1, x_2, x_3가 각각 축척 1/5, 1/10, 1/4로 축소되었을 때 y의 축적계수는 얼마인가?

	y	x_1	x_2	x_3
M	1	1	2	−1
L	3	−1	0	2
T	−2	−3	−2	2

4. 한 쌍의 기어로 구성된 전동장치의 전동효율 η는 기어의 지름 D, 피니언의 지름 d, 윤활유의 점도 μ, 구동축의 초당 회전수 N, 기어의 단위 폭당 작용하중 F에 따라 결정된다, 차원해석법을 적용하여 가능한 독립무차원변수 사이의 함수관계를 구하여라.

5. 토양추진력 H를 예측하기 위하여 주요 변수로서 접지면의 길이 L, 접지면의 폭 B, 토양의 내부마찰각 ϕ, 토양의 점성 c, 접지면에 작용하는 수직하중 W를 선정하였다. 차원해석법을 적용하여 모형실험을 하고자 한다.

❶ 기본 차원을 $[L]$, $[F]$로 하여 실험변수로서 가장 적절한 독립무차원변수를 결정하여라.

❷ 왜곡이 불가피한 독립무차원변수는 무엇인가?

❸ 길이 및 하중축적계수를 1/10으로 하였을 때 왜곡변수의 왜곡계수를 구하여라.

참고문헌

Baker, W. E., P. S. Westine, and F. T. Dodge. 1973. Similarity methods in engineering dynamics. Hayden Book Company, Inc. Rochelle Park, New Jersey.

Freitag, D. R. 1966. A dimensional analysis of the performance of pneumatic tires on clay. Journal of Terramechanics 3(3): 51-68.

Langhaar, H. L. 1980. Dimensional analysis and theory of models. Robert E. Krieger Publishing Company. Huntington, New York.

Murphy, G. 1950. Similitude in engineering. The Ronald Press Company. New York, New York.

Young, D. F. 1966. Similitude of soil-machine systems. Journal of Terramechanics 3(2): 57-70.

연습문제 풀이

제1장

1. ❶ 입도분포곡선

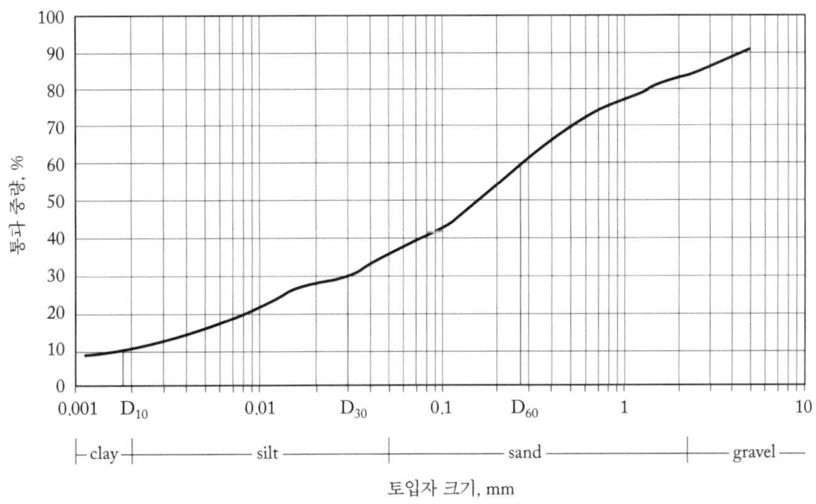

입도분포곡선에서 $D_{10} = 0.0018$ mm, $D_{30} = 0.03$ mm, $D_{60} = 0.28$ mm이고 성분의 구성비는

% of clay(< 0.002 mm) = 10%

% of silt(0.002~0.05 mm) = 36 − 10 = 26%

% of sand(0.05~2 mm) = 83 − 36 = 47%

% of gravel(> 2 mm) = 100 − 83 = 17%이므로

❷ $H_c = \dfrac{D_{60}}{D_{10}} = \dfrac{0.28}{0.0018} = 155.6$

❸ $C_c = \dfrac{D_{30}^2}{D_{10}D_{60}} = \dfrac{0.03^2}{0.0018 \times 0.28} = 1.786$

❹ 자갈의 함량이 15% 이상이므로 자갈을 제외한 점토, 실트, 모래의 구성비는 각각

$$\% \text{ of clay} = \frac{10}{10 + 26 + 47} \times 100 = 12.05\%$$

$$\% \text{ of silt} = \frac{26}{10 + 26 + 47} \times 100 = 31.33\%$$

$$\% \text{ of sand} = \frac{47}{10 + 26 + 47} \times 100 = 56.63\%$$

이다. 따라서 토성은 Gravelly sandy loam으로 분류된다.

2. USDA 분류법에 의한 모래의 크기는 0.05 mm와 2 mm 사이이므로

❶ 입자의 크기가 0.05 mm일 때 누적중량비는 0%이고, 2 mm일 때는 92%이므로 모래의 중량비는 약 92%이다.

❷ $H_c = \frac{D_{60}}{D_{10}} = \frac{0.6}{0.125} = 4.8$

3. $W_L = 0.7$, $W_P = 0.38$, $W = 0.28$이므로

소성지수는 $PI = W_L - W_P = 0.7 - 0.38 = 0.32$

액성지수는 $LI = \frac{W_L - W}{PI} = \frac{0.7 - 0.28}{0.32} = 1.31$

4. $PI = W_L - W_P = 0.67 - 0.32 = 0.35$이고, 2 μm 이하인 점토의 중량비는 0.4이므로 점토의 활동지수는 $A = \frac{0.35}{0.4} = 0.875$이다.

5. $W_T = 18.18$ kg, $V_T = 0.009$ m^3, $W_S = 16.13$ kg, $G_s = 2.7$이고 $\gamma_w = 1{,}000$ kg/m^{3}이므로 $G_s = \frac{\gamma_s}{\gamma_w} = \frac{\gamma_s}{1{,}000} = 2.7$ 이다. 따라서 $\gamma_s = 2{,}700$ kg/m^{3}이다.

$\gamma_s = \frac{W_S}{V_S} = \frac{16.13}{V_S} = 2{,}700$이므로, $V_S = \frac{16.13}{2{,}700} = 0.00597$ m^{3}이다. 또한 $V_V = V_T - V_S = 0.009 - 0.00597 = 0.003026$ m^{3}이다. 따라서

❶ $e = \frac{V_V}{V_S} = \frac{0.003026}{0.00597} = 0.5065$

❷ $n = \frac{e}{1+e} = \frac{0.5065}{1+0.5065} = 0.3362$

❸ $\gamma_d = \frac{W_S}{V_T} = \frac{16.13}{0.009} = 1,792.2 \text{ kg / m}^3$

❹ $\gamma_t = \frac{W_T}{V_T} = \frac{18.18}{0.009} = 2,020 \text{ kg / m}^3$

$W = \frac{\gamma_t}{\gamma_d} - 1 = \frac{2,020}{1,792.2} - 1 = 0.1271,\ 12.7\%$

❺ $W_W = WW_S = 0.1271 \times 16.13 = 2.05 \text{ kg},\ V_W = \frac{W_W}{\gamma_\omega} = \frac{2.05}{1,000} = 0.00205 \text{ m}^3$

$S = \frac{V_W}{V_V} = \frac{0.00205}{0.003026} = 0.6775,\ 67.75\%$

❻ $\gamma_{sat} = (\frac{G_s + e}{1+e})\gamma_\omega = (\frac{2.7+0.5065}{1+0.5065}) \times 1,000 = 2,128.4 \text{ kg / m}^3$

6. $W_T = 212$ g, $V_T = 110$ cm^3, $W_S = 162$ g이고 $S = 100\%$이므로 $V_W = V_V$이다. 또한 $\gamma_w = 1$ g/cm^{3}이다.

❶ $\gamma_t = \frac{W_T}{V_T} = \frac{212}{110} = 1.927 \text{ g / cm}^3$

❷ $\gamma_d = \frac{W_S}{V_T} = \frac{162}{110} = 1.473 \text{ g / cm}^3$

❸ $W = \frac{\gamma_t}{\gamma_d} - 1 = \frac{1.927}{1.473} - 1 = 0.309,\ 30.9\%$

❹ $W_W = WW_S = 0.309 \times 162 = 50 \text{ g},\ V_W = V_V = \frac{W_W}{\gamma_w} = \frac{50}{1} = 50 \text{ cm}^3$

$n = \frac{V_V}{V_T} = \frac{50.058}{110} = 0.455,\ e = \frac{n}{1-n} = \frac{0.455}{1-0.455} = 0.833$

❺ $\gamma_s = \gamma_d(1+e) = 1.473(1+0.833) = 2.7\ \mathrm{g/cm^3}$

$$G_s = \frac{\gamma_s}{\gamma_w} = \frac{2.7}{1} = 2.7$$

7. $W_S = 3.62$ kg, $V_T = 0.00195\ \mathrm{m^3}$, $e_{max} = 0.95$, $e_{min} = 0.35$이므로

$$\gamma_d = \frac{W_S}{V_T} = \frac{3.62}{0.00195} = 1,856.41\ \mathrm{kg/m^3}$$

$\gamma_w = 1{,}000\ \mathrm{kg/m^3}$이고 $G_s = 2.7$이므로, $\gamma_s = \gamma_w G_s = 1{,}000 \times 2.7 = 2{,}700\ \mathrm{kg/m^3}$

$$e = \frac{\gamma_s}{\gamma_d} - 1 = \frac{2,700}{1856.41} - 1 = 0.454$$

$$D_r = \frac{e_{max} - e}{e_{max} - e_{min}} = \frac{0.95 - 0.454}{0.95 - 0.35} = 0.8259,\ 82.6\%$$

8. $W_T = 113.27 - 49.31 = 63.96$ g

$W_S = 100.06 - 49.31 = 51.29$ g

$W_W = W_T - W_S = 63.96 - 51.29 = 12.67$ g

함수비: $W = \dfrac{W_W}{W_S} = \dfrac{12.67}{51.29} = 0.247,\ 24.7\%$

$$V_T = \frac{W_T}{G} = \frac{63.96}{2.8} = 22.84\ \mathrm{cm^3}$$

$$V_W = \frac{W_W}{\gamma_w} = \frac{12.67}{1} = 12.67\ \mathrm{cm^3}$$

$V_T = V_S + V_W + V_g$, $V_g = 0$이므로

$V_S = V_T - V_W = 22.84 - 12.67 = 10.17\ \mathrm{cm^3}$

공극비: $e = \dfrac{V_W}{V_S} = \dfrac{12.67}{10.17} = 1.245$

9. $e = \dfrac{V_V}{V_S} = 1.02,\ G_s = \dfrac{\gamma_s}{\gamma_w} = 2.70,\ W = \dfrac{W_W}{W_S} = 0.3$

$$S = \frac{V_W}{V_V} = \frac{V_W}{1.02V_S} = \frac{W_W / \gamma_w}{1.02W_S / \gamma_s} = \frac{1}{1.02}\frac{W_W}{W_S}\frac{\gamma s}{\gamma_w} = \frac{1}{1.02}(0.3)(2.70) = 0.794$$

$$\gamma_t = \frac{W_T}{V_T} = \frac{W_S + W_W}{V_S + V_V} = (\frac{1+W}{1+e})\gamma_s = (\frac{1+0.3}{1+1.02})\gamma_s$$

$$\gamma_s = G_s\gamma_w = 2.70 \times 9{,}810 = 2{,}6487\ \text{N/m}^3 = 26.5\ \text{kN/m}^3$$

$$\gamma_t = \frac{1.3}{2.02} \times 26.5 = 17.05\ \ \text{kN/m}^3$$

$$\gamma_d = \frac{W_S}{V_T} = \frac{\gamma_t}{1+W} = \frac{17.05}{1+0.3} = 13.12\ \ \text{kN/m}^3$$

10. Loam

제2장

1. $c = 0$

$\phi = a\ \tan(0.9) = 41.98°$

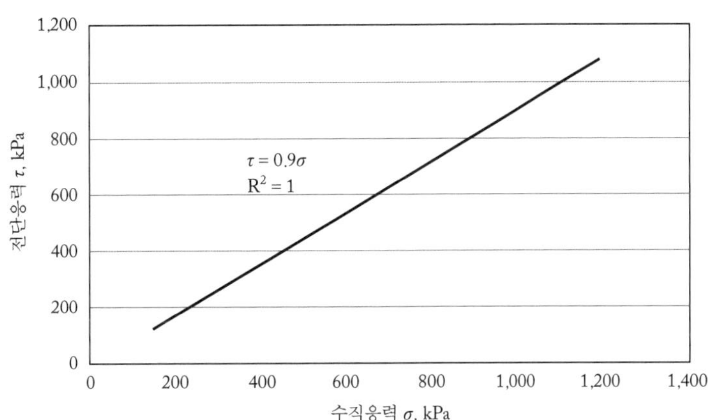

2. 시험결과를 이용하여 몰원의 중심과 반경을 구하면 다음 표에서와 같다.

시험 번호	편차 압력	간극 수압	총압력 기준 몰원				유효압력 기준 몰원			
	σ_d, kPa	u_c, kPa	σ_3, kPa	σ_1, kPa	Center	Radius	σ_3', kPa	σ_1', kPa	Center	Radius
1	87	77	150	237	193.5	43.5	73	160	116.5	43.5
2	261	232	450	711	580.5	130.5	218	479	348.5	130.5
3	454	412	800	1,254	1,027.0	227.0	388	842	615.0	227.0

이를 이용하여 전단파괴선을 그리고 점성 및 내부마찰각을 구한다.

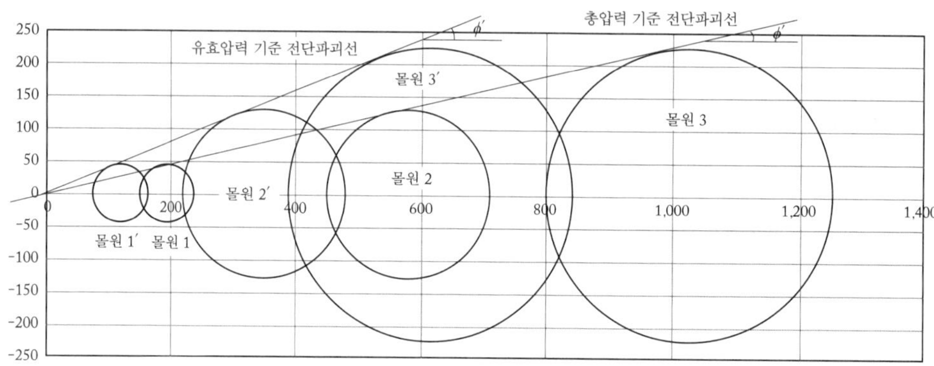

총압력 기준: $c = 0$, $\phi = 14°$

유효압력 기준: $c' = 0$, $\phi' = 23°$

3. $\sigma_1 = 130$ kPa, $\sigma_3 = 80$ kPa이고, 포화 점토이므로 편차수압과 간극수압은 같다.
따라서 간극수압은 $u_c = \sigma_d = \sigma_1 - \sigma_3 = 130 - 80 = 50$ kPa이고
점성은 $c = \dfrac{\sigma_1 - \sigma_3}{2} = \dfrac{130 - 80}{2} = 25$ kPa이다.

4. $h = \dfrac{4T}{d\rho g}$

$T = 0.064$ N/m, $d = 0.05$ mm, $\rho = 1{,}000$ kg/m^3, $g = 9.81$ m/s^2

$$h = \frac{4 \times 0.064 \text{ N/m}}{(0.05 \times 10^{-3} \text{ m})(1{,}000 \text{ kg/m}^3)(9.81 \text{ m/s}^2)} = 0.522 \text{ m}$$

$h = 52.2$ cm

5. $h = \dfrac{4T}{d\rho g}$

$T = 0.064$ N/m, $\rho = 1{,}000$ kg/m^3, $g = 9.81$ m/s^2

$$d = \frac{0.02}{5} = 0.004 \text{ mm}$$

$$h = \frac{4 \times 0.064 \text{ N/m}}{(0.004 \times 10^{-3} \text{ m})(1,000 \text{ kg/m}^3)(9.81 \text{ m/s}^2)} = 6.524 \text{ m}$$

$h = 6.524$ m

6. $\sigma_x = 50$ kPa, $\sigma_y = 10$ kPa, 전단파괴면의 방향을 이용하여 몰원을 그리면

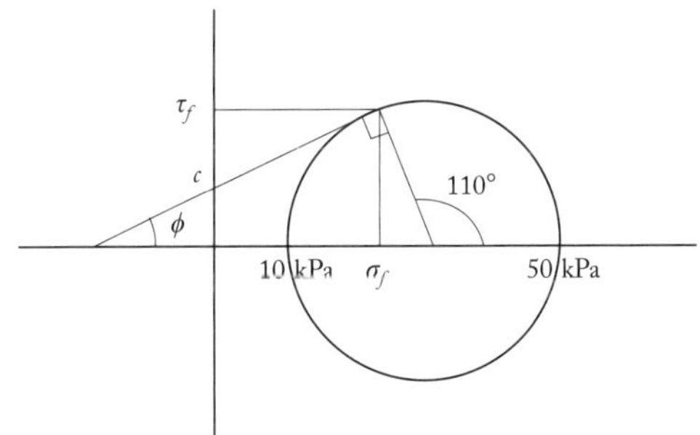

와 같다. 그림에서 내부마찰각은 $\phi = 20°$이다.

❶ $\phi = 110° - 90° = 20°$

❷ $\sigma \sin\phi = \dfrac{50-10}{2}$, $\sigma = \dfrac{50-10}{2\sin 20°} = 58.476$ kPa

$$c = (\sigma - \frac{50+10}{2})\tan 20° = (58.476 - 30)\tan 20° = 10.36 \text{ kPa}$$

❸ $\tau_f = \dfrac{50-10}{2}\sin 110° = 18.794$ kPa

④ $\sigma_f = \frac{50+10}{2} + \frac{50-10}{2}\cos 110° = 23.16\ \text{kPa}$

7. 시험결과를 이용하여 수직응력과 전단응력의 관계를 그림으로 나타내면 다음과 같다. 토양의 내무마찰각과 점성은 수직응력-전단응력선도의 기울기와 절편이 된다.

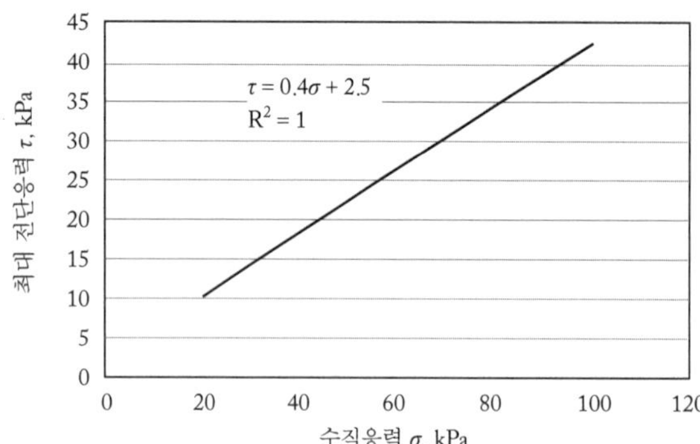

❶ $\phi = \tan^{-1} 0.4 = 21.8°$

❷ $c = 2.5\ \text{kPa}$

❸ $\sigma_1 = \gamma_z = 17.5 \times 1 = 17.5\ \text{kPa}$

$$(c\cot\phi + \frac{\sigma_1 + \sigma_2}{2})\sin\phi = \frac{\sigma_1 - \sigma_2}{2}$$

$$\sigma_2 = \sigma_1 \frac{1-\sin\phi}{1+\sin\phi} - \frac{2c\cos\phi}{1+\sin\phi} = 17.5(\frac{1-\sin 21.8°}{1+\sin 21.8°}) - \frac{2\times 2.5\cos 21.8°}{1+\sin 21.8°} = 4.636\ \text{kPa}$$

$$\sigma_f = \frac{\sigma_1+\sigma_2}{2} - \frac{\sigma_1-\sigma_2}{2}\cos(90°+\phi) = 8.68\ \text{kPa}$$

$$\tau_f = \frac{\sigma_1-\sigma_2}{2}\sin(90°+\phi) = 5.97\ \text{kPa}$$

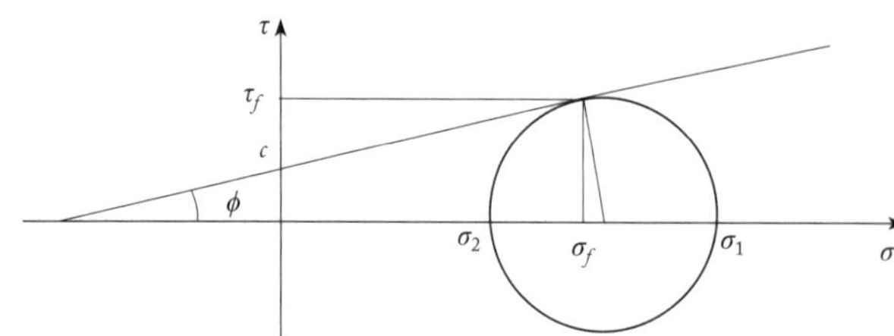

제3장

1.

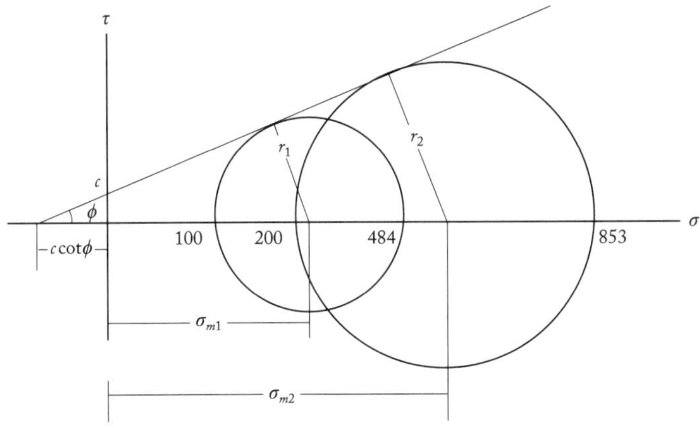

$$(c\cot\phi + \sigma_{m1})\sin\phi = r_1,\ (c\cot\phi + \sigma_{m2})\sin\phi = r_2$$

$$\sigma_{m1} = \frac{100+484}{2} = 292\ \text{kPa},\ r_1 = \frac{484-100}{2} = 192\ \text{kPa}$$

$$\sigma_{m2} = \frac{200+\ 853}{2} = 526.5\ \text{kPa},\ r_2 = \frac{853-200}{2} = 326.5\ \text{kPa}$$

$$(c\cot\phi + 292)\sin\phi = 192,\ (c\cot\phi + 526.5)\sin\phi = 326.5$$

❶ ϕ를 구하면, $\sin\phi = \dfrac{326.5-192}{526.5-292} = \dfrac{134.5}{234.5} = 0.57$ 에서 $\phi = 35°$

c를 구하면, $(c\cot 35° + 292)\sin 35° = 192$에서 $c = 29.9$ kPa

❷ 몰-쿨롱식은 $\tau = 29.9 + \sigma_n \tan 35°$이므로

$\tau = 29.9 + 150\tan 35° = 134.93$ kPa

2. $\sigma_h^a = \sigma_v \tan^2(\dfrac{\pi}{4} - \dfrac{\phi}{2}) - 2c\tan(\dfrac{\pi}{4} - \dfrac{\phi}{2})$

$= 60\tan^2(45° - \dfrac{10°}{2}) - 2(20)\tan(45° - \dfrac{10°}{2}) = 8.68$ kPa

$$\sigma_h^p = \sigma_h \tan^2(\frac{\pi}{4} + \frac{\phi}{2}) + 2c\tan(\frac{\pi}{4} + \frac{\phi}{2})$$

$$= 60\tan^2(45° + \frac{10°}{2}) + 2(20)\tan(45° + \frac{10°}{2}) = 132.9 \text{ kPa}$$

$$\sigma_a = \frac{\sigma_v + \sigma_h^a}{2} - (\frac{\sigma_v - \sigma_h^a}{2})\sin\phi = \frac{60 + 8.68}{2} - (\frac{60 - 8.68}{2})\sin 10° = 29.88 \text{ kPa}$$

$$\tau_a = (\frac{\sigma_v - \sigma_h^a}{2})\cos\phi = (\frac{60 - 8.68}{2})\cos 10° = 25.27 \text{ kPa}$$

$$\sigma_p = \frac{\sigma_h^p + \sigma_v}{2} - (\frac{\sigma_h^p - \sigma_v}{2})\sin\phi = \frac{132.9 + 60}{2} - (\frac{132.9 - 60}{2})\sin 10° = 83.79 \text{ kPa}$$

$$\tau_p = (\frac{\sigma_h^p - \sigma_v}{2})\cos\phi = (\frac{132.9 - 60}{2})\cos 10° = 35.89 \text{ kPa}$$

3. $Q = B\,(\frac{1}{2}\gamma B N_\gamma + q_s N_s + c N_c)$에서

$B = 0.3$ m, $\gamma = 17.6$ kN/m^3,

$$N_\phi = \tan^2(\frac{\pi}{4} + \frac{\phi}{2}) = \tan^2(\frac{45° + 20°}{2}) = 2.04$$

$$N_\gamma = \frac{1}{2}(N_\phi^{5/2} - N_\phi^{1/2}) = \frac{1}{2}(2.04^{5/2} - 2.04^{1/2}) = 2.26$$

$q_s = 0$

$c = 7$ kN/m^2

$N_c = 2(N_\phi^{3/2} + N_\phi^{1/2}) = 2(2.04^{3/2} + 2.04^{1/2}) = 8.68$

$$Q = 0.3(\frac{1}{2} \times 17.6 \times 0.3 \times 2.26 + 7 \times 8.68\ ) = 20.02 \text{ kN/m}$$

따라서 $P_{max} = QL = 20.02 \times 1 = 20.02$ kN

4. $\phi = 32°$, $\gamma = 16$ kN/m^3, $B = 2$ m, $d = 0.3$ m

$$N_\phi = \tan^2(\frac{\pi}{4} + \frac{\phi}{2}) = \tan^2(45° + \frac{32°}{2}) = 3.254$$

$$N_\gamma = \frac{1}{2}(N_\phi^{5/2} - N_\phi^{1/2}) = \frac{1}{2}(3.254^{5/2} - 3.254^{1/2}) = 8.65$$

$$N_q = N_\phi^2 = 3.254^2 = 10.59$$

$$\frac{Q_{ult}}{B} = \frac{\gamma}{2}BN_\gamma + \gamma dN_q = \frac{1}{2}(16)(2)(8.65)+(16)(0.3)(10.59) = 189.28\ \text{kN/m}^2$$

$$Q_{ult} = 2 \times 189.28 = 378.57\ \text{kN/m}$$

5. $\phi = 37°$, $c = 10\ \text{kN/m}^2$, $\gamma = 18\ \text{kN/m}^3$, $H = 6\ \text{m}$, $q = 3\ \text{kN/m}^2$

$$N_\phi = \tan^2(\frac{\pi}{4} + \frac{\phi}{2}) = \tan^2(45° + \frac{37°}{2}) = 4.02$$

❶ $$\sigma_h = \frac{\gamma z + q}{N_\phi} - \frac{2c}{\sqrt{N_\phi}} = \frac{18z+3}{4.02} - \frac{2\times 10}{\sqrt{4.02}}$$

$$\sigma_h = 4.48z - 9.23$$

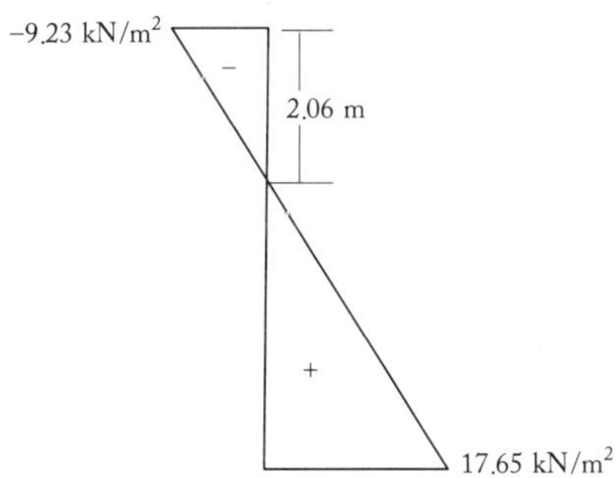

❷ $$P_A = \frac{\gamma H^2}{2N_\phi} + \frac{qH}{N_\phi} - \frac{2cH}{\sqrt{N_\phi}} = \frac{18\times 6^2}{2\times 4.02} + \frac{3\times 6}{4.02} - \frac{2\times 10\times 6}{\sqrt{4.02}} = 25.22\ \text{kN/m}$$

❸ $$\mu = \frac{\pi}{4} + \frac{\phi}{2} = 45° + \frac{37°}{2} = 63.5°$$

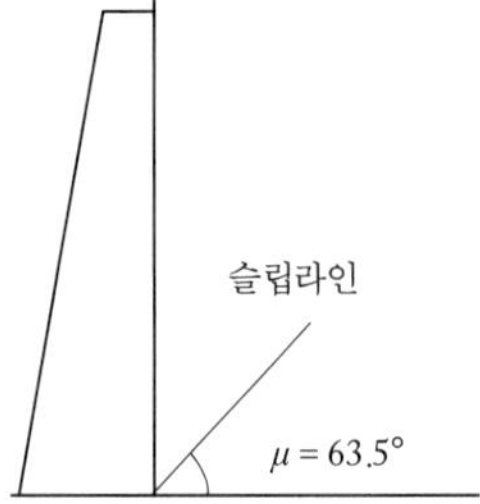

6. $H = 3$ m, $\gamma = 19.8$ kN/m^3, $c = 25$ kPa, $\phi = 32°$, $q = 5$ kPa,

$\delta = \tan^{-1} 0.45 = 24.22°$

$$N_\phi = \tan^2(\frac{\pi}{4} + \frac{\phi}{2}) = \tan^2(45° + \frac{32°}{2}) = 3.255$$

❶ $$P_{Ah} = \frac{1}{2}\gamma H^2 \frac{1}{N_\phi} + qH\frac{1}{N_\phi} - 2cH\frac{1}{\sqrt{N_\phi}}$$

$$= \frac{1}{2}(19)(3^2)\frac{1}{3.255} + 5(3)\frac{1}{3.255} - 2(25)(3)\frac{1}{\sqrt{3.255}} = -51.16 \text{ kN/m}$$

$$P_{An} = \frac{1}{\sin 80°}P_{Ah} = -\frac{51.16}{\sin 80°} = -51.95 \text{ kN/m}$$

P_{An}이 음수이기 때문에 능동파괴에 의하여 벽면에 작용하는 힘은 없다.

점착력: $F_c = \dfrac{cH}{\sin 80°} = \dfrac{(25)(3)}{\sin 80°} = 76.16$ kN/m

❷ $$P_{Ph} = \frac{1}{2}\gamma H^2 N_\phi + qHN_\phi + 2cH\sqrt{N_\phi}$$

$$= \frac{1}{2}(19)(3^2)(3.255) + (5)(3)(3.255) + 2(25)(3)(\sqrt{3.255}) = 609.4 \text{ kN/m}$$

$$P_{Pn} = \frac{1}{\sin 80°}P_{Ph} = \frac{609.4}{\sin 80°} = 618.8 \text{ kN/m}$$

수동파괴에 의하여 벽면에 작용하는 힘은

$$F_P = \frac{P_{Pn}}{\cos\delta} = \frac{618.8}{\cos 24.22°} = 678.6 \text{ kN/m}$$

점착력: $F_c = \dfrac{cH}{\sin 80°} = \dfrac{(25)(3)}{\sin 80°} = 76.16\ \text{kN/m}$

7. ❶ $\delta = 35°,\ \phi = 32°$

$$W = \frac{1}{2}\gamma H^2 \cot\theta = \frac{1}{2}(16)(2)^2 \cot\theta = 32\cot\theta\ \text{kN/m}$$

$$\frac{P_A}{\sin(\theta - 32°)} = \frac{W}{\sin(90° + 35° + 32° - \theta)}$$

$$P_A = \frac{32\cot\theta\sin(\theta - 32°)}{\sin(90° + 35° + 32° - \theta)}$$

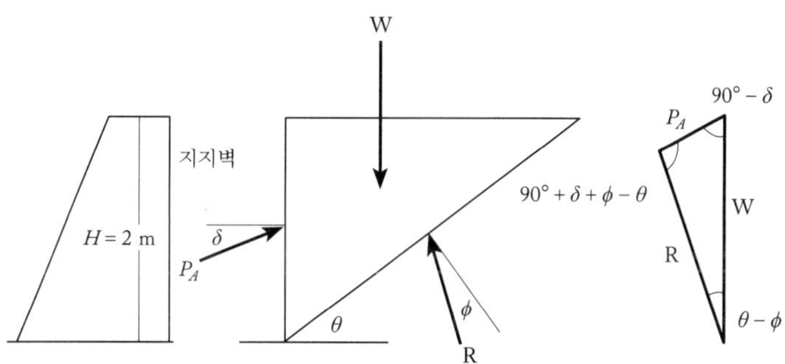

$\theta°$	P_A, kN/m
51	8.776
52	8.852
53	8.906
54	8.938
55	8.950
56	8.943
57	8.918

따라서 최대 능동토압은 $\theta = 55°$일 때 8.95 kN/m이다.

❷ $\dfrac{P_P}{\sin(\theta + 32°)} = \dfrac{W}{\sin(90° - 35° - 32° - \theta)},\ P_P = \dfrac{32\cot\theta\sin(\theta + 32°)}{\sin(90° - 35° - 32° - \theta)}$

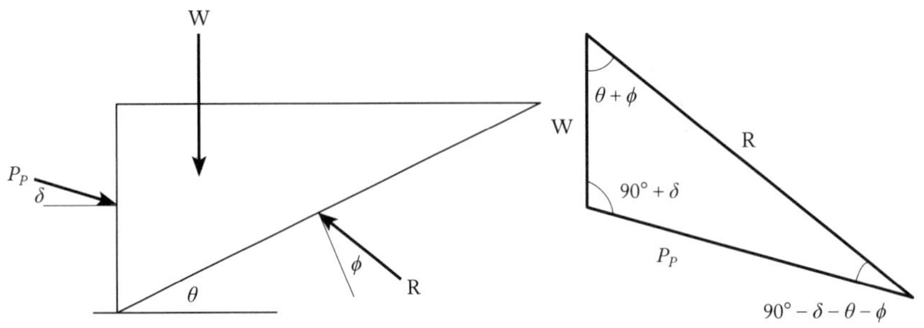

$\theta°$	P_P, kN/m
5	712.32
6	641.11
7	595.03
8	565.48
9	547.90
10	539.82
11	540.01
12	548.08

따라서 최소 수동토압은 $\theta = 10°$일 때 539.8 kN/m이다.

제4장

1. ❶ 5 cm 정사각형 평판에 작용하는 수직압력은 $p = \dfrac{F}{0.05 \times 0.05} = 400F$ Pa이므로 평판의 수직압력에 의한 토양침하를 구하면 다음 표에서와 같고

수직압력, kPa	8	20	40	80	120
토양침하, m	0.001	0.005	0.015	0.046	0.09

10 cm 정사각형 평판에 작용하는 수직압력은 $p = \dfrac{F}{0.1 \times 0.1} = 100F$ Pa이므로 평판의 수직압력에 의한 토양침하를 구하면

수직압력, kPa	10	20	40	60	80
토양침하, m	0.002	0.005	0.017	0.034	0.054

이다. 이를 이용한 토양침하-수직압력선도와 각각의 지수함수는 다음 그림에서와 같다.

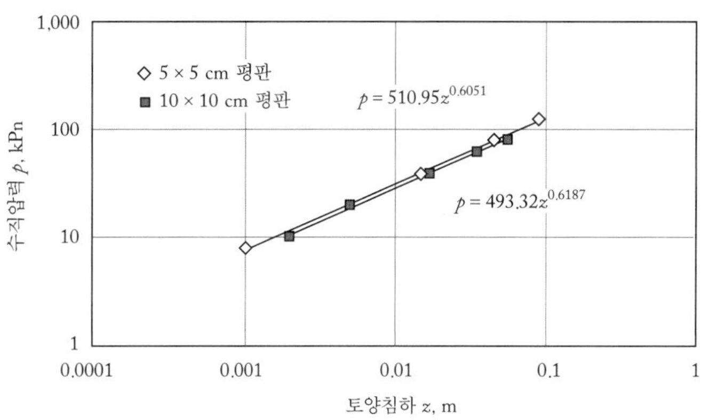

따라서 5 × 5 cm 평판의 경우 $p_1 = (\frac{k_c}{b_1} + k_\phi)z_1^n = 510.95z_1^{0.6051}$이고, 10 × 10 cm 평판의 경우 $p_2 = (\frac{k_c}{b_2} + k_\phi)z_2^n = 493.32z_2^{0.6187}$이다. 기울기 n은 평균값으로서 $n = \frac{0.6051 + 0.6187}{2} = 0.6119$로 결정하고 $z_1 = z_2 = 1$일 때 $a_1 = p_1 = 510.95$, $a_2 = p_2 = 493.32$이므로 식 (4-7)과 (4-8)을 이용하여 k_c, k_ϕ를 구하면

$$k_c = \frac{(510.95 - 493.32)(0.05)(0.1)}{0.1 - 0.05} = 1.763 \text{ kN/m}^{n+1}$$

$$k_\phi = \frac{493.32 \times 0.1 - 510.95 \times 0.05}{0.1 - 0.05} = 475.69 \text{ kN/m}^{n+2}$$

이다.

❷ 압력-침하식은 $p_1 = (\frac{1.763}{0.05} + 475.69)z_1^{0.6119}$ 또는 $p_2 = (\frac{1.763}{0.1} + 475.69)z_1^{0.6119}$이므로 $p_1 = p_2 = 500$ kP일 때 토양침하 z_1과 z_2는

$$z_1 = [\frac{500}{1.763 / 0.05 + 475,69}]^{1/0.6119} = 0.965 \text{ m}$$

$$z_2 = [\frac{500}{1.763 / 0.1 + 475,69}]^{1/0.6119} = 1.022 \text{ m}$$

로 예측된다.

2. 전단변위-전단응력선도에서 수직응력에 따른 최대 전단응력을 구하면

p_{max}, kPa	5.5	10	15	19.7	24.5	29.2
τ, kPa	4.3	7	10.1	14	17	20

와 같고, 이를 그림으로 나타내면 다음과 같다.

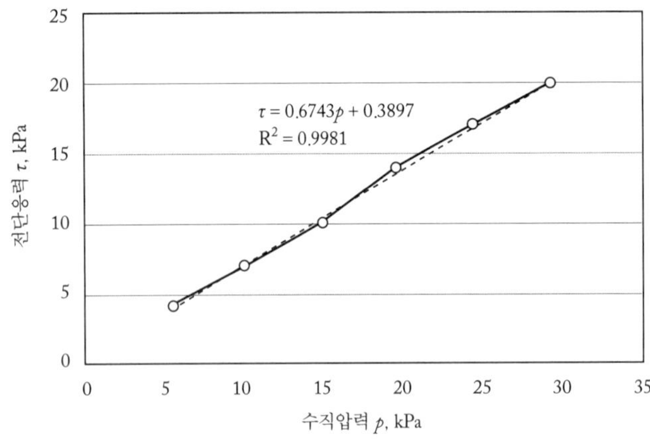

❶ 그림에서 수직압력-전단응력의 관계식은

$$\tau = c + p\tan\phi = 0.3897 + 0.6743p$$

이다. 따라서 점성은 $c = 0.3897$ kPa이고, 내부마찰각은 $\phi = \tan^{-1} 0.6743 = 34°$이다.

❷ $\tau = (c + p\tan\phi)(1 - e^{\frac{-j}{K}}) = (0.3897 + p\tan 34°)(1 - e^{-\frac{j}{K}})$

$$\frac{d\tau}{dj}|_{j=0} = (c + p\tan\phi)\frac{1}{K} = (0.3897 + 29.2\tan 34°)\frac{1}{K} = \frac{20}{5}$$이므로

K를 구하면, $K = 5.02$ mm가 된다. 따라서 $\tau = 20.08(1 - e^{-0.199j})$이고 τ는 kPa, j는 mm 단위이다.

3. $p = (\frac{k_c}{b} + k_\phi)z^n$에서 수직압력은 $p = \frac{W}{bL} = \frac{13.2}{0.965b}$ kPa이고, $k_c = 30$ kN/m^{n+1}, $k_\phi =$ 100 kN/m^{n+2}, $n = 0.5$이므로

$\frac{13.2}{0.965b} = (\frac{30}{b} + 100)(0.05)^{0.5}$ 를 만족하는 b를 구하면 $b = 0.311$ m이다.

4. 데이터를 이용한 전단변위-전단응력선도는 다음 그림에서와 같고 관계식은 $\tau = -1.0618j^4 + 9.1459j^3 - 30.028j^2 + 46.269j + 0.1778$이다.

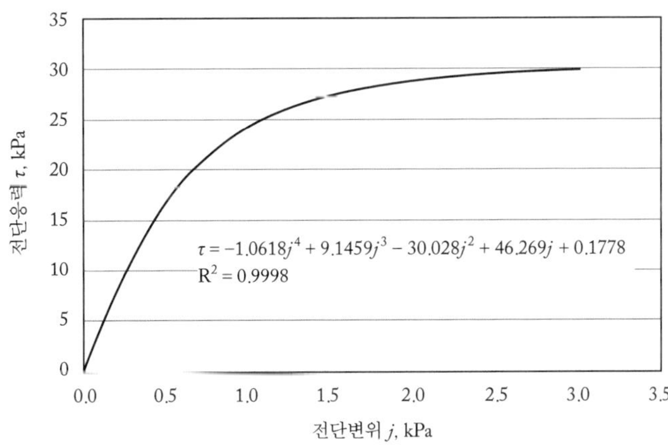

따라서 전단변형계수를 구하면

$$\frac{d\tau}{dj}|_{j=0} = 46.269$$

$$\frac{\tau_{\max}}{K} = \frac{46.269}{1},\ K = \frac{\tau_{\max}}{46.269} = \frac{30}{46.269} = 0.648 \text{ mm}$$이다.

제5장

1. 총접지면적: $A = 8(\frac{58.7}{100} \times \frac{180.8}{4 \times 100}) = 2.12 \text{ m}^2$, $W = 15{,}400 \times 9.81/1{,}000 = 151.1$ kN

$H = Ac + W\tan\phi = (2.12)(10) + 151.1\tan 25° = 91.67$ kN

2. 차륜하중: $W = 20$ kN

타이어 A: $D = 200$ cm, $b = 40$ cm, $L = 100$ cm, $A = 0.4 \text{ m}^2$

타이어 B: $D = 100$ cm, $b = 80$ cm, $L = 50$ cm, $A = 0.4 \text{ m}^2$

토양조건: $c = 20$ kPa, $\phi = 30°$, $K = 7$ cm

$$H = (Ac + W\tan\phi)[1 - \frac{K}{sL}(1 - e^{-\frac{sL}{K}})]$$

$$H_A = (0.4 \times 20 + 20\tan 30°)[1 - \frac{0.07}{s}(1 - e^{-\frac{s}{0.07}})]$$

$$H_B = (0.4 \times 20 + 20\tan 30°)[1 - \frac{0.07}{0.5s}(1 - e^{-\frac{0.5s}{0.07}})]$$

슬립 s의 함수로 H_A와 H_B를 나타내면 다음 그림에서와 같다. 따라서 타이어 A가 더 큰 토양추진력을 얻을 수 있다.

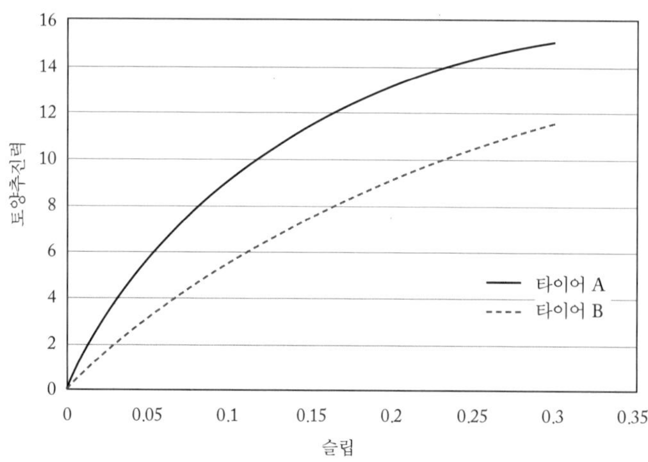

3. 타이어 제원: $D = 1.72$ m, $b = 0.467$ m, $L = \frac{D}{2} = \frac{1.72}{2} = 0.86$ m

토양조건: $n = 0.5$, $k_c = 100$ kPa/m$^{1.5}$, $k_\phi = 50$ kPa/m$^{2.5}$, $c = 20$ kPa, $\phi = 25°$

강체차륜의 접지 길이가 0.86 m이면 타이어의 침하는 그림에서와 같이

$$z = \frac{D}{2}(1 - \cos\alpha),\ \frac{D}{2}\sin\alpha = \frac{0.86}{2}$$

이고 α와 z를 구하면 각각 $\alpha = 30°$, $z = 0.86(1 - \cos 30°) = 0.115$ m이다.

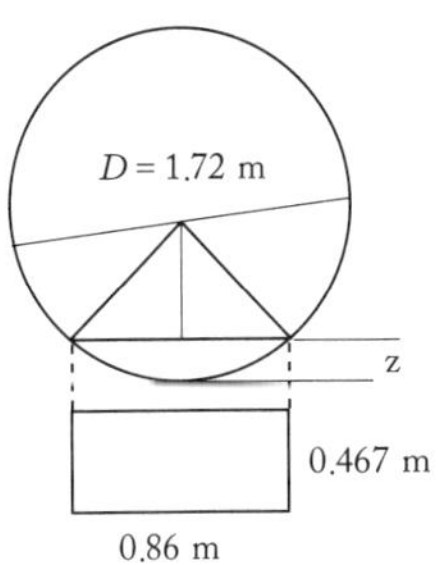

따라서 접지면에 작용하는 평균압력을 구하면

$$p_g = (\frac{k_c}{b} + k_\phi)z^n = (\frac{100}{0.467} + 50)(0.115)^{0.5} = 89.66\ \text{kPa}$$

이다. $W = p_g A = 89.66(0.467 \times 0.86) = 36$ kN이므로 최대 토양추진력은

$$H = Ac + W\tan\phi = (0.86 \times 0.467)(20) + 36\tan 25° = 24.8\ \text{kN}$$

이고 운동저항은

$$R_c = (k_c + bk_\phi)\frac{z^{n+1}}{n+1} = (100 + 0.467 \times 50)(\frac{0.115^{0.5+1}}{0.5+1}) = 3.22\ \text{kN}$$

이다. 따라서 견인력은 $DP = H - R_c = 24.8 - 3.22 = 21.60$ kN이다.

4. 토양: $c = 25$ kPa, $\phi = 30°$, $K = 0.07$ m

타이어: $b = 0.47$ m, $L = 0.86$ m

총중량: $W_t = 4.8 \times 9.81 = 47.1$ kN

후륜에 작용하는 하중: $W_r = 0.75W_t = 0.75 \times 47.1 = 35.32$ kN

총접지면적: $A = 2bL = 2 \times 0.47 \times 0.86 = 0.81\ \text{m}^2$

운동저항: $R = 47.1 \times 0.08 = 3.77$ kN

슬립이 10%, 16%일 때 토양추진력과 견인력은 각각 다음과 같이 계산된다.

$$H_{10\%} = (0.81 \times 25 + 35.32 \tan 30°)[1 - \frac{0.07}{0.1 \times 0.86}(1 - e^{\frac{-0.1 \times 0.86}{0.07}})] = 17.23 \text{ kN}$$

$$DP_{10\%} = H - R = 17.23 - 3.77 = 13.46 \text{ kN}$$

$$H_{16\%} = (0.81 \times 25 + 35.32 \tan 30°)[1 - \frac{0.07}{0.16 \times 0.86}(1 - e^{\frac{-0.16 \times 0.86}{0.07}})] = 22.84 \text{ kN}$$

$$DP_{16\%} = H - R = 22.84 - 3.77 = 19.1 \text{ kN}$$

5. 토양조건: $n = 1.6$, $k_c = 4.37\ \text{kN/m}^{2.6}$, $k_\phi = 196.72\ \text{kN/m}^{3.6}$, $K = 0.05$ cm, $c = 1.0$ kPa, $\phi = 19.7°$

차량조건: $W = 135$ kN, 궤도 A: $b = 1$ m, $L = 3.6$ m, 궤도 B: $b = 0.8$ m, $L = 4.5$ m

$A = 7.2\ \text{m}^2$

$H = Ac + W \tan\phi$

$H_A = (7.2 \times 1.0) + 135\tan 19.7° = 55.54$ kN

$H_B = (7.2 \times 1.0) + 135\tan 19.7° = 55.54$ kN

$$R_c = \frac{1}{(n+1)(k_c + bk_\phi)^{1/n}}(\frac{W}{L})^{\frac{n+1}{n}}$$

$$(R_c)_A = 2[\frac{1}{(1.6+1)(4.37 + 1 \times 196.72)^{1/1.6}}(\frac{135/2}{3.6})^{\frac{1.6+1}{1.6}}] = 3.27 \text{ kN}$$

$$(R_c)_B = 2[\frac{1}{(1.6+1)(4.37 + 0.8 \times 196.72)^{1/1.6}}(\frac{135/2}{4.5})^{\frac{1.6+1}{1.6}}] = 2.61 \text{ kN}$$

6. 타이어 제원: $D = 0.975$ m, $b = 0.284$ m, $h = 0.28$ m, $W = 20$ kN

토양조건: $n = 1$, $k_\phi = 680$ kN/m^3

타이어를 강체차륜으로 가정하면

$$z = [\frac{3W}{(3-n)(k_c + bk_\phi)\sqrt{D}}]^{\frac{2}{2n+1}} = [\frac{3(20)}{(3-1)(0+0.284\times 680)\sqrt{0.975}}]^{\frac{2}{2(1)+1}} = 0.2914 \text{ m}$$

침하가 $z = 0.2914$ m일 때 접지압: $p_g = (\frac{k_c}{b} + k_\phi)z^n$

$$p_g = (\frac{0}{0.284} + 680)(0.2914)^1 = 198.17 \text{ kPa}$$

그림에서 공기압이 100 kPa일 때 평균 접지압은 $p_g = 180$ kPa이고 공기압이 200 kPa일 때 평균 접지압은 $p_g = 220$ kPa이다. 따라서 공기압이 100 kPa이면 타이어는 탄성차륜으로, 공기압이 200 kPa이면 강체차륜으로 볼 수 있다.

공기압 100 kPa일 때 침하량

$$z_{100} = (\frac{p_g}{\frac{k_c}{b} + k_\phi})^{1/n} = (\frac{180}{\frac{0}{0.284} + 680})^{1/1} = 0.2647 \text{ m}$$

공기압 100 kPa일 때 운동저항

$$R_{100} = b[(\frac{k_c}{b} + k_\phi)\frac{z^{n+1}}{n+1}] = 0.284[(\frac{0}{0.284} + 680)\frac{0.2647^2}{1+1}] = 6.76 \text{ kN}$$

공기압이 200 kPa일 때 침하량

$$z_{200} = [\frac{3W}{(3-n)(k_c + bk_\phi)\sqrt{D}}]^{\frac{2}{2n+1}} = [\frac{3(20)}{(3-1)(0+0.284\times 680)\sqrt{0.975}}]^{\frac{2}{2(1)+1}}$$

$$= 0.2914 \text{ m}$$

공기압이 200 kPa일 때 운동저항

$$R_{200} = \frac{1}{(3-n)^{\frac{2n+2}{2n+1}}(n+1)(k_c + bk_\phi)^{\frac{1}{2n+1}}}\left(\frac{3W}{\sqrt{D}}\right)^{\frac{2n+2}{2n+1}}$$

$$= \frac{1}{(3-1)^{\frac{2(1)+2}{2(1)+1}}(1+1)(0+0.284\times 680)^{\frac{1}{2(1)+1}}}\left(\frac{3\times 20}{\sqrt{0.975}}\right)^{\frac{2(1)+2}{2(1)+1}}$$

$$= 8.2 \text{ kN}$$

7. $W = 90$ kN, $W_f = 42$ kN, $W_r = 48$ kN,

$b_f = h_f = 14.9 \times 25.4 = 378.46$ mm, $b_r = h_r = 18.4 \times 25.4 = 467.36$ mm

$r_f = (14.9 + 15) \times 25.4 = 759.46$ mm, $r_r = (18.4 + 21) \times 25.4 = 1{,}000.76$ mm

❶ $\delta_f = r_f - r_{sf} = 759.46 - 650 = 109.46$ mm,

$\delta_r = r_r - r_{sr} = 1000.76 - 846 = 154.76$ mm

❷ $$C_{nf} = \frac{CIb_f d_f}{W_f / 2} = \frac{800\times 0.37846\times(2\times 0.75946)}{21} = 21.9$$

$$C_{nr} = \frac{CIb_r d_r}{W_r / 2} = \frac{800\times 0.46736\times(2\times 1.00076)}{24} = 31.2$$

$$H_{WL} = 0.75W_f(1 - e^{-0.3sC_{nf}}) + 0.75W_r(1 - e^{-0.3sC_{nr}})$$

$$= 0.75\times 42(1 - e^{-0.3\times 0.1\times 21.9}) + 0.75\times 48(1 - e^{-0.3\times 0.1\times 31.2}) = 37.04 \text{ kN}$$

❸ $$B_{nf} = C_{nf}\left(\frac{1+5\frac{\delta_f}{h_f}}{1+3\frac{b_f}{d_f}}\right) = 21.9\left(\frac{1+5\frac{109.46}{378.46}}{1+3\frac{378.46}{2\times 759.46}}\right) = 30.65$$

$$B_{nr} = C_{nr}\left(\frac{1+5\frac{\delta_r}{h_r}}{1+3\frac{b_r}{d_r}}\right) = 31.2\left(\frac{1+5\frac{154.76}{467.36}}{1+3\frac{467.36}{2\times 1000.76}}\right) = 48.7$$

$$H_{ASAE} = W_f[0.88(1 - e^{-0.1B_{nf}})(1 - e^{-7.5s}) + 0.04]$$
$$+ W_r[0.88(1 - e^{-0.1B_{nr}})(1 - e^{-7.5s}) + 0.04]$$
$$H_{ASAE} = 42[0.88(1 - e^{-0.1 \times 30.65})(1 - e^{-7.5 \times 0.1}) + 0.04]$$
$$+ 48[(1 - e^{-0.1 \times 48.7})(1 - e^{-7.5 \times 0.1}) + 0.04]$$
$$= 44.31 \text{ kN}$$

8. $c = 15$ kPa, $\phi = 30°$, $K = 6$ cm $= 0.06$ m, $k_c = 50$ kPa/m^{n+1}, $k_\phi = 100$ kN/m^{n+2}, n = 0.6, $W = 80$ kN, $b = 0.467$ m, $d = 1.755$ m

트랙터 출력 = 97 kW, 4WD, 견인저항 = 30 kN

차륜하중: $W_f = \dfrac{W \times 0.4}{2} = \dfrac{80 \times 0.4}{2} = 16$ kN

$$W_r = \frac{W \times 0.6}{2} = \frac{80 \times 0.6}{2} = 24 \text{ kN}$$

타이어를 강체로 가정하여 전륜과 후륜의 침하와 운동저항을 구하면

$$z = [\frac{3W}{(3-n)(k_c + bk_\phi)\sqrt{D}}]^{\frac{2}{2n+1}},\quad R = \frac{1}{(3-n)^{\frac{2n+2}{2n+1}}(n+1)(k_c + bk_\phi)^{\frac{1}{2n+1}}}(\frac{3W}{\sqrt{D}})^{\frac{2n+2}{2n+1}}$$

$$z_f = [\frac{3 \times 16}{(3-0.6)(50 + 0.467 \times 100)\sqrt{1.755}}]^{\frac{2}{2\times0.6+1}} = 0.185 \text{ m}$$

$$z_r = [\frac{3 \times 24}{(3-0.6)(50 + 0.467 \times 100)\sqrt{1.755}}]^{\frac{2}{2\times0.6+1}} = 0.267 \text{ m}$$

$$R_f = 2 \times \frac{1}{(3-0.6)^{\frac{2\times0.6+2}{2\times0.6+1}}(0.6+1)(50 + 0.467 \times 100)^{\frac{1}{2\times0.6+1}}}(\frac{3 \times 16}{\sqrt{1.755}})^{\frac{2\times0.6+2}{2\times0.6+1}}$$

$$= 8.11 \text{ kN}$$

$$R_r = 2\times\frac{1}{(3-0.6)^{\frac{2\times0.6+2}{2\times0.6+1}}(0.6+1)(50+0.467\times100)^{\frac{1}{2\times0.6+1}}}(\frac{3\times24}{\sqrt{1.755}})^{\frac{2\times0.6+2}{2\times0.6+1}}$$

$$= 14.63\ \text{kN}$$

접지면의 길이를 구하면

$$L_f = 2\sqrt{(\frac{D}{2})^2-(\frac{D}{2}-z_f)^2} = 2\sqrt{\frac{1.755}{2}-(\frac{1.755}{2}-0.185)} = 1.077\ \text{m}$$

$$L_r = 2\sqrt{(\frac{D}{2})^2-(\frac{D}{2}-z_r)^2} = 2\sqrt{\frac{1.755}{2}-(\frac{1.755}{2}-0.267)} = 1.261\ \text{m}$$

접지압을 구하면

$$p_f = \frac{W_f}{bL_f} = \frac{16}{0.467\times1.077} = 31.798\ \text{kPa}$$

$$p_r = \frac{W_r}{bL_r} = \frac{24}{0.467\times1.261} = 40.753\ \text{kPa}$$

슬립의 함수로서 토양추진력을 구하면

$$H_f = 2(A_f c + W_f\tan\phi)[1-\frac{K}{sL_f}(1-e^{-\frac{sL_f}{K}})]$$

$$= 2(0.503\times15+16\tan30°)[1-\frac{0.06}{1.077s}(1-e^{-\frac{1.077s}{0.06}})]$$

$$H_r = 2\times(A_r c + W_r\tan\phi)[1-\frac{K}{sL_r}(1-e^{-\frac{sL_r}{K}})]$$

$$= 2(0.589\times15+24\tan30°)[1-\frac{0.06}{1.261s}(1-e^{-\frac{1.261s}{0.06}})]$$

이다. 총토양추진력은 $H = H_f + H_r$이고 이를 슬립의 함수로 나타내면 다음 그림에서와 같다.

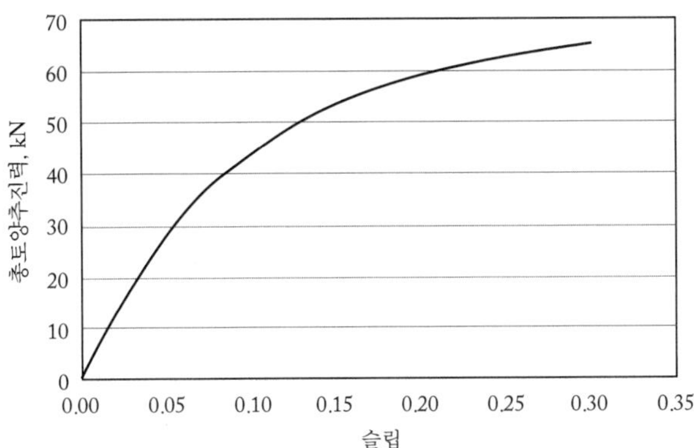

필요한 총토양추진력은 $H = DP + R = 30 + (8.11 + 14.63) = 52.74$ kN가 되며 위의 슬립-총토양추진력선도에서 총토양추진력은 슬립이 14.4%일 때 얻을 수 있다. 따라서

❶ $v = (1-s)\dfrac{Power}{H} = (1-0.144)\dfrac{97}{52.74} = 1.574$ m/s이고, 즉 견인속도는 $v = 5.67$ km/h가 되고

❷ 이때 슬립은 14.4%이다.

9. ❶ 식 (5-37)을 이용하여 타이어의 한계공기압을 구하면

$$p_i = \frac{W(n+1)}{b\left[\dfrac{3W}{(3-n)(k_c+bk_\phi)\sqrt{D}}\right]^{\frac{1}{2n+1}}\sqrt{D-\left[\dfrac{3W}{(3-n)(k_c+bk_\phi)\sqrt{D}}\right]^{\frac{2}{2n+1}}}} - p_c$$

$$\left[\frac{3W}{(3-n)(k_c+bk_\phi)\sqrt{D}}\right]^{\frac{1}{2n+1}} = \left[\frac{3\times 20}{(3-0.92)(4.37+0.5\times 196.72)\sqrt{1.4}}\right]^{\frac{1}{2\times 0.92+1}} = 0.603$$

$$p_i = \frac{20(0.92+1)}{0.5(0.603)\sqrt{1.4-(0.603)^2}} - 10 = 115.16 \text{ kPa}$$

따라서 $p_{tire} < p_i$이므로 차륜은 변형차륜으로 간주한다.

❷ $$R_c = \frac{b(p_t + p_c)^{\frac{n+1}{n}}}{(n+1)(\frac{k_c}{b} + k_\phi)^{\frac{1}{n}}} = \frac{0.5(60+10)^{\frac{0.92+1}{0.92}}}{(0.92+1)(\frac{4.37}{0.5} + 196.72)^{\frac{1}{0.92}}} = 5.655 \text{ kN}$$

총운동저항은 $4 \times 5.655 = 22.62$ kN

❸ $$A = \frac{b(p_t + p_c)}{2(n+1)^2} - \frac{b(p_t + p_c)}{(n+1)(n+2)} = \frac{0.5(60+10)}{2(0.92+1)^2} - \frac{0.5(60+10)}{(0.92+1)(0.92+2)} = -1.496$$

$$B = \frac{W}{2(n+1)} = \frac{20}{2(0.92+1)} = 5.21$$

$$C = R_c(r - \frac{z_0}{3})$$

$$z_0 = (\frac{p_t + p_c}{\frac{k_c}{b} + k_\phi})^{\frac{1}{n}} = (\frac{60+10}{\frac{4.37}{0.5} + 196.72})^{1/0.92} = 0.31 \text{ m}$$

$$C = 5.655\ (0.7 - \frac{0.31}{3}) = 3.374$$

$$l_2 = \frac{B \pm \sqrt{B^2 - 4AC}}{2A} = \frac{5.21 \pm \sqrt{5.21^2 - 4(-1.496)(3.374)}}{2(-1.496)} = 0.558 \text{ m}$$

$$l_1 = \frac{W}{b(p_t + p_c)} - \frac{l_2}{n+1} = \frac{20}{0.5(60+10)} - \frac{0.558}{0.92+1} = 0.281$$

$$H = (bl_1c + W\tan\phi)[1 - \frac{K}{sl_1}(1 - e^{-\frac{sl_1}{K}})]$$

$$= [(0.5)(0.281)(1.0) + 20\tan 20°][1 - \frac{0.05}{0.1 \times 0.281}(1 - e^{-\frac{0.1 \times 0.281}{0.05}})] = 1.775 \text{ kN}$$

$H_{total} = 4H = 4 \times 1.775 = 7.1$ kN

❹ $$z_0 = (\frac{W/bl}{k_c/b + k_\phi})^{1/n} = (\frac{40/(0.5 \times 1.8)}{4.37/0.5 + 196.72})^{1/0.92} = 0.189 \text{ m}$$

$$R_c = 2b(\frac{k_c}{b} + k_\phi)\frac{z_0^{n+1}}{n+1} = 2(0.5)(\frac{4.37}{0.5} + 196.72)\frac{0.189^{0.92+1}}{0.92+1} = 4.383 \text{ kN}$$

❺ $H = 2(bLc + W\tan\phi)[1 - \frac{K}{sL}(1 - e^{-\frac{sL}{K}})]$

$$= 2[(0.5)(1.8)(1) + 8\tan 20°][1 - \frac{0.05}{0.1\times 1.8}(1 - e^{-\frac{0.1\times1.8}{0.05}})] = 22.56\ \text{kN}$$

❻ 차륜 트랙터: $DP = H - R = 7.1 - 22.62 = -15.5$ kN, 주행불가

궤도 트랙터: $DP = H - R = 22.56 - 4.383 = 18.18$ kN, 견인성능이 우수함.

제7장

1. $w = 0.25$ m, $d = 0.15$ m, $c = 20$ kPa, $\phi = 6°$, $\gamma = 1.6$ ton/m^3, $q = 0$인 조건에서 N_γ, N_c, N_q를 구하면 $\mu = \frac{\pi}{4} - \frac{\phi}{2}$이므로, $\mu = 45° - \frac{6°}{2} = 42°$이고

$$N_\gamma = \frac{1}{2}(1+\sin\phi)(1+\frac{\tan\phi}{\tan\mu}) = \frac{1}{2}(1+\sin 6°)(1+\frac{\tan 6°}{\tan 42°}) = 0.6167$$

$$N_c = (\frac{1+\sin\phi}{1-\sin\phi} - 1)\cot\phi = (\frac{1+\sin 6°}{1-\sin 6°} - 1)\cot 6° = 2.221$$

$$N_q = \frac{1+\sin\phi}{1-\sin\phi} = \frac{1+\sin 6°}{1-\sin 6°} = 1.2334$$

따라서 $q = 0$이므로

$P = (\gamma g d^2 N_\gamma + cdN_c)w = [(1.6\times 9.81)(0.15)^2(0.6167) + (20)(0.15)(2.221)](0.25)$

$= 1.7$ kN

2. $w = 1.5$ m, $\alpha = 30°$, $d = 0.2$ m, $c = 20$ kPa, $\phi = 30°$인 조건에서

❶ $\delta = 0$일 때

μ 슬립라인: $\theta - \mu = \frac{\pi}{2} - \alpha - (\frac{\pi}{4} - \frac{\phi}{2}) = 45° + \frac{30°}{2} - 30° = 30°$

ξ 슬립라인: $\theta + \mu = \frac{\pi}{2} - \alpha + (\frac{\pi}{4} - \frac{\phi}{2}) = 135° - \frac{30°}{2} - 30° = 90°$

$$N_c = \frac{\cot\phi}{\sin\alpha}[(\frac{1+\sin\phi}{1-\sin\phi})e^{(2\alpha-\pi)\tan\phi} - 1]$$

$$= \frac{\cot 30°}{\sin 30°}[(\frac{1+\sin 30°}{1-\sin 30°})e^{(2\pi\times\frac{30°}{180°}-\pi)\tan 30°} - 1] = -0.36$$

$$N_q = (\frac{1+\sin\phi}{1-\sin\phi})\frac{e^{(2\alpha-\pi)\tan\phi}}{\sin\alpha} = (\frac{1+\sin 30°}{1-\sin 30°})\frac{e^{(2\pi\times\frac{30°}{180°}-\pi)\tan 30°}}{\sin 30°} = 1.792$$

$P = cdN_c + qdN_q = (20)(0.2)(-0.36) + (0)(0.2)(1.792) = -1.44$ kN/m

$H = Pw\sin\alpha = (-1.44)(1.5)\sin 30° = -1.08$ kN

❷ $\delta = \phi = 30°$

μ 슬립라인: $\theta - \mu = (\alpha - \mu) - \mu = \alpha - 2\mu = 30° - 2(45° - \frac{30°}{2}) = -30°$

ξ 슬립라인: $\theta + \mu = (\alpha - \mu) + \mu = \alpha = 30°$

$$N_c = (\frac{1}{\sin\phi\sin\alpha})(\frac{\cos^2\phi e^{2(\alpha-\mu)\tan\phi}}{1-\sin\phi} - 1)$$

$$= (\frac{1}{\sin 30°\sin 30°})(\cos^2 30° \times \frac{e^{2\pi(\frac{30°-30°}{180°})\tan 30°}}{1-\sin 30°} - 1) = 2$$

$$N_q = \frac{\cos\phi}{\sin\alpha}(\frac{e^{2(\alpha-\mu)\tan\phi}}{1-\sin\phi}) = \frac{\cos 30°}{\sin 30°}(\frac{e^{2\pi\times(\frac{30°-30°}{180°})\tan 30°}}{1-\sin 30°}) = 3.46$$

$P = cdN_c + qdN_q = (20)(0.2)(2) + (0)(0.2)(3.46) = 8$ kN/m

$H = (P\sin(\alpha+\phi) + cd\cot\alpha)w = [8\sin(30° + 30°) + (20)(0.2)\cot 30°](1.5)$

$= 20.78$ kN

❸ $\delta = 20°$일 때

$$\varepsilon = \frac{1}{2}[\delta + \sin^{-1}(\frac{\sin\delta}{\sin\phi})] = \frac{1}{2}[20° + \sin^{-1}(\frac{\sin 20°}{\sin 30°})] = 31.58°$$

μ 슬립라인: $\theta - \mu = \alpha + \varepsilon - \frac{\pi}{2} - (\frac{\pi}{4} - \frac{\phi}{2}) = 30° + 31.58° + \frac{30°}{2} - 135° = -58.42°$

ξ 슬립라인: $\theta + \mu = \alpha + \varepsilon - \frac{\pi}{2} + (\frac{\pi}{4} - \frac{\phi}{2}) = 30° + 31.58° - \frac{30°}{2} - 45° = 1.58°$

$$N_c = (\frac{\cot\phi}{\cos\delta\sin\alpha})[(\frac{1+\sin\phi\cos 2\varepsilon}{1-\sin\phi})e^{2(\alpha+\varepsilon-\frac{\pi}{2})\tan\phi} - 1]$$

$$= (\frac{\cot 30°}{\cos 20° \sin 30°})[(\frac{1+\sin 30° \cos 2\times 31.58°}{1-\sin 30°})e^{2\pi(\frac{30°+31.58°-90°}{180°})\tan 30°} - 1]$$

$$= 1.42$$

$$N_q = [\frac{1+\sin\phi\cos 2\varepsilon}{(1-\sin\phi)\cos\delta\sin\alpha}]e^{2(\alpha+\varepsilon-\frac{\pi}{2})\tan\phi}$$

$$= [\frac{1+\sin 30°\cos(2\times 31.58°)}{(1-\sin 30°)\cos 20°\sin 30°}]e^{2\pi(\frac{30°+31.58°-90°}{180°})\tan 30°} = 0.90$$

$P = cdN_c + qdN_q = (20)(0.2)(1.42) + (0)(0.2)(0.90) = 5.65$ kN/m

$H = [P\sin(\alpha+\delta) + C_a d\cot\alpha]w = [5.65\sin(30° + 20°) + (12.6)(0.2)\cot 30°](1.5)$

$= 13.88$ kN

3. $\alpha = 35°$, $W = 0.5$ m, $d = 1$ m, $\phi = 35°$, $\delta = 20°$, $c = 20$ kPa, $C_a = 12$ kPa, $q = 0$, $\gamma = 1.2$ ton/m^3

❶ Goodwin 방법

식 (7-42)로부터

$$P = \gamma g d^2 N_\gamma + qdN_q + cdN_c + C_a dN_{ca}$$

$$N_\gamma = \frac{\frac{1}{2}(\cot\alpha + \cot\beta)}{\cos(\alpha+\delta) + \sin(\alpha+\delta)\cot(\beta+\phi)}$$

$$= \frac{\frac{1}{2}(\cot 35° + \cot\beta)}{\cos(35°+20°) + \sin(35°+20°)\cot(\beta+35°)}$$

이고, N_γ가 최소일 때 β값은 $\beta = 35°$이고, 최솟값은 $N_\gamma = 1.6388$이다. 따라서 $\beta =$ $35°$일 때, N_q, N_c, N_{ca}는 각각

$$N_q = 2N_\gamma = 3.2777$$

$$N_c = \frac{1 + \cot\beta\cot(\beta+\phi)}{\cos(\alpha+\delta) + \sin(\alpha+\delta)\cot(\beta+\phi)} = 1.7434$$

$$N_{ca} = \frac{1 - \cot\alpha\cot(\beta+\phi)}{\cos(\alpha+\delta) + \sin(\alpha+\delta)\cot(\beta+\phi)} = 0.5509$$ 이다. 따라서

$P = 1.2 \times 9.81 \times 1^2 \times 1.6383 + 20 \times 1 \times 1.7434 + 12 \times 1 \times 0.5509 = 60.77$ kN/m이다. 그림 7-12에서 $\alpha = 35°$일 때 협폭날의 경심대 부채꼴의 반경비는 $\frac{r}{d} = 2.2$이고 경심이 $d = 1$ m이므로 부채꼴의 반경은 $r = 2.2$ m가 된다. 따라서

$$\rho' = \cos^{-1}\left(\frac{d}{r\tan\alpha}\right) = \cos^{-1}\left(\frac{1}{2.2\tan 35°}\right) = 49.52°$$

$$H_1 = Pw\sin(\alpha+\delta) = 0.5 \times 60.76\sin 55° = 24.89 \text{ kN}$$

$$H_2 = Pr\sin(\alpha+\delta)\sin\rho' = 60.76(2.2)\sin(35° + 20°)\sin 49.52° = 83.3 \text{ kN}$$

$$H = H_1 + H_2 = 24.89 + 83.3 = 108.2 \text{ kN}$$

McKeys 방법

식 (7-56)과 (7-59)에서

$$P = (rgd^2N_\gamma + cdN_c + qdN_q + C_a dN_{ca})w$$

$$N_\gamma = \frac{\frac{1}{2}(\cot\alpha + \cot\beta)\left[1 + \frac{2d}{3w}(\cot\alpha + \cot\beta)\sqrt{1 - \left(\frac{\cot\alpha}{\cot\alpha + \cot\beta}\right)^2}\,\right]}{\cos(\alpha+\delta) + \sin(\alpha+\delta)\cot(\beta+\phi)}$$

이고 N_γ가 최소일 때 β값을 구하면 $\beta = 58°$이고 최솟값은 $N_\gamma = 5.739$이다. 따라서

$$r = d(\cot\alpha + \cot\beta) = 1 \times (\cot 35° + \cot 58°) = 2.053 \text{ m}$$

$$s = r\sqrt{1 - \left(\frac{\cot\alpha}{\cot\alpha + \cot\beta}\right)^2} = 1.475 \text{ m}$$

$$N_c = \frac{[(1+\cot\beta\cot(\beta+\phi)](1+\frac{s}{w})}{\cos(\alpha+\delta)+\sin(\alpha+\delta)\cot(\beta+\phi)} = 7.2$$

$$N_{ca} = \frac{1-\cot\alpha\cot(\beta+\phi)}{\cos(\alpha+\delta)+\sin(\alpha+\delta)\cot(\beta+\phi)} = 2.026$$

$P = (1.2 \times 9.81 \times 1^2 \times 5.739 + 20 \times 1 \times 7.2 + 12 \times 1 \times 2.026)(0.5) = 117.925$ kN

$H = P\sin(\alpha+\delta) + C_a dw \cot\alpha = 117.925\sin 55° + 12 \times 1 \times 0.5 \times \cot 35° = 105.17$ kN

❷ 경운 단면적

Goodwin 방법: 경운 단면적: $A = dw + \frac{1}{2}sd$, $s = r\sin\rho' = 2.2\sin 49.52° = 1.67$ m

$$A = 1 \times 0.5 + 2(\frac{1}{2} \times 1.67 \times 1) - 2.17 \text{ m}^2$$

McKeys 방법: $s = 1.475$ m

$$A = 1 \times 0.5 + \frac{1}{2} \times 1.475 \times 1 \times 2 = 1.975 \text{ m}^2$$

❸ 경운 비저항

Goodwin 방법: $\frac{H}{A} = \frac{108.18}{2.17} = 49.85$ kPa

McKyes 방법: $\frac{H}{A} = \frac{105.18}{1.975} = 53.26$ kPa

4. $\phi = 35°$, $\delta = 20°$, $c = 10$ kPa, $C_a = 6.2$ kPa, $\gamma = 1.2$ ton/m^3, $w = 0.1$ m, $d = 0.25$ m일 때, McKey 방법을 적용하면 $P = (\gamma g d^2 N_\gamma + cdN_c + qdN_q + C_a dN_{ca})w$이므로

$$N_\gamma = \frac{\frac{1}{2}(\cot\alpha+\cot\beta)[1+\frac{2d}{3w}(\cot\alpha+\cot\beta)\sqrt{1-(\frac{\cot\alpha}{\cot\alpha a+\cot\beta})^2}]}{\cos(\alpha+\delta)+\sin(\alpha+\delta)\cot(\beta+\phi)}$$

을 이용하여 주어진 토양조건에서 경사날의 경사각 α를 10°~20° 범위에서 변화시키

며 N_γ를 최소화하는 β을 구하여 식 (7-56)에서와같이 N_γ, N_c, N_q, N_{ca}를 결정하고, 이를 이용하여 P를 결정한다. 이때

$$r = d(\cot\alpha + \cot\beta),\ \ s = r\sqrt{1 - (\frac{\cot\alpha}{\cot\alpha + \cot\beta})^2}$$

이다. 이러한 방법으로 구한 경사각에 따른 P와 경운저항 H 값은 다음 표에서와 같다.

α, °	β, °	N_γ	N_c	N_q	N_{ca}	P, kN	H, kN
10	80	15.593	6.617	42.160	1.710	3.07	2.41
12	80	12.861	6.491	34.521	1.801	2.85	2.24
14	80	11.066	6.469	29.514	1.904	2.73	2.15
16	80	9.834	6.532	26.076	2.023	2.67	2.11
18	80	8.968	6.672	23.656	2.160	2.66	2.12
20	80	8.360	6.889	21.945	2.321	2.70	2.16
22	80	7.948	7.189	20.768	2.510	2.77	2.24
24	80	7.695	7.586	20.021	2.737	2.89	2.35
26	75	7.507	7.725	19.843	2.536	2.88	2.39

따라서 최소 경운저항을 얻기 위한 절삭날의 경사각은 16°이다.

5. $\phi = 35°$, $\delta = 20°$, $c = 0$, $q = 0$, $\gamma = 1.2\ \text{ton/m}^3$, $w = 0.02$ m, $d = 0.2$ m, $\alpha = 60°$인 조건에서 한계경심 d_c를 가정하여 $\alpha = 60°$일 때 반복법으로 N_γ를 최소화하는 β값을 구한다.

$$N_\gamma = \frac{\frac{1}{2}(\cot\alpha + \cot\beta)[1 + \frac{2d_c}{3w}(\cot\alpha + \cot\beta)\sqrt{1 - (\frac{\cot\alpha}{\cot\alpha + \cot\beta})^2}\,]}{\cos(\alpha + \delta) + \sin(\alpha + \delta)\cot(\beta + \phi)}$$

c, q, C_a는 모두 0이므로 N_c, N_q, N_{ca}는 구할 필요가 없다. 또한

$$N'_q = (\frac{1 + \sin\phi}{1 - \sin\phi})e^{(\pi + 2\phi)\tan\phi} = (\frac{1 + \sin 35°}{1 - \sin 35°})e^{(\pi + \pi\frac{2\times 35°}{180°})\tan 35°} = 78.2$$

$$N'_c = \cot\phi[(\frac{1 + \sin\phi}{1 - \sin\phi})e^{(\pi + 2\phi)\tan\phi} - 1]$$

$$= \cot 35°[(\frac{1+\sin 35°}{1-\sin 35°})e^{(\pi+\pi\times\frac{2\times35°}{180°})\tan 35°} - 1] = 110.26$$

이다. 그림 7-12에서 $\alpha = 60°$일 때 협폭날의 경심대 부채꼴의 반경비는 $\frac{r}{d} = 1.8$이므로 한계경심이 d_c일 때 부채꼴의 반경은 $r = 1.8d_c$가 된다.

Goodwin 방법을 적용하면 c, q, C_a는 모두 0이므로

$H = \gamma g d_c^2 N_\gamma w \sin(\alpha + \delta)$, $Q = \frac{1}{2}\gamma g K_o N_q'(d^2 - d_c^2)w$ 이다.

d_c를 6 cm에서 12 cm까지 변화시켜며 β, r, N_γ, H, Q, $H+Q$를 구한 값은 다음 표에서와 같다.

	d_c, cm								
	6.0	7.0	8.0	9.0	9.3	9.6	10.0	11.0	12.0
β, °	41	41	42	42	42	42	42	42	42
r, cm	10.8	12.6	14.4	16.2	16.74	17.28	18	19.8	21.6
N_γ	8.77	9.89	11.00	12.12	12.45	12.79	13.23	14.34	15.46
H, N	7.3	11.24	16.33	22.76	24.97	27.32	30.68	40.24	51.61
Q, N	142.90	137.80	131.91	125.23	123.08	120.85	117.78	109.53	100.50
$H+Q$, N	150.22	149.04	148.24	148.00	148.05	148.18	148.46	149.78	152.11

$H+Q$의 값을 최소화하는 d_c의 값은 9 cm이므로 한계경심은 9 cm이고 절삭날에 작용하는 저항은 148 N이다.

6. $w = 2.44$ m, $\alpha = 70°$, $d = 0.05$, $\phi = 30°$, $\delta = 20°$, $c = 40$ kPa, $C_a = 25$ kPa, $\gamma = 2{,}000$ kg/m^3 인 조건에서

$$N_\gamma = \frac{\frac{1}{2}(\cot\alpha + \cot\beta)}{\cos(\alpha+\delta) + \sin(\alpha+\delta)\cot(\beta+\phi)}$$

를 최소화하는 β값을 구하면 $\beta = 26°$이고 이때 $N_\gamma = 1.789$이다. 따라서

$$N_c = \frac{1 + \cot 26° \cot(26° + 30°)}{\cos(70° + 20°) + \sin(70° + 20°) \cot(26° + 30°)} = 3.533$$

$$N_q = 2N_\gamma = 3.579$$

$$N_{ca} = \frac{1 - \cot 70° \cot(26° + 30°)}{\cos(70° + 20°) + \sin(70° + 20°) \cot(26° + 30°)} = 1.119$$

이고

$$P = (\gamma g d^2 N_\gamma + cdN_c + qdN_q + C_a dN_{ca})w = [(2 \times 9.81)(0.05^2)(1.789) + (40)(0.05)(3.533) + (0)(0.05)(3.579) + (25)(0.05)(1.119)] \times 2.44 = 20.87 \text{ kN}$$

$$H = 20.87\sin(70° + 20°) + (25)(0.05)(2.44)\cot(70°) = 21.98 \text{ kN}$$

$$V = 20.87\cos(70° + 20°) - (25)(0.05)(2.44) = -3.05 \text{ kN}$$

블레이드의 질량은 $m = \dfrac{3.05 \times 1000}{9.81} = 310.9$ kg이 된다.

7. $w = 2.5$ m, $d = 0.3$ m, $\alpha = 60°$, $\delta = 23°$, $C_a = 0.6c = 7.2$ kPa, $c = 12$ kPa, $\phi = 35°$, $\gamma = 20$ kN/m^3, $q_h = 0.45$ m인 조건에서 지면의 부가하중은 $q = \gamma w = (20)(2.5) = 50$ kPa이다.

$$N_\gamma = \frac{\frac{1}{2}(\cot \alpha + \cot \beta)}{\cos(\alpha + \delta) + \sin(\alpha + \delta) \cot(\beta + \phi)}$$

를 최소화하는 β값을 구하면 $\beta = 26°$이고 이때 $N_\gamma = 1.955$이다. 따라서

$$N_c = \frac{1 + \cot 26° \cot(26° + 35°)}{\cos(60° + 23°) + \sin(60° + 23°) \cot(26° + 35°)} = 3.179$$

$$N_q = 2N_\gamma = 3.91$$

$$N_{ca} = \frac{1 - \cot 60° \cot(26° + 35°)}{\cos(60° + 23°) + \sin(60° + 23°) \cot(26° + 35°)} = 1.012$$

이고

$$P = (\gamma g d^2 N_\gamma + c d N_c + q d N_q + C_a d N_{ca}) w$$
$$= [(20)(0.3^2)(1.955) + (12)(0.3)(3.179) + (50)(0.3)(3.91) + (7.2)(0.3)(1.012)](2.5)$$
$$= 267 \text{ kN}$$
$$H = 267 \sin(60° + 35°) + (12)(0.3)\cot 60° = 268 \text{ kN}$$

제9장

1. ❶ 변수의 수 = 8, 차원행렬의 계수 = 3

따라서 독립무차원변수의 수는 8 − 3 = 5이다.

❷ 변수의 수 = 4

	A	B	C	D
M	1	−1	2	0
T	−3	0	1	−2
L	−1	−2	5	−2
θ	4	−1	1	2

차원행렬의 계수는 2이다.

따라서 독립무차원변수의 수는 $n = v - r = 4 - 2 = 2$이다.

2. 각 변수의 차원은

V:$[L^3]$, a:$[LT^{-2}]$, v:$[LT^{-1}]$, P:$[ML^2T^{-3}]$, M:$[MLT^{-1}]$, ω:$[T^{-1}]$

이고 차원행렬을 만들면 다음과 같다.

	M	V	a	v	ω	P
M	1	0	0	0	0	1
L	1	3	1	1	0	2
T	–1	0	–2	–1	–1	–3

변수의 수는 6이고 기본차원의 수는 3이므로 독립무차원변수의 수는 3이다. 따라서 ($k_1 = 1, k_2 = 0, k_3 = 0$), ($k_1 = 0, k_2 = 1, k_3 = 0$), ($k_1 = 0, k_2 = 0, k_3 = 1$)일 때 각 변수의 지수 k_4, k_5, k_6를 구하면 다음 표에서와 같다.

	k_1	k_2	k_3	k_4	k_5	k_6
	M	V	a	v	ω	P
M	1	0	0	1	1	–1
L	0	1	0	–3	3	0
T	0	0	1	–1	–1	0

3개의 독립무차원변수는 각각

$$\pi_1 = \frac{Mv\omega}{P}, \quad \pi_2 = \frac{V\omega^3}{v^3}, \quad \pi_3 = \frac{a}{v\omega}$$

가 된다.

3. 차원행렬은

	y	x_1	x_2	x_3
M	1	1	2	–1
T	3	–1	0	2
L	–2	–3	–2	2

이고 독립무차원변수의 수는 $4 - 3 = 1$이다.

$k_1 = 1$이라고 하면 독립무차원변수의 지수를 구하기 위한 식은

$$1 + k_2 + 2k_3 - k_4 = 0$$

$$3 - k_2 + 2k_4 = 0$$

$$-2 - 3k_2 - 2k_3 + 2k_4 = 0$$

가 된다. k_2, k_3, k_4을 구하면 $k_2 = -\frac{5}{3}$, $k_3 = -\frac{5}{6}$, $k_4 = -\frac{7}{3}$

이다. 따라서 독립무차원변수는 $\pi = yx_1^{-\frac{5}{3}}x_2^{-\frac{5}{6}}x_3^{-\frac{7}{3}}$ 이다.
각 변수의 축척계수를 대입하면

$$\pi_m = y_m x_{1m}^{-\frac{5}{3}} x_{2m}^{-\frac{5}{6}} x_{3m}^{-\frac{7}{3}} - y_m(\frac{1}{5})^{-\frac{5}{3}}(\frac{1}{10})^{-\frac{5}{6}}(\frac{1}{4})^{-\frac{7}{3}} x_1^{-\frac{5}{3}} x_2^{-\frac{5}{6}} x_3^{-\frac{7}{3}}$$

따라서 $y = y_m(\frac{1}{5})^{-\frac{5}{3}}(\frac{1}{10})^{-\frac{5}{6}}(\frac{1}{4})^{-\frac{7}{3}}$

이고 y의 축척계수는 $\frac{y_m}{y} = \frac{1}{2,529.82}$가 된다.

4. $\eta = f(\frac{d}{D}, \frac{\eta ND}{F})$

5. 변수는 토양추진력 H, 접지 길이 D, 접지 폭 B, 내부마찰각 ϕ, 점성 c, 수직하중 W이고, 이들의 차원행렬은 다음과 같이 나타낼 수 있다.

	H	L	B	ϕ	c	W
F	1	0	0	0	1	1
L	0	1	1	0	–2	0

독립무차원변수의 지수를 결정하기 위한 연립방정식은

$$\begin{bmatrix} 1 & 0 & 0 & 0 & 1 & 1 \\ 0 & 1 & 1 & 0 & -2 & 0 \end{bmatrix} \begin{bmatrix} k_1 \\ k_2 \\ k_3 \\ k_4 \\ k_5 \\ k_6 \end{bmatrix} = \begin{bmatrix} 0 \\ 0 \end{bmatrix}$$

$$k_1 + k_5 + k_6 = 0$$

$$k_2 + k_3 - 2k_5 = 0$$

이다.

❶ 독립무차원변수의 수는 $6 - 2 = 4$이다.

i) $k_1 = 1,\ k_2 = 0,\ k_3 = 0,\ k_4 = 0$이면

$k_5 = 0,\ k_6 = -1$ 따라서 $\pi_1 = \dfrac{H}{W}$

ii) $k_1 = 0,\ k_2 = 1,\ k_3 = 0,\ k_4 = 0$이면

$k_5 = \dfrac{1}{2},\ k_6 = -\dfrac{1}{2}$ 따라서 $\pi_2 = L\dfrac{\sqrt{c}}{\sqrt{W}} = L\sqrt{\dfrac{c}{W}}$

iii) $k_1 = 0,\ k_2 = 0,\ k_3 = 1,\ k_4 = 0$이면

$k_5 = \dfrac{1}{2},\ k_6 = -\dfrac{1}{2}$ 따라서 $\pi_3 = B\dfrac{\sqrt{c}}{\sqrt{W}} = B\sqrt{\dfrac{c}{W}}$

iv) $k_1 = 0,\ k_2 = 0,\ k_3 = 0,\ k_4 = 1$이면

$k_5 = 0,\ k_6 = 0$ 따라서 $\pi_4 = \phi$

❷ 인위적으로 크기를 줄일 수 없는 변수는 점성 c와 내부마찰각 ϕ이다. 내부마찰각은 독립무차원변수이므로 모형에서도 시작기와 같은 크기를 적용할 수 있다. 즉 축척계수는 1이 될 수 있다. 그러나 점성은 무차원변수가 아니므로 점성이 포함된 독립무차원변수는 모형에서 왜곡될 수밖에 없다. 점성이 포함된 독립무차원변수는 π_2이

므로

$$\pi_2 = \pi_{2m}, \quad L\sqrt{\frac{c}{W}} = L_m \frac{c_m}{W_m}$$

이고

$$L\sqrt{\frac{c}{W}} = (\frac{1}{10}L)\sqrt{\frac{c_m}{(1/10)W}}$$

이므로 c_m을 구하면

$$c_m = 10c$$

가 되어 왜곡계수는 10이 된다.

❸ $K_d = 10$

ㅈ

ㅊ

ㅋ

ㅌ

ㅍ